"十二五"普通高等教育本科国家级规划教材

高校建筑环境与能源应用工程学科专业指导委员会规划推荐教材

住房城乡建设部土建类学科专业"十三五"规划教材

教育部高等学校建筑环境与能源应用工程专业教学

指导分委员会规划推荐教材

暖通空调系统自动化

安大伟　主编

任庆昌　主审

中国建筑工业出版社

图书在版编目（CIP）数据

暖通空调系统自动化/安大伟主编. —北京：中国建筑工业出版社，2009（2023.12 重印）
"十二五"普通高等教育本科国家级规划教材. 高校建筑环境与能源应用工程学科专业指导委员会规划推荐教材. 住房城乡建设部土建类学科专业"十三五"规划教材. 教育部高等学校建筑环境与能源应用工程专业教学指导分委员会规划推荐教材
ISBN 978-7-112-11026-1

Ⅰ. 暖… Ⅱ. 安… Ⅲ. ①采暖设备-自动控制-高等学校-教材②通风设备-自动控制-高等学校-教材③空气调节设备-自动控制-高等学校-教材 Ⅳ. TU83

中国版本图书馆 CIP 数据核字（2009）第 090456 号

本书为普通高等教育"十一五"、"十二五"国家级规划教材。全书共十章，主要内容包括：概述，控制器，暖通空调自动控制常用传感器，暖通空调自动控制常用执行器，暖通空调计算机控制系统，暖通空调常用设备控制方法，空调水输配系统控制，供暖系统的调节与控制，空调系统的自动控制，智能建筑和建筑设备自动化系统。本书可作为高等学校建筑环境与能源应用工程专业的教材，也可供相关专业工程技术人员参考。

为了更好地支持相应课程的教学，我们向采用本书作为教材的教师提供课件，有需要者可与出版社联系。

建工书院：http://edu.cabplink.com
邮箱：jckj@cabp.com.cn 电话：（010）58337285

* * *

责任编辑：齐庆梅
责任设计：赵明霞
责任校对：刘　钰　陈晶晶

"十二五"普通高等教育本科国家级规划教材
高校建筑环境与能源应用工程学科专业指导委员会规划推荐教材
住房城乡建设部土建类学科专业"十三五"规划教材
教育部高等学校建筑环境与能源应用工程专业教学指导分委员会规划推荐教材

暖通空调系统自动化
安大伟　主编
任庆昌　主审

*

中国建筑工业出版社出版、发行（北京海淀三里河路 9 号）
各地新华书店、建筑书店经销
霸州市顺浩图文科技发展有限公司制版
天津安泰印刷有限公司印刷

*

开本：787×1092 毫米 1/16 印张：19¼ 插页：1 字数：468 千字
2009 年 7 月第一版 2023 年 12 月第十五次印刷
定价：**43.00** 元（赠教师课件）
ISBN 978-7-112-11026-1
（34439）

前　　言

　　1999 年原暖通空调专业调整为建筑环境与设备工程专业以后，专业课程体系中增加了建筑设备自动化方面的内容，为了满足专业调整后课程教学的需要，按照建筑环境与设备工程专业教学指导委员会的统一规划，在多年教学实践的基础上，经过不断总结归纳，编写了本教材。

　　本书首先介绍了暖通空调自动控制系统常用的控制器、传感器、执行器以及计算机控制系统的原理、结构、性能等内容。然后，就暖通空调中的冷热源、水系统、采暖与通风和中央空调等实现自动化控制方面的问题进行了介绍和分析，最后对目前蓬勃发展中的智能建筑和建筑设备自动化技术进行了简要介绍。

　　本书没有采用一般建筑设备自动化书籍的写法，尽量减少理论论述和公式推导，而是从建筑环境与设备工程专业学生的迫切需要出发，以自动化技术在暖通空调领域的应用为重点，对暖通空调自动控制中用到的自动化设备和系统，特别是自动化设备与暖通空调系统的结合进行了重点的介绍。目的是想让建筑环境与设备工程专业的学生通过本书的学习，对自动化技术在暖通空调中的应用有一个比较清楚的理解，为今后在工作中处理专业的自动化问题打下良好的基础。

　　本书是天津大学建筑环境与设备工程专业自动控制课题组多年教学和科研工作的总结，娄承芝老师以其自动化方面精湛的技术和丰富的经验参与了本书的策划，并编写了第二章和第五章的部分内容；凌继红老师编写了第八章中的部分内容；王晋编写了第九章中的部分内容；王江江、祁峰、柏晨、曹国庆、由玉文等研究生为编写本书搜集了大量素材和参考资料；孙贺江博士在书稿的后期整理过程中付出了辛勤的劳动；其他老师对本书的编写提出过许多宝贵的意见。另外，本书引入了很多前辈和同行的实践总结和研究成果。在此，向所有为本书出版做出贡献的人们表示衷心的感谢。

　　虽然在本书的编写过程中我们已尽了最大努力力求减少错误，但由于水平有限，错误仍然在所难免，我们衷心希望读者能及时发现并给以指正。另外，暖通空调自动控制技术正在飞速发展之中，由于出版工作的滞后性，许多暖通空调自动控制新技术未能在书中得到体现，我们将会密切关注暖通空调自动控制技术的发展情况，及时将新技术的内容在本书的修订时给以补充。

　　为方便任课教师制作电子课件，我们制作了包括书中公式、图表等内容的电子素材，可发送邮件至 jiangongshe@163.com 免费索取。

目　录

第一章 暖通空调系统自动化概述

第一节 暖通空调与自动化的关系

暖通空调系统的设计、运行和管理是建筑环境与设备工程专业学生学习的主要内容。多年的教学实践和毕业生反馈回来的信息让我们看到，毕业生对暖通空调系统的基本原理、设计方法一般都能够比较好的掌握，能够胜任暖通空调系统的设计工作。但是，对于暖通空调系统的动态运行规律以及实现动态运行的控制方法和管理方法往往认识不深、掌握不好。特别是随着电子和信息技术的发展，一些新的楼宇大厦相继安装了楼控系统，如何使这些楼控系统与暖通空调系统密切配合，在节能方面和管理方面最大限度地发挥作用，建筑环境与设备工程专业的学生往往无从下手。这一方面反映了建筑环境与设备工程专业的教学中存在着重视静态（最冷、最热两个极端状态），忽视动态（两个极端之间的过渡过程）的现象。另一方面也反映了传统的教学内容已经不能适应快速发展的社会需要，改革教学内容和方法，增加建筑设备（主要是暖通空调系统）自动化方面的内容已经成为专业发展的必然。

其实，暖通空调与自动化本来就是不可分割的。空气调节的英文 Air Conditioning，本身就是动态调节的意思，没有动态调节就没有真正意义上的空调，只不过过去是人工调节，随着技术的发展，逐渐地由自动调节（自动控制）取代人工调节而已。空调是这样，采暖与供热也是这样。根据舒适度和节能的要求，人们会采取措施调节进入采暖房间的热水的流量，这就是控制，如果采用的是自力式温控阀来进行调节就是自动控制。供热站会根据室外气温的不同和供暖期的不同调节供水温度和供水量，如果采用的是控制器而不是人工的方法就是自动控制。小区的供热锅炉房根据管网回水温度的高低调整锅炉的运行工况，这也是自动控制。其他如冷冻站的循环水系统、冷却水系统、管网定压系统等都离不开自动控制。可以说暖通空调系统离开了自动控制就不称其为真正意义上的暖通空调，一个暖通空调专业人员不懂得暖通空调动态运行规律，不懂得自动控制，就不是一个全面的暖通空调专业人员。

第二节 暖通空调系统自动化的意义

一、保证系统运行的安全可靠

安全可靠是暖通空调系统运行的首要要求，对大的系统来说它更具有重要的意义。因为系统增大，热力系统复杂，需要控制和操作的项目就显著增多。在这种情况下，系统运行若单靠人来监视和操作，不仅劳动强度大，而且很难胜任，同时也极易因误操作而造成事故。大系统发生事故，将对人员和建筑物造成大的危害。为此，必须采用一整套自动化

1

装置来完成系统运行工况的自动监视和自动操作，使各种重要运行参数不超过安全值。这样，才能保证机组在安全状态下运行，保证机组和设备在良好状态下自动启停，当运行状态出现异常或事故时，能发出警报并给予适当处理，避免事故的发生和扩大。

二、保证环境参数的要求

暖通空调系统是为人类的生活、生产活动和科学研究服务的，为了保证人类生活具有一定的舒适度，保证生产活动和科学研究工作的正常进行，就需要安装暖通空调系统。然而，随着外部条件的变化，暖通空调系统控制的被控参数就会发生变化，为了保证被控参数始终维持在所希望的范围内，就必须为暖通空调系统装设自动控制装置。试想目前普遍安装的家用空调器如果没有安装自动控制装置，只是根据人对温度的感受去手动启停空调器，那会是怎样的景象。暖通空调的民用系统是这样，生产过程和科学实验更是这样，特别是对环境参数要求高的地方，没有自动控制装置的暖通空调系统是不可能达到要求的。

三、提高系统运行的经济性，最大限度地节省能源消耗

随着世界能源资源的紧张和全球气候变暖带来的环境压力的加大，节约能源，保护环境已经成为世界各国不可忽视的重大问题。暖通空调系统的能耗占据了建筑物能耗的一半以上，从目前掌握的数据看，很多暖通空调系统运行中能源利用率不高，节能潜力巨大，如何提高暖通空调系统运行的经济性，最大限度地节省能源消耗，对建筑节能有着十分重要的意义。自动控制系统可以根据冷热负荷变化的情况，随时调整冷热量的生产和输送量，使之与负荷的变化相一致，从而最大限度地节能。因此，暖通空调系统自动化在建筑节能中起着重要的作用。

四、提高系统运行的管理水平

暖通空调系统自动化，可使运行人员从繁忙的体力劳动和紧张的精神负担中解脱出来。实现自动化以后，值班员除在机组启停时进行一些操作外，正常运行时只需在控制室内集中监视机组设备及自动化装置的运行情况，从而减轻了体力劳动，改善了劳动条件。在计算机和通信技术得以普及的今天，一般还可以通过工业控制网络把现场信息传递到管理中心，使管理中心能实时了解空调机组的工作状态、远程启停设备、改变房间温湿度设定值和自动启停的时间，同时还可以显示、记录各台设备的运行参数，进行统计、分析等管理工作。把暖通空调自动化系统与楼宇自动化系统相连，可以进行系统图纸资料的管理，运行工况的长期记录和统计、整理与分析，各种检修与维护计划的编制和维护检修过程记录等，极大地改善和提高系统管理水平。

第三节　暖通空调自动化系统的组成

一、人工调节、自动调节和自动控制系统

（一）人工调节

人工调节是指运行人员根据眼睛观察到的被控参数变化，通过大脑分析出造成被控参数变化的原因，产生相应的控制策略，通过手去操作某一阀门或挡板的开度，改变流入或流出被控对象的物质量或能量，使被控参数恢复到给定值。以锅炉负压控制为例，锅炉运行时要保持某一规定的负压值，运行人员就要经常注视炉膛负压表的指示是否符合规定的负压值，若炉膛负压偏正或偏负，就要开大或关小引风机的风门（挡板），改变从炉膛排出的烟气流量，直到炉膛负压表的指示符合规定值并保持平稳为止，其过程如图 1-1 所示。

表征设备运行情况是否正常而需要加以调节的物理量称为被调量，其具体参数叫做被控参数，用 y 表示。被调量所应具有的数值叫做给定值或规定值，以 g 表示。炉膛负压数值的变化是受流入锅炉的空气流量（由送风机送入的）即流入量 Q_1 与流出锅炉的烟气流量（引风机的吸风量）即流出量 Q_2 的影响。显然，当炉膛负压（被调量）为规定值，而且流入量与流出量平衡时，是不需要调节的。一旦由于

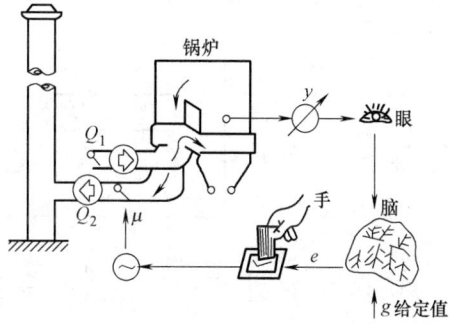

图 1-1   炉膛负压人工调节示意图

送风机的风门开大（或关小），即流入量发生变化时，流入量与流出量失去平衡，炉膛负压就必然发生变化，这时运行人员应根据负压表的指示去开大（或关小）引风机的风门开度 μ 来进行调节，使流出量与流入量重新达到平衡，使被调量亦恢复到给定值。此外，引风机风门由于某种原因发生变动也能破坏流入量与流出量的平衡，使被调量发生变化。因此，凡是可以引起被调量发生变化的各种因素统称为扰动量，以 x 表示。通常采取改变引风机风门开度 μ 来平衡送风量，引风机的风门就叫调节机构（由运行人员控制起调节作用的机构）。炉膛负压通过负压指示仪表传到人的眼睛，再由人的大脑作比较和判断，然后用手去操作风门，这样便形成了一个闭合回路的调节系统。把被调量所在的设备的局部或全部叫做调节对象，这里锅炉的炉膛、鼓风机、引风机等风系统或整个锅炉即为调节对象。

人工调节要求运行人员进行正确地操作。为此，运行人员应该做到：

1. 了解情况   运行人员应正确目读仪表的指示值，即监视被调量的变化，了解锅炉燃烧过程的运行情况。

2. 比较判断   运行人员在观察被调量的同时，要在头脑中把被调量的指示值与给定值进行比较，根据二者偏差的大小、方向和变化的速度等做出是否进行调节和如何调节的判断。

3. 执行操作   按照判断的结果，运行人员进行必要的操作，直至流入量和流出量重新平衡，被调量恢复到给定值为止。

熟练的运行人员，不仅能根据被调量偏离给定值的大小和变化速度决定操作的快慢，而且能根据执行机构移动后的预期调节效果，恰当地变更调节的快慢（开开停停的断续操作），使调节机构的位移不致太过分（即过调）引起多次反复的振荡；但也不会使操作过分不足，以致拖长调节的时间。

（二）自动调节

在上述调节过程中采用一套自动化装置来代替运行人员的操作，这个过程就叫自动调节。自动调节是建立在人工调节的基础上的模拟人工调节，又是人工调节的发展，其过程如图 1-2 所示。

自动调节装置通常包括以下几部分：

1. 测量变送   测量被调量的大小和变化，并通过变送器把被调量的大小及变化变成

3

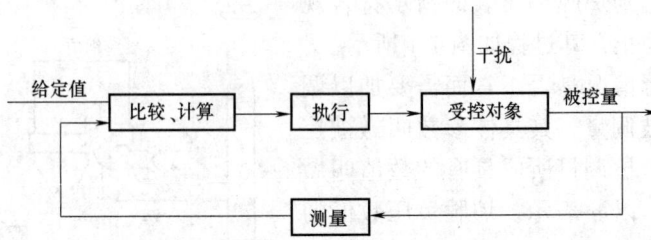

图 1-2 自动调节示意图

不同的信号种类，如电压或电流信号、气压或其他物理量信号（视所用何种能源装置而定），并送至调节器。

2. 定值 其作用是设定给定值 g。给定值的信号种类要和变送器送来的信号种类相同，以便和被调量进行比较。就是说给定值信号也采用电压或电流、气压或其他物理量的信号。

3. 比较运算 把变送器反馈回来的被调量与给定值进行比较，发出一个偏差信号（正或负），偏差信号要按预定规律进行运算，然后发出指挥调节的信号。

4. 放大执行 把指挥调节的信号放大到能够使执行机构动作，产生角位移或直线位移。

5. 调节 通过执行机构的角位移或直线位移去改变调节机构（阀门）的开度，从而改变流入被控对象的质量或能量的大小，对被调参数进行控制。

从以上分析可以看出，自动调节与人工调节（手动调节）的原理基本上是一样的，只不过自动调节是用自动化装置代替了人的大脑、眼睛和手而已。

（三）自动控制系统

自动控制技术的发展已经有了近百年的历史，从早期的双金属片温度调节器到今天的计算机智能控制系统，已经走过了几代的发展历程。今天的暖通空调自动控制系统不仅可以进行单参数控制，而且可以实现成套空调机组控制，还可以实现多台机组的群控，以及整个楼宇设备的集中控制。通过互联网甚至可以实现公司产品的全球监测与控制。但是，不管多么复杂的系统都是由简单系统组成的，只要理解了简单控制系统的原理，复杂控制系统只是简单系统的堆砌与组合，掌握并不是很困难。本书后续章节将对有关内容进行详细的介绍。

二、暖通空调自动化系统的分类

在实际工作中，暖通空调自动化系统的类型是多种多样的，从不同的角度可以有不同的分类。

（一）按暖通空调系统的功能分

可以分为供热控制系统、空调控制系统、通风及防排烟控制系统、燃气输配控制系统等。

1. 供热控制系统，其内部又可以分成采暖房间温度控制系统、供热管网控制系统和锅炉房控制系统等。

2. 空调控制系统，其内部又可以分成空调房间温湿度控制系统、空气处理机房控制系统、冷站控制系统等。

3. 通风及防排烟控制系统，又可分为通风控制系统和防排烟控制系统等。

4. 燃气输配控制系统，又可分为末端调压控制系统和集中调压控制系统等。

（二）按有没有控制功能分

可分为监测系统和监控系统。

1. 监测系统。这类系统只是对暖通空调系统运行的参数进行采集、测量、传送和显示，并把这些数据提供给有关人员，并不对运行参数进行控制，也叫做只监不控。

2. 监控系统。这类系统除了对系统运行的参数进行采集、测量、传送和显示外，还有专门的装置和设备以及相应的方法对运行参数进行控制，也叫做又监又控。

（三）按被控对象的复杂程度分

可以分为简单控制系统和复杂控制系统

1. 简单控制系统

简单控制系统往往只有一个控制回路，控制规律也比较简单，例如风机盘管的控制，温控器感知室内温度低于设定值时就把冷水阀关闭，高于设定值（中间有回差）时就把冷水阀打开。

2. 复杂控制系统

复杂控制系统是相对简单控制系统而言的，如组合式空气处理机组的控制。要想得到稳定的送风温度和湿度就要控制好进入机组的冷水量、热水量、蒸汽量等多个变量以及它们之间的关系，这就要有冷水控制回路、热水控制回路、蒸汽控制回路等几个控制回路，也就是几个简单的控制系统的组合。

复杂控制系统的复杂程度也是相对而言的，组合式空气处理机组的控制是复杂控制系统，把空调末端、处理机组以及冷站放到一起来控制的控制系统也是复杂控制系统，只不过这是复杂程度更高的复杂控制系统。

（四）按有没有数字控制分

可分为模拟控制系统和数字控制系统

1. 模拟控制系统

这种控制系统的特点是控制器（调节器）采用的是模拟量运算的方法，在计算机用在控制器中之前一般都是采用这种方法，现在只有在少数简单的控制器中还采用这种方法，如有一些机械式风机盘管温控器。

2. 数字控制系统

这种控制系统的特点是控制器（调节器）中的逻辑运算采用的是数字电路，大多数是含有 CPU 的单片计算机，这种控制器的好处是可以用改变软件的方法来改变控制逻辑，比起模拟控制器来要方便得多。

数字控制系统控制回路中的是数字信号，配上计算机可以实现任何复杂的逻辑控制功能，还可以实现管理功能，所以现在暖通空调自动控制系统用的基本上是数字控制系统。

三、暖通空调自动化系统的组成

下面以分散式控制的中央空调为例说明暖通空调自动化系统一般的组成形式。分散式控制系统（Distributed Control Systems，简称 DCS），也称分布式控制系统或集散控制式系统。这种控制系统一般采用分级控制，通常分现场级和管理级两级，现场级和管理级通过控制网络连接。它是由若干台现场控制计算机（下位机）分散在现场实现分布式控制，由一台中央管理计算机（上位机）实现集中监视管理。上、下位机之间通过控制网络互联以实现相互之间的信息传递。暖通空调的设备监控系统大都采用这种架构。典型的中央空调监控系统结构如图 1-3 所示。

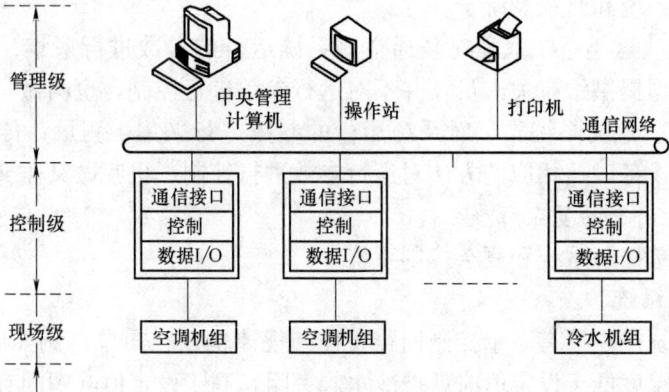

图 1-3　分布式中央空调自动化控制系统结构示意图

（一）现场级

指现场被控制的设备，包括空调机组、冷水机组、冷水循环泵、冷却水泵等设备，也包括电气控制柜（箱）等现场设备，还包括传感器和执行器。

1. 传感器

传感器是对现场各类物理量的检测，如温度、湿度、压力、流量等。传感器采用标准信号输出，如 0～10V、0～5V、4～20mA 等。

2. 执行器

执行器是将控制器的控制输出施加到被控制对象，通过改变流入或流出被控对象的物质量或能量形成对被控制参数的调节，如水管道上阀门、风道上的风门等。

（二）控制级

控制级主要是现场控制器。不同厂家生产的现场控制器的功能、结构和规模均不一样。控制器通常应包括 I/O 接口、运算单元、通信单元、显示单元等部分。现场控制器的功能有：

1. 监测数据的采集。现场设备的数据包括设备的运行状态信息、故障报警信息、运行参数等。通常包括数字量输入（DI）和模拟量输入（AI）（如温度、压力、流量等）。

2. 根据对被控制对象的检测结果，通过与设定值进行比较、计算给出相应的控制作用。现场控制器应配备常用的控制算法，从简单的单回路 PID 控制、顺序控制到复杂的多变量控制等。

3. 控制作用的输出。根据控制策略给出对执行器的控制作用，控制器的输出信号有数字量输出（DO）和模拟量输出（AO）等，通常以标准信号 0～10V、0～5V、4～20mA 等形式给出。

4. 可接受由中央管理计算机和手操器（一种可以拿在手里操作的小型计算机）下载的控制程序。

5. 通信接口与通信协议。控制器与中央管理计算机进行网络通信，网络通信应该采用符合国际标准的通信协议。

6. 现场控制器应能在系统管理级有故障时仍能独立工作。

（三）管理级

系统管理级由管理计算机和软件组成。管理计算机一般采用高可靠性的工业控制计算机机（工控机）或双计算机热备份，实现对整个系统的集中监测、控制与管理。管理软件的功能应有：

1. 可完成复杂的优化运行计算和其他高级控制功能；

2. 可方便地设置和修改系统的设定值；

3. 通过符合国际标准（ISO）的开放式网络通信协议和接口与现场控制器连接；

4. 可以对下位机上传的数据进行记录和存储，建有数据库，可以对数据库内的数据随时进行查看；

5. 汉化显示和图形显示，使人机界面友好，操作方便；

6. 可实现对现场设备的远距离操作。

（四）控制网络

控制网络是将现场控制器和中央管理计算机相连接的媒介。不同厂家产品的连接网络所采用的标准、通信协议和传输速率目前还不能统一。有的系统中现场控制器必须通过网络控制器与中央管理计算机相接。

供热管网等其他暖通空调系统的自控系统与上述形式基本相同，详见本书后面章节。

第四节　暖通空调自动化系统实施步骤

暖通空调系统自动化是一门跨学科的技术，它涉及暖通空调和自动化两个专业，包含建筑、热工、设备、电工电子、计算机、网络、自控理论、过程控制方法以及管理等内容。特别是现代楼宇中的暖通空调自动化系统的设计、施工、调试及维护管理人员，需要有以上几方面的理论知识和专业技能。然而，受我国目前教育专业划分的限制，一个学生在大学期间掌握以上全部知识是不可能的。目前的实际状况是，建筑环境与设备工程专业的学生在电工电子、计算机、自动控制方面的理论和技能欠佳，自动控制专业的学生又对建筑、热工及设备方面的理论和知识理解的不深。因此，加强两个专业之间的相互融合，进行教学内容和方法的改革以适应时代的需要是十分必要的。

一、暖通空调自动化系统实施的步骤

大型暖通空调自动化系统的实施过程大体分为四个阶段，如图 1-4 所示。

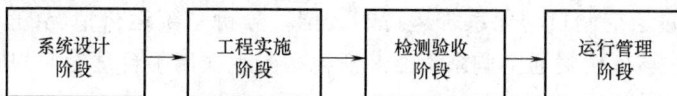

图 1-4　暖通空调自动化系统实施过程框图

1. 系统设计阶段

首先进行需求分析，根据建筑的功能、规模和暖通空调设备的安装情况，以任务书的形式，准确、全面地提出被控参数和运行设备状态参数的类别、数量、指标和控制方法。

然后进行初步设计，包括确定各子系统的控制方式和控制原理图；确定各被控制对象监控点的性质、类型和点数，并编制监控点一览表；对各子系统的监控功能给出详细的说明，及预期达到的目的；确定监控系统的网络结构、现场控制器的分布和数量、中央管理系统要实现的功能；监控中心的位置、面积，对监控中心的电气、照明、空调通风、通信、防雷、接地等的要求；给出系统的概算。

最后进行施工图设计，包括对子系统控制原理图、监控点表进行必要的修改；根据各暖通空调设备分布的平面布置，划分现场控制器和监控点；根据现场控制器的规模和分布确定控制网络的结构，并绘制系统的控制网络图；根据传感器和执行器的接线、对电源的要求、与电控箱的监控关系等，绘制暖通空调设备自控系统的施工图，施工图应包括施工设计说明、图例、各层施工平面图、控制网络总图、各子系统的控制原理图和监控点一览表等；绘制监控中心的平面布置图；编制设备材料清单；给出系统的预算。

2. 工程实施阶段

首先由中标单位根据招标时确定的系统或设备产品的品牌，按建设单位通过招投标后对系统建设需求的修正，进行施工图深化设计。然后进行包括非标准件的加工、设备安装、调试、自检和试运行几个过程。

3. 检测验收阶段

包括检测阶段和验收阶段两个过程，验收的结论为合格或不合格。

4. 运行管理阶段

系统的运行管理包括：系统的静态管理；系统的动态管理；系统的节能管理和非正常运行对策等内容。

从以上暖通空调自动化系统实施的五个过程来看，哪个过程都离不开暖通人员和自控人员的密切配合，只不过在不同的阶段各自所起的作用的程度不同。

二、学习本课程要达到的目标

根据暖通空调自动化系统实施的不同过程和不同阶段的要求，希望建筑环境与设备工程专业的学生学习本课程后能够具备如下几项技术能力：

1. 熟练掌握暖通空调系统动态运行的规律，如供热管网和冷水管网水力运行工况、热力运行工况、动态运行工况下被控参数的变化规律等内容。

2. 能够准确、全面地提出暖通空调系统需要检测和控制的运行参数和运行设备状态参数的类别、指标、数量和控制策略，并且以任务书的形式进行表述和提交。

3. 能够进行简单暖通空调自动控制系统的设计，包括控制方案的确定、控制设备的选型、控制系统的组态、图纸的绘制等。

4. 能够胜任暖通空调自动化系统现场设备安装、调试、验收等环节的监理工作。

5. 能够根据暖通空调自动化系统运行的数据，分析系统运行情况的优劣；能够查找系统运行故障；能够分析暖通空调系统能源消耗状况，找出不合理能耗的原因并提出改进的措施。

暖通空调系统自动化是一门实践性很强的技术，在学习中要特别注意实践能力的锻炼，要尽量多参观一些实际工程。有条件地方可以自己动手搭建一些小的控制系统，通过不断调试的过程加强对所学内容的理解。本书最后在附录中给出了一个课程设计任务书，可供在实践环节中使用参考。

第二章　暖通空调自动控制常用控制器

在暖通空调自动控制当中，控制器是不可缺少的重要部件，它是整个自控系统的运算中心和指挥中心（相当于人的大脑），指挥着整个控制系统的运行。控制器按有无附加能源，可分为自力式控制器和他力式控制器；根据内部流通信息的形式不同，可分为模拟控制器和数字控制器；按实现的功能和复杂程度的不同，又分为简单控制器和数字控制器（智能控制器）等。由于目前计算机技术的发展和普遍应用，暖通空调自控系统大多数控制器都已经采用数字控制器（智能控制器），但是在一些简单的控制系统中也还在使用简单控制器

第一节　简单控制器

一、自力式双位输出控制器

在暖通空调的一些简单的控制系统中，常采用自力式双位输出控制器。它的特点是控制器工作时不需要外部提供能源动力，如电源、气源等。它依靠本身材料的物理性质进行工作，或者从被控制对象中得到能源进行工作，因此叫自力式控制器。它的另一个特点是其输出是双位的，也就是说输出只有两个状态，要么是开，要么是关，不能做到连续的输出，因此是简单控制器。

1. 双金属片温度控制器

双金属片温度控制器是一种最简单的温度控制器，图 2-1 所示是它的原理图。

这个装置的核心部分是由两种不同金属焊接在一起而做成的双金属片，每种金属的热膨胀率不同。做双金属片常用的金属材料是黄铜和

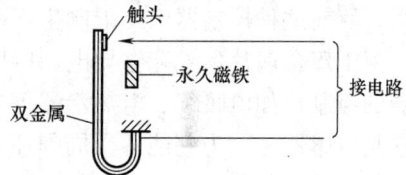

图 2-1　双金属片温度控制器原理图

镍铁合金，黄铜的热膨胀率是比较大的，而这种镍铁合金的热膨胀率是比较小的。当双金属片受热时，黄铜的膨胀较大，这使双金属片的自由端向右弯曲，如图 2-1 所示。当冷却时，双金属片又回到正常的伸直位置。双金属片弯曲量的大小是与受热的程度成正比的。实际使用时，为了加大双金属片的弯曲量，往往延长双金属片的长度，并且把双金属片弯曲成多圈的形式，如图 2-2 所示。

双金属片自由端做成触头的形式，当双金属片受热弯曲到一定程度时触头闭合，当温度恢复到正常值时触头断开。但是由于双金属片动作缓慢，当触点接触或分

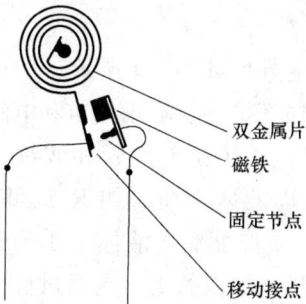

图 2-2　多圈式双金属片温度
控制器原理图

离时将在触点间发生电弧，此时触点间会因电击产生斑点而导致接触不良。触头附近的小型永久磁铁的作用是当触头闭合时使它迅速完成闭合动作，并牢靠地固定在闭合位置上。在释放时能起迟滞的作用，从而最终也会使触点快速断开。这可大大减少产生电弧和烧坏触点的可能性。以前也有采用水银管开关的方法解决触点接触不良和触点间发生电弧的问题，方法是利用水银管内的水银从一端流向另一端时，就会使管内两接触点接通或断开，完成开关作用，如图 2-3 所示。

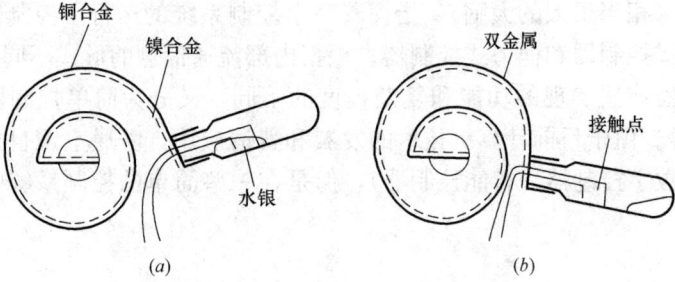

图 2-3　水银管开关双金属片温度控制器
(a) 触点接通；(b) 触点断开

　　这种开关有很多优点，如：开关动作安静无声；管内水银移动快，因此交换速度快而使管内接触点的损坏率降低；由于接触点完全封闭在玻璃管内，可以免受空气中灰尘、杂质等的腐蚀。但是由于水银是重金属，一旦玻璃管破裂，水银泄漏可能会导致人畜中毒。近些年来很多国家和地区都颁布了相关法律或行业规范来限制和禁止水银在日常用品中的使用，目前这种控制器已经限制生产。

　　由于双金属片本身能够导电，所以双金属温度控制器的触头常作为自动开关用于电加热器的控制，如电暖气、电热水器等。它本身既是控制器也是传感器，同时也是执行器。说它是传感器是因为它能感受周围环境的温度，说它是控制器是因为它可以根据温度的变化输出控制信号（开关信号），说它是执行器是因为它可以去控制电加热器电路的通断，从而改变进出被控对象加热量的多少。集传感器、控制器和执行器于一身是这种简单控制器的一个重要特点。

　　2. 温包式双位温度控制器

　　温包式双位温度控制器的外形如图 2-4 所示。

　　该控制器由感温机构、杠杆机构、显示设定和电触头几部分组成。感温机构由温包，传压毛细管和波纹管组成。在密封的感温机构中充以液体工质（如 R12、R22、氯甲烷等）。温包感受被测介质温度后，液体工质的饱和蒸汽压力通过传压毛细管作用于波纹管上，再通过杠杆机构使电触头动作。

　　当被控介质温度变化时，温包和波纹管中的饱和蒸汽压力亦产生相应的变化，使波纹管的顶力矩和定值弹簧所

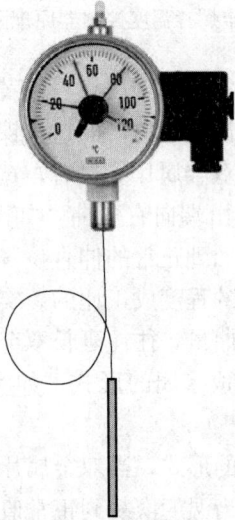

图 2-4　温包式双位温度控制器

产生的力矩失去平衡，则杠杆转动，当杠杆转过一定角度后使动触头迅速与固定触头闭合或断开，从而达到对被测介质温度双位控制的目的。

温包式双位温度控制器常用于空调器、冰箱等制冷设备压缩机启停的控制。

3. 机械式风机盘管温控器

机械式风机盘管温控器是一种有几十年使用历史的典型的风机盘管控制装置，其外形如图 2-5 所示。

机械式风机盘管温控器由温度敏感元件、温度设定旋钮、电触点、冬夏转换开关和三档风速开关等部件组成。

它的温度传感元件有双金属片、温包和波纹管等几种。温度设定旋钮用来设定室内温度，当被控房间的温度高于设定温

图 2-5　机械式风机盘管温控器外形图

度时，电触点闭合，接通冷水管路安装的二通阀线圈的电源，打开二通阀，使冷水从风机盘管流过；当室温低于设定值时，电触点打开，切断二通阀线圈上的电源，关闭二通阀，风机盘管中没有冷水流过，从而使室内温度维持在设定值附近。

因为在冬季时风机盘管中流过的是热水，水阀的通断逻辑正好相反，当室温高于设定值时不是打开二通阀，而是关闭二通阀，所以需要有冬夏转换开关来完成这项工作。

机械式风机盘管温控器还设有三档风速开关用于风机盘管风机的变速调节。机械式风机盘管温控器的外部接线如图 2-6 所示。1T 为电源开关；2T 为温控开关，图中位置表示温度低于设定值时的状态；3T 为冬、夏季转换开关，图中位置为冬季运行工况；4T 为三档风速开关。

二、双位式温度控制器的调节过程

以上所讲的三种简单控制器有一个共同的特点，就是它们的输出只有两种状态，要么是最大值要么是最小值，有时候也把这种简单控制器叫做温度开关。图 2-7 是这种控制器的静态特性曲线。

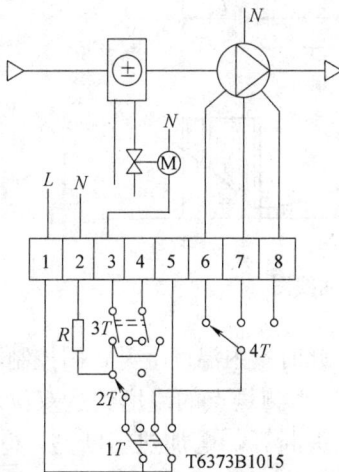

图 2-6　机械式风机盘管温控器的外部接线图

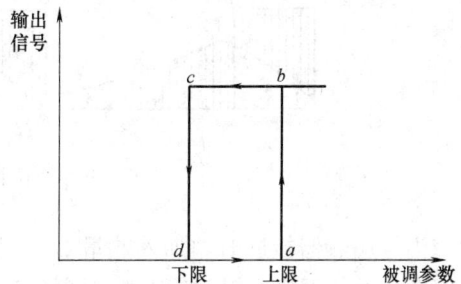

图 2-7　双位控制器的静态特性曲线

11

下面以一个通过电加热器的通断来控制室温的双位温度控制系统的工作原理进行说明，如图 2-8 所示。

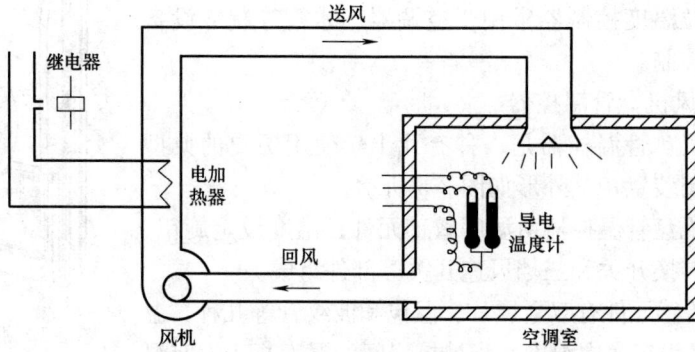

图 2-8　双位温度控制系统

按实验记录数据，画出双位控制器对空调室温控制的调节过程曲线图，如图 2-9 所示。

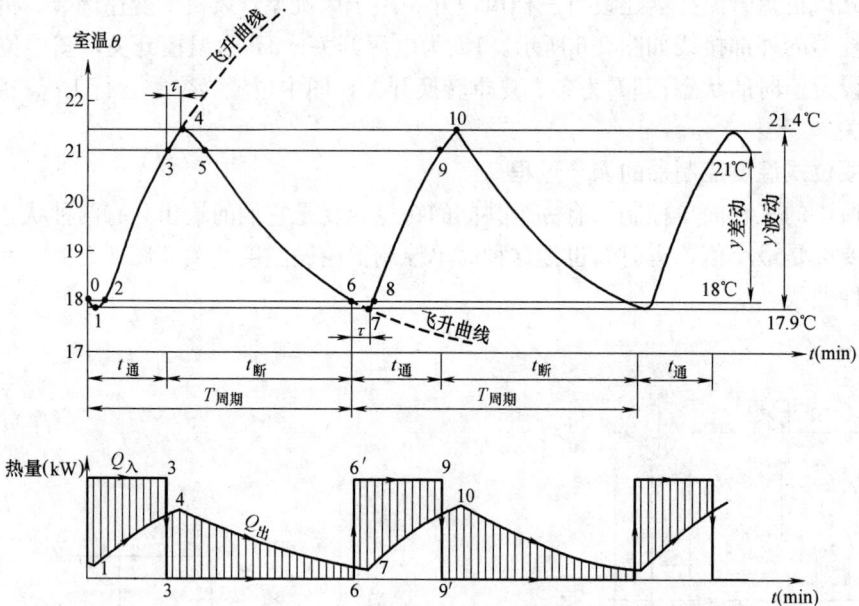

图 2-9　双位控制器调节过程曲线图

当电加热器接通时，加入热量 $Q_入$，因 $Q_入 > Q_出$，此时室内温度上升，因控制器没有任何动作，故温度上升过程是按对象的飞升曲线 1234。当测量点的温度到达双位调节器的上限温度 θ_3 时，双位调节器立即动作，控制器的触头断开，电加热器断路，$Q_入 = 0$，此时 $Q_出 > Q_入$。理论上，室内温度应下降，θ_3 为最高温度。但实际上由于对象延迟的存在（$\tau \neq 0$）（因电加热器与测量点有一段距离且电加热器和管道等有惯性余热），故温度未见下降，而是继续上升。经一段延迟时间（τ_{34}），加热器和管道余热放出后，此时温度已上升到 θ_4，才开始回降。温度下降过程仍按对象飞升曲线 4567。当温度下降至控制器的下限温度时，控制器的触头闭合，电加热器又接通，此时加入热量 $Q_入 > Q_出$。理论上，室内温度应开始回升，且 θ_6 为最低温度。但实际上由于对象延迟的存在，温度仍然继续下降，经一段时间延迟后（τ_{67}），温度降至 θ_7，才开始回升。

曲线 1234567 就是双位调节器在空调室的调节过程的一个周期。调节过程是一个不衰减的振荡过程。

由于对象有延迟时间存在（τ_{34}，τ_{67}），故引起被调参数波动范围（$y_{波动}$）超过了控制器的差动范围（$y_{差动}$）。延迟（τ）愈大，则 $y_{波动}$ 超过 $y_{差动}$ 愈甚。若对象延迟时间 $\tau = 0$，则理论上 $y_{波动} = y_{差动}$。

同时，开关周期（$T_{周期}$）与延迟时间（τ）亦有关。τ 愈大，开关周期愈长。若对象延迟 $\tau = 0$ 时，它的调节过程如图 2-10 所示。

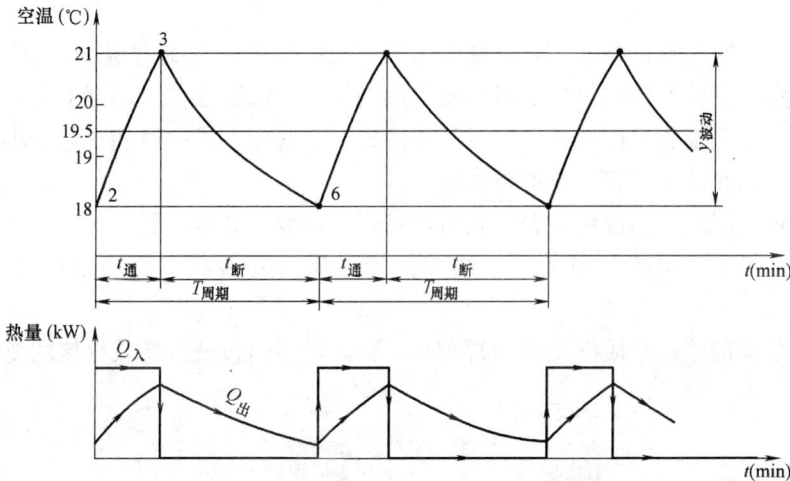

图 2-10　对象延迟 $\tau = 0$ 时的调节过程

三、自力式模拟输出控制器

自力式模拟输出控制器与自力式双位输出控制器的共同点都是不从外部取得控制动作所需要的能源，控制作用所需要的能源取自控制器本身，如双金属片的弯曲或者温包内气体（或液体）的膨胀。而不同的是，自力式模拟输出控制器的输出信号不再是最大值和最小值两个状态，而是连续输出。

具体的自力式模拟输出控制器有散热器恒温控制阀、自力式流量控制阀、自力式压差控制阀和自力式温度控制阀等。

（一）散热器恒温控制阀

散热器恒温控制阀是一种不需要外部能量，由室内温度按比例控制的控制器，其原理是利用恒温阀阀头中的感温元件来控制阀门开

图 2-11　散热器恒温控制阀外形

度的大小，当室温升高时，感温元件因热膨胀，压缩阀杆，使阀门关小。当室温下降时，感温元件因冷却而收缩，阀杆弹回，使阀门开大。因此，当房间有其他辅助热源（如白天的太阳光，其他发热体等），室温高于设定的温度时，阀门自动关小，散热器的进水量减少，最终达到节约供热热量的目的。常见的散热器恒温控制阀外形如图 2-11 所示。

1. 散热器恒温控制阀的感温包

根据所充灌的感温介质的不同，散热器恒温控制阀的感温包主要有以下三类：

（1）蒸气压力式　感温包中充有某种液体，当室温升高时，部分液体蒸发为蒸气，推动波纹管关小阀门，减少流入散热器的水量；当室温降低时，其作用相反，部分蒸气凝结为液体，波纹管被弹簧推回而使阀门开度变大，增加流经散热器的水量，室温升高。

这种感温包是根据低沸点液体的饱和蒸气压力只与气液面温度有关这一原理制成，金属感温包的一部分容积内盛放低沸点液体，其余空间，包括毛细管内是这种液体的饱和蒸气，其压力、温度关系是非线性的。充填的低温液体有氯甲烷、氯乙烷、丙酮、二乙醚及苯等。

蒸气压力式感温包价格便宜，不会因为裸露在空气中的毛细管温度变化而产生误差，温包尺寸和温包充填液体数量多少对精度无影响，只需保证在测量温度上限时，温包内仍有残液，故它的毛细管可以很长。比较其他形式，蒸气压力式的时间常数最小。这种感温包对于密封、防止渗漏有较严格的要求。

（2）液体膨胀式　感温包中充满具有较高膨胀系数的液体，要求液体比热小、热导率高、黏性小。常采用甲醇和甲苯、甘油等作为工质。依靠液体的热胀冷缩来执行温控动作。

膨胀系数高的液体介质挥发性通常较高，因此对感温包密封有较严格的要求。

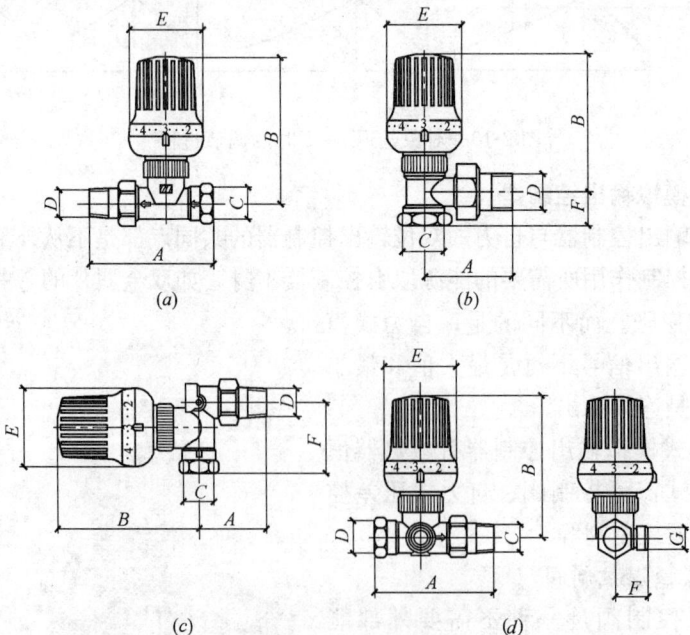

图 2-12　散热器恒温控制阀的阀体外形尺寸图
(a) 两通直阀；(b) 两通角阀；(c) 两通转角阀；(d) 三通阀

（3）固体膨胀式 温包中充满的某种胶状固体（如石蜡等），依靠热胀冷缩的原理来执行温控动作。为了保证介质内部温度均匀和感温灵敏性，在石蜡中通常还混有铜末。

感温包是构成温控阀的核心部件，它对于实现温控阀对室温的控制起着重要作用。一个良好的传感器应能正确感应房间的实际温度变化，以控制调节阀做出正确的动作。为了提高温控阀的控制精度，传感器设计上不仅应考虑准确感应空气温度和外界辐射，还应考虑蓄存于结构中的内能。另外，传感器的时间常数特性、反应时间、最小室温变化感应度对于温控器实现迅速、精确的控制也有着重要的影响。

2. 散热器恒温控制阀的阀体

散热器恒温控制阀的阀体具有较好的流量调节性能，恒温控制阀阀杆采用密封活塞的形式，在恒温控制器的作用下直线运动，带动阀芯运动以改变阀门开度。恒温控制阀体关键工艺要求是流量调节性能好和密封性能好，长期使用可靠性高。其外形尺寸见图 2-12 和表 2-1。

散热器恒温控制阀的阀体外形尺寸　　　　　　　　　　　　　　表 2-1

类型		两通直阀			两通角阀		两通转角阀	三通阀
型号		ZWT-15	ZWT-20	ZWT-25	ZWT-15	ZWT-20	ZWT-15	ZWT-20
公称直径(mm)		15	20	25	15	20	15	20
外形尺寸 （mm）	A	92	95	100	60	63	48	95
	B	118	118	120	133	133	118	118
	C	G1/2″	G3/4″	G1″	G1/2″	G1/2″	G1/2″	G3/4″
	D	G1/2″	G3/4″	G1″	G1/2″	G3/4″	G1/2″	G3/4″
	E	57	57	57	57	57	57	57
	F	—	—	—	24	25	51	30
	G	—	—	—	—	—	—	G3/4″

散热器恒温控制阀的安装形式有图 2-13 所示的几种。

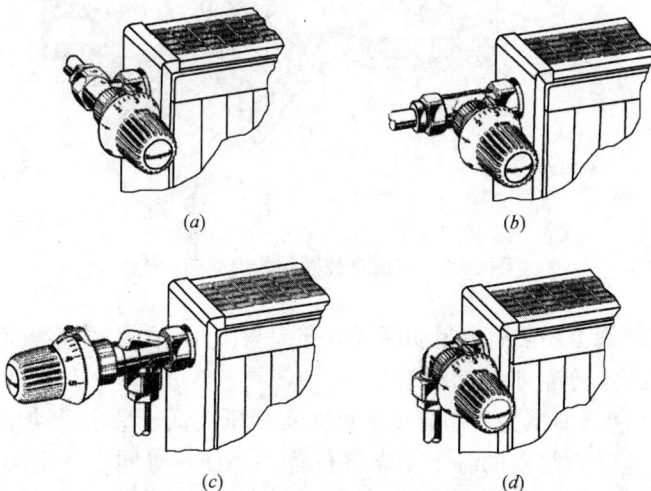

图 2-13 散热器恒温控制阀的几种安装形式
(a) 角型；(b) 直型；(c) 水平角型；(d) 垂直角形

（二）自力式流量控制阀

自力式流量控制阀也叫动态流量平衡阀，实质上是一个过流面积随阀门两端压差改变而改变的动态流量平衡设备，它的外形如图 2-14 所示。

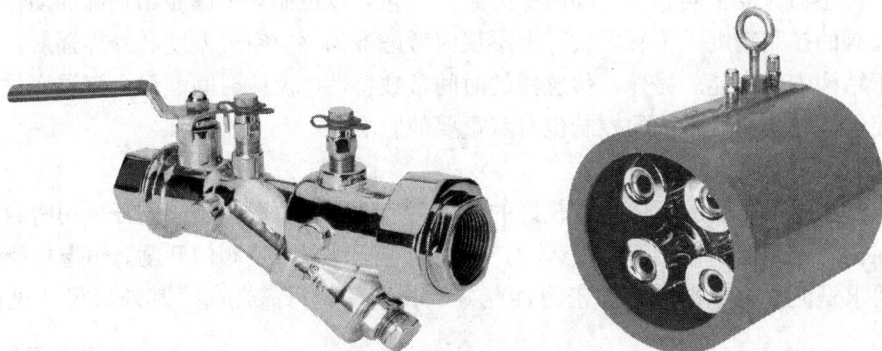

图 2-14　动态流量平衡阀外形图

这种形式的定流量控制阀的内部结构如图 2-15 所示，其核心部分为一个有异形开口面积的节流阀芯，在额定流量下流体在节流阀芯处产生作用力并与弹簧反作用力相平衡，从而确定了阀芯与阀座之间的相对位置，也就确定了流经阀门的流量。当流经阀门的流量增加时，阀前后压差增加，使阀芯向阀座方向移动，改变了阀芯与阀座之间的流通截面，使流量减小，从而达到控制流量的目的。反之，当流量减少时，通过增大阀芯开度来控制流量。

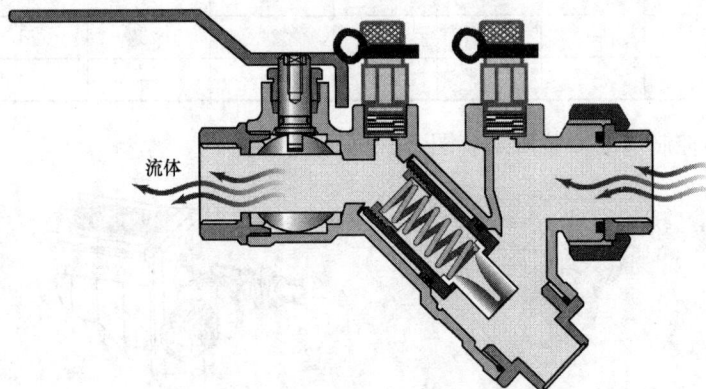

图 2-15　定流量控制阀的内部结构

这种定流量控制阀上还装有流量切断阀和压差检测孔，其特性如图 2-16 所示。

1. 阀门两端压差低于最小启动压差时

图 2-16（a）中粗线所示为动态流量平衡阀实际压差低于最小启动压差时的"流量—压差"特性曲线。这时阀门内的各个动态部件都不动作，等同于一个固定节流孔板，其"流量—压差"特性曲线也和孔板的特性曲线一致。

2. 阀门两端压差在工作压差范围内时

图 2-16（*b*）中粗线所示为动态流量平衡阀实际压差在工作压差范围内时的"流量－压差"特性曲线。在这个区间内不管压差如何变化，阀门的流量始终维持不变。

其工作原理可参看下面的经典流体力学公式：

$$Q = K_V \cdot \sqrt{\Delta P} \qquad (2\text{-}1)$$

式中　Q——流量；

　　　K_V——流量系数；

　　　ΔP——阀门两端压差。

当实际压差超过阀门的最小启动压差时，只要在工作压差范围内，随着压差值 ΔP 的增大，阀门动态阀芯的过流面积减小，K_V 减小。但不管如何变化，$K_V \cdot \sqrt{\Delta P}$ 始终不变，即流过动态流量平衡阀的流量始终维持不变。

3. 阀门两端压差高于最大压差时

图 2-16（*c*）中粗线所示为阀门压差高于最大压差时的"流量－压差"特性曲线。这时阀门内的各个动态部件都不动作，等同于一个固定节流孔板，流量始终维持在设计流量。

（三）自力式压差控制阀

自力式压差控制阀与自力式流量平衡阀都属于变流量—定流量装置，但其所起的作用和结构是不一样的，其内部结构和与管道的连接方式如图 2-17 所示。自力式压差控制阀的设计基于一个弹簧膜片组合。弹簧拉动平衡塞以打开阀门，压差 *AB* 施加在膜片 3 上，形成一个对抗弹簧的力。通过一条与测量阀的排水口 6 相连的毛细管，压力 *A* 被传递到自力式压差控制阀，压力 *B* 在内部传递到膜片的另一侧。测量阀可以略去不用，或者采用供水管道上的一个测试点来代替。当膜片上的压差 *AB* 所产生的力大于弹簧力时，阀门开始按比例关闭，直到它找到新的平衡位置。这就在自力式压差控制阀中产生了一个补充压降，从而限制了二次回路中的压差（Δp_L）增大。在手轮 7 中心用内六角扳手，可以改变弹簧的设定力。这样就可以将 Δp_L 调节到需要的数值。手轮 7 还可以用来关闭自力式压差控制阀，以便在必要时隔离回路。

四、简易电动调节器

简易电动调节器是一种全电子式指示调节仪表系列，主要适用于一般热工参数单回路的自动调节。在我国 20 世纪 70~80 年代末期应用非常广泛，目前有些运行保养较好的空

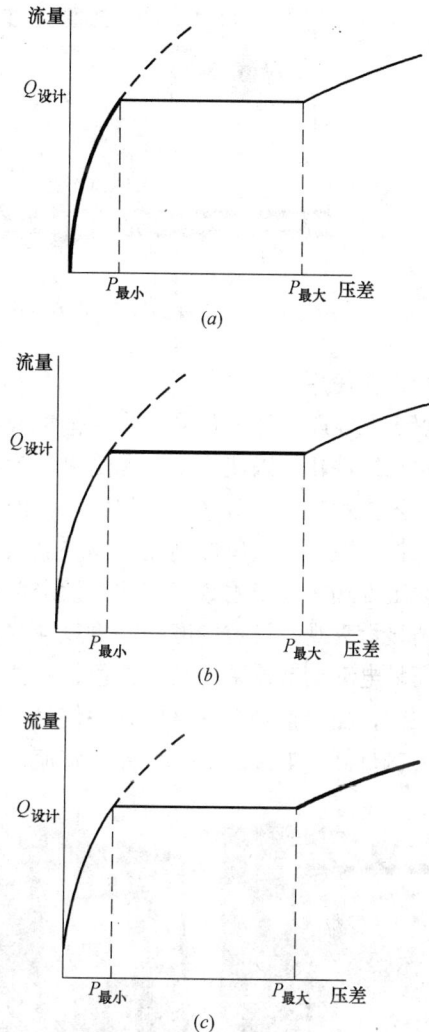

图 2-16　自力式流量控制阀外特性

（*a*）阀门压差低于最小启动压差；

（*b*）阀门压差在工作压差范围内；

（*c*）阀门压差高于最大工作压差

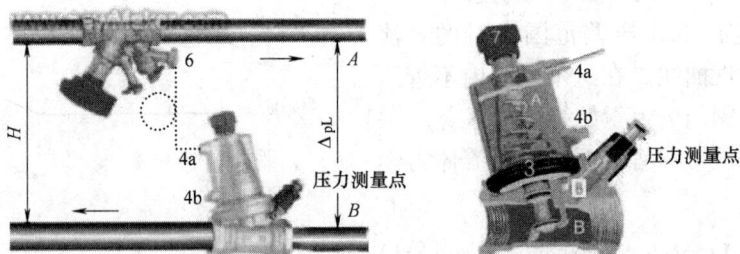

图 2-17　自力式压差控制阀与管道的连接方式

调系统仍在使用。

仪表在线路设计上，采用半导体集成电路和分立元件兼用方式，各种功能的电路尽量典型化和组件化，以使仪表结构简单、动作可靠、价格便宜和便于生产。

仪表显示方式一般采用偏差指示，即显示被控参数实际值和设定值之差。显示单位直接按被控参数的度量单位刻度，偏差显示范围可根据用户要求灵活设置。

设定方式一般采用数字方式，设定单位一般可按被控参数的度量单位刻度，其特点是设定值显示直观，设定精度高，重复性好，而且便于生产。

简易电动调节器系列具有二位、三位、比例、比例积分、比例微分和比例积分微分等调节规律；输出信号有继电器开关信号、可控硅脉冲信号和连续电流信号等，可适应各种不同的执行器，如接触器、可控硅整流器、电磁阀和电功调节阀等。

为满足成套自动化控制的需要，简易电功调节仪表还设计了各种配套附件，如热电偶冷端补偿器、可控硅电压调整器、可控硅零触发器、时间比例控制器、电动伺服放大器、时间程序定值器和简易程序控制器等等，因而曾经被广泛用于暖通空调系统热工参数的自动控制。

图 2-18 为部分简易电动调节器外形及内部结构图。

五、电动单元组合型控制器（DDZ 控制器）

DDZ 是电动单元组合仪表的简称，它按照自动检测与过程控制系统中各组成部分的功能与使用要求，将整套仪表划分为变送单元、控制（调节）单元、给定（设定）单元、计算单元、转换单元、显示单元、执行单元以及辅助单元等八大类，各单元间采用统一标准信号

图 2-18　简易电动调节器与各种输入信号及各种执行器的连接示意图

联系。利用这些通用的单元，进行各种组合，可以构成功能与复杂程度各异的自动检测和控制系统。

电动单元组合仪表经历了Ⅰ型、Ⅱ型和Ⅲ型几个发展阶段，DDZ-Ⅲ型控制器是在DDZ-Ⅱ型控制器的基础上采用线性集成电路制造而成的，因而比DDZ-Ⅱ型控制器具有更好的性能。它有两个基型产品，即全刻度指示控制器与偏差指示控制器，这两种控制器的线路结构基本相同，仅指示电路部分有差异。它们根据运算电路又分为PI与PID两种型号。DDZ-Ⅲ型控制器基本组成如图2-19所示。

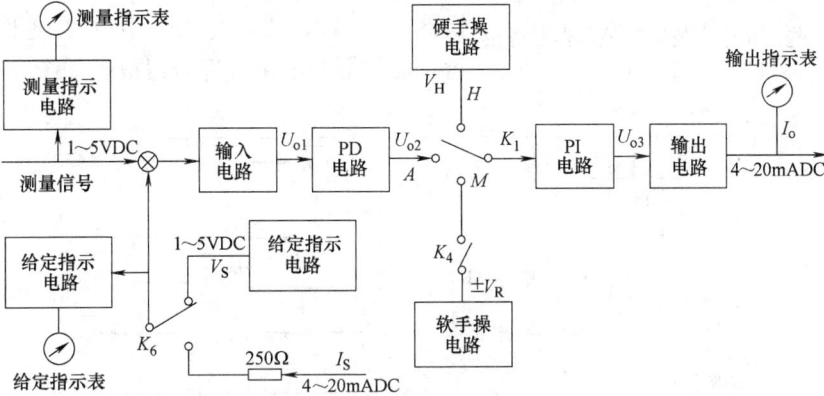

图 2-19 DDZ-Ⅲ型控制器基本组成

随着微电子技术、计算机技术以及网络技术等在过程控制技术中的应用，过程控制领域在过去的几十年间得到了极大的进步。目前暖通空调系统控制装置基本上都是采用以微处理器为核心的计算机控制系统（含PLC控制系统、DCS控制系统以及基于过程总线技术的FCS控制系统），利用计算机程序实现传统意义上的控制器的比较、运算、判断和输出等功能，其灵活性是传统控制器无法比拟的。采用传统意义上的简易电动控制器和电动单元组合控制器已经没有发展空间，并且已趋于消亡。

第二节　数字控制器

一、数字控制器的特点与组成

随着数字计算机，特别是微处理器的迅速发展和广泛使用，数字控制器在许多场合逐渐取代了模拟控制器。数字控制器与前面介绍的简单控制器的最大不同在于控制器中的比较、分析判断和计算部分采用了数字电路或微处理器来完成，这就给控制器的"智能化"奠定了物质基础，在这个物质基础之上人们通过编制各种各样的程序，就可以赋予控制器不同的控制功能，也就使控制器实现了智能化。所以数字控制器也可以叫做智能控制器，数字控制器中控制程序水平的高低决定了数字控制器智能化程度的高低。

数字控制器与传统的模拟控制器相比另一个不同是控制系统中的信号类型发生了变化。由于微处理器只接受数字信号，所以系统中采用了采样开关，将来自控制器外部的某些连续时间信号转变为离散的时间信号，系统变为一个连续信号和离散信号共存的混合信

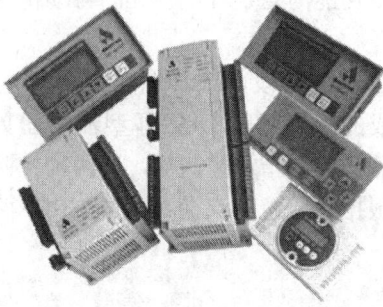

图 2-20 一些公司生产的数字控制器的外形

号系统，这种系统也称为采样控制系统。信号类型的变化使得连续系统的分析和设计方法不再适用于采样控制系统，必须用采样控制系统的理论及方法来分析和研究系统的控制问题。图 2-20 为一些公司生产的数字控制器的外形。

一个简单的数字控制器硬件是以微处理器（CPU）为核心，由程序存储器（ROM）、数据随机存储器（RAM）、模数转换器（A/D）、数模转换器（D/A）、接口电路（I/O）、通信接口、键盘、显示器和电源等部分组成，如图 2-21 所示。

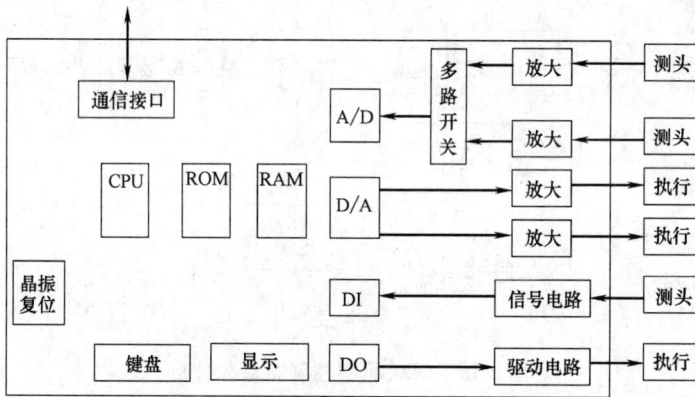

图 2-21 数字控制器组成框图

图 2-21 右侧是和现场发生信号关系的模拟与数字通道，分别是"AI"、"AO"、"DI"、"DO"，用以连接不同性质的传感器和执行器。

可以接受模拟电压（电流）的输入通道称"模入"，一般用"AI"表示；将控制的输出量以模拟电压（电流）的形式进行输出的通道称"模出"，一般用"AO"表示；能够接受各种数字开关量变化的输入通道称"数字量输入"，一般用"DI"表示；能控制电动阀门、风机、泵等启停的各种数字开关量变化的输出通道称"数字量输出"，一般用"DO"表示。通信接口和通信线可以和上位计算机或其他控制器交换数据，实现远程控制。

数字控制器的基本工作原理是，现场的热工参数（如温度、压力等参数）经过传感器转换为电信号再经过放大器放大到一个统一范围（如 0～5V），再由模/数（A/D）转换器转换为计算机所能识别的数字信号，再通过数字控制器内部经微处理器与

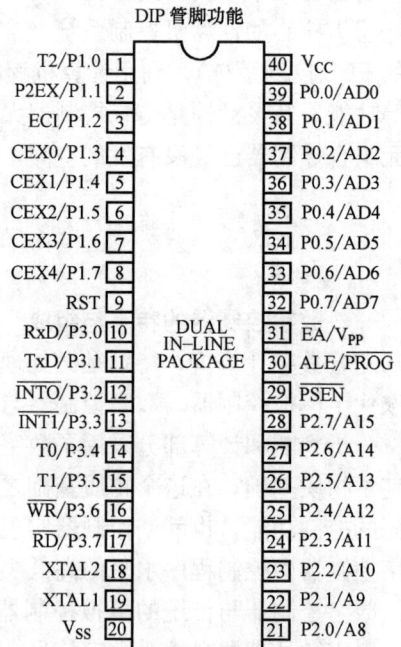

图 2-22 MCS-51 单片机的外部接脚图

20

预先给定的设定值进行比较、判断及一系列运算，再将结果经过数模（D/A）转换器转换成标准模拟信号（如 4～20mA），驱动电动阀的执行器，改变阀门的开度，从而改变流量，达到控制被控参数的目的。

微处理器（CPU）是数字控制器的核心，简单的数字控制器常采用 INTEL 公司的 51 系列单片机，如其外形如图 2-22 所示。

MCS-51 单片机的内部结构框图（CPU 结构）如图 2-23 所示。

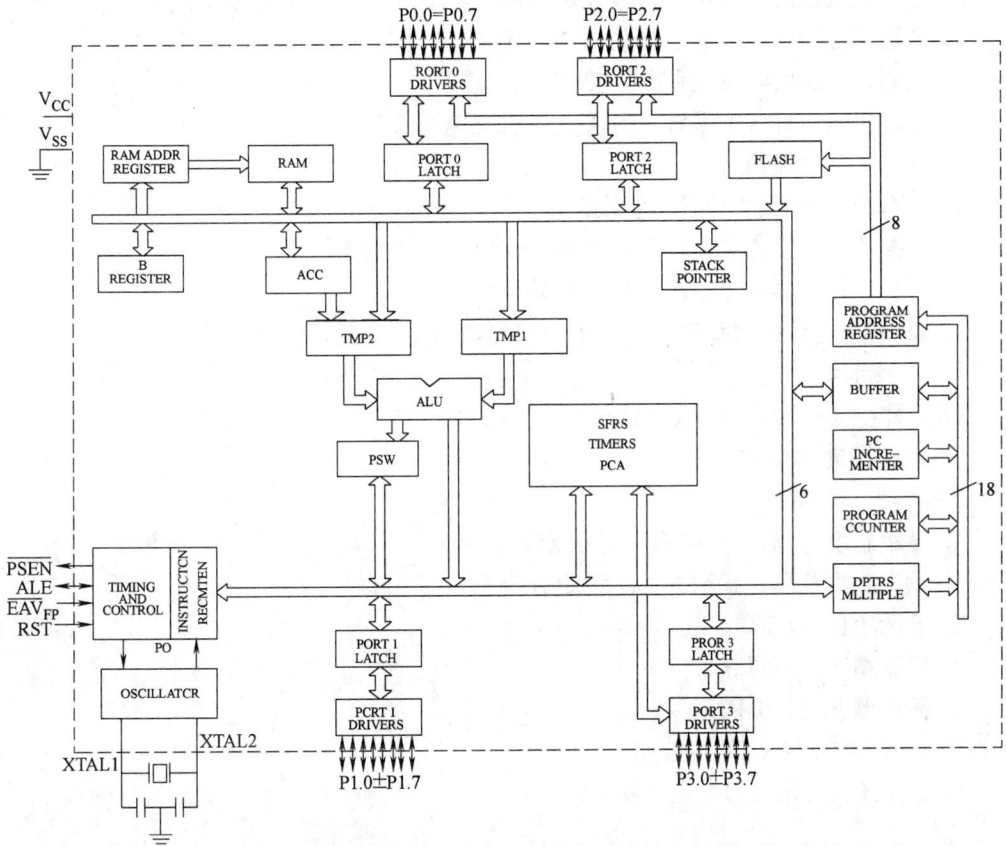

图 2-23　MCS-51 单片机的内部结构框图

下面介绍几种暖通空调系统常用的数字控制器。

二、风机盘管数字控制器

目前机械式风机盘管控制器已经逐步被数字控制器代替，与机械式风机盘管控制器相比，由于内置了微处理器，数字式风机盘管控制器具有数字显示、多模式运行、时钟操作、故障报警、远程数据传输等特点，极大地改善了原有的控制功能。图 2-24 为某数字式风机盘管控

图 2-24　某数字式风机盘管控制器外形图

制器外形图。

该数字式温度控制器用于空调末端二管制风机盘管控制。它通过控制水路上阀门的开启与关闭对房间设定温度进行控制。带有一个系统开关和一个风机三速调节开关，具有冷热切换功能并带有独立的送风模式，冷热切换通过改变温度设定参数进行。

（一）特点

1. 美观、小巧紧凑，与办公室和宾馆的内部装修相协调。

2. 数字式液晶屏幕显示，可以显示当前环境温度及用户设定温度。

3. 内置传感器，可以显示当前房间温度。

4. 按钮设定温度，按钮调节冷热切换。

5. 手动机械拨杆式的系统总开关及风机三速开关。

6. 有独立的送风模式。

7. 具有摄氏/华氏单位显示切换设定。

8. 温控器可直接安装在墙上，也可以安装在通用型接线盒中。

9. 可显示传感器故障，故障排除容易。

10. 具有失电数据保存功能，在下一次启动时默认先前设定的参数。

（二）技术参数

1. 工作电源：220VAC（±10%），50/60Hz；

2. 触点容量：3A；

3. 功耗：< 2W；

4. 显示温度范围：0~40℃（显示分辨率0.1℃）；

5. 设定温度范围：10~30℃（设定分辨率0.5℃）；

6. 显示单位：0.5℃；

7. 控制精度：0.5℃；

8. 恒温器开关：S. P. D. T；

9. 控制方式：ON/OFF 控制。

（三）接线（图2-25）

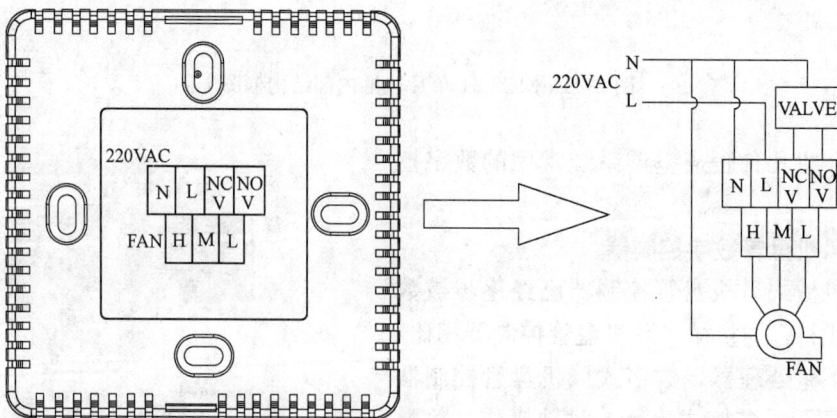

图2-25　风机盘管数字控制器接线图

通常数字式风机盘管控制器都只有位式输出而不带模拟量输出，因此也不带 PID 控制回路，所以数字式风机盘管控制器只能算是一种简单的数字控制器。

三、单回路数字控制器

有一个模拟量输出的数字控制作叫做单回路数字控制器。一般单回路数字控制器可以有多路模拟量输入，有若干个数字量输入和输出，这种控制器主要用在一些比较简单的控制系统中，如风机、水泵的变频控制，换热器的流量控制等。

下面以西门子公司的 RDW68 型数字控制器为例给以介绍。RDW68 型数字控制器是适用于暖通空调和制冷系统单回路控制的一种通用数字控制器，可单独安装于控制盘中或者装在墙上以及机房内，其外形如图 2-26 所示。

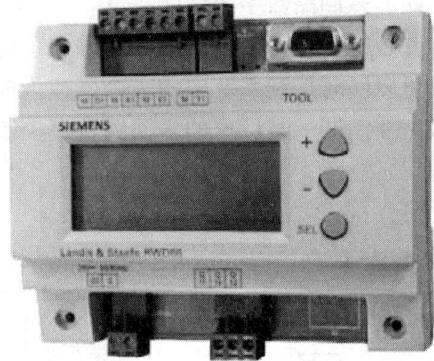

图 2-26　RDW68 型数字控制器外形图

（一）特点

1. P 及 PI 响应的独立数字式通用控制器；

2. 24VAC 工作电压；

3. 可通过应用编号选择应用程序；

4. 输入信号的输入值段可以选择设定；

5. 输出值的范围和方向可以任意设定；

6. 两个通用输入通道可选用 Ni 1000，Pt 1000 的电阻温度传感器和 0～10V 信号；

7. 单位可设置为 ℃，℉，% 或者无指定单位；

8. 模拟量输出点输出 0～10V DC 信号，可以是正向或者反向；

9. 一个双位输出，可以正向或者反向；

10. 一个数字量输入点；

11. 无需额外工具即可通过控制器上的按键进入或者更改所有数据；

12. 与电脑连接可以下载应用程序。

（二）接线

RDW68 型数字控制器接线端子如图 2-27 所示。

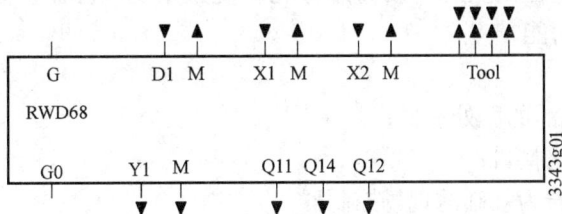

图 2-27　RDW68 型数字控制器接线端子图

D1—数字量输入；G 、G0—交流 24V 供电 ；M—地线（G0），用于信号输入，
通用输入和模拟量输出；Q—数字量输出点，AC 24...230V 之间的工作
电压均可 ；X1——信号输入（主输入点：Ni 1000，Pt 1000 和 0···10V DC）；
X2——信号输入（辅助信号输入：Ni 1000，Pt 1000，0···10V DC
以及 0···1000Ω 或 0···10V DC 远程设置信号）；Y1——模拟量输出；
Tool——与 PC 连接的通讯接口（9 针插口）

（三）典型应用

以一个带温度控制的送风系统为例，数字控制器与加热器和表冷器以及传感器的连接如图 2-28 所示。

用数字量输出信号 Q1 控制加热器的启停，进行送风温度的粗调节，用模拟信号 Y1 进行表冷器的细调节，X1 为房间温度反馈信号。

四、多回路数字控制器

一般把多于一个模拟量输出的数字控制器叫做多回路数字控制器。多回路数字控制器因为可以同时控制系统中的多个模拟量被控参数，所以稍复杂一些的控制系统常采用多回路数字控制器。某厂家的多回路数字控制器外形如图 2-29 所示。

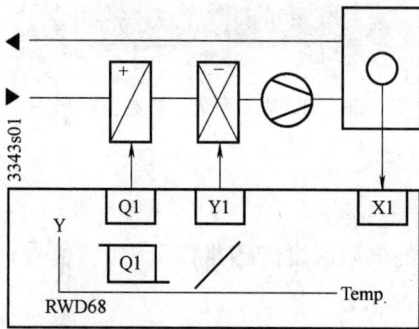

图 2-28　数字控制器与设备的连接图

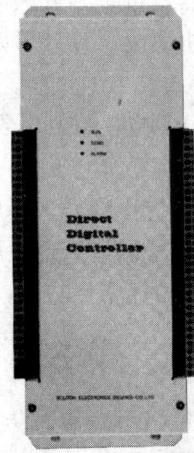

图 2-29　某厂家的多回路数字控制器外形图

该数字控制器是一种全智能控制器，它能扫描和监视指定设备并自动决定需要的控制功能。编好初始化程序后，能根据要求独立完成各系统部件的操作，与任何指定的终端进行通信，如报警、信息记录或按操作员的要求执行命令。这种数字控制器可应用于厂房工艺空调控制、冷水系统控制及综合动力站等比较复杂系统的控制。配置汉字液晶显示器后，可现场操作所有功能。

（一）特点

1. CPU 选用飞利浦的微处理器；

2. 光电隔离的通信接口；

3. 以智能微处理器为基础的现场控制器；

4. 可用汉字液晶显示器进行显示和操作；

5. 灵活的组态型通讯软件。

（二）性能（见表 2-2）

（三）接口（见图 2-30 所示）

1. 输入：8 个 AI/DI 可用，通过跳线环可将接口设定为模拟量或数字量接口；

2. 输出：模拟量输出（AO）；4 个 AO 可用；开关量输出（DO）；4 个 DO 可用。

AI/DI 可选输入 跳线环选择	1—2	AI 0～10V 输入
	2—3	AI 0～5V 输入
	3—4	DI DC24V
	5—6 软件设置 1	AI 0～20mA
	5—6 软件设置 2	AI 4～20mA
DO 数字输出	继电器输出	5A/24V DC；2A/220VAC (S2000-2011A/2012A)
	可控硅输出	AC 2A/220V(S2000-2012A)
AO 模拟量输出 (跳线环选择)	短路	DC0～20mA 最大负载电阻 1000Ω
	断路	DC0～10V 最大负载电阻 500Ω
DC24V 输出	可向现场设备提供 500mA 的 24V 直流电源	
AC24V 输出	可向现场设备提供 500mA 的 24V 交流电源	
处理器	飞利浦微处理器	
预留接口	预留有 S2000-2001 汉字液晶显示器接线端子	
工作电源	AC24V(40W 变压器两组输出或由工程定义)	
网络通信	光电隔离的 CAN 网络，速率为 10～200kbps	
尺寸	260(长)mm×114(宽)mm×30(高)mm	
环境	湿度	温度	洁净、室内安装
	10%～90%	—10～50℃	

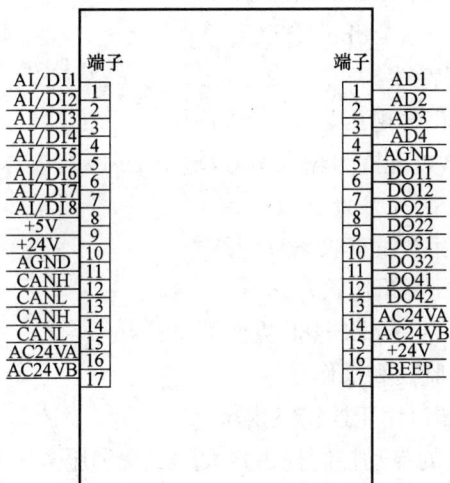

图 2-30　某多回路数字控制器端子接线图

五、专用数字控制器

专门用于一些特殊设备或特殊系统的数字控制器叫做专用数字控制器。图 2-31 所示为一种专门用于房间供暖系统控制的数字控制器。

这种数字控制器提供正常、节能或停止三种运行模式。正常模式和节能模式的区别仅是房间温度设定点的不同。可通过时间开关自动或通过运行模式选择开关手动进行转换。正常模式的出厂设置为 20℃，节能模式的出厂设置为 8℃。正常模式和节能模式的运行时间也可以根据工作日和休息日的不同灵活设置。

图 2-32 为西门子公司生产的 ACX36.000 数字控制器，这种数字控制器专为暖通空调和制冷设备的控制而设计。根据通讯形式的不同，该控制器有以下几种类型：

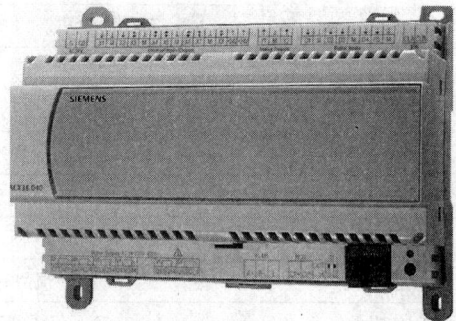

图 2-31 专门用于房间供暖系统控制的数字控制器　　图 2-32 西门子公司生产的 ACX36.000 数字控制器

(1) ACX36.000 Modbus RTU；

(2) ACX36.030 KNX ＋ Modbus RTU；

(3) ACX36.040 LON ＋ Modbus RTU。

所有控制器都具有以下特性：

(1) 2 个模拟量输出，信号电压为 0~10VDC；

(2) 8 个通用 IO 接口（可配置为输入信号/输出信号）；

(3) 5 个数字量输入；

(4) 6 个继电器输出（互相没有联系）；

(5) 带有 KNX 和 LON 通讯协议；

(6) 可用于 Modbus RTU 的 RS-485 界面端口；

(7) 服务界面端口用于监控和操作；

(8) PPS2 点对点界面端口用于连接室内单元。

为暖通空调和制冷系统的自动控制提供强大的工程和服务工具。

第三节　PLC 控制器

可编程控制器（Programmable Controller）简称 PC 或 PLC，它也是一种数字控制器，是在电器控制技术和计算机技术的基础上发展起来的，把自动化技术、计算机技术、通信技术融为一体的新型工业控制装置。目前，PLC 已被广泛应用于各种生产机械和生产过程的自动控制中，在暖通空调自动控制系统中也得到了广泛的应用。

一、PLC 的特点

PLC 较好地解决了工业领域中普遍关心的可靠、安全、灵活、方便、经济等问题。主要有以下特点：

（一）可靠性高、抗干扰能力强

可靠性高、抗干扰能力强是 PLC 最重要的特点之一。PLC 的平均无故障时可达几十万个小时，之所以有这么高的可靠性，是由于它采用了一系列的硬件和软件的抗干扰措施。

1. 硬件方面。I/O 通道采用光电隔离，有效地抑制了外部干扰源对 PLC 的影响；对供电电源及线路采用多种形式的滤波，从而消除或抑制了高频干扰；对 CPU 等重要部件采用良好的导电、导磁材料进行屏蔽，以减少空间电磁干扰；对有些模块设置了连锁保护、自诊断电路等。

2. 软件方面。PLC 采用扫描工作方式，减少了由于外界干扰引起的故障；在 PLC 系统程序中设有故障检测和自诊断程序，能对系统硬件电路等故障实现检测和判断。当由外界干扰引起故障时，能立即将当前的重要信息加以封存，禁止任何不稳定的读写操作，一旦外界环境正常后，便可恢复到故障发生前的状态，继续原来的工作。

（二）编程简单、使用方便

目前，大多数 PLC 采用的编程语言是梯形图语言，它是一种面向生产、面向用户的编程语言。梯形图与电器控制线路图相似，形象、直观，不需要掌握计算机知识，很容易让广大工程技术人员掌握。当生产流程需要改变时，可以现场改变程序，使用方便、灵活。

（三）功能完善、通用性强

现代 PLC 不仅具有逻辑运算、定时、计数、顺序控制等功能，而且还具有 A/D 和 D/A 转换、数值运算、数据处理、PID 控制、通信联网等许多功能。同时，由于 PLC 产品的系列化、模块化，有品种齐全的各种硬件装置供用户选用，可以组成满足各种要求的控制系统。

（四）设计安装简单、维护方便

由于 PLC 用软件代替了传统电气控制系统的硬件，控制柜的设计、安装接线工作量大为减少。PLC 的用户程序大部分可在实验室进行模拟调试，缩短了应用设计和调试周期。在维修方面，由于 PLC 的故障率极低，维修工作量很小，而且 PLC 具有很强的自诊断功能，如果出现故障，可根据 PLC 上指示或编程器上提供的故障信息，迅速查明原因，维修极为方便。

（五）体积小、重量轻、能耗低

由于 PLC 采用了集成电路，其结构紧凑、体积小、能耗低，因而是实现机电一体化的理想控制设备。

二、PLC 的分类

PLC 产品种类繁多，其规格和性能也各不相同，通常根据其结构形式的不同、功能的差异和 I/O 点数的多少等进行大致分类。

（一）按结构形式分类

根据 PLC 的结构形式，可将 PLC 分为整体式和模块式两类。

1. 整体式 PLC

整体式 PLC 是将电源、CPU、I/O 接口等部件都集中装在一个机箱内，具有结构紧凑、体积小、价格低的特点。小型 PLC 一般采用这种整体式结构。整体式 PLC 由不同 I/O 点数的基本单元（又称主机）和扩展单元组成。基本单元内有 CPU、I/O 接口、与 I/O 扩展单元相连的扩展口以及与编程器或 EPROM 写入器相连的接口等。扩展单元内只有 I/O 和电源等，没有 CPU。基本单元和扩展单元之间一般用扁平电缆连接。整体式 PLC 一般还可配备特殊功能单元，如模拟量单元、位置控制单元等，使其功能得以扩展，如图 2-33 所示。

图 2-33　整体式 PLC

2. 模块式 PLC

模块式 PLC 是将 PLC 各组成部分，分别做成若干个单独的模块，如 CPU 模块、I/O 模块、电源模块（有的含在 CPU 模块中）以及各种功能模块。模块式 PLC 由框架或基板和各种模块组成。模块装在框架或基板的插座上。这种模块式 PLC 的特点是配置灵活，可根据需要选配不同规模的系统，而且装配方便，便于扩展和维修。大、中型 PLC 一般采用模块式结构。

还有一些 PLC 将整体式和模块式的特点结合起来，构成所谓叠装式 PLC。叠装式 PLC 的 CPU、电源、I/O 接口等也是各自独立的模块，它们之间靠电缆进行连接，并且各模块可以一层层地叠装。这样，不但系统可以灵活配置，还可以做得体积小巧。

（二）按功能分类

根据 PLC 所具有的功能不同，可将 PLC 分为低档、中档、高档三类。

1. 低档 PLC

具有逻辑运算、定时、计数、移位以及自诊断、监控等基本功能，还可有少量模拟量输入/输出、算术运算、数据传送和比较、通信等功能。主要用于逻辑控制、顺序控制或少量模拟量控制的单机控制系统。

2. 中档 PLC

除具有低档 PLC 的功能外，还具有较强的模拟量输入/输出、算术运算、数据传送和比较、数制转换、远程 I/O、子程序、通信联网等功能。有些还可增设中断控制、PID 控制等功能，适用于复杂控制系统。

3. 高档 PLC

除具有中档 PLC 的功能外，还增加了带符号算术运算、矩阵运算、位逻辑运算、平方根运算及其他特殊功能函数的运算、制表及表格传送功能等。高档 PLC 具有更强的通信联网功能，可用于大规模过程控制或构成分布式网络控制系统，实现工厂自动化。

（三）按 I/O 点数分类

根据 PLC 的 I/O 点数的多少，可将 PLC 分为小型、中型和大型三类。

1. I/O 点数为 256 点以下为小型 PLC。其中，I/O 点数小于 64 点的为超小型或微型 PLC。

2. I/O 点数为 256 点以上、2048 点以下为中型 PLC。

3. I/O 点数为 2048 点以上的为大型 PLC。其中，I/O 点数超过 8192 点的为超大型 PLC。

在实际应用中，PLC 功能的强弱与其 I/O 点数的多少是相互关联的，即 PLC 的功能越强，其可配置的 I/O 点数越多。因此，通常所说的小型、中型、大型 PLC，除指其 I/O 点数不同外，同时也表示其对应功能为低档、中档、高档。

三、PLC 的基本组成

PLC 是微机技术和控制技术相结合的产物，是一种以微处理器为核心的用于控制的特殊计算机，因此 PLC 的基本组成与一般的微机系统类似。

（一）PLC 的硬件组成

PLC 的硬件主要由中央处理器（CPU）、存储器、输入单元、输出单元、通信接口、扩展接口、电源等部分组成。其中，CPU 是 PLC 的核心，输入单元与输出单元是连接现场输入、输出设备与 CPU 之间的接口电路，通信接口用于与编程器、上位计算机等外设连接。

对于整体式 PLC，所有部件都装在同一机壳内，其组成框图如图 2-34 所示。

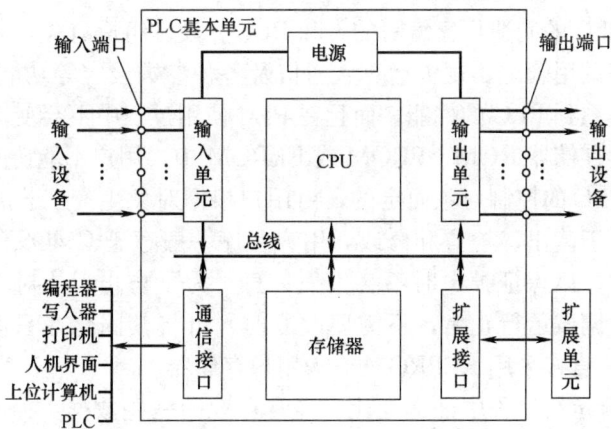

图 2-34　整体式 PLC 组成框图

下面对 PLC 各主要组成部分进行简单介绍。

1. 中央处理单元（CPU）

同一般的微机一样，CPU 是 PLC 的核心。PLC 中所配置的 CPU 随机型的不同而不同，常用有三类：通用微处理器（如 Z80、8086、80286 等）、单片微处理器（如 8031、8096 等）和位片式微处理器（如 AMD29W 等）。小型 PLC 大多采用 8 位通用微处理器和单片微处理器；中型 PLC 大多采用 16 位通用微处理器或单片微处理器；大型 PLC 大多采用高速位片式微处理器。

目前，小型 PLC 为单 CPU 系统，而中、大型 PLC 则大多为双 CPU 系统，甚至有些PLC 中多达 8 个 CPU。对于双 CPU 系统，一般一个为字处理器，一般采用 8 位或 16 位处理器；另一个为位处理器，采用由各厂家设计制造的专用芯片。字处理器为主处理器，用于执行编程器接口功能，监视内部定时器，监视扫描时间，处理字节指令以及对系统总线和位处理器进行控制等。位处理器为从处理器，主要用于处理位操作指令和实现 PLC 编程语言向机器语言的转换。位处理器的采用，提高了 PLC 的速度，使 PLC 更好地满足实时控制要求。

在 PLC 中 CPU 按系统程序赋予的功能，指挥 PLC 有条不紊地进行工作，归纳起来主要有以下几个方面：

（1）接收从编程器输入的用户程序和数据。

（2）诊断电源、PLC 内部电路的工作故障和编程中的语法错误等。

（3）通过输入接口接收现场的状态或数据，并存入输入映像寄存器或数据寄存器中。

（4）从存储器逐条读取用户程序，经过解释后执行。

（5）根据执行的结果，更新有关标志位的状态和输出映像寄存器的内容，通过输出单元实现输出控制。有些 PLC 还具有制表打印或数据通信等功能。

2. 存储器

存储器主要有两种：一种是可读/写操作的随机存储器 RAM，另一种是只读存储器ROM、PROM 、EPROM 和 EEPROM。在 PLC 中，存储器主要用于存放系统程序、用户程序及工作数据。

系统程序是由 PLC 的制造厂家编写的，和 PLC 的硬件组成有关，完成系统诊断、命令解释、功能子程序调用管理、逻辑运算、通信及各种参数设定等功能，提供 PLC 运行的平台。系统程序关系到 PLC 的性能，而且在 PLC 使用过程中不会变动，所以是由制造厂家直接固化在只读存储器 ROM、PROM 或 EPROM 中，用户不能访问和修改。

用户程序是随 PLC 的控制对象而定的，由用户根据对象生产工艺的控制要求而编制的应用程序。为了便于读出、检查和修改，用户程序一般存于 CMOS 静态 RAM 中，用锂电池作为后备电源，以保证掉电时不会丢失信息。为了防止干扰对 RAM 中程序的破坏，当用户程序经过调试运行正常，不需要改变时，可将其固化在只读存储器 EPROM中。现在有许多 PLC 直接采用 EEPROM 作为用户存储器。

工作数据是 PLC 运行过程中经常变化、经常存取的一些数据。存放在 RAM 中，以适应随机存取的要求。在 PLC 的工作数据存储器中，设有存放输入输出继电器、辅助继电器、定时器、计数器等逻辑器件的存储区，这些器件的状态都是由用户程序的初始设置和运行情况而确定的。根据需要，部分数据在掉电时用后备电池维持其现有的状态，这部分在掉电时可保存数据的存储区域称为保持数据区。

由于系统程序及工作数据与用户无直接联系，所以在 PLC 产品样本或使用手册中所列存储器的形式及容量是指用户程序存储器。当 PLC 提供的用户存储器容量不够用时，许多 PLC 还提供有存储器扩展功能。

3. 输入、输出单元

输入、输出单元通常也称 I/O 单元或 I/O 模块，是 PLC 与工业生产现场之间的连接部件。PLC 通过输入接口可以检测被控对象的各种数据，以这些数据作为 PLC 对被控制对象进行控制的依据；同时 PLC 又通过输出接口将处理结果送给被控制对象，以实现控制的目的。

由于外部输入设备和输出设备所需的信号电平是多种多样的，而 PLC 内部 CPU 处理的信息只能是标准电平，所以 I/O 接口要实现这种转换。I/O 接口一般都具有光电隔离和滤波功能，以提高 PLC 的抗干扰能力。另外，I/O 接口上通常还有状态指示，工作状况直观，便于维护。

PLC 提供了多种操作电平和驱动能力的 I/O 接口，有各种各样功能的 I/O 接口供用户选用。I/O 接口的主要类型有：数字量（开关量）输入、数字量（开关量）输出、模拟量输入、模拟量输出等。

PLC 的 I/O 接口所能接受的输入信号个数和输出信号个数称为 PLC 输入/ 输出（I/O）点数。I/O 点数是选择 PLC 的重要依据之一。当系统的 I/O 点数不够时，可通过 PLC 的 I/O 扩展接口对系统进行扩展。

4. 通信接口

PLC 配有各种通信接口，这些通信接口一般都带有通信处理器。PLC 通过这些通信接口可与监视器、打印机、其他 PLC、计算机等设备实现通信。PLC 与打印机连接，可将过程信息、系统参数等输出打印；与监视器连接，可将控制过程图像显示出来；与其他 PLC 连接，可组成多机系统或连成网络，实现更大规模控制。与计算机连接，可组成多级分散式控制系统，实现控制与管理相结合。

5. 智能接口模块

智能接口模块是一个独立的计算机系统，它有自己的 CPU、系统程序、存储器以及与 PLC 系统总线相连的接口。它作为 PLC 系统的一个模块，通过总线与 PLC 相连，进行数据交换，并在 PLC 的协调管理下独立地进行工作。

PLC 的智能接口模块种类很多，如高速计数模块、闭环控制模块、运动控制模块、中断控制模块等。

6. 编程装置

编程装置的作用是编辑、调试、输入用户程序，也可在线监控 PLC 内部状态和参数，与 PLC 进行人机对话。它是开发、应用、维护 PLC 不可缺少的工具。编程装置可以是专用编程器，也可以是配有专用编程软件包的通用计算机系统。专用编程器是由 PLC 厂家生产，专供该厂家生产的某些 PLC 产品使用，它主要由键盘、显示器和外存储器接插口等部件组成。

专用编程器只能对指定厂家的几种 PLC 进行编程，使用范围有限，价格较高。同时，由于 PLC 产品不断更新换代，所以专用编程器的生命周期也十分有限。因此，现在的趋势是使用以个人计算机为基础的编程装置，用户只要购买 PLC 厂家提供的编程软件和相应的硬件接口装置。这样，用户只需用较少的投资即可得到高性能的 PLC 程序开发系统。

基于个人计算机的程序开发系统功能强大，它既可以编制、修改 PLC 的等梯形图程序，又可以监视系统运行、打印文件、系统仿真等。配上相应的软件还可实现数据采集和分析等许多功能。

7. 电源

PLC 配有开关电源，以供内部电路使用。与普通电源相比，PLC 电源的稳定性好、抗干扰能力强。对电网提供的电源稳定度要求不高，一般允许电源电压在其额定值±15%的范围内波动。许多 PLC 还向外提供直流 24V 稳压电源，用于对外部传感器供电。

8. 其他外部设备

除了以上所述的部件和设备外，PLC 还有许多外部设备，如 EPROM 写入器、外存储器、人/机接口装置等。

EPROM 写入器是用来将用户程序固化到 EPROM 存储器中的一种 PLC 外部设备。为了使调试好的用户程序不易丢失，经常用 EPROM 写入器将 PLC 内 RAM 保存到 EPROM 中。

人/机接口装置是用来实现操作人员与 PLC 控制系统的对话。最简单、最普遍的人/机接口装置由安装在控制台上的按钮、转换开关、拨码开关、指示灯、LED 显示器、声光报警器等构成。对于 PLC 系统，还可采用半智能型 CRT 人/机接口装置和智能型终端人/机接口装置。半智能型 CRT 人/机接口装置可长期安装在控制台上，通过通信接口接收来自 PLC 的信息并在 CRT 上显示出来。智能型终端人/机接口装置有自己的微处理器和存储器，能够与操作人员快速交换信息，并通过通信接口与 PLC 相连，也可作为独立的节点接入 PLC 网络。

（二）PLC 的软件组成

PLC 的软件由系统程序和用户程序组成。

系统程序是由 PLC 制造厂商设计编写的，并存入 PLC 的系统存储器中，用户不能直接读写与更改。系统程序一般包括系统诊断程序、输入处理程序、编译程序、信息传送程序、监控程序等。

PLC 的用户程序是用户利用 PLC 的编程语言，根据控制要求编制的程序。

在 PLC 的应用中，最重要的是用 PLC 的编程语言来编写用户程序，以实现控制目的。

由于 PLC 是专门为工业控制而开发的装置，其主要使用者是广大电气技术人员，为了满足他们的传统习惯和掌握能力，PLC 的主要编程语言采用比计算机语言相对简单、易懂、形象的专用语言。

PLC 编程语言是多种多样的，对于不同生产厂家、不同系列的 PLC 产品采用的编程语言的表达方式也不相同，但基本上可归纳两种类型：一是采用字符表达方式的编程语言，如语句表等；二是采用图形符号表达方式的编程语言，如梯形图等。

1. 梯形图语言

梯形图语言是在传统电器控制系统中常用的接触器、继电器等图形表达符号的基础上演变而来的。它与电器控制线路图相似，继承了传统电器控制逻辑中使用的框架结构、逻辑运算方式和输入输出形式，具有形象、直观、实用的特点。因此，这种编程语言为广大电气技术人员所熟知，是应用最广泛的 PLC 的编程语言，是 PLC 的第一编程语言。

如图 2-35 所示为传统的电器控制线路图和 PLC 梯形图。

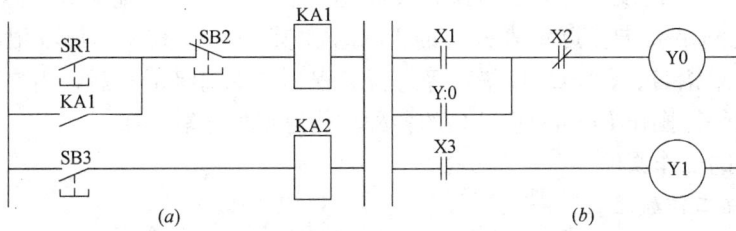

图 2-35　电路控制线路图与梯形图

(a) 电器控制线路图；(b) PLC 梯形图

从图 2-35 中可看出，两种图表示的思想基本是一致的，具体表达方式有一定区别。

PLC 的梯形图使用的是内部继电器，定时/计数器等，都是由软件来实现的，使用方便，修改灵活，是原电器控制线路硬接线无法比拟的。

2. 语句表语言

这种编程语言是一种与汇编语言类似的助记符编程表达方式。在 PLC 应用中，经常采用简易编程器，而这种编程器中没有 CRT 屏幕显示，或没有较大的液晶屏幕显示。因此，用一系列 PLC 操作命令组成的语句表将梯形图描述出来，再通过简易编程器输入到 PLC 中。虽然各个 PLC 生产厂家的语句表形式不尽相同，但基本功能相差无几。图 2-36 所示是与图 2-37 中梯形图对应的语句表程序。

步序号	指令	数据
0	LD	X1
1	OR	Y0
2	ANI	X2
3	OUT	Y0
4	LD	X3
5	OUT	Y1

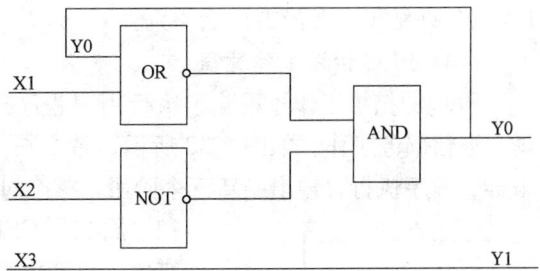

图 2-36　与图 2-35 中梯形图对应的语句表程序　　图 2-37 逻辑图语言编程

可以看出，语句是语句表程序的基本单元，每个语句和计算机汇编语言一样，也由主地址（步序号）、操作码（指令）和操作数（数据）三部分组成。

3. 逻辑图语言

逻辑图是一种类似于数字逻辑电路结构的编程语言，由与门、或门、非门、定时器、计数器、触发器等逻辑符号组成。有数字电路基础的电气技术人员较容易掌握。

4. 功能表图语言

功能表图语言（SFC 语言）是一种较新的编程方法，又称状态转移图语言。

它将一个完整的控制过程分为若干阶段，各阶段具有不同的动作，阶段间有一定的可转换条件，转换条件满足就实现阶段转移，上一阶段动作结束，下一阶段动作开始，是用功能表图的方式来表达一个控制过程，对于顺序控制系统特别适用。

5. 高级语言

随着 PLC 技术的发展，为了增强 PLC 的运算、数据处理及通信等功能，以上编程语言无法很好地满足要求。近年来推出的 PLC，尤其是大型 PLC，都可用高级语言，如 BASIC 语言、C 语言、PASCAL 语言等进行编程。采用高级语言后，用户可以像使用普通微型计算机一样操作 PLC，使 PLC 的各种功能得到更好地发挥。

四、PLC 的工作原理

（一）扫描工作原理

　　当 PLC 运行时，是通过执行反映控制要求的用户程序来完成控制任务的，需要执行众多的操作，但 CPU 不可能同时去执行多个操作，它只能按分时操作（串行工作）的方式，每一次执行一个操作，按顺序逐个执行。由于 CPU 的运算处理速度很快，所以从宏观上来看，PLC 外部出现的结果似乎是同时（并行）完成的。这种串行工作过程称为 PLC 的扫描工作方式。

　　用扫描工作方式执行用户程序时，扫描是从第一条程序开始，在无中断或跳转控制的情况下，按程序存储顺序的先后，逐条执行用户程序，直到程序结束。然后再从头开始扫描执行，周而复始重复运行。

　　PLC 的扫描工作方式与电器控制的工作原理明显不同。电器控制装置采用硬逻辑的并行工作方式，如果某个继电器的线圈通电或断电，那么该继电器的所有常开和常闭触点不论处在控制线路的哪个位置上，都会立即同时动作；而 PLC 采用扫描工作方式（串行工作方式），如果某个软继电器的线圈被接通或断开，其所有的触点不会立即动作，必须等扫描到该触点时才会动作。但由于 PLC 的扫描速度快，通常 PLC 与电器控制装置在 I/O 的处理结果上并没有什么差别。

（二）PLC 扫描工作过程

　　PLC 的扫描工作过程除了执行用户程序外，在每次扫描工作过程中还要完成内部处理、通信服务工作。如图 2-38 所示，整个扫描工作过程包括内部处理、通信服务、输入采样、程序执行、输出刷新五个阶段。整个过程扫描执行一遍所需的时间称为扫描周期。

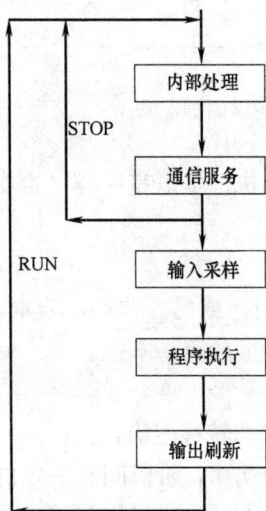

图 2-38　扫描过程示意图

扫描周期与 CPU 运行速度、PLC 硬件配置及用户程序长短有关，典型值为 1～100ms。

　　在内部处理阶段，进行 PLC 自检，检查内部硬件是否正常，监视定时器（WDT）复位以及完成其他一些内部处理工作。

　　在通信服务阶段，PLC 与其他智能装置实现通信，响应编程器键入的命令，更新显示器的显示内容等。

　　当 PLC 处于停止（STOP）状态时，只完成内部处理和通信服务工作。主 PLC 处于运行（RUN）状态时，除完成内部处理和通信服务工作外，还要完成输入采样、程序执行、输出刷新工作。

　　PLC 的扫描工作方式简单直观，便于程序的设计，并为可靠运行提供了保障。当 PLC 扫描到的指令被执行后，其结果马上就被后面将要扫描到的指令所利用，而且还可通过 CPU 内部设置的监视定时器来监视每次扫描是否超过规定时间，避免由于 CPU 内部故障使程序执行进入死循环。

（三）PLC 执行程序的过程及特点

PLC 执行程序的过程分为三个阶段，即输入采样阶段、程序执行阶段、输出刷新阶段。

1. 输入采样阶段

在输入采样阶段，PLC 以扫描工作方式按顺序对所有输入端的输入状态进行采样，并存入输入映像寄存器中，此时输入映像寄存器被刷新。接着进入程序处理阶段，在程序执行阶段或其他阶段，即使输入状态发生变化，输入映像寄存器的内容也不会改变，输入状态的变化只有在下一个扫描周期的输入处理阶段才能被采集到。

2. 程序执行阶段

在程序执行阶段，PLC 对程序按顺序进行扫描执行。若程序用梯形图来表示，则总是按先上后下，先左后右的顺序进行。当遇到程序跳转指令时，则根据跳转条件是否满足来决定程序是否跳转。当指令中涉及输入、输出状态时，PLC 从输入映像寄存器和元件映像寄存器中读出，根据用户程序进行运算，运算的结果再存入元件映像寄存器中。对于元件映像寄存器来说，其内容会随程序执行的过程而变化。

3. 输出刷新阶段

当所有程序执行完毕后，进入输出处理阶段。在这一阶段里，PLC 将输出映像寄存器中与输出有关的状态（输出继电器状态）转存到输出锁存器中，并通过一定的方式输出，驱动外部负载。

（四）PLC 的性能指标

1. 存储容量

存储容量是指用户程序存储器的容量。用户程序存储器的容量大，可以编制出复杂的程序。一般来说，小型 PLC 的用户存储器容量为几千字，而大型 PLC 的用户存储器容量为几万字。

2. I/O 点数

输入/输出（I/O）点数是 PLC 可以接受的输入信号和输出信号的总和，是衡量 PLC 性能的重要指标。I/O 点数越多，外部可接的输入设备和输出设备就越多，控制规模就越大。

3. 扫描速度

扫描速度是指 PLC 执行用户程序的速度，是衡量 PLC 性能的重要指标。一般以扫描 1k 字用户程序所需的时间来衡量扫描速度，通常以 ms/k 字为单位。PLC 用户手册一般给出执行各条指令所用的时间，可以通过比较各种 PLC 执行相同的操作所用的时间，来衡量扫描速度的快慢。

4. 指令的功能与数量

指令功能的强弱、数量的多少也是衡量 PLC 性能的重要指标。编程指令的功能越强、数量越多，PLC 的处理能力和控制能力也越强，用户编程也越简单和方便，越容易完成复杂的控制任务。

5. 内部元件的种类与数量

在编制 PLC 程序时，需要用到大量的内部元件来存放变量、中间结果、保持数据、定时计数、模块设置和各种标志位等信息。这些元件的种类与数量越多，表示 PLC 的存储和处理各种信息的能力越强。

6. 特殊功能单元

特殊功能单元种类的多少与功能的强弱是衡量 PLC 产品的一个重要指标。近年来各 PLC 厂商非常重视特殊功能单元的开发，特殊功能单元种类日益增多，功能越来越强，使 PLC 的控制功能日益扩大。

7. 可扩展能力

PLC 的可扩展能力包括 I/O 点数的扩展、存储容量的扩展、联网功能的扩展、各种功能模块的扩展等。在选择 PLC 时，经常需要考虑 PLC 的可扩展能力。

五、S7-200 Micro PLC 介绍

（一）概况

S7-200 系列是西门子公司可编程逻辑控制器（Micro PLC）的一个系列。这一系列产品可以满足多种多样的自动化控制需要，其外形如图 2-39 所示。具有紧凑的设计、良好的扩展性以及强大的指令，使得 S7-200 可以满足各种小规模的控制要求。此外，丰富的 CPU 类型和电压等级使其在解决用户的自动化问题时，具有很强的适应性。

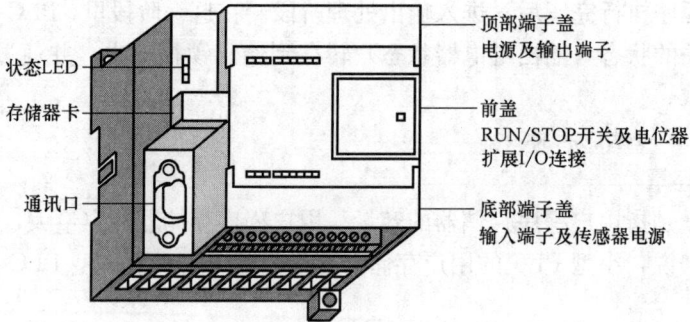

图 2-39 S7-200 系列可编程逻辑控制器

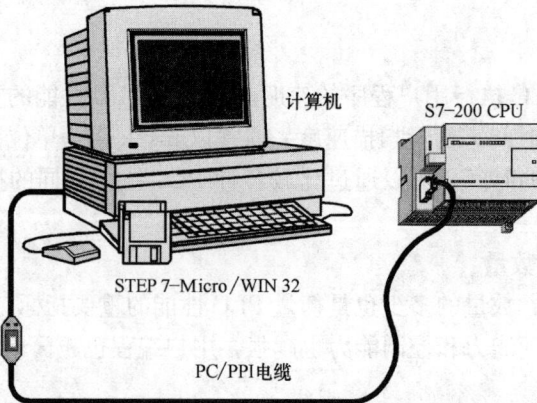

图 2-40 S7-200 Micro PLC 开发系统的连接

（二）开发系统

图 2-40 展示了一个基本的 S7-200 Micro PLC 开发系统。包括一个 S7-200 CPU 模块、一台个人计算机（PC）、STEP 7-Micro/WIN 编程软件以及一条通讯电缆。

（三）S7-200 CPU 的性能

S7-200 系列包括多种 CPU 单元，这使得多种自动控制的设计工作得到支持，表 2-3 提供了每一种 S7-200 CPU 单元的主要特性。

S7-200 CPU 单元的主要特性表　　　　　　　　表 2-3

特性	CPU 221	CPU 222	CPU 224	CPU 224×P	CPU 226
外形尺寸(mm)	90×80×62	90×80×62	120.5×80×62	140×80×62	190×80×62
程序存储器： 可在运行模式下编辑 不可在运行模式下编辑	4096 字节 4096 字节	4096 字节 4096 字节	8192 字节 12288 字节	12288 字节 16384 字节	16384 字节 24576 字节
数据存储区	2048 字节	2048 字节	8192 字节	10240 字节	10240 字节
掉电保持时间	50 小时	50 小时	100 小时	100 小时	100 小时
本机 I/O 　数字量 　模拟量	6 入/4 出 —	8 入/6 出 —	14 入/10 出 —	14 入/10 出 2 入/1 出	24 入/16 出 —
扩展模块数量	0 个模块	2 个模块1	7 个模块1	7 个模块1	7 个模块1
高速计数器 　单相 　双相	4 路 30kHz 2 路 20kHz	4 路 30kHz 2 路 20kHz	6 路 30kHz 4 路 20kHz	4 路 30kHz 2 路 200kHz 3 路 20kHz 1 路 100kHz	6 路 30kHz 4 路 20kHz
脉冲输出(DC)	2 路 20kHz	2 路 20kHz	2 路 20kHz	2 路 100kHz	2 路 20kHz
模拟电位器	1	1	2	2	2
实时时钟	配时钟卡	配时钟卡	内置	内置	内置
通讯口	1　RS-485	1　RS-485	1　RS-485	2　RS-485	2　RS-485
浮点数运算	有				
I/O 映象区	256(128 入/128 出)				
布尔指令执行速度	0.22μs/指令				

（四）扩展模块

S7-200 Micro PLC 包括一个单独的 S7-200 CPU，或者带有各种各样的可选扩展模块。

S7-200 CPU 模块包括一个中央处理单元（CPU）、电源以及数字量 I/O 点，这些都被集成在一个紧凑、独立的设备中。

1. CPU 负责执行程序和存储数据，以便对工业自动控制任务或过程进行控制。

2. 输入和输出是系统的控制点：输入部分从现场设备（例如传感器或开关）中采集信号。

3. 输出部分则控制泵、电机以及工业过程中的其他设备。

4. 电源向 CPU 及其所连接的任何模块提供电力。

5. 通讯端口允许将 S7-200 CPU 同编程器或其他一些设备连接起来。

6. 状态信号灯显示了 CPU 的工作模式（运行或停止），本机 I/O 的当前状态，以及检查出的系统错误。

7. 通过扩展模块可增加 CPU 的 I/O 点数（CPU 221 不可扩展）。通过扩展模块可提供其通讯性能。

8. 一些 CPU 具有内置的实时时钟，其他 CPU 则需要实时时钟卡。

9. EEPROM 卡可以存储 CPU 程序，也可以将一个 CPU 中的程序传送到另一个 CPU 中。

10. 通过可选的插入式电池盒可延长 RAM 中的数据存储时间。

为了更好地满足应用要求，S7-200 系列提供多种类型的扩展模块，可以利用这些扩展模块完善 CPU 的功能。表 2-4 列出了现有的扩展模块，关于特定模块的详细信息，可参看有关产品样本手册。

扩展模块特性表   表 2-4

扩展模块数量		型 号		
数字量模块	输入 输出 混合	8×DC 输入 4×DC 输出 8×DC 输出 4×DC 输入/4×DC 输出 4×DC 输入/4×继电器输出	8×AC 输入 4×继电器输出 8×AC 输出 8×DC 输入/8×DC 输出 8×DC 输入/8×继电器输出	16×DC 输入 8×继电器输出 16×DC 输入/16×DC 输出 16×DC 输入/16×继电器输出
模拟量模块	输入 输出 混合	4 输入 2 输出 4 输入/1 输出	4 热电偶输入	2 热电阻输入
智能模块		定位 以太网	调制解调器 互联网	PROFIBUS-DP
其他模块		ASI		

图 2-41 所示为 S7-200CPU 模块和扩展模块之间的连接。

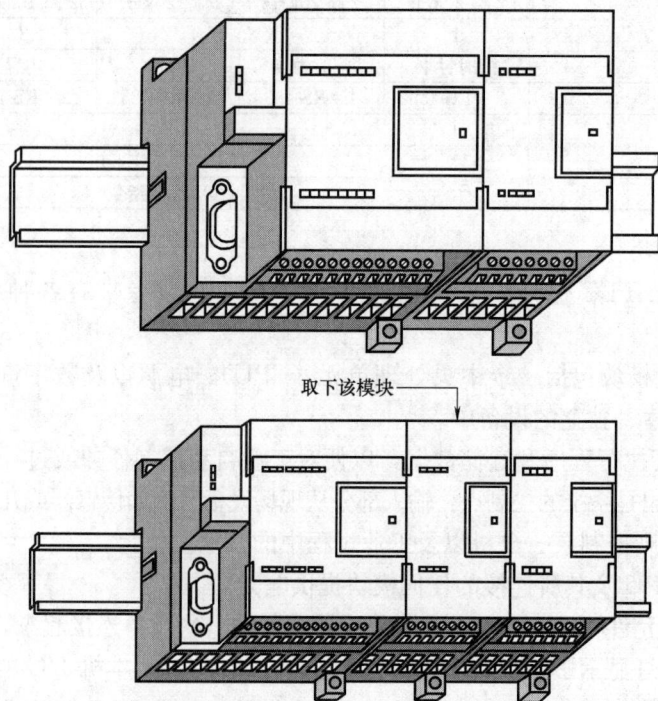

图 2-41 S7-200CPU 模块和扩展模块之间的连接

第三章　暖通空调自动控制常用传感器

第一节　传感器概述

一、传感器的作用

在暖通空调自动控制系统中，不管是现场控制器还是管理级控制，都已经采用了计算机技术，然而计算机只能接收数字信号，对现场的温度、湿度等非电量模拟信号是无能为力的。因此，需要一种装置，它能够把非电量变成电量，再把模拟信号变成数字信号，然后送入计算机进行处理，由计算机根据处理结果发出各种控制命令，对被控参数进行调节。这种把非电量变成电量的装置就是传感器。在现代暖通空调自动控制系统中，传感器和计算机是必不可少的组成部分。

如果以人作比喻，计算机就像人的大脑，而各种各样的传感器就好比人的五官。人们用眼睛看，可以感觉到物体的形状、大小和颜色；用耳朵听，可以感觉到声音；用鼻子嗅，可以感觉到气味；用舌头尝可以感觉到苦、辣、酸、甜、咸等味道，而皮肤可以感觉到冷、热等等。当外界刺激通过五官及神经传到人的大脑时，由人的大脑进行处理，做出判断，并指挥肌肉和四肢做出相应的反应，如图 3-1 所示。

例如，当手碰到一个灼热的物体时，通过触觉（皮肤）传到大脑，使人感到痛和热，于是大脑发出命令，立刻把手拿开，这种使手离开灼热物体的动作就是人的大脑经过加工和判断后做出的决策和发出的命令。传感器和计算机的使用过程中与此相类似，其原理如图 3-2 所示。

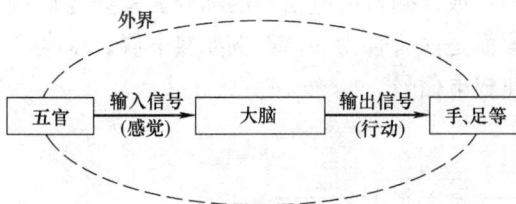

图 3-1　人的信息处理过程　　　　　图 3-2　计算机控制系统的信息处理过程

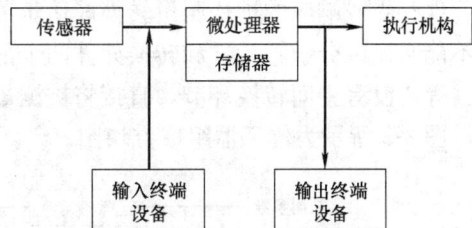

比较图 3-1 和图 3-2 可知，计算机控制系统中与人的五官相当的部分是传感器，而与大脑相当的部分是计算机。人根据五官来感觉外部世界的信息，根据大脑的命令移动手、脚或其他器官；而计算机控制系统则是根据传感器来感知被控制对象的信息，根据计算机的命令对执行机构进行操作的。由此可见，采用传感器的计算机控制系统与人的机能和行动是一一对应的。

各种各样的传感器就是模拟人体的"五官"功能而研制的，表 3-1 示出了人体"五官"与传感器的对应关系。

人体"五官"与传感器的对应关系   表 3-1

人体的五官	传感器	物理现象
视觉(眼)	光传感器	光电效应 热电效应 热温差效应
听觉(耳)	压力传感器 磁传感器	压电效应 应变电阻效应 磁应变效应 霍尔效应 约瑟夫逊效应
嗅觉(鼻)	气体传感器 湿度传感器	吸收效应 吸收效应
味觉(舌)	味觉传感器	正在根据仿生学及新材料的 发展进行研制
触觉(皮肤)	压力传感器	压电效应 应变电阻效应
触觉(皮肤)	温度传感器	热电阻效应 光电阻效应

二、传感器的定义

传感器是专门用来把温度、压力、流量、液位、成分等非电量变成可用输出信号的一种装置。国家标准 GB 7665—87 对传感器的定义是:"能够感受规定的被测量并按照一定的规律转换成可用输出信号的器件或装置,通常由敏感元件和转换元件组成",这里所说的可用输出信号可以是电信号也可以是物理量信号,因为电信号有放大、转换及调整方便的优点,目前绝大部分传感器都是用电信号作为输出信号。

敏感元件是传感器中能直接感受或响应被测量的部分;转换元件是指传感器中能将敏感元件感受或响应的被探测量转换成适于传输和(或)测量的电信号的部分。有些传感器并不能明显区分敏感元件和转换元件两个部分,而是两者合为一体,例如热电偶、压电传感器等,没有中间转换环节,直接将被测量转化成电信号。

图 3-3 所示为传感器组成方块图。

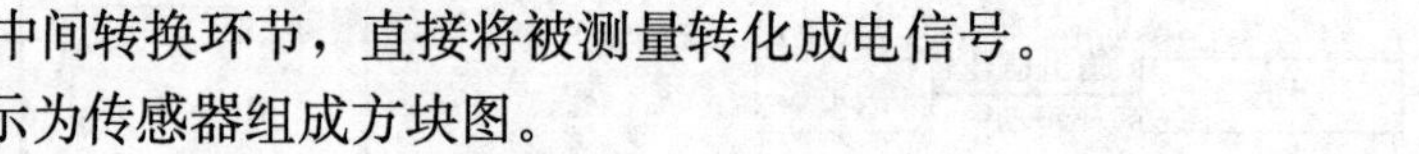

被测参数 ⟶ 敏感元件 ⟶ 转换元件 ⟶ 输出信号

图 3-3   传感器组成方块图

为了把传感器输出的电信号变成控制器、显示仪表和计算机可以接受的标准电信号,传感器输出的电信号还必须进行一系列的调节转换,这包括放大、线性化、标准化、模拟量到数字量的转化等。实际工作中往往把除了模拟量到数字量的转化(A/D 转换)外的其他环节放在一起称为变送器,这时的传感器应该称为广义传感器,如图 3-4 所示。

在这种情况下可以把传感器看成敏感元件和变送器两个部分。

（一）敏感元件

敏感元件是单指能够灵敏地感受被测量并做出响应的元件。一般而言,这一"响应"

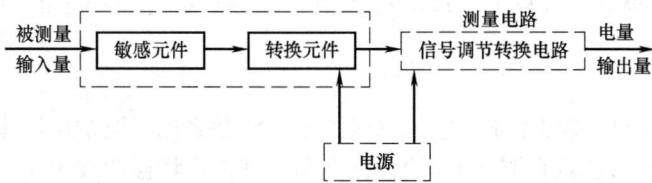

图 3-4 广义传感器组成方块图

通常为电信号（包括电压、电流和电阻等），也可能是其他信号。为了获得被测量的精确数值，我们不仅希望敏感元件对所测物理量足够灵敏，还希望它能够不受或者少受环境因素和时间因素的影响。

如果敏感元件的输出响应与输入变量之间是线性关系（即正比或反比关系），这当然是最便于应用的。但是，即使是非线性关系，只要这种关系能够确定并且不随时间变化，也可以满足基本的使用要求。

（二）变送器

各种敏感元件对被测量的响应信号，由于敏感元件的不同，在物理量的形式和数值范围方面都各不相同。变送器的任务就是将各种不同的信号，统一转换成在物理量的形式和取值范围方面都符合国际标准的统一信号。在当前的模拟控制系统中，统一信号为 4～20mA 的直流电流信号，习惯上称为 II 类信号。1～5V 的直流电压信号也是 II 类信号，用于与计算机系统的接口。另外还有 I 类信号，其形式为 0～10mA 的直流电流信号和 0～10V 的直流电压信号。由于 I 类信号的抗干扰能力较差，目前已经很少使用。

变送器的另一个功能就是在将敏感元件的响应信号变换为标准信号的同时，校正敏感元件的非线性特性，使之尽可能地接近线性。

有了统一的信号形式和数值范围，就便于把各种传感器和其他仪表或控制装置组合在一起，构成计算机控制系统。这样，兼容性和互换性大为提高，仪表的配套也更加方便。

后面所提到的传感器如果不加特殊说明均指广义传感器。

三、传感器的主要性能参数

为了评价传感器的性能，通常用下列参数进行衡量：

（一）量程

量程表示传感器预期要测量的被测量范围，一般用传感器允许测量的上、下极限值来表示。如果下限值为零，则上限值又称为满量程值。

（二）精度

精度表示测量结果与被测量"真值"的接近程度。由于精度一般是在校验或者标定的过程中来确定的，此时，"真值"由其他更精确的仪器或工作基准来给出。精度一般用"极限误差"来表示，或者用极限误差与传感器量程之比的百分数给出。

（三）重复性

重复性反映的是在不变的工作条件下，重复地给予某个相同的输入时，其输出的一致性，其意义和表示方法与精度相似。

（四）线性

有时也称为非线性，表示传感器在全量程内的输出与输入的关系曲线与预定工作直线的偏离程度。传感器的线性或非线性误差就是用工作直线与实际工作曲线之间最大的偏差与量程之比来表示。

（五）灵敏度

灵敏度是传感器的输出增量与输入（被测量）增量之比，通常用工作直线的斜率来表示。如果传感器的特性具有明显的非线性，则利用其工作特性曲线上某一点的 d_y/d_x 来表示该点的灵敏度。

以上各项参数衡量的是传感器的静态特性。对于传感器的动态特性，一般以类似于阶跃响应的各项参数（如时间常数、超调量、上升时间等）来衡量。由于大部分传感器都可以用一阶系统来近似，常用时间常数来描述传感器的动态特性。

（六）时间常数

这里时间常数的意义，是指当被测量发生一个阶跃变化时，输出信号从零变化到稳态值的 63.2% 所需要的时间。在一般情况下，传感器的时间常数总是远小于受控对象的时间常数，通常不必考虑。但是，如果被测量的变化速度很快，则应当充分考虑传感器时间常数对控制品质的影响。

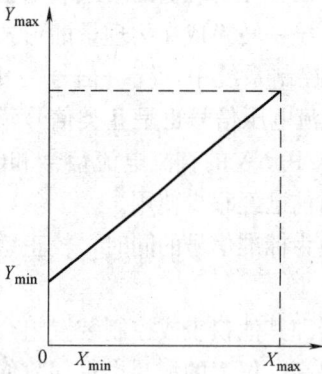

图 3-5 传感器的理想输入/输出特性

四、传感器的外部特性

传感器的理想输入/输出特性如图 3-5 所示，X_{max} 和 X_{min} 分别为传感器测量范围的上限值和下限值，即被测参数的上限值和下限值，如 0~50℃。Y_{max} 和 Y_{min} 分别为变送器输出信号的上限值和下限值，对于模拟变送器，Y_{max} 和 Y_{min} 即为统一标准信号的上限值和下限值，如 4~20mA 直流电流信号。由图 3-5 可得出变送器的输出的一般表达式为：

$$Y = \frac{X}{X_{max} - X_{min}}(Y_{max} - Y_{min}) + Y_{min} \tag{3-1}$$

式中　X——传感器的输入信号；
　　　Y——相对应于 X 时变送器的输出。

五、变送器的构成

模拟式变送器完全由模拟元器件构成，它将输入的各种被测参数转化成统一的标准信号，其性能也完全取决于所采用的硬件。从构成原理看，模拟式变送器由测量部分、放大器和反馈部分三部分组成，如图 3-6 所示。

测量部分即敏感元件和转换元件。对于直接可以把被测量转换成电压的敏感元件，不

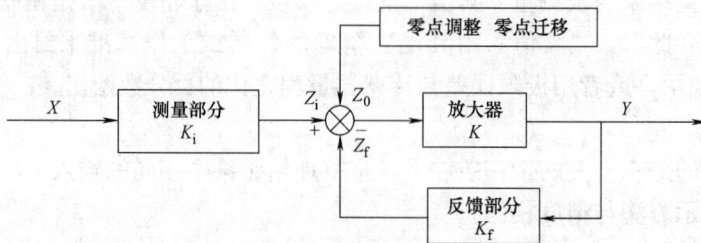

图 3-6 模拟式变送器的构成示意图

必再设转换元件，如热电偶。其他的不能直接转换成电压的敏感元件一般采用直流电桥或交流电桥的方式转换成电信号。直流电桥主要用于电阻式传感器，如热电阻温度传感器等，交流电桥主要用来测量电感和电容的变比，如位移、液位等等。

直流电桥的简单形式是由 4 个电阻组成的四边形电路。其中一组对角线接激励源（电压或电流），另一组对角线接到电压或电流的检测器上。实际上，检测器是用来测量跨接在激励电源上的分压器之间电压差，其原理如图 3-7 所示。

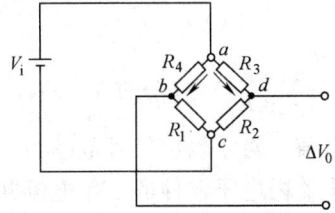

图 3-7　直流电桥原理图

当输出端接到阻抗比较高的放大器或仪表时，由于输入阻抗高，电桥输出端相当于开路，所以电流输出为零，此时有：

$$I_1 = \frac{V_i}{R_1 + R_4} \text{（通过 } R_4 \text{ 的电流）}$$

$$I_2 = \frac{V_i}{R_2 + R_3} \text{（通过 } R_3 \text{ 的电流）}$$

由此可求出 bc 和 dc 之间的电位差：

$$V_{bc} = I_1 R_1 = \frac{R_1}{R_1 + R_4} V_i$$

$$V_{dc} = I_2 R_2 = \frac{R_2}{R_2 + R_3} V_i$$

所以，输出电压为：

$$\Delta V_0 = V_{dc} - V_{bc} = \frac{R_2}{R_2 + R_3} V_i - \frac{R_1}{R_1 + R_4} V_i$$

$$= \frac{R_2 R_4 - R_1 R_3}{(R_1 + R_4)(R_2 + R_3)} V_i$$

可见要使电桥输出电压为零（亦即是电桥平衡），必须满足：

$$R_1 R_3 = R_2 R_4$$

上式即为直流电桥的平衡条件。从该式可以看出，若要电桥平衡，必须使电桥相对两臂电阻的乘积相等，电桥任何一个电阻变化都会使电阻失去平衡，因而有输出。把敏感元件电阻作为电桥的一个臂，其余三个电桥的电阻值相等，测量电桥输出 ΔV_0 变化的大小即可测出被测参数。

变送器的信号调整部分由放大器、反馈电路和调零与零点迁移电路组成。

被测参数 X 转换成放大器可以接受的信号 Z_i，经放大器放大以后，再经反馈电路把变送器的输出信号 Y 转换成反馈信号 Z_f 反馈回来，再把调零与零点迁移电路产生的信号 Z_0 一同加入放大器的输入端进行比较，其差值 ε 由放大器进行放大，并转换成统一标准信号 Y 输出。

由图 3-6 可以得出整个变送器的输入输出关系为：

$$Y = \frac{K}{1 + KK_f}(K_i X + Z_0) \tag{3-2}$$

式中　K_i——测量部分的转换系数；

43

K——放大器的放大系数；

K_f——反馈部分的转换系数。

式（3-2）可以改写成如下形式：

$$Y=\frac{K_i X K}{1+K K_f}+\frac{Z_0 K}{1+K K_f} \qquad (3-3)$$

式中 $\dfrac{K_i X K}{1+K K_f}$ 对应于图 3-5 的特性直线部分；$\dfrac{Z_0 K}{1+K K_f}$（调零项）影响特性直线的起点 Y_{min} 的数值。对于输出信号范围为 4～20mA 直流电流信号的变送器，Y_{min} 的数值由调零项和放大器内电子器件的工作电流共同决定。

当满足 $K K_f \gg 1$ 的条件时，由式（3-3）可得

$$Y=\frac{K_i}{K_f}X+\frac{Z_0}{K_f} \qquad (3-4)$$

式（3-4）表明，在满足 $K K_f \gg 1$ 的条件时，变送器输出与输入关系仅取决于测量部分和反馈部分的特性，而与放大器的特性几乎无关。如果测量部分的转换系数 K_i 和反馈部分的反馈系数 K_f 是常数，则变送器的输出与输入具有如图 3-5 所示的线性关系。它直观地体现了变送器输出与输入之间的静态关系，实际应用中较方便。

在小型电子式模拟变送器中，反馈部分往往仅由几个电阻和电位器构成，因此常把反馈部分和放大器合在一起作为一个负反馈放大部分看待；或者将反馈部分和放大器合做在一块芯片内，这样变送器即可看成由测量部分和负反馈放大器两部分组成。另外，调零和零点迁移环节也常常合并在放大器中。

零点调整和零点迁移是使变送器的输出信号下限值 Y_{min} 与测量范围的下限值 X_{min} 相对应，如图 3-8 所示。

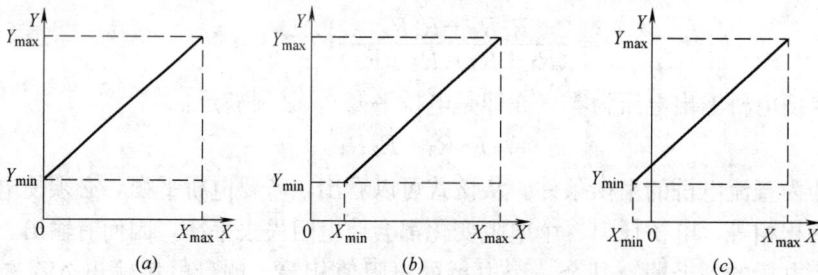

图 3-8　零点调整和零点迁移示意图

（a）未迁移；（b）正迁移；（c）负迁移

在 $X_{min}=0$ 时，称为零点调整；在 $X_{min}\neq 0$ 时，称为零点迁移。零点调整使变送器的测量起始点为零。零点迁移是把测量的起始点由零迁移到某一数值：当测量的起始点由零变为某一正值，称为正迁移；当测量的起始点由零变为某一负值，称为负迁移。零点调整和零点迁移的方法是改变放大器输入端上的调零信号 Z_0。

六、变送器外部电路连接

变送器（传感器）和接收仪表之间的连接有二线制、三线制、四线制几种接法。二线制变送器为电流信号输出的变送器，例如 4～20mA 等，三线制为电压信号输出的变送器，例如通常多见的 0～5V 和 1～5V，四线制通常是为了防止干扰，信号地和电源地隔

离的电流（或电压）信号输出变送器。二线制、三线制和四线制变送器与测量仪表的接法如图 3-9 所示。

二线制变送器与三线制变送器主要区别在于变送器供电和过程信号上，二线制变送器工作电源和输出信号是同一根线（二芯线），三线制仪表的供电和信号是分开的。电流变送器通过负载电阻可以转换成电压，如变送器输出 4～20mA，如果带的负载是 250Ω，则电压是 1～5V，如果负载是 500Ω，电压是 2～10V。

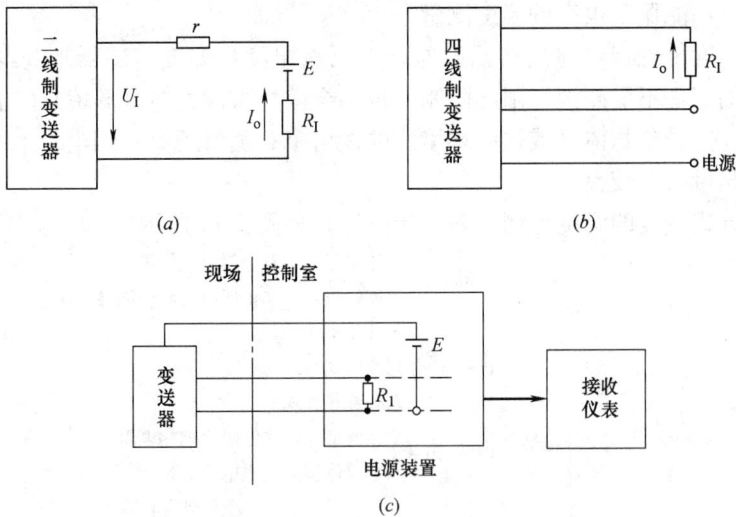

图 3-9 二线制、三线制和四线制变送器接法
(a) 二线制变送器；(b) 四线制变送器；(c) 三线制变送器

目前在暖通空调自动控制系统中也在开始使用一种新型的智能化传感器，这种传感器由以微处理器（CPU）为核心构成的硬件电路和由系统程序、功能模块构成的软件两大部分组成。智能式传感器的硬件构成主要包括敏感元件组件、A/D 转换器、微处理器、存储器和通信电路等部分。智能式传感器通过系统程序对传感器硬件的各部分电路进行管理，并使传感器能完成最基本的功能，如放大、模拟信号和数字信号的转换、数据通信、自检等。这种传感器直接以与被测量大小相对应的数字信号与控制器相连，避免了模拟信号在传输过程中易受到干扰和失真的缺点，可以提高整个控制系统的可靠性。这种智能化传感器也叫做数字传感器，其组成如图 3-10 所示。

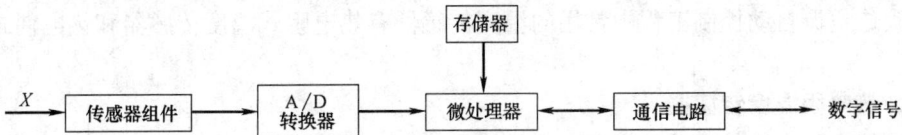

图 3-10 数字传感器一般组成

第二节　温度传感器

一、温度测量常用的方法
温度是暖通空调自动控制系统中最为重要的被控参数，也是暖通空调运行中最基本、

最为核心的衡量指标，所以对温度（例如送风温度、房间温度）进行准确的检测和信号的传送尤为关键。温度只能通过物体随温度变化的某些特性来间接测量，按测量的方式分为接触式和非接触式。

接触式温度传感器：通过传感器与被测介质（水、空气等）直接接触进行测量。具有结构简单、可靠、测温精度高的特点。但因温度传感器与被测介质需要进行充分的热交换才能达到热平衡，平衡过程需要一定的时间，所以存在测温的延迟现象，同时受材料耐高温程度的限制，不能用于很高的温度测量。

非接触式温度传感器：通过热辐射原理来测量温度，温度传感器不需与被测介质接触，它测温范围广，不受测温上限的限制，也不会破坏被测物体（环境）的温度场，反应速度一般较快。但受到物体（或被测环境）的发射率、测量距离、烟尘、水汽等外界因素的影响，所以测量误差较大。

按照测量方式分类的温度检测仪表（传感器）如图 3-11 所示。

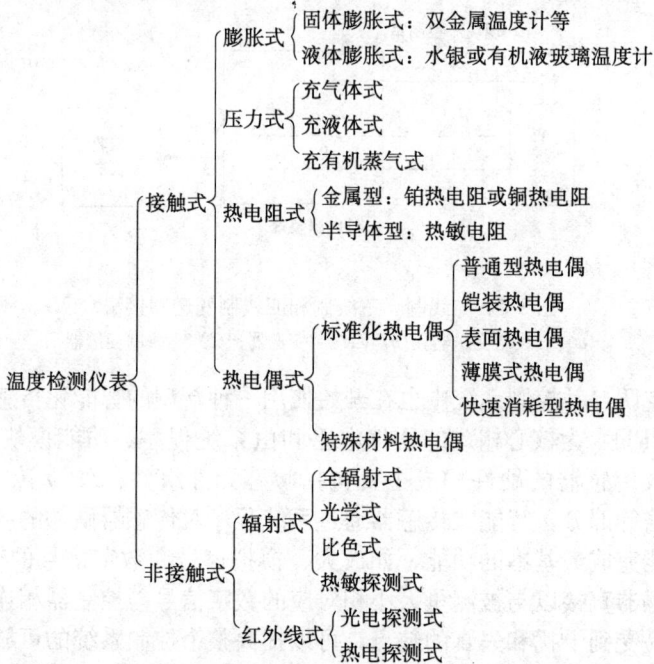

```
                                        ┌ 固体膨胀式：双金属温度计等
                            膨胀式 ┤
                                        └ 液体膨胀式：水银或有机液玻璃温度计
                                        ┌ 充气体式
                            压力式 ┤ 充液体式
                                        └ 充有机蒸气式
                接触式 ┤              ┌ 金属型：铂热电阻或铜热电阻
                            热电阻式 ┤
                                        └ 半导体型：热敏电阻
                                                    ┌ 普通型热电偶
                                                    │ 铠装热电偶
                            热电偶式 ┤ 标准化热电偶 ┤ 表面热电偶
温度检测仪表 ┤                        │                │ 薄膜式热电偶
                                        │                └ 快速消耗型热电偶
                                        └ 特殊材料热电偶
                                        ┌            ┌ 全辐射式
                            辐射式 ┤ 光学式
                非接触式 ┤            │ 比色式
                                        └ 热敏探测式
                            红外线式 ┤ 光电探测式
                                        └ 热电探测式
```

图 3-11 按照测量方式分类的温度检测仪表

在暖通空调自动控制工程中常用的温度传感器有热电阻式温度传感器和热电偶式温度传感器。

二、热电阻温度传感器

金属热电阻温度传感器是根据金属导体的电阻值（电阻率）随温度变化而变化的原理测温的，其中铂热电阻和铜热电阻是国际电工委员会推荐的，也是暖通空调自动控制工程中常用的传感器。

铂电阻具有很好的稳定性和测量精度以及很宽的测温范围，它在氧化性的气氛中，甚至在高温下，物理化学性质都非常稳定，它的缺点是电阻温度系数较小。

铂电阻的阻值与温度之间的关系接近于线性，在 $0 \sim 850℃$ 范围内可用式（3-5）表示。

$$R_t = R_0(1 + At + Bt^2) \tag{3-5}$$

式中　R_t——温度为 t℃时的电阻值，Ω；

　　　　R_0——温度为 0℃时的电阻值，Ω；

　　A、B——常数，由实验法求得，其中

$$A = 3.9083 \times 10^{-3}\text{℃}$$
$$B = -5.775 \times 10^{-7}\text{℃}^2$$

在 $-200 \sim 0$℃范围内则用式（3-6）表示：

$$R_t = R_0[1 + At + Bt^2 + C(t-100)t^3] \tag{3-6}$$

式中　A、B、C——常数，由实验法求得，其中：

$$A = 3.96847 \times 10^{-3}/\text{℃}$$
$$B = -5.847 \times 10^{-7}/\text{℃}^2$$
$$C = -4.183 \times 10^{-12}/\text{℃}^3$$

由此可见，当 R_0 不同时，在同样温度下其 R_t 不同。通常见到的铂电阻的 R_0 有 10Ω、100Ω、500Ω、1000Ω 等多种，其中以分度号 Pt100（$R_0 = 100\Omega$）和 Pt1000（$R_0 = 1000\Omega$）为常用。Pt100 铂电阻的特性曲线如图 3-12 所示。

当已知铂热电阻的电阻值，需要计算其温度值时，可用式（3-7）表示。

$$t = \frac{AR_0 + [(AR_0)^2 - 4BR(R_0 - R)]^{1/2}}{2BR_0} \tag{3-7}$$

铂热电阻有玻璃封装、陶瓷封装、箔片封装等几种形式，如图 3-13 所示，也有的铂电阻用金属套管直接封装成图 3-14 所示的形式。

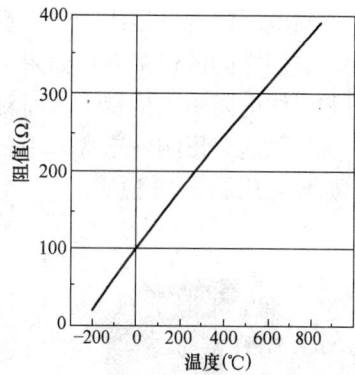

图 3-12　Pt 100 铂电阻的特性曲线

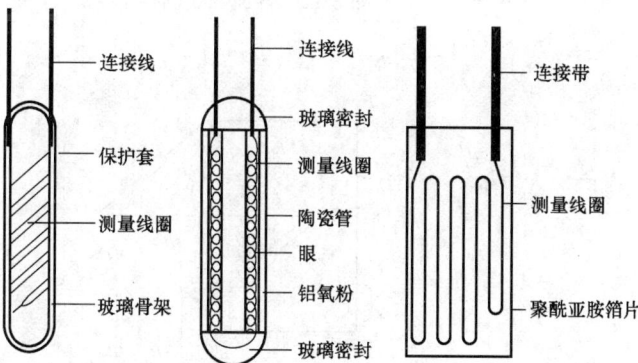

图 3-13　玻璃封装、陶瓷封装、箔片封装
等几种形式的铂热电阻

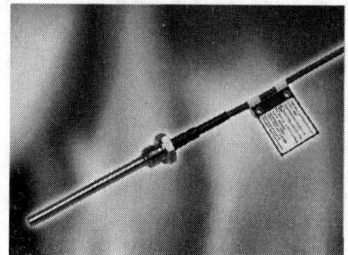

图 3-14　用金属套管直接封
装成的铂热电阻

铂热电阻在使用中一般都要加以保护，如测量房间温度的铂电阻和安装在风道上的铂电阻就要装在特制的塑料盒内，如图 3-15 所示。

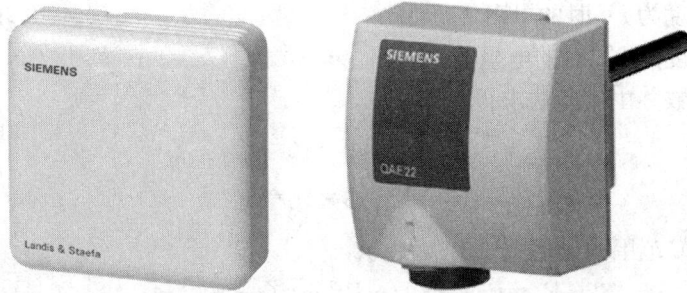

图 3-15　有塑料盒保护的铂电阻温度传感器

　　安装于水管道上的热电阻要有金属保护套，一般先在水管道上焊接一个有螺纹的套管，然后再把有保护套的热电阻用螺纹的方式与其连接，具体如图 3-16 所示。

　　在热电阻的现场接线时要注意，如果热电阻的探头和变送器没有做在一起，而且相距较远，它们之间的连接方式如果采用图 3-17 所示的接法，即二线制的接法，将会把接触电阻和引线电阻引入桥臂，从而对测温精度产生影响。

　　为消除这些影响，通常采用三线制和四线制接法。如果用电桥法测量电阻，三线制的工作原理可用图 3-18 说明。

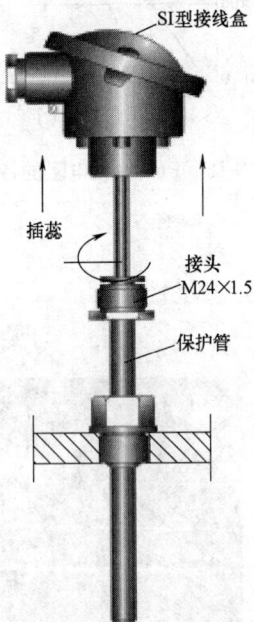

图 3-16　安装于水管道上热电阻外形图

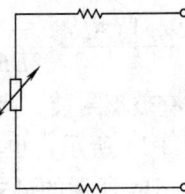

图 3-17　普通二线制接法

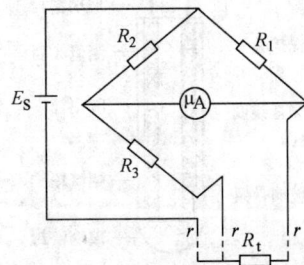

图 3-18　热电阻的三线制接法

　　图 3-18 中热电阻 R_t 的三根导线，粗细相同，长度相等，阻值都是 r。其中一根串联在电桥的电源上，对电桥的平衡与否毫无影响。另外两根分别串联在电桥的相邻两臂里，使相邻两臂的阻值都增加同样大的阻值 r。

当电桥平衡时，可列写出下列关系，即：

$$(R_t+r)R_2=(R_3+r)R_1 \tag{3-8}$$

由此可得出：

$$R_t=\frac{(R_3+r)R_1-rR_2}{R_2}=\frac{R_3R_1}{R_2}+\frac{R_1r}{R_2}-r \tag{3-9}$$

设计电桥时如满足 $R_1=R_2$，则式（3-9）等号右边含有 r 的两项完全消去，$R_t=R_3$，就和 $r=0$ 的电桥平衡公式完全一样了。这种情况下就可以消除导线电阻 r 对热电阻的测量的影响。

如果采用电位差计来测量电阻，可以采用四线制接法，四线制顾名思义就是现场热电阻的两端各用两根导线连到测量仪表上，其接线方式如图 3-19 所示。

由测量仪表提供的恒流源电流 I 流过热电阻 R_t，使其产生电压降 U，再用电位差计测出 U，便可利用欧姆定律得知 $R_t=\dfrac{U}{I}$。此处供给热电阻 R_t

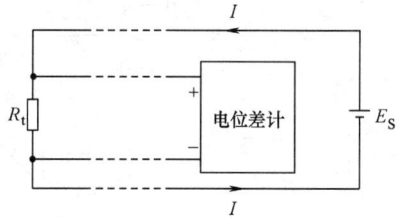

图 3-19 热电阻的四线制接法

的电流和返回测量电压分别使用热电阻上的四根导线，尽管导线有电阻 r，但电流导线上由 r 形成的压降 rI 不在测量范围内，电压导线上虽有电阻但无电流（因为电位差计测量时不取电流），故没有压降，所以四根导线的电阻 r 对测量都没有影响。

以上讨论的都是铂电阻和变送器之间距离比较远的情况，如果热电阻探头和变送器比较近，或是装在一起的（目前的自动控制系统基本都是这样）就不会存在以上问题。

热电阻温度变送器的外形有几种，如图 3-20 所示。

在热电阻温度变送器内部目前大都采用了微处理器电路，自动进行信号放大，A/D、D/A 转换以及标准化等工作，直接输出 $4\sim20\text{mA}$ 直流电流，其内部结构如图 3-21 所示。

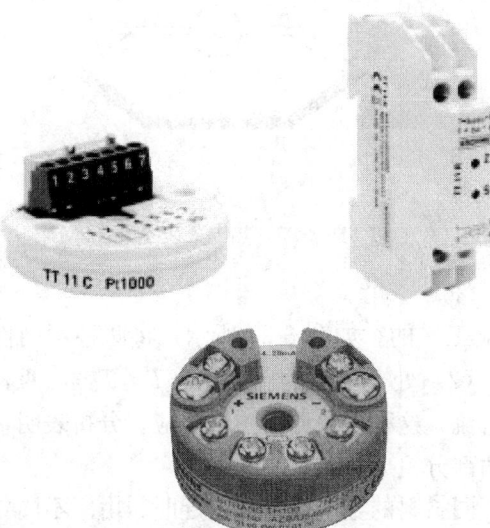

图 3-20 热电阻温度变送器的外形图

热电阻温度变送器的外部接线各个厂家不尽相同，应用时需要查相应手册。

近年来一种金属镍材质的电阻温度传感器开始得到应用，这种传感器将镍材质的薄膜蒸镀到陶瓷基片上，然后采用湿式化学蚀刻方法进行照相处理，并在薄膜的表面涂敷一层保护层。这种传感器具有尺寸小、成本低和高精度以及稳定性好的特点，特别是在小量程温度范围内，具有优良线性的温度—电阻对应关系，非常适合暖通空调系统温度的测量与控制，其外形如图 3-22 所示。

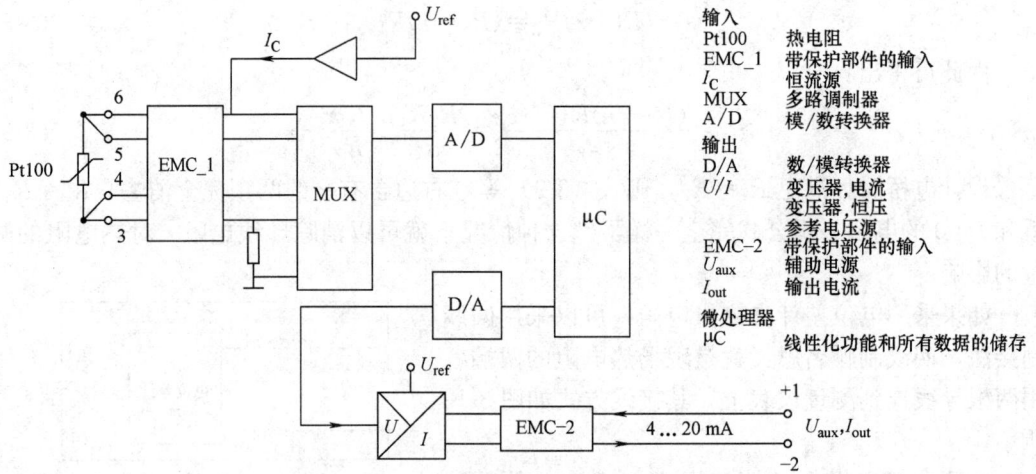

图 3-21 温度变送器内部结构图

输入	
Pt100	热电阻
EMC_1	带保护部件的输入
I_C	恒流源
MUX	多路调制器
A/D	模/数转换器
输出	
D/A	数/模转换器
U/I	变压器,电流
	变压器,恒压
	参考电压源
EMC-2	带保护部件的输入
U_{aux}	辅助电源
I_{out}	输出电流
微处理器	
μC	线性化功能和所有数据的储存

图 3-22 镍薄膜热电阻温度探头外形图

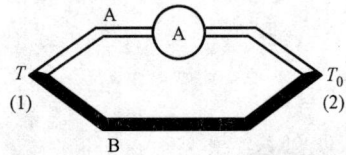

图 3-23 热电效应示意图

三、热电偶温度传感器

热电偶温度传感器是利用导体的热电效应工作的。如图 3-23 所示,将两种不同性质的导体 A、B 组成闭合回路,若节点（1）和（2）处于不同的温度时（$T \neq T_0$）,两者之间将产生热电势,在回路中形成一定大小的电流,这种现象称为热电效应。分析表明,热电效应产生的热电势由接触电势和温差电势两部分组成。

接触电势又称珀尔帖电势,是指当两种不同材料的金属接触在一起时,由于不同导体的自由电子密度不同,在节点处就会发生电子迁移扩散,失去电子的金属呈现正电位,获得电子的金属呈现负电位。当扩散达到平衡时,在两种金属的接触处就形成电势,称为接触电势。

接触电势的大小除与金属的性质有关外,还与节点温度有关,可以表示为:

$$E_{AB}(T) = \frac{kT}{e} \ln \frac{N_A}{N_B} \tag{3-10}$$

式中　　k——波尔兹曼常数,$k = 1.380622 \times 10^{-23} J/K$;

　　　　e——电子电荷,$e = 1.6022 \times 10^{-19} C$;

N_A、N_B——金属 A、B 的自由电子密度;

50

T——节点处的绝对温度。

温差电势又称汤姆逊电势，是指同一种金属导体 A，如果两端温度不同，则温度高端的自由电子将向低端迁移，使得金属导体的两端产生不同的电位，从而在金属的两端形成电势，称为温差电势。温差电势的大小除与金属的性质有关外，还与两端的温差有关，可以表示为：

$$E_A(T, T_0) = \int_{T_0}^{T} \sigma_A dT \tag{3-11}$$

式中　σ_A——温差系数，与金属的材料性质有关；

T, T_0——节点 (1)、(2) 的绝对温度。

对于图 3-23 所示的 A、B 两种导体构成的闭合回路，总的热电势为：

$$E_{AB}(T, T_0) = [E_{AB}(T) - E_{AB}(T_0)] + [E_A(T, T_0) - E_B(T, T_0)]$$

$$= \frac{k(T - T_0)}{e} \ln \frac{N_A}{N_B} + \int_{T_0}^{T} (\sigma_A - \sigma_B) dT \tag{3-12}$$

因为在金属中自由电子数目很多，以致温度不能显著地改变自由电子的浓度，所以在一种金属内的温差电势极小，可以忽略。因此，在一个热电偶回路中起决定作用的是两个结点处产生的与材料性质和该点所处温度有关的接触电势。故上式可以改写为：

$$E_{AB}(T, T_0) = E_{AB}(T) - E_{AB}(T_0) = E_{AB}(T) + E_{BA}(T_0)$$

从上式可以看出，回路的总电势是随 T 和 T_0 而变化的，即总电势为 T 和 T_0 的函数，这在使用中很不方便。为此，在标定热电偶时，使 T_0 为常数，即 $E_{AB}(T_0) = f(T_0) = C =$（常数）则有：

$$E_{AB}(T, T_0) = E_{AB}(T) - f(T_0) = f(T) - C = \psi(T)$$

上式表示，当热电偶回路的一个端点保持温度不变，则热电偶回路总热电势 E_{AB} (T, T_0) 只随另一端点的温度变化而变化。两个端点的温差越大，回路总热电势也越大。这样，回路的总热电势就可看成为 T 的函数了。这给工程中用热电偶测量温度带来极大的方便。

对于各种不同金属组成的热电偶，温度与热电势之间有着不同的函数关系。一般是用实验方法来求取这个函数关系。通常令 $T_0 = 0℃$，然后在不同的温差（$T - T_0$）情况下，精确地测定出回路总热电势，并将所测得的结果绘成如曲线或列成表格（称为热电偶分度表），供使用时查阅。

热电偶在使用中的重要问题是如何解决自由端温度补偿。根据热电偶测温原理知道，热电偶的输出热电势不仅与工作端的温度有关，而且也与自由端的温度有关。平常使用时，热电偶两端输出的热电势对应的温度值是相对于自由端温度的相对温度值，只有在自由端温度为零时，热电偶两端输出的热电势对应的温度值才是实际的温度值，为了直接得到与被测对象温度（工作端温度）对应的热电势，一般是利用冰水混合物作为冷端补偿，让冷端维持在 0℃，那么利用测得的电动势 V_0 可直接在分度表上查得被测的温度值。在自由端的温度不是零度的情况下进行测量，要采取其他冷端补偿的办法，一般是在热电势对应的温度值的基础上叠加上自由端温度。

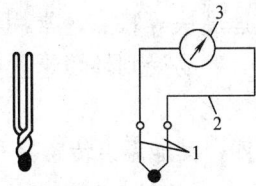

图 3-24　热电偶及
连接示意图
1—热电偶；2—连接导
线；3—显示仪表

实际热电偶使用两种不同金属导线的端点紧密焊接在一起而成，导线的另外两个端点与测量仪表相连接，如图 3-24 所示。

热电偶用于管道气体、蒸汽、液体等介质温度测量时，要进行保护，保护装置有绝缘套管、接线盒等组成，如图 3-25 所示。

热电偶与控制器连接时也必须通过变送器转换成标准的电信号（4～20mA 直流电流或 1～5V 直流电压），热电偶温度变送器与热电阻温度变送器结构基本相

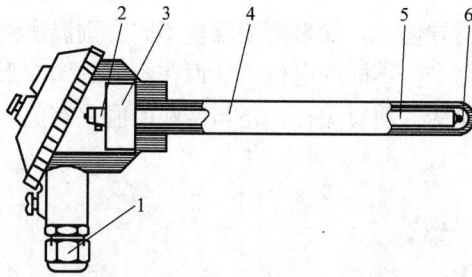

图 3-25　热电偶的保护装置

1—出线孔锁紧螺母；2—接线端子；3—接线瓷板；4—保护管；5—绝缘瓷管；6—热电偶

同，其中一种导轨式安装的热电偶温度变送器的外形和接线如图 3-26 所示。

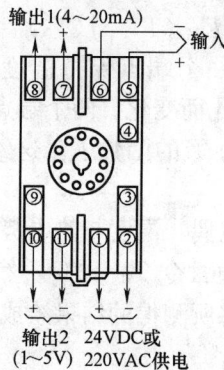

图 3-26　热电偶温度变送器的外形和接线

热电偶具有构造简单、适用温度范围广、使用方便、承受热、机械冲击能力强以及响应速度快等特点，常用于高温、振动冲击大等恶劣环境下，但其信号输出灵敏度比较低，容易受到环境干扰信号和前置放大器温度漂移的影响，因此不适合测量微小的温度变化。

四、其他温度传感器

（一）热敏电阻温度传感器

半导体热敏电阻是一种半导体温度传感器，在暖通空调自控中使用已经非常广泛。热敏电阻温度传感器一般把由铁、镍、钛、镁、铜等金属氧化物陶瓷半导体材料经成型、烧结等工艺制成。工程上一般以电阻系数为负的 NTC 型热敏电阻较为常用。

（二）集成电路温度传感器

集成电路温度传感器实质上是一种半导体集成电路，它是把温度传感器与后续的放大器等用集成化技术制作在同一基片上而成，集传感与放大为一体的功能器件。这种传感器输出特性的线性关系好，测量精度也比较高。它的缺点是灵敏度较低。

（三）热辐射高温传感器

这类传感器是利用测量高温物体的热辐射而获取其温度值，常用的有光学高温计，光电比色高温计、红外高温计等，其温度采集主要是利用光学方法，通过光学准直系统采集和传送被测温区的辐射能，利用亮度比较、色度比较等方法确定被测物体的温度。这类测量仪器主要用于高温的测量中。

（四）光导纤维温度传感器

其测量原理基本上与辐射式高温传感器相同，只是利用光纤取代光学聚光系统，入射辐射光滤波后进入光电转换器变成电信号输出。由于光纤不仅具有抗振动、抗电磁干扰、轻便廉价等特点，而且较易靠近被测温物体，因此精度也比一般的辐射式高温传感器高，目前在高温非接触测量和控制领域有较广泛的使用。

五、温度传感器的选用

当需要完成一项温度测量或控制任务时，首要的任务是选择合适的温度传感器，然后根据所选用的传感器设计接口电路和确定测量方法。一般来讲，温度传感器的选择，可按下列步骤进行：

1. 用户要明确被测对象的温度范围：

如果被测对象的温度较高，一般可选用热电偶或辐射式温度测量装置。在选用热电偶时，也要注意其型号要与被测温度相对应。对于只能用非接触方式进行测量，而被测对象为运动的高温物体，宜选用辐射式高温传感器和光导纤维温度传感器。

对于常温区的温度测量，如果需将传感器转换后的电信号进行长距离传送，则可选用集成半导体温度传感器。如果待测温区范围较窄，精度要求不高，且希望传感器小巧、廉价，如在空调机、冰箱及一般家电中使用，可选用热敏电阻作为温度传感器。如果要求测温的精度较高，并可配备较精确的测量放大电路，则可选用热电阻（如铂电阻）温度传感器。

对于低温区的温度测量，宜选用适用于低温测量的特殊热电偶或铂电阻，经过校正的铂电阻测量精度一般较高而且互换性好。

2. 要考虑被控系统对温度测量速度的要求。如果要求对被测系统的温度能快速反应，则应选用时间常数小的温度传感器。

3. 要考虑传感器的使用环境因素。对于被测对象或者所处环境具有较强腐蚀性的环境，则选用的传感器就要考虑能耐何种腐蚀，必要时要对传感器进行一定的耐腐蚀封装，同时考虑传感器引线的耐腐蚀、绝缘性能以及封装后对时间常数的影响等。在选用传感器时，还要考虑其抗振动、冲击以及其他机械损伤等因素。

第三节　湿度传感器

在暖通空调自动控制系统中，被控空气的相对湿度是一个重要的被控参数。湿度控制是暖通空调工程中的核心控制环节。

空气的相对湿度由空气的两个状态参数决定，如空气的干球温度和湿球温度；空气的干球温度和露点温度；空气的干球温度和水蒸气分压力；空气中水蒸气分压力和同温度下空气饱和水蒸气压力等。因此，湿度传感器应同时测量空气状态的两个参数。湿度传感器按感温元件的导电类型可分为两大类：即电阻式和电容式，电阻式的主要代表为干湿球信号发送器和氯化锂湿度传感器。电容式主要有高分子类和氧化铝湿敏电容两种。

一、干湿球湿度传感器

（一）原理

相对湿度是空气中水蒸气分压力 p_q 与同温度下饱和水蒸气分压力 p_b 之比值，表示为：

$$\varphi = \frac{p_q}{p_b} \times 100\% \tag{3-13}$$

式中　p_q——饱和水蒸气压力，Pa。

饱和水蒸气压力是温度 t 的单值函数 $p_b = f(t)$，可以根据 t 计算得到。

空气中水蒸气分压力的计算公式为：

$$p_q = p_{b,s} - A(t - t_s)B \tag{3-14}$$

式中　$p_{b,s}$——相应于湿球温度为 t_s 时的空气中饱和水蒸气压力，Pa；

　　　t_s——空气的湿球温度，℃；

　　　B——大气压力，Pa；

　　　A——与风速有关的系数，其经验公式为：

$$A = \left(593.1 + \frac{135.1}{\sqrt{v}} + \frac{48}{v}\right)10^{-6}$$

式中　v——风速，s/m。

可见，空气的相对湿度是干球温度、湿球温度、风速和大气压力的函数，在风速和大气压力一定的情况下，相对湿度是干球温度与湿球温度差的函数，测得干球温度与湿球温度，即可计算出相对湿度。

（二）干湿球电信号传感器

干、湿球电信号传感器是一种将湿度参数转换成电信号的仪表。它与干、湿球温度计的工作原理完全相同。主要差别是干球和湿球用两支微型套管式镍电阻所代替，还增加一个轴流风机，以便在镍电阻周围造成恒定风速为 2.5m/s 以上的气流。因为干、湿球温度计在测量相对湿度时受周围空气流动速度的影响，风速在 2.5m/s 以下时影响较大，当空气流速在 2.5m/s 以上时对测量的数值影响较小。同时由于在镍电阻周围增加了气流速度，使热、湿交换速度增大，因而也减小了仪表的时间常数。干、湿球电信号传感器的结构图如图 3-27 所示。

该传感器是由干、湿球各一支的微型套管式镍电阻温度计，微型轴流风机，并配以半透明塑料水杯和浸水脱脂纱布套管组成。在一支镍电阻上包上纱布并使纱布浸入水杯中作为湿球温度计，另一支镍电阻作为干球温度计，都垂直安装在传感器的中部，并正对侧面的空气吸入口。当电源接通后，轴流风机启动，空气从圆形空气吸入口进入信号发送器，通过镍电阻周围后被轴流风机排出去，当湿球镍电阻表面水分蒸发达到稳定状态时，干、湿球同时发送相对于干、湿球温度的信号，这些信号输入调节仪表中，即可反映出所测量环境空气的相对湿度，从而完成远距离测控和调节相对湿度的任务。

干、湿球信号发送器的技术数据：

测量范围：温度 0～40℃；

相对湿度：20%～100%；

分度号：N_2（$R_o=500\Omega$），N_3（$R_o=250\Omega$）；

灵敏波：N_2 为 $2.80\Omega/℃$，N_3 为 $1.40\Omega/℃$；

镍电阻温度系数：$A=5.6\times10^{-3}\Omega/℃$；

通过镍电阻元件时风速：大于 $2.5\sim3m/s$；

水杯容量：250mL；

电源：220V，50Hz，轴流风机功率 18W；

使用环境温度 0～50℃，湿度为 ≤ 95%。

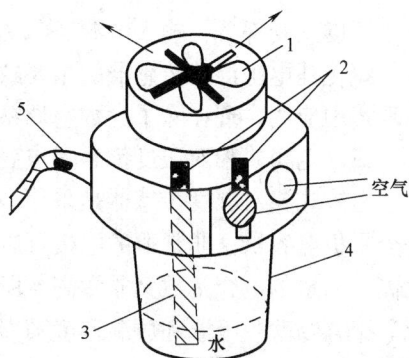

图 3-27　干、湿球电信号
传感器结构示意图

1—轴流风机；2—镍电阻；3—湿球
纱布；4—盛水杯；5—接线端子

二、氯化锂（LiCl）电阻湿球传感器和变送器

（一）感湿原理

氯化锂在大气中是一种不分解、不挥发、不变质，具有稳定性质的物质，同时氯化锂在空气中又具有很强的吸湿性，且极易溶解于水中。其吸湿量与空气的相对湿度成一定关系。它随着空气相对湿度的增减而变化，氯化锂吸湿量也随之变化，只有当蒸汽压力等于周围空气的水蒸气分压力时才处于平衡状态。所以空气中相对湿度越大则氯化锂吸收的水分也就越多，其电阻率越小。当氯化锂表面的水蒸气压力高于空气中水蒸气分压力时，氯化锂放出水分，导致电阻增大。氯化锂电阻式感湿元件就是利用氯化锂这一特性制成的。

（二）实际应用

氯化锂电阻式湿度传感器在 20 世纪 70～80 年代是我国空调领域中应用广泛的湿度传感器之一。DWS-P 系列温、湿度传感器型号与规格如表 3-2 所示。

DWS-P 系列温、湿度传感器氯化锂电阻式湿度传感器　　　　　　　　表 3-2

型号	相对湿度					湿度		
	组合片数	标准号	测量范围（%RH）	温度补偿（℃）	精度（%RH）	标准号	测量范围（℃）	精度（℃）
DWS-2P	2	PSB-1	45～65 55～75	10～40	±2	WB-2	45～65 55～75	±0.3
DWS-4P	4	PSB-1	30～70 40～80	10～40 5～50	±2 ±3	WB-2 WB-3	30～70 40～80	±0.3 ±0.5
DWS-6P	6	PSB-1	30～90	10～40 5～50	±2 ±3	WB-2 WB-3	30～90	±0.3 ±0.5
DWS-8P	9	PSB-1	15～95	10～40 5～50	±2 ±3	WB-2 WB-3	15～95	±0.3 ±0.5

湿度感受部分主要技术指标：

输入电源：50HZ，≯6VAC；

年飘移率：$\not> \pm 2\%$RH；

温度感受部分：输入电源$\not> 6$VAC。

氯化锂电阻湿球传感器的主要缺点是体积大，不适宜在温度变化剧烈、易结露和污染的环境中应用。现在除了少数空调系统外，已经很少使用。

三、电容式相对湿度传感器与变送器

电容式相对湿度传感器是采用一层非常薄的感湿聚合物电介质薄膜夹在两极之间构成一个平板电容器。非常薄的电极可以使水蒸气通过，由于聚合物的薄膜具有吸湿和放湿的性能，而水的电介常数又非常高，所以当水分子被聚合物吸收后，将使薄膜电容量发生变化。聚合物薄膜吸湿和放湿程度随周围空气相对湿度的变化而变化，因而其电容量是空气相对湿度的函数，而且呈线性关系，利用这种原理制成的湿度传感器称为电容式湿度传感器。国际上大约在 20 世纪 80 年代初研制成功，并且用于空调的湿度控制环节中。它具有性能稳定、测量范围宽（5%～95%RH）、响应快、线性及互换性能好、寿命长、不怕结露、几乎不需要维护保养和安装方便等优点，被公认为理想的湿度传感器，故其被广泛地应用于空气调节中。其缺点为与溶剂和腐蚀性介质接触，性能会受影响，引起测量误差加大甚至永久性损坏，价格较贵。

电容式相对湿度传感器的输出线性情况与所使用的电源频率有关，如在 1.5MHz 时有较好的线性输出，而当电源频率较低时，灵敏度尽管增高，但其输出线性度差。另外，在含有有机溶剂的环境中不宜使用，且一般不能耐 80℃以上的高温。

将电容式湿度传感器与相应的电子线路设计为一体就组成了电容式湿度变送器。它输出标准的电压信号（0～10VDC）、电流信号（4～20mADC）或频率信号，与各类型的控制仪表可以组成湿度检测控制系统，目前江森、霍尼韦尔、西门子等公司的产品繁多，可供选用。

（一）HT9000（江森）电子湿度传感器

1. 特点：江森公司生产的湿度传感器，采用了固体化湿度感应元件。它的湿度感应能力从 0～100%RH，并可以在一个宽阔的温度范围内工作。响应速度快、可靠性高、使用寿命长，适用于制冷及空调系统，其外形如图 3-28 所示。

2. 工作原理：采用高分子电容感应元件，它的电容会随湿度而成线性变化。这种感应元件和其他信号处理元件置于同一块芯片上。感应元件保护层能消除表面积尘的影响，其特性如图 3-29 所示。

3. 技术数据：

(1) 相对湿度测量范围：0～100%RH；

(2) 输出信号：0～10VDC（线性）；

(3) 电源电压：12～17VDC；

(4) 精度：10～90RH，$\pm 4\%$；

(5) 湿度感应时间：房间式 40s（静止空气），

　　　　　　　　　　风管式 20s（3m/s 流动空气）；

(6) 材料：房间式，阻燃 ABS＋PC，

　　　　　风管式，聚碳酯及锰合金。

图 3-28 HT9000 电子湿度传感器

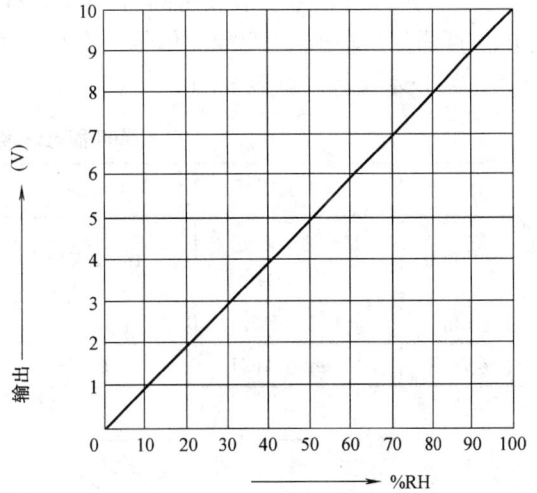

图 3-29 HT9000 电子湿度传感器特性

（二）H7012A/B（霍尼韦尔）温湿度房间式传感器

1. 特点：H7012A 室内湿度传感器（见图 3-30）是墙装式电容相对湿度传感器，H7012B 室内组合式湿度/温度传感器将电容式相对温度传感器与 Pt1000 铂电阻温度传感器合装在一个外壳内。这两种传感器均可用于空调装置的控制技术和报警监视。

图 3-30 H7012A（霍尼韦尔）湿度传感器

2. 技术指标：

（1）工作电源：24VAC，50/60Hz，34VDC；

（2）工作范围：温度 0～50℃，相对湿度 5％RH～90％RH；

（3）输出：0～1V/0～10VDC，输出短路保护；

（4）灵敏度：10mV/％RH，100mV/％RH；

（5）精度：0～10％时，RT±10％，10～30％RH±5％，30～70％RH±3％，70±90％RH±5％，90～95％RH±10％；

（6）响应时间：$T_{0.5}$＝35s。

（三）C7600 B/C 固态湿度传感器

1. 特点：C7600 B 固态湿度传感器由固态元件组成，用于房间湿度的精度测量，输

图 3-31 C7600 B/C 固态湿度传感器外形图

出 2～10VDC，信号安装在房间内。C7600 C 固态湿度传感器由固态元件组成，用于风管的湿度测量，输出 4～20mA 信号，安装在风管内，其外形如图 3-31 所示。

2. 技术指标（见表 3-3）

C7600 固态湿度传感器技术指标   表 3-3

项　目	C7600B	C7600C	项　目	C7600B	C7600C
工作电源	16～28VDC 或 20～32VDC	18～24VDC	湿度精度	±5%RH	
输出信号	2～10VDC	4～20mA	安装方式	墙装式	室内风口或室外避雨照射处
湿度范围	(10～90)%RH	(10～90)%RH			

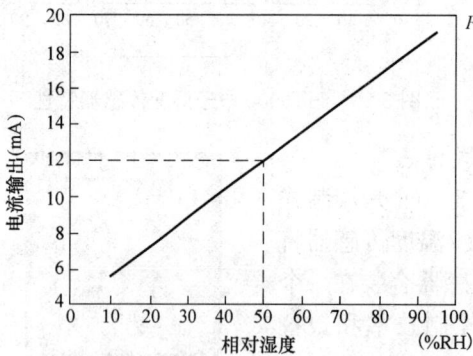

图 3-32　C7600 C 固态湿度传感器特性

3. 输出特性（见图 3-32）

（四）SHT 1x/SHT 7x 数字温湿度传感器

SHTxx 系列产品是一款高度集成的温湿度传感器芯片，提供全量程标定的数字输出。传感器包括一个电容性聚合体湿度敏感元件和一个用能隙材料制成的温度敏感元件，这两个敏感元件与一个 14 位的 A/D 转换器以及一个串行接口电路设计在同一个芯片上。每个传感器芯片出厂前都进行标定，通过标定得到的校准系数以程序形式储存在芯片本身的内存中。通过两线制的串行接口与外部连接。该传感器具有体积小、功耗极低、响应快、抗干扰能力强等优点。

产品提供表面贴片 LCC 或 4 针单排引脚封装（见图 3-33），规格型号与精度指标见表 3-4。

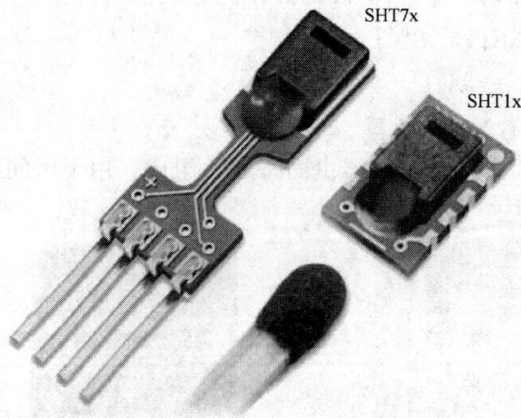

图 3-33　SHT 1x/SHT 7x 数字温湿度传感器外形图

58

型　号	测湿精度(%RH)	测温精度(℃)	封　装
SHT10	±4.5	±0.5(在25℃)	SMD(LCC)
SHT11	±3.0	±0.4(在25℃)	SMD(LCC)
SHT15	±2.0	±0.3(在5~40℃)	SMD(LCC)
SHT71	±3.0	±0.4(在25℃)	4-PIN 单排直插
SHT75	±1.8	±0.3(在5~40℃)	4-PIN 单排直插

SHT 1x/SHT 7x 数字温湿度传感器规格型号与精度　　　　表 3-4

第四节　压力传感器

在暖通空调自动控制系统中经常要对压力或者压差进行控制，因此经常要用到压力或压差传感器。压力传感器和压差传感器的原理都是一样的，当把压力传感器的高压端或低压端与大气相连时就是压力传感器，当把高、低压端分别与被测介质的不同部位相连接时就是压差传感器。压力传感器的测量原理都是把被测介质引入密封容器内，流体对容器周围施加压力，使弹性元件产生变形（位移、角位移、绕度等），然后通过变换器把这种变形变换成机械量或电量输出。在压力传感器中，这种变换可以是电位计、金属应变片、磁敏元件、电容元件、电感元件、压电元件、压阻元件等。

一、压力传感器的种类

（一）电阻应变式压力传感器

电阻应变式压力传感器是使用最早、应用广泛的压力传感器。电阻应变式压力传感器的工作原理为：金属丝（应变片）粘贴在弹性物体上，外力作用于弹性体使弹性体发生形变（形变的大小与力成正比），从而带动金属丝（应变片）产生形变，应变片的形变与外力成正比，而金属丝（应变片）的电阻的相对变化与单位应变成正比，也就是与外力成正比，测得电阻的相对变化便可知道外力的大小。

常用作应变电阻的金属丝材料有：康铜（镍、铜合金）、镍铬合金、卡马合金（镍、铬、铝、铁合金）、镍铬铝合金（镍、铬、铝、铜合金）、铁铬铝合金、铂、铂钨合金。这些材料对金属都有热电势，另外它们的电阻值随温度有变化，因此金属电阻应变传感器的特性会受温度的影响，所以必须加温度补偿。

（二）压阻式压力传感器

压阻式压力传感器是利用半导体材料的压阻效应工作的。所谓压阻效应，就是当对半导体材料施加应力时，除了产生变形外，材料的电阻也发生变化。显然，压阻式传感器与电阻应变式传感器十分类似，但它具有电阻应变式传感器所不及的特性：一是压阻式传感器的应变电阻主要是通过硅扩散工艺制成，因此应变电阻与基体是同一块材料（通常是半导体硅），即取消了应变电阻的粘结，从而使得滞后、蠕变和老化现象大为减少，并使导热性能大为改善；二是压阻式传感器是利用半导体硅作芯片，利用集成电路工艺制成，因此可以在制备传感器芯片时，同时设计制造一些温度补偿、信号处理及放大等电路，还可以与微处理器结合，制成智能式压力传感器。

（三）电感式压力传感器

电感式压力传感器是将电感式位移传感器与弹性敏感元件（如膜盒、膜片、弹簧管或波纹管等）相结合而形成的，其工作原理如图 3-34 所示。

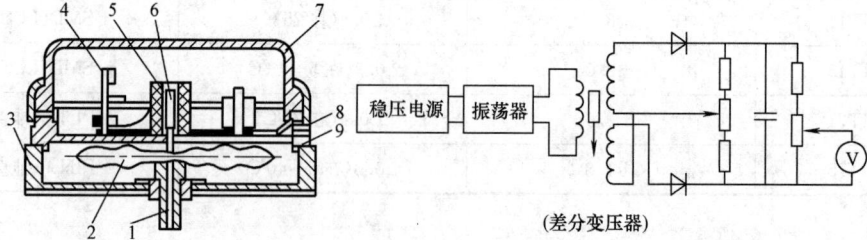

图 3-34 电感式压力传感器及其电路工作原理示意图

1—接头；2—膜盒；3—底座；4—线路板；5—差分变压器；6—衔铁；7—罩壳；8—插座；9—通孔

在无压力作用时，膜盒 2 处于初始状态，固连于膜盒中心的衔铁 6 位于差分变压器线圈 5 的中部，输出电压为零。当被测压力经过接头接入膜盒后，推动衔铁移动，从而使差分变压器输出正比于被测压力的电压信号。

（四）电容式压力传感器

电容式压力传感器与电感式压力传感器类似，通过弹性元件感受压力并产生变形，然后利用电容位移传感器测量其位移量。图 3-35 所示为电容式压差传感器结构示意图。

用加有预张力的不锈钢膜片作为压力敏感元件，同时作为电容传感器的动极板。电容传感器的两个定极板是玻璃基片上镀有金属量电路，可以得到与压差成正比的测量信号。

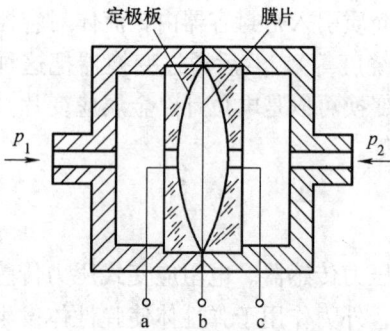

图 3-35 电容式压差传感器结构

二、常用压力传感器

（一）PT-5215 低压差空气传感器

PT-5215 低压差空气传感器是江森公司专为测量空气静压、动压和全压设计的空气压差传感器。它具有零点漂移低、对周围温度变化不灵敏、滞后低、精度高、过载能力高以及重量轻安装简单的特点，其外形及尺寸见图 3-36，型号、规格如表 3-5。

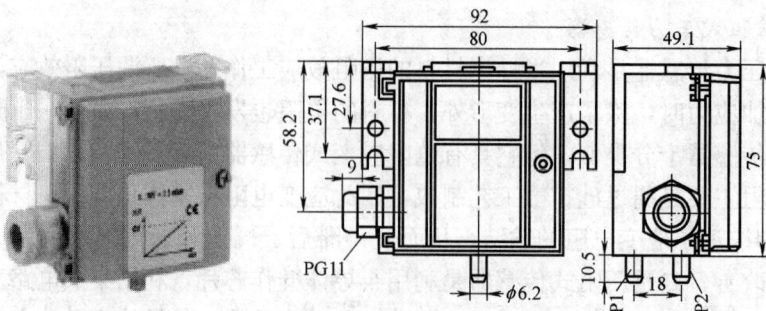

图 3-36 PT-5215 低压差空气传感器外形及尺寸图

PT-5215 低压差空气传感器的型号、规格表　　　　表 3-5

工作范围 （Pa）	最大过载 压力(kPa)	输出信号	外壳	供 电 电 源	型 号
−50～50	5	0～10V	IP54	24VAC±15％,50/60 或 13.5～33VDC, 最大电流 10mA	PT-5215-7306
		4～20mA		24VAC±15％,50/60 或 11～33VDC, 最大电流 10mA	PT-5215-7307
0～100	10	0～10V		24VAC±15％,50/60 或 13.5～33VDC, 最大电流 10mA	PT-5215-7308
0～250	5				PT-5215-7309
0～2500	20				TP-5215-7310
0～1000	10				PT-5215-7311

（二）PS-9101 压差传感器

PS-9101 压差传感器主要用来测量风管内两个压力间的差值。将压差传感器高压端取样探头入口面对迎风面，则高压端感应的是风管的全压，低压端取样探头入口背对迎风面，则低压端感应的是风管的静压，压差传感器测得的是动压，通过计算可以得到风管内的风速，进而可以计算出风量。

PS-9101 压差传感器的外形和尺寸见图 3-37，型号、规格见表 3-6。

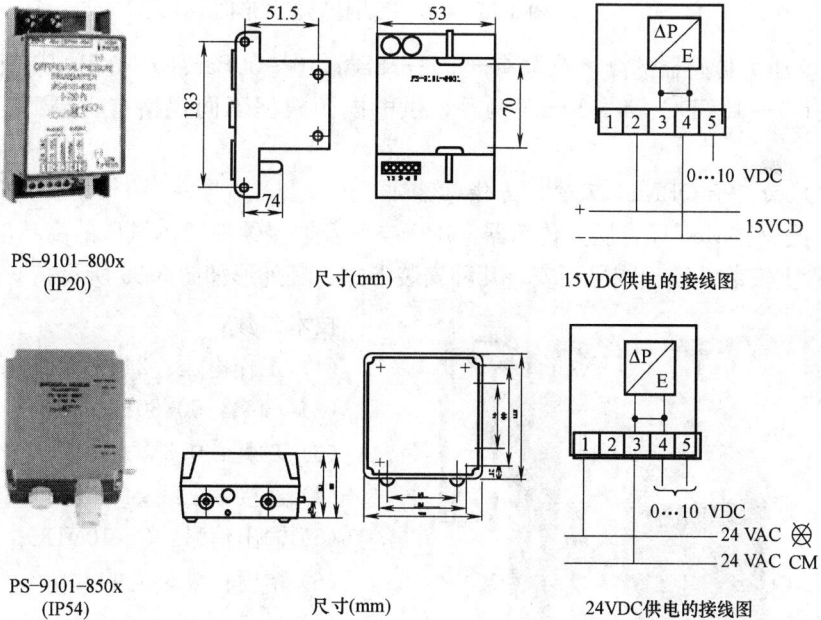

PS-9101-800x
(IP20)

尺寸(mm)

15VDC供电的接线图

0...10 VDC

15VCD

PS-9101-850x
(IP54)

尺寸(mm)

24VDC供电的接线图

0...10 VDC

24 VAC

24 VAC CM

图 3-37　PS-9101 压差传感器的外形和尺寸图

（三）P299 电子式压力传感器

P299 电子式压力传感器是高压型压力传感器，其输出信号与所感受的压力成线性关

工作范围 (Pa)	最大过载压力 (kPa)	外壳	供电电源	型　号	
0～750		IP20		PS-9101-8001	
0～330		IP20		PS-9101-8002	
0～130	34.5	IP20	15VDC+/-10%或 24VAC+10%；-15%	PS-9101-8003	
0～750		IP54		PS-9101-8501	
0～330		IP54		PS-9101-8502	
0～130		IPT54		PS-9101-8503	

系，适合商业和工业冷冻及空调使用。P299 电子式压力传感器具有焊接的不锈钢结构，电气部分与环境隔离。不受温度变动、高湿、结冰等影响，适用于所有非腐蚀性制冷剂及氨。P299 电子式压力传感器具有多个压力等级（高达 50Bar）可供选择，几乎包括所有的制冷剂和空调应用。图 3-38 为 P299 压力传感器外形图。

图 3-38　P299 压力传感器外形图

　　P299 压力传感器的测量范围有-1～+8Bar、0～30Bar、0～50Bar 等几种选择，输出信号有 0～10VDC、4～20mA 两种，供电电源根据不同规格有+5VDC 和+24VDC 两种。

　　（四）西门子 QBM65 风管压力传感器

　　西门子 QBM65 风管压力传感器常用于空气及非侵蚀性气体风压的高精度测量。有直接在风管上安装、墙面或吊顶安装几种安装形式，其外形如图 3-39 所示。

技术参数：

（1）工作电压：24VAC 或 18～33VDC；

（2）频率：50/60Hz；

（3）功耗：0.3 VA；

（4）连接：三线；

（5）输出信号：0～10VDC；

（6）精度：满刻度的 0.7%；

（7）响应时间：<10ms；

（8）测量范围：0～100Pa，0～300Pa，0～1000Pa。

　　（五）P32 灵敏压差开关

图 3-39　西门子 QBM65 风管压力传感器外形图　　这是一种两位输出的压差传感器，当压差

达到设定值时压差开关动作，接通（或断开）一组触点。图 3-40 所示为其外形尺寸及接线图，选型见表 3-7。

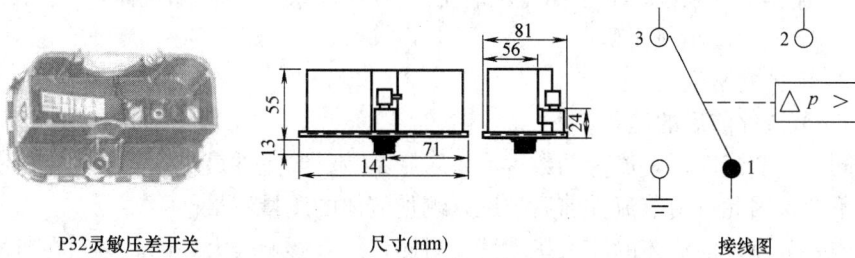

图 3-40　P32 灵敏压差开关外形尺寸及接线图

P32 灵敏压差开关的工作原理是当空气流量变化时，此开关能检测压差的变化。由两个传感孔检测到的压差，作用于压差开关薄膜的两侧，用弹簧承托的薄膜移动并启动开关。此压差开关用于探测正压时，只需要使用高压连接端而不使用低压连接端。若探测真空时，便只需要使用低压连接端，而高压端直接通大气。

这种压差开关的典型应用包括：

（1）检测过滤器阻塞状态；

（2）检测空调蒸发器盘管结霜状况或除霜周期的开始时间；

（3）检测风道内风的流动状况；

（4）作为变风量空调系统的最大风量控制器。

P32 灵敏压差开关选型表　　　　　　　　　　　　表 3-7

范围 (mbar)	偏差 (mbar)	隔膜校准位置	其 他 性 能	型　　号
0.1～12.5	0.23	垂直	包括"U"形安装支架	P32AJ-1C
0.1～12.5	0.23	垂直	包括"L"形安装支架	P32AJ-2C

第五节　流量传感器

在暖通空调自动控制系统中需要控制冷量和热量，当知道了温差后，流量的采集和控制就成为关键。

一、流量传感器的种类

常用的流量传感器主要有压差式流量传感器、涡轮式流量传感器、电磁式流量传感器、转子式流量传感器、超声波式流量传感器、涡街流量传感器和孔板流量计等。

（一）差压式流量传感器

差压式流量传感器是工业上使用最多的流量传感器之一，具有原理简单、没有移动部件、工作可靠、适应性强的特点。差压式流量传感器的工作原理是利用节流部件前后流体的差压与平均流速的关系，由差压测量值计算出流量值。

根据流体动力学理论可导出质量流量的计算公式：

$$q_\mathrm{m} = \alpha \varepsilon A \sqrt{2\rho \Delta p} \tag{3-15}$$

式中 α——流量系数，需经实验方法方可求得；

      ε——流体膨胀系数，对于不可压缩流体，$\varepsilon = 1$；对于可压缩流体，$\varepsilon < 1$；

      A——节流件最小截面积；

      ρ——流体的密度；

      Δp——节流件前后的压差。

对于同一个节流部件，流量系数、流体膨胀系数、节流件最小截面积和流体密度等参数均固定不变，因此可由节流件前后的压差测量流体的质量流量。

由于进入节流件前流体的流束扰动情况对测量结果影响较大，因此必须在节流件的前后安装直管段。国家标准规定，节流件前后直管段的长度分别不得短于 10 倍和 5 倍直管段的直径。

（二）流阻式流量传感器

流阻式流量传感器在流体中置入一个相应的阻力体，随着流量的变化，阻力体的受力大小、阻力体的位置也相应改变，由此可以根据阻力体承受力的大小或阻力体的位移来测量流量。根据阻力体的不同，流阻式流量传感器又可以分为转子式、靶式等形式。

1. 转子流量传感器

转子流量传感器是在一个上粗下细的锥形管中，垂直地放置一个阻力体—转子（亦称浮子）。当流体自下而上流经锥形管时，由于受到流体的冲击，转子要向上运动。随着转子的上浮，转子与锥形管间的环形流通面积增大，流速降低，直到转子在流体中的质量与流体作用在转子上的力相平衡时，转子停留在某一高度维持平衡。流量发生变化时，转子移到新的高度，继续保持平衡，由此可以根据转子的高度测量流体的流量。

2. 靶式流量传感器

靶式流量传感器是在被测管的中心迎着流速方向安装一个靶，当介质流过时，靶受到流体的作用力（主要是靶前后的压差阻力），通过测量靶上受力，就可以得到流体的流量。

靶式流量传感器具有结构简单、安装维护方便以及不易堵塞等特点，除了可以测量一般的气体和液体流量之外，尤其可以测量大黏度、小流量以及含有固体颗粒的浆液状流体。当放在管道中的靶采用耐腐蚀性材料制作时，还可以测量各种腐蚀性介质的流量，这是其他流量传感器所不具备的。

（三）测速式流量传感器

测速式流量传感器通过测量流体的流速，进而获得流量值。目前常见的测速式流量传感器主要有电磁式、涡轮式和超声式等几种。

1. 电磁式流量传感器

电磁式流量传感器根据法拉第电磁感应原理制成。工作原理如图 3-41 所示，直径为 D 的管道与均匀磁场的方向垂直，

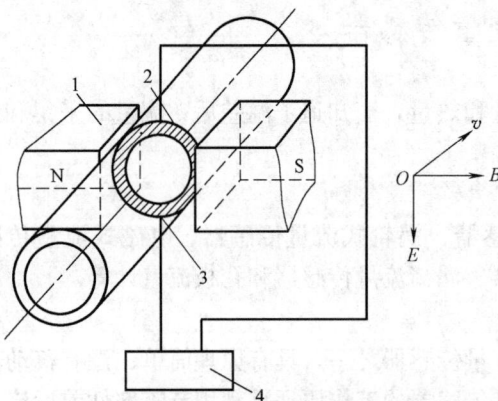

图 3-41 电磁式流量传感器

1—磁极；2—导管；3—电极；4—仪表

管道由不导磁材料制成，内表面衬挂绝缘衬里。当导电的液体在管道中流动时，导电液体切割磁力线，从而在与磁场及流动方向垂直的方向上产生感应电动势：

$$E = BDv \qquad (3\text{-}16)$$

式中 E——感应电动势；

       B——磁感应强度；

       D——管道内径；

       v——流体的平均流速。

该感应电动势与液体的流速成正比，由此可以测量管道内流体的体积流量：

$$q_{\mathrm{v}} = \frac{\pi D^2}{4} v = \frac{\pi D E}{4 B} \qquad (3\text{-}17)$$

电磁式流量传感器结构简单，测量管道内没有移动部件，也没有阻滞介质流动的部件，不易发生堵塞，可以测量各种腐蚀性介质。电磁式流量传感器的缺点是，由于只能测量导电液体，因此对于气体、蒸气以及含有大量气泡的液体或者导电率很低的液体均不能测量。

2. 涡轮式流量传感器

涡轮式流量传感器是利用动量矩守恒原理工作的，其结构如图 3-42 所示。被测流体经过导流架后冲击涡轮叶片，使涡轮旋转，涡轮的转速随流量的变化而变化，因此通过涡轮的转速可以求出流体的流量。涡轮式流量传感器可以直接输出数字信号，便于与计算机相连，进行数据处理。

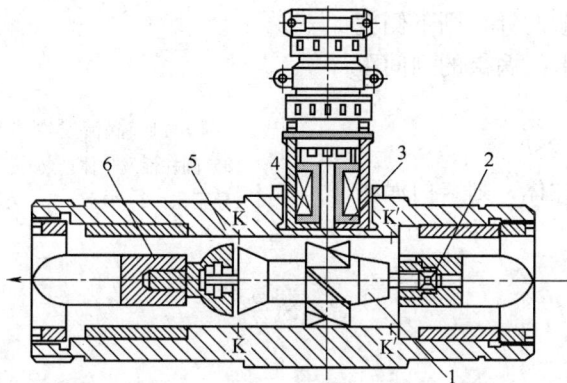

图 3-42 涡轮式流量传感器结构

1—叶轮；2—止推片；3—接线盒；4—密封橡胶；5—导管；6—导流架

3. 超声波流量传感器

超声波流量传感器的原理如图 3-43 所示，在测量管道中安装两个超声波发射换能器 F_1、F_2 以及两个接收换能器 J_1、J_2。当管道内的流体静止不动时，两束超声波的传播速度相等，而当流体流动时，两束超声波的传播速度出现差异。

假设静止时声波速度为 C，流体的流速为 v，则 F_1 到 J_1 的超声波传播速度为：

$$C_1 = C + v\cos\alpha$$

F_2 到 J_2 的超声波传播速度为：

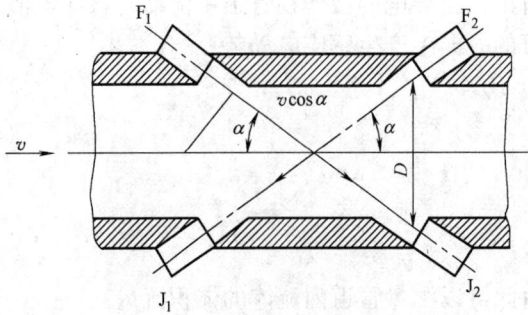

图 3-43　超声波流量传感器原理

$$C_2 = C - v\cos\alpha$$

由此可得流速为：

$$v = \frac{C_1 - C_2}{2\cos\alpha}$$

显然，当夹角固定不变时，流速与这两束超声波的速度差有关，而与静止时的声速无关。因此通过测量速度差，就可以求出流量值。

超声波流量传感器可以实现流量的非接触测量，对测量通道无插入零部件，没有附加阻力，不受介质黏度、导电性及腐蚀性的影响，且输出特性为线性，易于实现数字化。

（四）振动式流量传感器

振动式流量传感主要指卡门涡街流量传感器。由流体力学可知，当流体以一定速度前进时，如果在前进的路上垂直放置非线性物体（如圆柱体、三角形棱柱等），则在物体后面会产生漩涡，形成卡门涡街，如图 3-44 所示。

卡门涡街是交替排列的非对称形，涡的旋转方向是由列决定的，如果上侧一列涡的旋转方向是顺时针，则下侧就是逆时针方向。而且卡门涡街的列间距 l 与行间距 h 满足下式：

$$l/h = 0.28l$$

如果该物体是圆柱体，则卡门涡街的发生频率为：

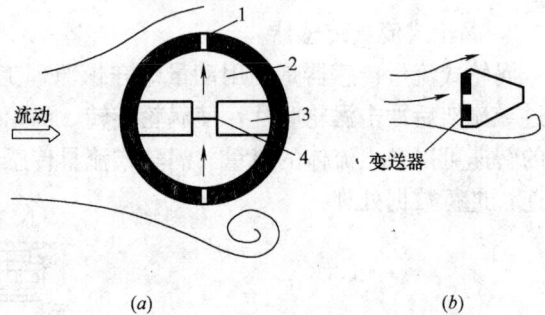

图 3-44　涡流发生体及测量原理
(a) 圆柱性发生体；(b) 三棱柱性发生体
1—导压孔；2—空腔；3—隔板；4—铂电阻丝

$$f = S_t \frac{v}{d} \tag{3-18}$$

式中　d——圆柱体直径；

v——流速；

S_t——斯特罗哈（Strouhal）数，它与雷诺数 Re 有关，而且在 $Re = 3\times10^2 \sim 2\times10^5$ 范围内，S_t 几乎不变，约等于 0.21。由此可以通过检测涡街的频率来测量流量。

二、常用流量传感器

（一）DWM 电磁流量变送器

DWM 电磁流量变送器（见图 3-45）可以用于对导电介质（液体、浆料和悬浮液）的流量测量和监控。它有两种型号：DWM 1000 将感应电压转换成开关接点可调的开关信号，叫电磁流量开关；DWM 2000 将感应电压转换成与流量成正比的 4～20mA 电流信号，叫电磁流量计。

1. 性能与特点：

(1) 稳健型设计，防护等级为 IP 66；

(2) 测量部分为不锈钢或陶瓷；

(3) 介质温度：$-25\sim+150℃$；

(4) 环境温度：$-25\sim+60℃$；

(5) 工作压力：2.5MPa；

(6) 无活动部件，免维护；

(7) 可在测量状况下更换电子部件；

(8) 电源功耗低；

(9) 适用管道管径 $DN50\sim DN400$。

2. 外部接线

DWM 电磁流量变送器外部接线如图 3-46 所示。

图 3-45　DWM 电磁流量变送器

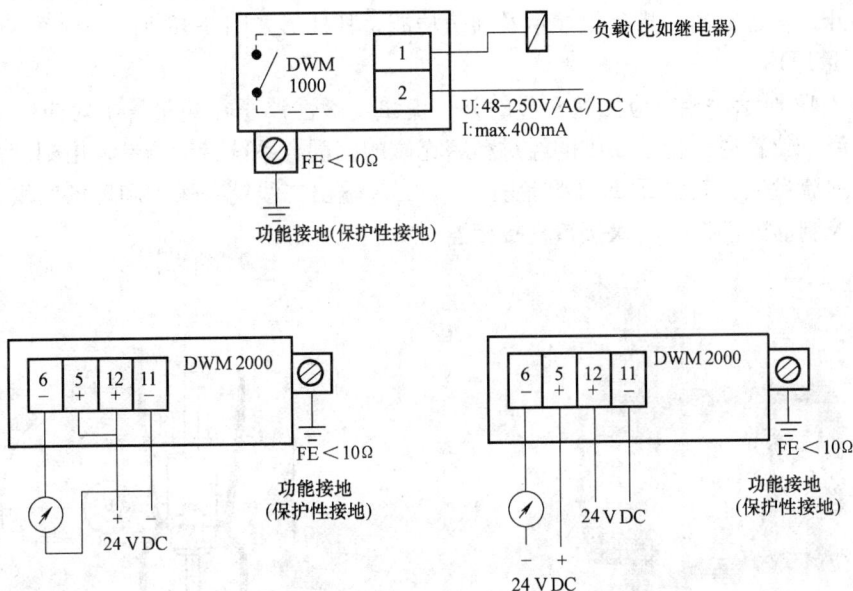

图 3-46　DWM 电磁流量变送器外部接线图

3. 安装

DWM 电磁流量计使用所提供的连接套管安装在测量管线（$\geqslant DN50$）上，安装位置和插入深度参阅安装图，管线上的开孔直径尺寸为 39mm 或 1.54 英寸，入口直管段预留 $10\times DN$（$DN=$管径）的长度，出口预留 $5\times DN$ 的长度。为了保证测量管的公称直径，焊接连接套管时，注意严格与测量管轴线垂直。当拧紧流量计时，传感器的位置并不很重要，电气外壳可以旋转。

(二) VFM1091G 型涡街流量计

VFM1091G 型涡街流量计如图 3-47 所示。

1. 测量原理

图 3-47　VFM1091G
型涡街流量计

根据卡门（Karman）涡街原理测量气体、蒸汽或液体的体积流量、标况体积流量或质量流量。

2. 特点

（1）无机械运动部件；

（2）与介质接触部分由不锈钢和钛材制成；

（3）测量精度高；

（4）独特的减振结构设计；

（5）仪表口径为 $DN10 \sim DN200$；

（6）小口径 $DN10 \sim DN20$ 带前后直管段；

（7）结构紧凑，维护方便；

（8）量程比宽。

（三）H250 金属管浮子流量计

H250 金属管浮子流量计是一种全金属结构，可现场安装气阻尼装置的模块化金属管浮子流量计。该浮子流量计基于模块化设计，有远传模拟量信号输出，开关信号输出，累计量显示及通信功能，其外形如图 3-48 所示。

1. 测量原理

如图 3-49 所示，相对应测量介质的某一流量，磁性浮子在测量管中对应一个浮子位置，这个浮子位置通过指示器中的经过精密充磁的磁耦合系统带动指针，由刻度盘和指针读出相应的流量值。其中 ESK-Z 型带有 $4 \sim 20mA$ 输出二线制变送器和现场累积显示，可以和现场控制器的模拟量输入接口直接相连。

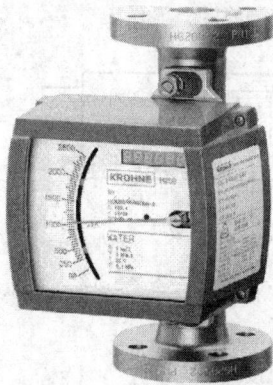

图 3-48　H250 金属管浮子流量计外形图

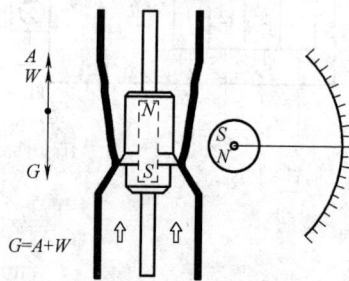

图 3-49　H250 金属管浮子流量计测量原理

2. 结构

H250 金属管浮子流量计结构如图 3-50 所示。

3. 主要技术参数（见表 3-8）。

（四）KPM 挡板流量计

1. 简述

KPM 挡板流量计外形如图 3-51 所示。该挡板流量计结构简单、坚固、安装方便，可以从多个方向任意安装，不受流体方向的影响。可以实时显示当前体积流量或质量流量。该产品还可另配电气转换器，用于过程监测和控制。

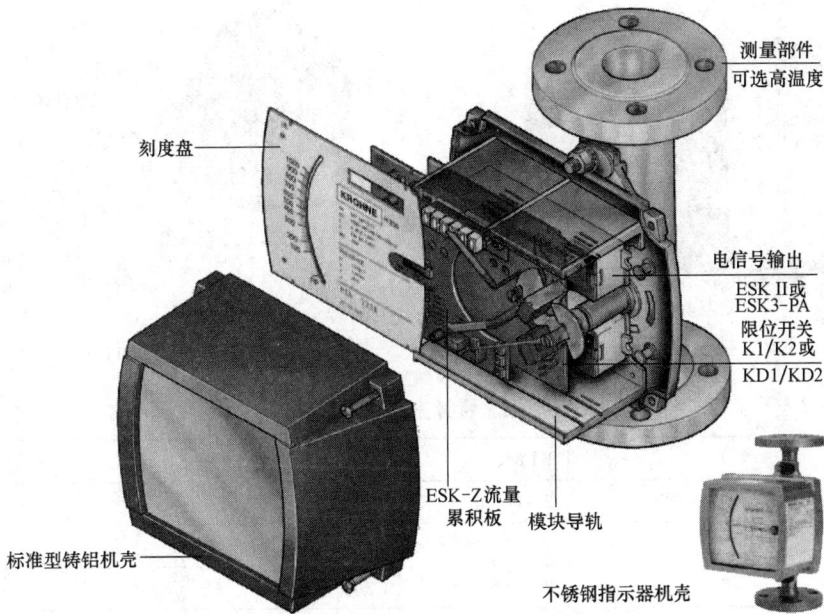

图 3-50　H250 金属管浮子流量计结构图

H250 金属管浮子流量计主要技术参数表　　　　　　　　表 3-8

流量计型号		H250
测量范围(100%值)水:20℃		25~100000L/h;特殊按用户要求
空气:0.1MPa,20℃		0.7~600m³/h;特殊按用户要求
量程比		10:1
精度等级(依据 VDI/VDE3513 版本 2)		1.6级(特殊多点校验后 1.0 级)
流量刻度划分		实际流量刻度,根据 KROHNE 软件计算换算
测量管与浮子材质	不锈钢(详见型号说明)	一次成型锥管,CIV,DIV,TIV,DIVT 浮子
	HC,Ti	HC,Ti 孔板,E 型浮子
	PTEE 衬里	陶瓷孔板,PTFE 浮子或陶瓷浮子
	其他特殊材质	根据用户要求

2. 测量原理

KPM 挡板流量计结构如图 3-52 所示。

当介质以一定的流速流经水平或垂直安装的挡板流量计测量腔体时,挡板将沿轴向旋转,当作用在挡板表面上的流体推力与挡板表面的反作用力加上扭矩弹簧的张力达到平衡时,挡板在测量体中的角位置或平衡点位置就代表了相应的流量大小,并由密封在挡板轴底端的磁钢腔体内环形磁铁部件,通过磁耦合带动指示器的指针部件的指针转动,将流量转换为刻度盘显示或传送给电气转换器。

3. 主要技术参数 (见表 3-9)。

图 3-51　KPM 挡板流量计外形图

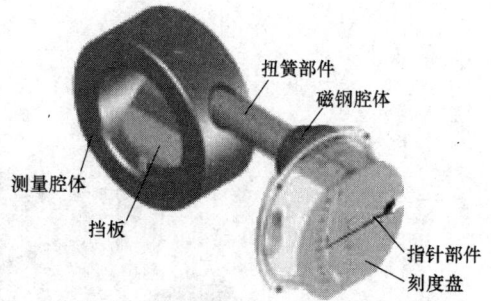

图 3-52　KPM 挡板流量计结构示意图

KPM 挡板流量计主要技术参数　　　　　　　　　　　　　表 3-9

流量计型号		KPM
测量范围(100%值)	水:20℃	2～600m³/h;特殊按用户要求
	空气:0.1MPa	60～18000m³/h
精度等级		2.5 级
流量刻度划分		实际流量刻度
仪表口径		DN50～DN300
压力等级		PN40(DN50～DN80)
		PN16(DN100～DN200)
		PN10(DN250～DN300)
连接法兰		DN50～DN300(夹持法兰连接)
允许的介质温度		-20～+200℃
允许的环境温度		-20～+80℃
开关报警型		供电电压:8VDC
		环境温度:-20～+60℃
远传输出型		模拟信号:4～20mA(2 线连接)
		供电电压:24VDC±10%～20%
		环境温度:-20～+60℃

（五）F61KB 液体流量开关

1. 概述

F61KB 系列液体流量开关用于检测流经管道的液体流量变化，例如水、乙二醇或其他非危害性液体。当液体流量超过设定流量时，其单刀双掷开关触点（SPDT）动作，可使一个回路导通，而同时切断另外一个回路。该流量开关通常使用在需要连锁作用或"断流"保护的场所。

F61KB 流量开关根据所安装管线的流速，使用不同的叶片。图 3-53 为 F61KB 液体流量开关的外形和尺寸。

2. 特点

（1）液体压力可高达 1034kPa，使用范围宽；

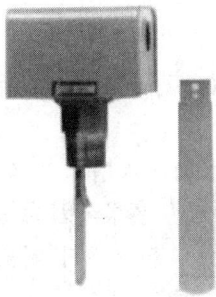

F61KB 液体流量开关

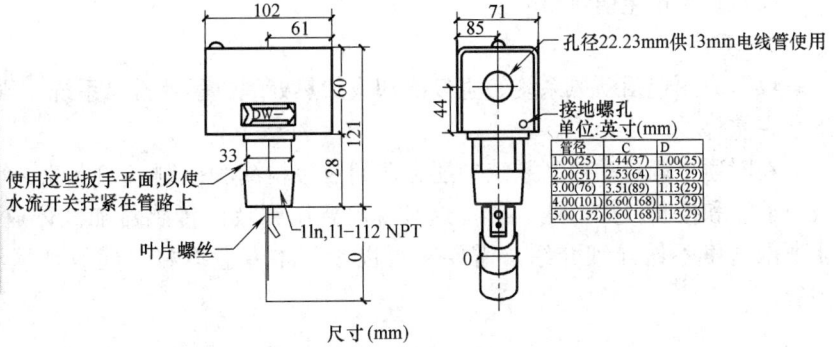

使用这些扳手平面,以使水流开关拧紧在管路上

叶片螺丝

1ln,11–112 NPT

孔径22.23mm供13mm电线管使用

接地螺孔

单位:英寸(mm)

管径	C	D
1.00(25)	1.44(37)	1.00(25)
2.00(51)	2.53(64)	1.13(29)
3.00(76)	3.51(89)	1.13(29)
4.00(101)	6.60(168)	1.13(29)
5.00(152)	6.60(168)	1.13(29)

尺寸(mm)

图 3-53　F61KB 液体流量开关的外形和尺寸

(2) 可调整叶片的节数及修正叶片长度,以适应不同管径及流速的需求;

(3) 设定点可调整,用户可根据系统的需要进行选择。

3. 应用

典型应用为,当冷水机组冷水管路中的水断流时,用 F61KB 流速开关切断制冷压缩机的电源,以降低冷机结冰的可能。

(六) F62AA 气体流量开关 (风流开关)

1. 概述

F62 气体流量开关用于检测风管道中风流动的状态。当风管内风速达到设定值时,其一个开关触点打开,另外一个触点闭合,可用作报警信号或连锁目的,以保证系统的正常运行。图 3-54 为 F62AA 气体流量开关的外形和尺寸。

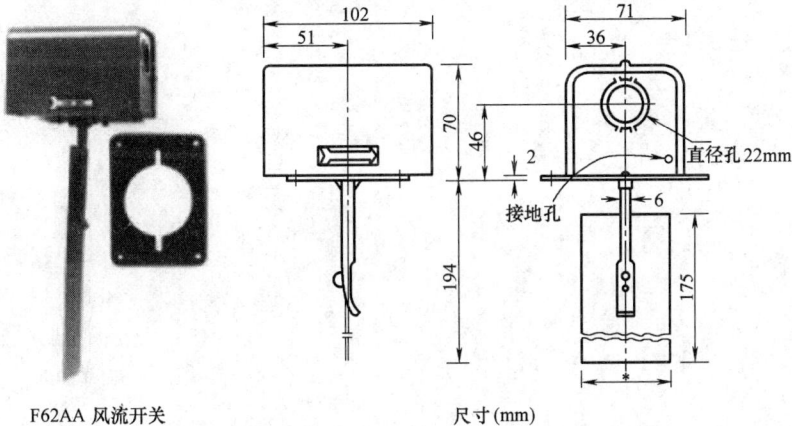

F62AA 风流开关

直径孔22mm

接地孔

尺寸(mm)

图 3-54　F62AA 气体流量开关的外形和尺寸

在空调系统应用中,利用开关触点可作为"断流"报警信号,或实现"断流"时切断电力加热器电路等连锁控制。避免因"断流"而造成风管过热对设备及用户造成损害和损失。

2. 特点

(1) 带安装钢板衬垫;

(2) 高可靠性的防尘快速动作开关,引线连接方便;

71

（3）现场设定值调整容易。

3. 应用

典型应用包括新风系统、空气冷却或加热处理过程及排风系统。F62 风流开关不能被安装在室外。

在暖通空调自动控制系统中还会遇到液位检测和控制（如水池、水箱、水塔），气体成分检测和控制（如 CO_2）等，这时就需要用到液位传感器和气体成分传感器，因为篇幅所限这里不做详细介绍，需要时可以参阅本专业教材《建筑环境测试技术》中相关内容。

第四章　暖通空调自动控制常用执行器

执行器是暖通空调自动控制系统中不可缺少的重要组成部分，它在自动控制系统中的作用是接受来自控制器的控制信号，转换成各种物理位移或其他形式的输出，来改变被控制对象的物质量或能量（如蒸汽量、水量、风量、电压、频率、功率等），达到控制温度、压力、流量、液位、湿度等工艺参数的目的。在暖通空调系统的控制中，常用的执行器主要有调节阀、风门（或风阀）、电磁阀、可控硅调节器、交流接触器及变频器等，它们是系统的终端执行部件，主要用来控制热水、冷水、蒸汽、空气的流量，电加热器的功率以及各种设备的启停和转速等。

执行器安装在工作现场，常年与工作现场的介质直接接触，执行器的选择或使用不当，不仅会影响调节的品质，有时可能会导致整个控制系统无法正常工作。因此正确选择和使用执行器是非常重要的。

从结构来说，执行器一般由执行机构和调节机构两部分组成，如图 4-1 所示。执行机构是执行器的推动部分，它根据控制器所给出的指令信号的大小，产生推力或者位移。执行机构按其使用能源形式分为气动、液动和电动三大类。电动执行机构在暖通空调自动控制中使用比较普遍。调节机构是执行器的调节部分，它接受执行机构的操纵，控制工艺介质的流量（或能量）。本章重点讲述各种电动执行器的工作原理、特性及其选择。

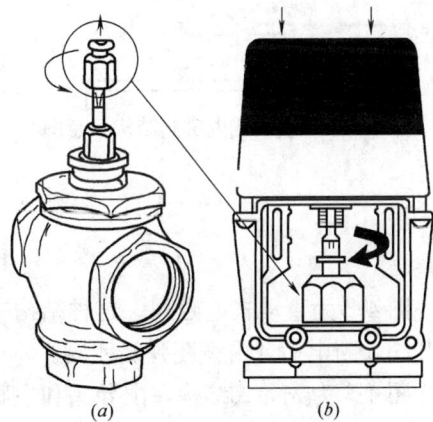

图 4-1　执行器的结构
(a) 调节机构；(b) 执行机构

第一节　调节阀的种类与结构

在暖通空调控制系统中，最常用的执行器是调节阀。调节阀按用途和作用可以分为两位控制调节阀和连续控制调节阀两种类型。两位控制调节阀接受位式控制器的输出信号，调节阀只有通、断两种状态，使通过调节阀进入被控系统的能量或物质量断续地改变，进而控制系统的被控参数维持在设定值附近。而连续控制调节阀接收的是连续输出控制器的控制信号（如 4~20mA 直流信号），可以使通过调节阀进入被控系统的能量或物质量按照一定规律连续改变，进而控制系统的被控参数基本稳定在设定值附近。从这两类调节阀控制方式的不同上可以看出，两位控制调节阀控制精度不高，只能用在对被控参数精度要求不高的场合，如一般房间的温度控制。对精度要求比较高的场合必须使用连续控制调节阀。

一、两位控制调节阀

（一）电磁阀

电磁阀是典型的两位控制调节阀，电磁阀常用来控制制冷系统管路中制冷剂的流动，有时候也用来控制冷热水管路。电磁阀结构比较简单，如图 4-2 和图 4-3 所示，它是利用线圈通电后，产生电磁吸力提升活动铁芯，带动阀塞运动，控制气体或液体通断。

电磁阀有直动式和先导式两种。

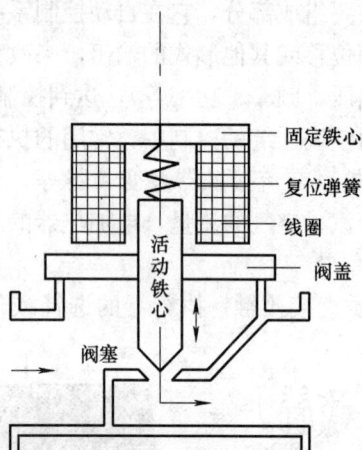

图 4-2 直动式电磁阀结构示意图

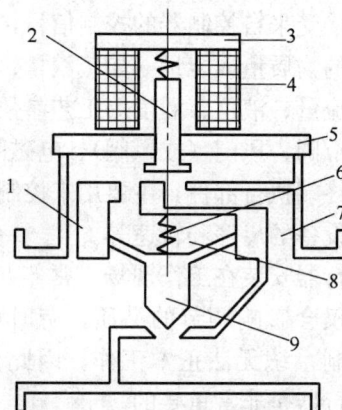

图 4-3 先导式电磁阀结构示意图

1—平衡孔；2—活动铁心；3—固定铁心；
4—线圈；5—阀盖；6—复位弹簧；
7—排出孔，8—上腔；9—主阀塞

图 4-2 为直动式电磁阀。这种结构中，电磁阀的活动铁芯本身就是阀塞，通过电磁吸力开阀，断电后，由恢复弹簧闭阀。

图 4-3 为先导式结构，由导阀和主阀组成，通过导阀的先导作用促使主阀开闭。线圈通电后，电磁力吸引活动铁芯上升，使排出孔开启，由于排出孔远大于平衡孔，导致主阀上腔中压力降低，但主阀下方压力仍与进口侧压力相等，则主阀因压差作用而上升，当约等于进口侧压力时，主阀因本身弹簧力及复位弹簧作用力，使阀呈关闭状态。

（二）电动二通阀和电动三通阀

电动二通阀如图 4-4 所示。在风机盘管系统中，常采用电动二通阀或电动三通阀控制冷、热水路的通断。其通断动作由双位式控制器控制，电动二通阀和电动三通阀的电动机

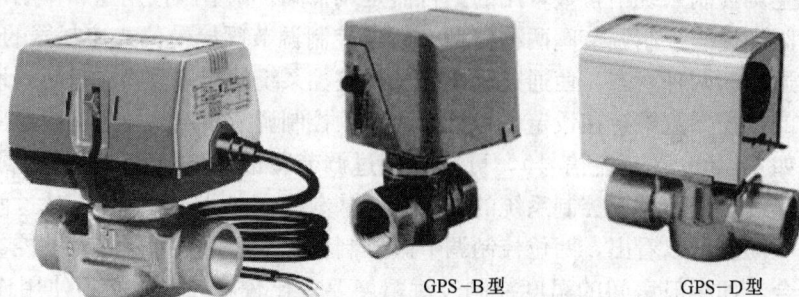

GPS-B型　　　GPS-D型

图 4-4 电动二通阀

是磁滞式电动机，由 220V AC 供电。当供电时，电动机转动，通过机械齿轮驱动开阀。当阀门打开后，允许电动机带电堵转；当电动机断电后，阀门在返回弹簧作用下，关闭阀门。

（三）电动蝶阀

电动蝶阀也叫翻板阀，如图 4-5 所示。蝶阀中间的阀板可以旋转 90°，因而可以调节流量。蝶阀以其体积小、重量轻、安装方便和开关阀的允许压差较大而受到人们的喜爱。按照蝶阀工作原理应该是可以进行连续调节的，但是其调节性能较差，所以一般把其归于位式调节阀范畴，使其使用范围受到一定的限制。通常它用于压差较大，对调节性能要求不高的场所。

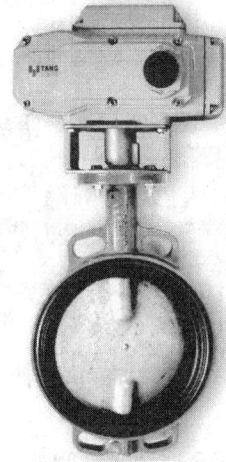

二、连续控制调节阀

调节阀如果不指明是位式控制，一般就指的是连续控制调节阀。电动调节阀是暖通空调自动控制系统中用得最多的连续控制

图 4-5　电动蝶阀

调节阀。它以电动机为动力元件，将控制器输出信号转换为阀门的开度，是一种连续动作的调节机构。

电动调节阀从结构上可分为直通单座阀、直通双座阀、三通阀以及电动球阀等。

（一）直通单座阀

如图 4-6 所示，阀体内只有一个阀芯和一个阀座。当阀杆提升时，阀开度增大，流量增加；反之则开度减小，流量降低。它的特点是泄漏量小，因为它是单阀芯结构，容易达到密封，甚至可以完全切断。它的工作性能可靠，结构简单，造价低廉，但阀杆的推力较大，因此对执行器的工作力矩的要求相对较高。

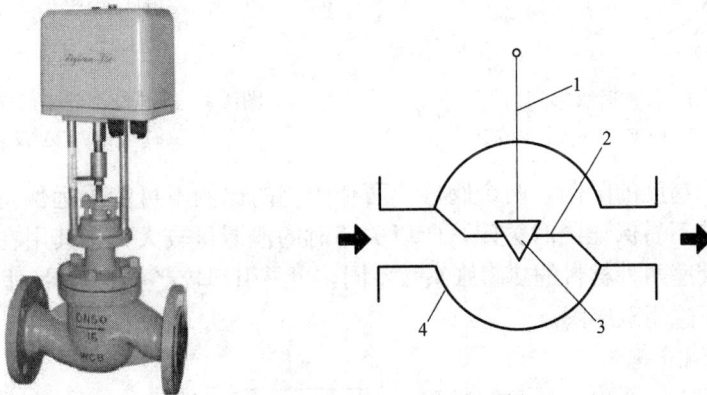

图 4-6　直通单座阀
1—阀杆；2—阀座；3—阀芯；4—阀体

由于单座阀只有一个阀芯，流体对阀芯推力是单面作用的，不平衡力大，尤其在高压差、大口径时，不平衡力更大，所以单座阀仅适用低压差的场合，如普通的空调机组、风机盘管、热交换器等的控制。

图 4-7 所示是直线移动的电动调节阀结构，阀杆的上端与执行机构相连，当阀杆带动阀芯在阀体内上下移动时，改变阀芯与阀座之间的流通面积，即改变阀的阻力系数，其流

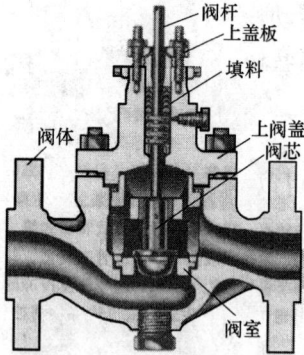

图 4-7　电动调节阀结构

过阀的流量也就相应的改变，从而达到调节流量的目的。

电动调节阀的选择通常不但要考虑实际的工艺用途，还需要计算实际的流通能力，按照一定的原则进行，而不能按照管路的管径选择同径的电动阀，具体的选择方法在后面的章节会有详细叙述。

（二）直通双座阀

如图 4-8 所示，因为阀体内有两个阀芯和两个阀座，所以称直通双座阀。阀杆上下移动来改变阀芯与阀座的位置。流体从左侧进入，通过上、下阀座后汇合在一起，由右侧流出。其明显的特点是：流体作用在上、下阀芯的推力方向相反，大小接近相等，阀芯所受的不平衡力很小，因而允许使用在阀前、后压差较大的场合，阀的开、关对执行机构的力矩要求较低。

双座阀有正装和反装两种：当阀芯向下移动时，阀芯与阀座间流通面积减少者称正装；反之，称为反装。对于双座阀只要把图 4-8 中的阀芯倒过来装，就可以方便地把正装改为反装。正装和反装时，阀芯位移与流通面积的关系如图 4-9 所示。

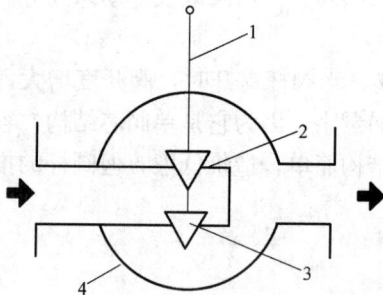

图 4-8　直通双座阀
1—阀杆；2—阀座；3—阀；4—阀体

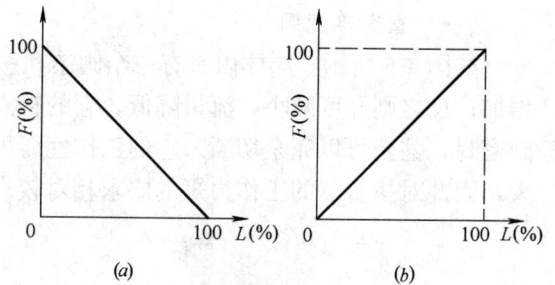

图 4-9　阀芯位移与流通面积的关系
(a) 正装；(b) 反装

由于受加工精度的限制，两个阀芯、两个阀座的比例不可能永远保持相等，双座的上、下两个阀芯不易保证同时关闭，所以关闭时的泄漏量较大，尤其用在高温或低温场合，因阀芯和阀座两种材料的热膨胀系数不同，更易引起较严重的泄漏。因此，在压差允许条件下尽量不选用双座阀。

（三）三通调节阀

三通调节阀有三个出入口与管道相连，按作用方式可分为合流阀和分流阀两种，其特点是基本上能保持总水量的恒定，因此它适用于定水量系统。

实际上，由于阀各支路的特性不同，三通阀要完全做到水流量的恒定是不可能的。在其全行程的范围内，总是存在一定的总水量波动情况。

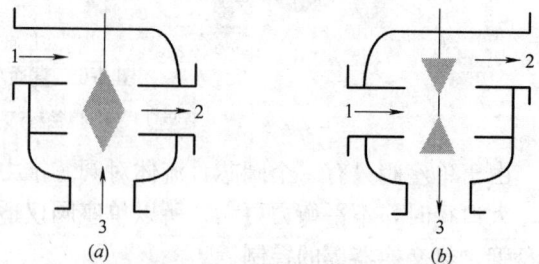

图 4-10　三通调节阀原理图
(a) 三通合流阀；(b) 三通分流阀

图 4-10 （a）是合流阀，两种流体 1 和流体 3 混合为流体 2，它有两个进口，一个出口。当阀芯关小一个入口的同时，就开大了另一个入口。

分流是把一种流体通过阀后分成两路，分流阀如图 4-10（b）所示，它有一个入口和两个出门，在关小一个出口的同时，开大另一个出口。

从图 4-10 中可以看出，三通调节阀是由直通阀、双座控制阀改型而成。在原来下阀盖处改为接管，即形成三通阀。合流阀和分流阀的阀芯形状不一样，合流阀的阀芯位于阀座内部，分流阀的阀芯位于阀座外部，这样设计的阀芯，可使流体的流动方向将阀芯处于流开状态，阀能稳定操作，所以合流阀只能用于合流的场合，分流阀只能用于分流的场合，但当 $DN<80mm$ 时，由于不平衡力较小，合流阀有时也可以用于分流的场合。

旁通调节是调节热交换器的旁通量来控制其出口流体的温度，如图 4-11 所示，三通阀装在旁通的入口为分流，装在旁路的出口为合流。

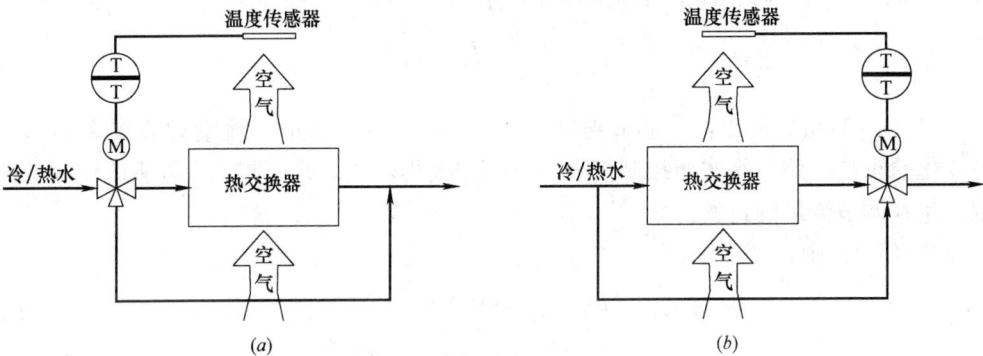

图 4-11　三通阀的旁路调节关系
（a）分流阀；（b）合流阀

合流控制阀流通能力比分流阀大，调节灵敏，但应注意温差对阀的影响。

第二节　调节阀的特性

一、调节阀的工作原理

从流体力学观点看，调节阀可以看做是一个局部阻力可以变化的节流元件。我们可把调节阀模拟成孔板节流的形式，如图 4-12 所示。

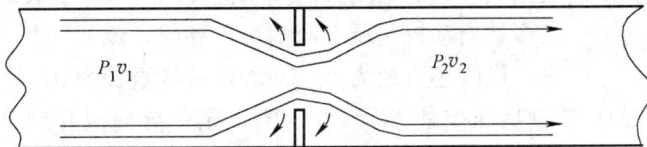

图 4-12　调节阀节流模拟

由伯努利方程，调节阀前后的能量守恒公式为：

$$h_1+\frac{p_1}{\rho g}+\frac{v_1^2}{2g}=h_2+\frac{p_2}{\rho g}+\frac{v_2^2}{2g}+h_F \qquad (4-1)$$

式中　h_1，h_2——阀前后的压头，m；

ρ——介质密度，kg/m³；

p_1，p_2——阀前后的绝对压力，Pa；

h_F——阻力损失，m；

v_1，v_2——阀前后的介质流速，m/s。

调节阀的阻力损失为：

$$h_F = \xi \frac{v^2}{2g} \tag{4-2}$$

式中 ξ——阀的阻力系数。

假设为水平管道，且阀前后截面积相同，则有：$h_1 = h_2$，$v_1 = v_2 = v$，将其带入上面两式可得：

$$h_F = \frac{p_1 - p_2}{\rho g} = \xi \frac{v^2}{2g} \tag{4-3}$$

因为 $Q = vA$，A 为与阀相连的管道的面积，则得：

$$Q = \frac{A}{\sqrt{\xi}} \sqrt{\frac{2(p_1 - p_2)}{\rho}} \tag{4-4}$$

由式（4-4）可以看出，当调节阀口径一定，$p_1 - p_2$ 不变时，流量 Q 仅受调节阀阻力系数变化的影响。调节阀按照控制信号的方向和大小，通过改变阀芯行程来改变阀的阻力系数，达到调节流量的目的。

在式（4-4）中，如果令：

$$C = \frac{A}{\sqrt{\xi}} \sqrt{2} \tag{4-5}$$

则

$$Q = C \sqrt{\frac{p_1 - p_2}{\rho}} \tag{4-6}$$

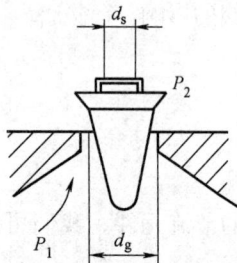

图 4-13 阀杆受到的
不平衡力

式中 C 就是本章将要说明的调节阀的流通能力。

二、调节阀最大允许工作压差 Δp_{max}

调节阀在使用过程中，由于其两端的压力是不一样的，因此阀杆必然存在不平衡力（见图 4-13）。这一不平衡力不但与调节阀的形式（如单座、双座阀）有关，还与阀杆与阀芯直径、导向设置方式以及调节阀是"流开"还是"流关"的状态有关。所谓"流开"是指调节阀的开启方向与水流方向一致；而所谓"流关"是指调节阀的关闭方向和水流方向一致。在暖通空调系统中，绝大多数自动控制调节阀都是单导向"流开"型。

设阀芯直径为 d_g（cm），阀杆直径为 d_s（cm），阀前后压强分别为 P_1 及 P_2（Pa），阀前后压差是 $\Delta P = P_1 - P_2$，则单导向流开型单座阀的阀杆受到的不平衡力为：

$$F_{t1} = P_1 \frac{\pi}{4} d_g^2 - P_2 \frac{\pi}{4} (d_g^2 - d_s^2) \tag{4-7}$$

$$= \frac{\pi}{4} (d_g^2 \Delta P + d_s^2 P_2) \tag{4-8}$$

从式（4-8）可知，不平衡力的大小与调节阀前后压差以及阀杆形状有关系。为了使调节阀在使用时能正常地开启或关闭，要求调节阀执行机构必须提供与阀杆所受不平衡力方向相反，大小相等的输出力。通常调节阀制造厂家根据调节阀的使用功能和正常工作时的压差情况为其配套提供相应的执行器。

一旦调节阀与执行器相配套，输出力就已经确定，调节阀工作时两端的压差最大值也就已经确定，这个最大压差值叫做调节阀最大允许工作压差（ΔP_{max}）。在调节阀选用时，用限制调节阀在一定的压差下工作的方法来避免不平衡力超出允许范围。换句话说，在选用调节阀时，必须限制其工作压差在允许压差 ΔP_{max} 范围之内，以保证执行机构的输出力足以克服不平衡力，实现输入信号与阀芯位移的正确定位关系。

需要注意的是，在选择调节阀时，通常厂家样本中所列的允许使用压差 ΔP_v 是指其出口压力 P_2 为零时的值，即 $\Delta P_v = P_1$。而在实际工程中，除蒸汽用阀可以如此考虑外（关阀门时可以认为其凝结水压力接近零），普通冷、热水阀出口压力 P_2 均不为零。单座阀实际工作时允许的最大压差可以可按式（4-9）计算。

$$\Delta P_{max} = \Delta P_v - \left(\frac{d_s}{d_g}\right)^2 P_2 \qquad (4-9)$$

如果执行机构的作用力小于阀杆不平衡力，就无法使阀在使用时正常地开启或关闭。如果阀不能保证按要求全开或全关，则自动控制系统的正常工作将会受到影响。

三、调节阀的可调比

调节阀的可调比又称"调节范围"，它是指调节阀所能控制的最大流量和最小流量之比，用 R 来表示，即：

$$R = \frac{Q_{max}}{Q_{min}} \qquad (4-10)$$

值得注意的是：Q_{min} 并不等于零，也不是阀门全关时的泄漏量，而是其所能控制的最小流量（泄漏量是无法控制的）。R 值与阀门的制造精度有关，它由阀芯与阀座的间隙 δ 来确定。但为了适应阀芯的热膨胀和防止被固体所卡死，δ 常取 0.05mm。一般来说，用于空调系统的阀门 Q_{min} 约为 Q_{max} 的 2%～4%，即相应 R 值在 50～25 之间，常取的值是 30（R 值越高，对制造的精度要求越高）。因此，其所能控制的最小流量应是全开流量的 1/30。但调节阀全部关死时的泄漏量则要比 Q_{min} 小得多，一般为 Q_{min} 的 0.1%～0.01%。

当调节阀工作在理想状态，即阀门两端的压降恒定不变时，它的可调比称为理想可调比，用 R_t 表示，是调节阀所能控制的最大流通能力 C_{max} 和最小流通能力 C_{min} 之比，即：

$$R_t = \frac{Q_{max}}{Q_{min}} = \frac{C_{max}}{C_{min}} \qquad (4-11)$$

R 和 R_t 反映了调节阀调节能力的大小，使用时希望 Q_{min}、C_{min} 小，而 R 大，并且数值稳定。

四、调节阀的理想流量特性

评价调节阀的特性，总是在一定的标准下进行的。同一调节阀在不同场所的使用效果也是不同的。调节阀特性中最主要的流量特性，就是流过调节阀的介质相对流量与阀门相对开度（或阀芯行程）的关系，其数学表达式为：

$$\frac{Q}{Q_{max}} = f\left(\frac{l}{L}\right) \qquad (4-12)$$

相对流量是调节阀在某一开度下的流量与全开流量之比 Q/Q_{max}，相对开度是调节阀某一开度下阀芯行程与全开行程之比 l/L。式（4-12）表明阀芯行程和流量之间的关系。

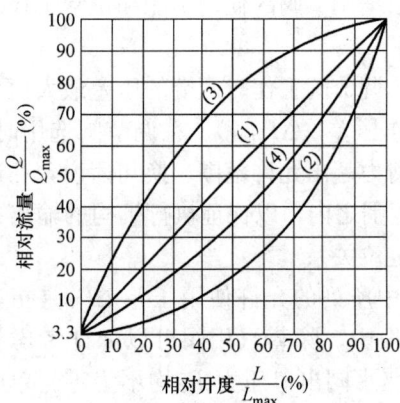

图 4-14　调节阀理想流量特性曲线图

一般来说，改变阀芯与阀座间的流通面积就能改变流量。但实际上由于各种因素的影响，比如阀前后压力差就是影响流量的最大因素，而阀前后的压力差又是随流量而变的，这就使得计算复杂化了。为了分析方便，只能假定阀前后的压差不变，分析出调节阀的"理想特性"，然后引申到真实情况下，得到调节阀的"工作特性"。

在理想情况下，假设调节阀的压降不随阀的开度和流量而变化的情况，因而得到的相对流量和相对开度之间的关系，称为理想流量特性，它是由阀芯形状决定的。典型理想特性有直线特性（1）、等百分比（对数）特性（2）、快开特性（3）和抛物线特性（4），如图 4-14 所示。

在以后的讨论中，除特别指明某种特性阀门外，均是指其理想特性。

（1）直线特性

直线特性的定义是：调节阀相对流量 Q/Q_{max} 的变化与相对开度 l/L 的变化成正比，也就是说，其阀芯单位行程引起的流量变化是恒定的，即：

$$\frac{\mathrm{d}\dfrac{Q}{Q_{max}}}{\mathrm{d}\dfrac{l}{L}}=k \qquad (4\text{-}13)$$

式中　k——比例系数，即调节器的放大倍数。

对式（4-13）进行积分并代入边界条件：$l=0$ 时，$Q=Q_{min}$；$l=L$ 时，$Q=Q_{max}$，则有：

$$\frac{Q}{Q_{max}}=\left(1-\frac{1}{R}\right)\frac{l}{L}+\frac{1}{R} \qquad (4\text{-}14)$$

式中，$R=\dfrac{Q_{max}}{Q_{min}}$，为可调节比，值一般在 30 左右。

比例系数为：

$$k=1-\frac{1}{R} \qquad (4\text{-}15)$$

显然，对于可调比 $R=30$ 的调节阀，$k=0.967$。

式（4-15）表明，Q/Q_{max} 与 l/L 间呈线性关系，也就是调节阀的放大系数是一个定值，即特性曲线的斜率在全行程是一个定值。

初看起来，这种调节阀特性很合理，其实不然，在流量小和流量大时，阀芯同样移动 10%，相对于原流量来说，流量变化的显著程度是不一样的。例如：原流量为 10%，阀芯移动 10% 后流量变为 20%，变化率为 100%。若原流量为 80%，同样移动 10% 后流量变为 90%，流量变化率为 12.5%。可见直线特性调节阀的特点是使得小流量调节时调节作用过于灵敏，不易稳定，大流量时又太迟钝，调节效果不明显。

（2）等百分比特性

等百分比特性的定义是：相对开度 l/L 的变化所引起的调节阀相对流量 Q/Q_{max} 的变化与该点的相对流量 Q/Q_{max} 成正比（比例系数为 k），或者说，阀芯单位行程引起的流量变化与该点原有流量的大小成正比，即：

$$\frac{\mathrm{d}\frac{Q}{Q_{max}}}{\mathrm{d}\frac{l}{L}}=k(Q/Q_{max}) \tag{4-16}$$

同样，对式（4-16）积分并代入与直线阀相同的边界条件，得：

$$Q/Q_{max}=R^{\frac{l}{L}-1} \tag{4-17}$$

其比例系数为：

$$k=\ln R \tag{4-18}$$

对于 $R=30$ 的调节阀，$k=3.4$。

式（4-18）表明，Q/Q_{max} 与 l/L 之间成对数关系。此外从图 4-14 中也可以看出，等百分比流量特性的调节阀，它的放大系数随行程的增大而增大。在小流量的时候，流量变化的绝对值小；在大流量时，流量变化的绝对值大。所以它在小流量时工作平稳，在大流量时工作灵敏，适用于要求负荷变化大的场合。对于 $R=30$ 的调节阀，行程每变化 10%，流量变化相对值均为 40%，其灵敏度在整个调节范围内是不变的，具有等比率特性，等百分比结构特性由此得名。

（3）快开特性

它的定义为：相对开度 l/L 的变化所引起的调节阀相对流量 Q/Q_{max} 的变化与该点的流量成反比。显然，它与等百分比阀的作用方向是反的。可以定性地理解为：当行程比较小时，流量比较大，随着阀芯行程的增加，流量即迅速增大至接近最大值。这种阀在开度小时流量比较大，很容易达到最大流量。

$$\frac{\mathrm{d}\frac{Q}{Q_{max}}}{\mathrm{d}\frac{l}{L}}=k\left[\frac{Q}{Q_{max}}\right]^{-1} \tag{4-19}$$

对式（4-19）积分并代入边界条件：

$$\frac{Q}{Q_{max}}=\frac{1}{R}\left[1+(R^2-1)\frac{l}{L}\right]^{\frac{1}{2}} \tag{4-20}$$

快开流量特性调节阀的阀芯形状为平板式，阀的有效行程在 $\frac{d_0}{4}$（d_0 为阀座直径）以内。行程再增大，阀的流通面积就不再增加，便起不到调节作用了。快开特性的调节阀适用于要求迅速启动的场合，特别适合位式（开关式）控制，调节阀一打开，流量就比较大。

（4）抛物线特性（又称二次曲线特性）

其定义为：相对开度 l/L 的变化所引起的调节阀相对流量 Q/Q_{max} 的变化与该点的相对流量 Q/Q_{max} 的平方根成正比。

$$\frac{\mathrm{d}\frac{Q}{Q_{max}}}{\mathrm{d}\frac{l}{L}}=k\left[\frac{Q}{Q_{max}}\right]^{\frac{1}{2}} \tag{4-21}$$

对式 (4-12) 积分并代入边界条件:

$$\frac{Q}{Q_{\max}} = \frac{1}{R}\left[1+(R^2-1)\frac{l}{L}\right]^2 \tag{4-22}$$

式 (4-22) 表明, $Q/Q_{\max}$ 与 l/L 间成抛物线关系, 这种阀的性能特性介于直线性和等百分比性之间。

各种流量特性所对应的阀芯形状分别如图 4-15 所示。

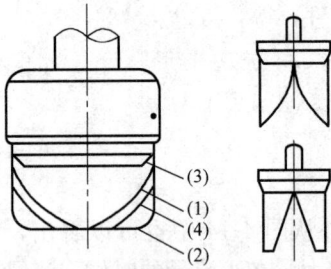

图 4-15 不同流量特性阀芯形状

(1) 直线特性阀芯;(2) 等百分比特性阀芯;
(3) 快开特性阀芯;(4) 抛物线特性阀芯;
(5) 等百分比特性阀芯 (开口形);
(6) 直线特性阀芯 (开口形)

五、调节阀的工作流量特性

调节阀总是与表冷器、热交换器等相连,在调节阀的调节过程中,即使保持供、回水总管的压差不变,各表冷器支路的压差也会不断变化,随着流量的调节,阀前后的压差不能保持恒定,在工作情况下的特性偏离理想特性。因此,我们把这种实际工作条件下调节阀的特性称为工作流量特性。

这里主要讨论调节阀与管道串接时的工作流量特性,图 4-16 所示是调节阀有串联管道时的情况,由于串联管道存在阻力,其阻力损失与通过管道的流量成平方关系。因此,当系统两端总压差 ΔP 一定时,随着管道流量的增大,串联管道的阻力也增大,这样就使调节阀上的压差 ΔP_1 减小,这个压差的变化也会引起通过调节阀的流量发生变化,如图 4-17 所示。

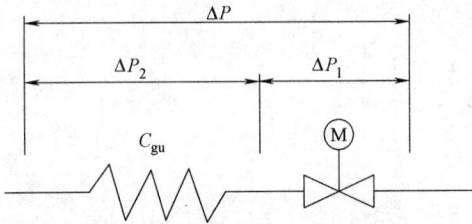

图 4-16 调节阀与管道串联

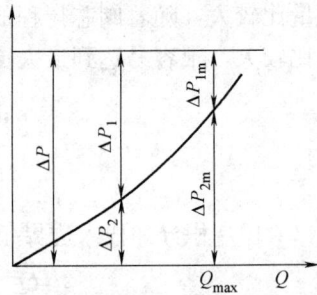

图 4-17 串联管道时调节阀压差的变化

系统的总压差 ΔP 是管道系统(除调节阀外的阀门、设备和管道)的压差 $\sum \Delta P_i$ 与调节阀前后压差 ΔP_1 之和,即:

$$\Delta P = \Delta P_1 + \sum \Delta P_i = \Delta P_1 + \Delta P_2 \tag{4-23}$$

图 4-17 中, ΔP_{1m} 是最大流量时调节阀前后的压差, ΔP_{2m} 是最大流量时管路系统的压差,令:

$$S = \frac{\Delta P_{1m}}{\Delta P} = \frac{\Delta P_{1m}}{\Delta P_{1m} + \Delta P_{2m}} \tag{4-24}$$

公式中 S 是工艺管道系统的阻损比,也称为阀权度,也就是调节阀全开时,阀上的压降 ΔP_1 与管路系统各局部阻力件之和 ΔP_2 与阀上的压降 ΔP_1 两者之间的比值。由于 S 表示阀全开时阀上压降占系统总压降的百分比,因此也称压差比或阀门能力。

由调节阀流通能力的计算公式可知：

$$Q=C\sqrt{\frac{\Delta P_1}{\rho}}=C\sqrt{\frac{\Delta P-\Delta P_2}{\rho}}\qquad(4\text{-}25)$$

式中　Q——流过调节阀的流量；

　　　C——调节阀的流通能力；

　　ΔP_1——调节阀上的压差；

　　ΔP_2——管道上的压差；

　　　ρ——介质密度。

根据式（4-25），如果以调节阀压差恒定来考虑，即 ΔP_1 不变，即有：

$$\frac{Q}{Q_{\text{max}}}=\frac{C}{C_{\text{qk}}}\qquad(4\text{-}26)$$

式中　Q_{max}——阀的最大流量；

　　　C_{qk}——阀全开时的流通能力。

由于理想流量特性的数学表达式（4-12）为：

$$\frac{Q}{Q_{\text{max}}}=f\left(\frac{l}{L}\right)$$

故　　　　　　　　　　　$$C=C_{\text{qk}}f\left(\frac{l}{L}\right)\qquad(4\text{-}27)$$

当调节阀开度达到 100％时，即调节阀全开时，则有：

$$Q_{100}=C_{\text{qk}}\sqrt{\frac{\Delta P_{1\text{m}}}{\rho}}=C_{\text{qk}}\sqrt{\frac{\Delta P-\Delta P_{2\text{m}}}{\rho}}\qquad(4\text{-}28)$$

式中　C_{qk}——阀全开时的流通能力。

如果工艺管道系统的阻力损失全部由调节阀承担，即管道设备阻力等于零（$\Delta P=\Delta P_1$），此时的系统阻损比 $S=1$，则调节阀前后压差就是管道系统的总压降 ΔP。此时，调节阀工作特性就成为理想特性，此时流过调节阀的最大流量 Q_{max} 为：

$$Q_{\text{max}}=C_{\text{qk}}\sqrt{\frac{\Delta P_{1\text{m}}}{\rho}}=C_{\text{qk}}\sqrt{\frac{\Delta P}{\rho}}\qquad(4\text{-}29)$$

如果将式（4-25）和式（4-29）相比就可以得到 Q_{max} 作参比量的相对流量特性：

$$\frac{Q}{Q_{\text{max}}}=\frac{C}{C_{\text{qk}}}\sqrt{\frac{\Delta P_1}{\Delta P}}\qquad(4\text{-}30)$$

如果将式（4-25）和式（4-28）相比就可以得到 Q_{100} 作参比量的相对流量特性：

$$\frac{Q}{Q_{100}}=\frac{C}{C_{\text{qk}}}\sqrt{\frac{\Delta P_1}{\Delta P_{1\text{m}}}}\qquad(4\text{-}31)$$

进一步推导，对管道而言，有：

$$Q=C_{\text{gu}}\sqrt{\frac{\Delta P_2}{\rho}}\qquad(4\text{-}32)$$

式中　C_{gu}——管道上的流量系数；

　　　ΔP_2——管道上的压差。

式（4-25）和式（4-32）中的流量相等，则可推导出：

$$\Delta P_1 = \frac{\Delta P}{\dfrac{C^2}{C_{\text{gu}}^2}+1} = \frac{\Delta P}{\dfrac{C_{\text{qk}}^2}{C_{\text{gu}}^2}\left[f\left(\dfrac{l}{L}\right)\right]^2+1} \tag{4-33}$$

当调节阀全开时，调节阀的前后压差（实际上是调节阀前后压差的最小值）为：

$$\Delta P_{1\text{m}} = \frac{\Delta P}{\dfrac{C_{\text{qk}}^2}{C_{\text{gu}}^2}+1} \tag{4-34}$$

则

$$\frac{C_{\text{gu}}^2}{C_{\text{qk}}^2+C_{\text{gu}}^2} = \frac{\Delta P_{1\text{m}}}{\Delta P} = S \tag{4-35}$$

将式（4-35）和式（4-33）联立解方程组则有：

$$\Delta P_1 = \frac{\Delta P}{\left(\dfrac{1}{S}-1\right)\left[f\left(\dfrac{l}{L}\right)\right]^2+1} \tag{4-36}$$

将式（4-36）代入式（4-30）则得到：

$$\frac{Q}{Q_{\text{max}}} = f\left(\frac{l}{L}\right)\sqrt{\frac{\Delta P_1}{\Delta P}} = f\left(\frac{l}{L}\right)\sqrt{\frac{1}{\left(\dfrac{1}{S}-1\right)\left[f\left(\dfrac{l}{L}\right)\right]^2+1}} \tag{4-37}$$

Q_{max} 表示管道阻力为零（即无其他设备和管道）时相应调节阀全开的流量。

将式（4-37）和 $\Delta P_{1\text{m}} = S\Delta P$ 带入式（4-30）得到：

$$\frac{Q}{Q_{100}} = f\left(\frac{l}{L}\right)\sqrt{\frac{\Delta P_1}{S\Delta P}} = f\left(\frac{l}{L}\right)\sqrt{\frac{1}{(1-S)\left[f\left(\dfrac{l}{L}\right)\right]^2+S}} \tag{4-38}$$

Q_{100} 表示存在管道阻力时相应调节阀全开的流量。

式（4-37）和式（4-38）分别表示了串联管道时以 Q_{max} 和 Q_{100} 作为参比值的工作流量特性，由此可得图 4-18 和图 4-19。

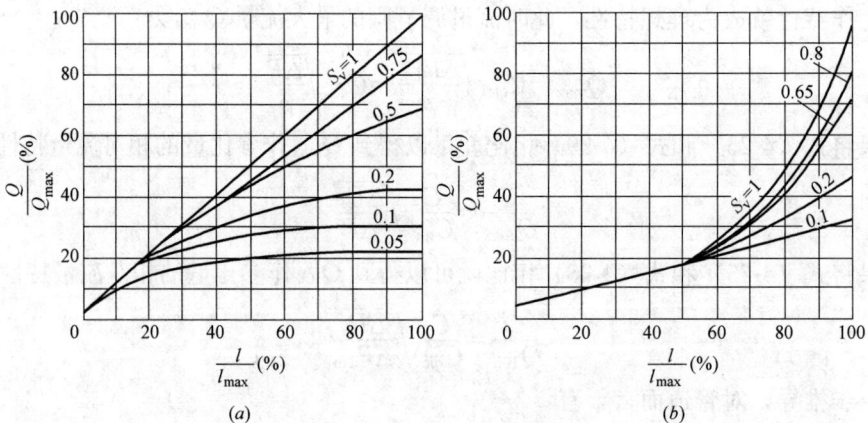

图 4-18　串联管道时调节阀的工作特性（以 Q/Q_{max} 作参考）

(a) 直线流量特性；(b) 等百分比流量特性

从图 4-18 和图 4-19 可以看出：

1) 对于一个串联调节阀的管道系统，阀权度 S 值越大，则说明调节阀的压降占整个

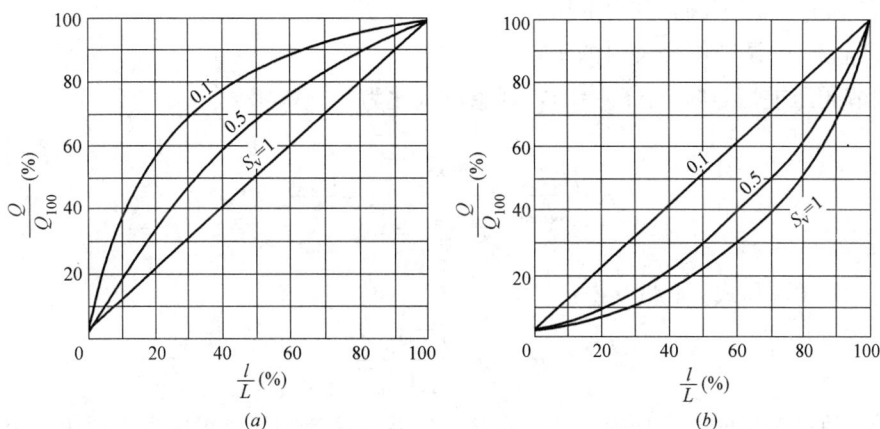

图 4-19 串联管道时调节阀的工作特性（以 Q/Q_{100} 作参考）

(a) 直线流量特性；(b) 等百分比流量特性

系统的比重越大，调节阀控制能力越大；当 $S=1$ 时，即管道阻力损失为零，系统的总压差全部在调节阀上，此时调节阀的实际工作特性与理想特性是一致的。

2）阀权度 S 越小，则说明调节阀的压降占整个系统的比重越小，调节阀的控制能力也就越差，也就是当流量增加时，调节阀前后压降逐步减少，虽然调节阀的节流面积增大了，但由于调节阀压降减少，流量并没有按理想特性增大，而使流量增大速率变缓。随着 S 的减少，即管道阻力损失增加，使系统压差在管道上的部分增加，调节阀全开时的流量减少。

3）随着 S 值的减少，流量特性发生很大的畸变，成为一系列向上拱的曲线。理想的直线特性趋向于快开特性，理想的等百分比特性趋向于直线特性，使小开度时放大系数增大，大开度时放大系数减少。S 值太小时将严重影响自动调节系统的调节质量。在实际使用中，通常要求 S 值不低于 $0.3\sim0.5$。

用于热水换热器的直通调节阀，应选用理想的等百分比特性的调节阀，一般要求 S 最小不低于 0.3。

六、调节阀的实际可调比

下面分析直通调节阀在串联管道时的实际可调比的变化情况。调节阀的流量按下式计算：

$$Q=C\sqrt{\frac{\Delta P_1}{\rho}} \tag{4-39}$$

式中　Q——流过调节阀的流量（当介质为水时，用 W 表示）；

　　　C——调节阀的流通能力；

　　ΔP_1——调节阀上的压差；

　　　ρ——介质（水）的密度。

当调节阀有串联管道时（见图 4-19），其实际可调比为：

$$R_s=\frac{Q_{max}}{Q_{min}}=\frac{C_{max}\sqrt{\dfrac{\Delta P_{1min}}{\rho}}}{C_{min}\sqrt{\dfrac{\Delta P_{1max}}{\rho}}}=\frac{C_{max}\sqrt{\Delta P_{1min}}}{C_{min}\sqrt{\Delta P_{1max}}} \tag{4-40}$$

式中　ΔP_{1min}——调节阀全开时的压差；

　　　ΔP_{1max}——调节阀全关时的压差。

当调节阀压差恒定时（$\Delta P_2 = 0$），理想可调比为：

$$R = \frac{Q_{max}}{Q_{min}} = \frac{C_{max}\sqrt{\dfrac{\Delta P}{\rho}}}{C_{min}\sqrt{\dfrac{\Delta P}{\rho}}} = \frac{C_{max}}{C_{min}} \tag{4-41}$$

由式（4-40）和式（4-41）得：

$$R_s = R\frac{\sqrt{\Delta P_{1min}}}{\sqrt{\Delta P_{1max}}} \tag{4-42}$$

由于调节阀全关时阀上压差近似于系统总压差，调节阀压差恒定也近似于系统总压差恒定，故有：$R_s \approx R_t\sqrt{S}$

$$\frac{\Delta P_{1min}}{\Delta P_{1max}} \approx S \tag{4-43}$$

由式（4-43）可知，S 值越小，实际可调比 R_s 就越小。因此，在实际使用中，为保证调节阀有一定的可调比，S 值不能选择过小，也就是说调节阀上的压降在整个管道压降中的比例不能太小，这一点在选择调节阀的时候需要特别注意。

七、调节阀的流通能力

调节阀的口径是根据工艺要求的流通能力 C 来确定的。调节阀的流通能力直接反映调节阀的容量，是设计、选用调节阀的主要参数。在工程设计中，为了合理选取调节阀的尺寸，就应该正确计算流通能力，否则将会使调节阀的尺寸选得过大或者过小。若选得过大，将使阀门工作在小开度位置，造成调节质量不好和经济效果差；若选得过小，即使处于全开位置也不能适应最大负荷的需要，使调节系统失调。因此必须掌握调节阀流通能力的计算方法。

调节阀流通能力的定义为：当调节阀全开时，阀两端压差为 10^5 Pa、流体密度 $\rho = 1g/cm^3$，每小时流经调节阀的流量数，单位为 m^3/h。

例如有一台 C 值为 25 的直通调节阀，当阀两端压差为 10^5 Pa 时，每小时能流过的水量是 $25m^3$。

由调节阀的工作原理可知：

$$Q = \frac{A}{\sqrt{\xi}}\sqrt{\frac{2(p_1 - p_2)}{\rho}} = \frac{A}{\sqrt{\xi}}\sqrt{\frac{2\Delta P_1}{\rho}} \tag{4-44}$$

式中　Q——流体流量，m^3/h；

　　　A——阀芯的过流面积，cm^2；

　　　p_1——阀前压力，10^5 Pa $= 10N/cm^2$；

　　　p_2——阀后压力，10^5 Pa $= 10N/cm^2$；

　　　ΔP_1——阀两端压差，10^5 Pa $= 10N/cm^2$；

　　　ρ——流体密度，g/cm^3

把采用的单位带入上式后可得到：

$$Q=\frac{A}{\sqrt{\xi}}\sqrt{\frac{2\times10\Delta P_1}{10^{-5}}\frac{}{\rho}}=\frac{3600}{10^6}\sqrt{\frac{20}{10^{-5}}}\frac{A}{\sqrt{\xi}}\sqrt{\frac{\Delta P_1}{\rho}}=5.09\frac{A}{\sqrt{\xi}}\sqrt{\frac{\Delta P_1}{\rho}}=C\sqrt{\frac{\Delta P_1}{\rho}}\quad(\text{m}^3/\text{h})$$

$$(4\text{-}45)$$

式中
$$C=5.09\frac{A}{\sqrt{\xi}}\tag{4-46}$$

由于 ΔP、P_1、P_2 的单位是 10^5Pa，若改为 Pa 作单位，而 C 仍用式（4-46）计算，则式（4-45）为：

$$Q=\frac{C}{316}\sqrt{\frac{\Delta P_1}{\rho}}，即\ C=\frac{316Q}{\sqrt{\dfrac{\Delta P_1}{\rho}}}\tag{4-47}$$

式（4-47）是 ΔP 以 Pa 为单位，ρ 以 g/m^3 为单位计算 C 值的基本公式。

由于蒸汽密度在阀的前后是不一样的，因此不能直接用式（4-46）计算蒸汽阀而必须考虑密度的变化。

根据实际工作情况，可采用阀后密度法。

当 $P_1>0.5P_2$ 时：

$$C=\frac{10W}{\sqrt{\rho_2(P_1-P_2)}}\tag{4-48}$$

当 $P_1<0.5P_2$ 时：

$$C=\frac{14.14W}{\sqrt{\rho_2P_1}}\tag{4-49}$$

式中　W——调节阀的蒸汽流量，kg/h；

P_1，P_2——调节阀进口及回水绝对压力，Pa；

ρ_2——在 P_2 压力及 t_1 温度（P_1 压力下的饱和蒸汽温度）时的蒸汽密度，kg/m^3；

ρ_1——超临界流动状态（$P_1<0.5P_2$）时，阀出口截面上的蒸汽密度，通常可取 $0.5P_2$ 压力及 t_1 温度时的蒸汽密度，kg/m^3。

第三节　调节阀的选择

调节阀是自动控制系统的"手脚"，正确选择调节阀的结构形式、流量特性、流通能力，正确选取执行机构的输出力矩或推力与行程，对于自动控制系统的稳定性、经济合理性起着十分重要的作用。如果选用不当，将直接影响控制系统的性能，甚至无法实现自动控制。在控制系统中，由于调节阀的选择不当而造成控制系统产生振荡，不能正常工作的实例很多。因此，调节阀的计算选型时必须认真考虑、精心设计。调节阀的选择主要从以下 3 个方面考虑：

一、调节阀类型的选择

1. 阀门功能的考虑

三通阀与二通阀具有不同功能，因而也有着不同的适用场所。当水系统为变水量系统时，应采用二通阀；当水系统为定水量系统时，应采用三通阀。在采用二通阀时，为保证变水量系统的运行及节能，应采用常闭型阀门。当不需要工作时应能自动关闭（弹簧复位或者电动复位）。

阀座形式的选择主要由阀两端压差来决定。空调机组、风机盘管及热交换器的控制，阀两端的工作压差通常不是太高，最高压差也不会超过系统压差 ΔP。因此采用单座阀通常是可以满足要求的。

总供、回水管之间的旁通阀，尽管其正常使用时的压差为系统控制压差 ΔP，但是在系统初启动时，由于尚不知用户是否已运行及用户的电动二通阀是否已打开。因此，旁通阀的最大可能压差应该是水泵净扬程（在一次泵系统中为冷冻水泵的扬程；在二次泵系统中为次级泵的扬程）。因此压差控制阀通常采用双座阀。

2. 阀门工作介质的考虑

在空调系统中，调节阀通常用于水和蒸汽。这些介质本身对阀件无特殊的要求，因而一般通用材料制作的阀件都可以使用。对于其他流体，则要考虑阀件材料。如杂质较多的流体，应采用耐磨材料；腐蚀性流体，应采用耐腐蚀性材料。

3. 工作压力和工作温度的考虑

工作压力和阀的材质有关，一般来说，在生产厂家的样本中对其都是有所提及的，使用时实际工作压力只要不超过其额定工作压力即可。通常在暖通空调中常用到的有 PN16、PN25 两种阀门，耐压值分别为 1.6MPa 和 2.5MPa，前者多用于水系统，后者多用于高压蒸汽系统。

阀门资料中一般也提供该阀所适用的流体温度，只要按要求选择即可。常用阀门的允许工作温度对于空调冷、热水系统都是适用的。但是对于蒸汽阀，则应注意的一点是：因为厂家给出的阀的工作压力和工作温度与某种蒸汽的饱和压力和饱和温度不一定是对应的，因此应在温度与压力的适用范围中取较小者作为其应用的限制条件。例如：假定一个阀列出的工作压力为 1.6MPa，工作温度是 180℃。我们知道：1.6MPa 的饱和蒸汽温度为 204℃，因此，当此阀用于蒸汽管道系统时，它只适用于饱和温度为 180℃（相当于蒸汽饱和压力约为 1.0MPa）的蒸汽系统之中而不能用于 1.6MPa 的蒸汽系统之中。

二、调节阀流量特性的选择

在选择调节阀流量特性的时候，主要依据以下两个原则：

1. 从控制系统的品质出发，选择阀的工作特性。

理想的控制回路，希望它的总放大系数在控制系统的整个操作范围内保持不变。但在实际生产过程中，控制对象的特性往往是非线性的，它的放大系数要随其外部条件而变化。因此，适当选择调节阀特性，以调节阀的放大系数变化来补偿控制对象放大系数的变化，可将系统的总放大系数整定不变，从而保证控制质量在整个操作范围内保持一定。若控制对象为线性时，调节阀可以采用直线工作特性。但许多控制对象，其放大系数随负荷加大而趋小，假如选用放大系数随负荷增大而趋大的调节阀，正好补偿。具有等百分比特性的阀具有这种性能，因此它得到广泛应用。

例如，对蒸汽加热器，由于蒸汽总是具有相同的温度，而冷凝的潜热随着压力的变化，只是在很小的范围内变化，所以加热器的相对热量与相对流量成正比，即静特性为直线，一般采用直线流量特性的调节阀。

对于热水加热器，因为随着热水流量的减少，供、回水温差将增大。其结果虽然是热水流量减少很多，而热交换量的减少却不很显著。图 4-20 表示一个典型的热水加热器的静特性。热水加热器的放大系数不是常数，它是随着热水流量 W 的增加而递减的，一般应采用等百分比流量特性（工作流量特性）的调节阀。

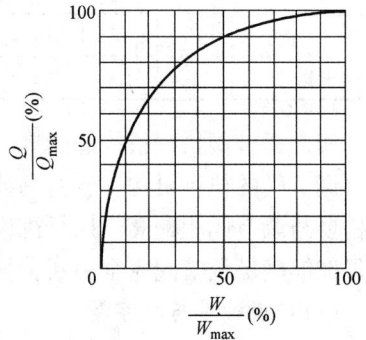

图 4-20　热水加热器的静特性

2. 从配管情况出发，根据调节阀的希望工作特性选择阀的流量特性。

由于流量调节阀的管道系统各不相同，S 值的大小直接引起阀的工作流量特性偏离其理想流量特性而发生畸变。因此，当根据已定的希望工作特性来选取调节阀的结构特性时，就必须考虑配管情况。S 值越大时，调节阀的工作特性畸变越小；反之 S 值小，调节阀的工作特性畸变大，但是，S 值大说明调节阀的压力损失大，这样不经济，不节能，因此必须综合考虑。一般情况可参考表 4-1 进行。

调节阀流量特性选择表　　　　　　　　　表 4-1

配管状态	$S=0.6\sim1$		$S=0.6\sim0.3$		$S<0.3$
理想特性	直线	对数	直线	对数	不宜调节
实际特性	直线	对数	直线或接近快开	对数或接近直线	不宜调节

三、调节阀口径的选择

1. 只用双位控制即可满足要求的场所（如大部分建筑中的风机盘管所配的两通阀以及对湿度要求不高的加湿器用阀等），无论采用电动式或电磁式，其基本要求都是尽量减少调节阀的流通阻力而不是考虑其调节能力。因此，此时调节阀的口径可与所设计的设备接管管径相同。

电磁式阀门在开启时，总是处于带电状态，长时间带电容易影响其寿命，特别是用于蒸汽系统时，因其温度较高且散热不好时更为如此。同时，它在开关时会出现一些噪声。因此，应尽可能采用电动式阀门。

2. 调节用的阀门，直接按接管径选择阀口径是不合理的。因为阀的调节品质与接管流速或管径是没有关系的，它只与其水阻力及流量有关。换句话说，一旦设备确定后，理论上来说，适合于该设备控制的阀门只有一种理想的口径而不会出现多种选择。因此，选择阀门口径的依据只能是其流通能力 C。

在按公式计算出要求的流通能力 C 后，根据所选厂商的资料进行阀门口径的选择。实际工程中，生产厂商生产的调节阀的口径是分级的。因此，阀门的实际流通能力 C_s 通常也不是一个连续变化的值（目前大部分生产厂商对 C_s 的分级都是按大约 1.6 倍递增的），然而，根据公式计算出的 C 值是连续的。选择的办法是：应使 C_s 尽可能接近且大于计算出的 C 值。

例如，表 4-2 是某一厂家生产的调节阀规格口径与流通能力 C_s 对照表。根据计算，调节阀要求 $C=12$，对照表 4-2，应选择 $DN32$（$C_s=16$）的阀门；若选择 $DN25$ 的阀门，C_s 则不能满足要求；选择 $DN40$ 则显然过大，既造成不必要的投资增加又降低了调节品质。

DN(mm)	15	15	15	15	20	25	32	40	50	65	80	100
C_s	1	1.6	2.5	4	6.3	10	16	25	40	63	100	160

某厂家生产的调节阀规格口径与流通能力 C_s 对照表　　表4-2

四、调节阀执行机构的选择

调节阀的执行机构一般由调节阀的生产厂商配套提供，配套的原则是执行机构的机械结构要与调节阀相配套，执行机构提供的力矩要满足调节阀工作时推力的要求，也就是说必须能够确保调节阀完全关断。另外要注意以下几点：

（一）模拟量与数字量

选择执行机构，首先要清楚该执行机构所配合的调节阀是做何用途。如果该阀门是用于连续调节，例如水系统中通过调节电动二通阀的开度来调节空调机组的供热量或供冷量，需要阀门的开度在一定范围内可以连续变化，这时候就需要采用模拟量的执行机构。

如果该阀门只是用于位式（浮点式）控制，即只有开/关两个状态，例如在水系统中风机盘管二通阀只是通过阀的开闭来控制风机盘管的换热量，与它们配合的都是开关量的执行机构。

（二）电源电压

数字量执行机构选择，还需要考虑电源电压的情况。通常数字量执行器的电源电压主要有 24VAC、120VAC、230VAC，通常需要根据电气设计的实际情况来选择。

（三）信号值

模拟量执行机构的选择，要考虑信号制式，要与控制器模拟输出信号相一致。通常可以采用的信号制式有：4～20mADC、0～10VDC、2～10VDC 等。

第四节　电动风量调节阀

一、电动风量调节阀的结构与原理

电动风量调节阀分为两种，即开关型风量调节阀和调节型风量调节阀。开关型风量调节阀仅起开关作用，而调节型风量调节阀具有连续调节空气流量的作用，这里主要介绍调节型风量调节阀。调节型风量调节阀的外形和结构原理如图4-21和图4-22所示。

风量调节阀由若干叶片组成。当叶片转动时改变流道的等效截面积，即改变了风量调节阀的阻力系数，其流过的风量也就相应的改变了，从而达到了调节风量的目的。

风量调节阀有多叶风量调节阀和单叶风量调节阀两类，多叶风量调节阀又分为平行叶片风量调节阀和对开叶片风量调节阀两种，对开叶片风量调节阀相间两叶片平行，而相邻两叶片则以相反的方向转动。

叶片的形状将决定风量调节阀的流量特性，同水量调节阀一样，调节风量调节阀风门也有多种流量特性。

图4-21　调节型风量调
节阀外形

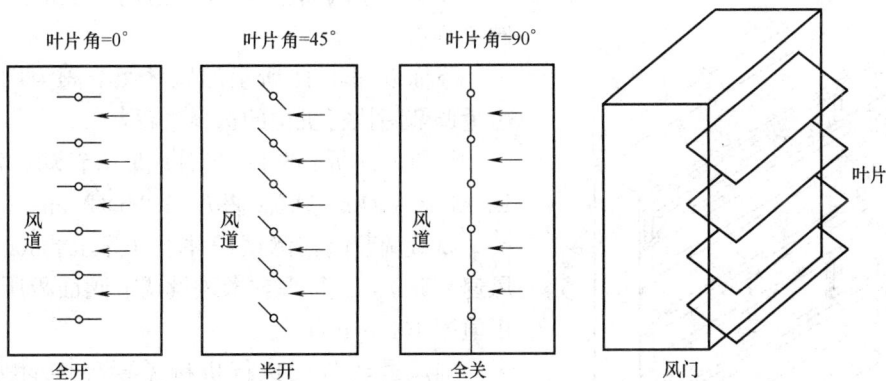

图 4-22　风量调节阀的结构原理

二、风量调节阀执行机构的选择

风量调节阀的驱动可以是电动的也可以是气动的，在暖通空调系统中一般采用电动风量调节阀执行机构，其结构如图 4-23 所示。

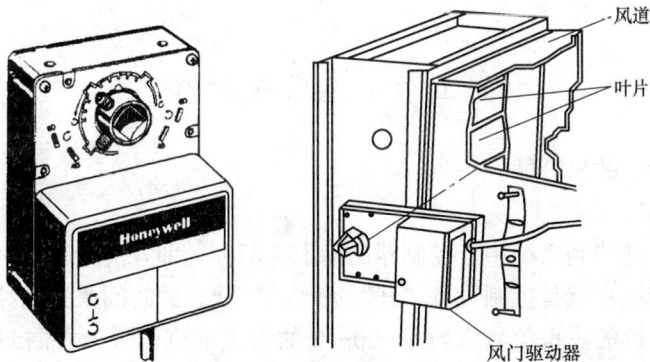

图 4-23　电动风量调节阀执行机构

这是一种角行程电动执行机构，角行程电动执行机构是以电动机作为驱动元件的位置伺服机构，主要由电动定位器和执行机构两个部件组成。电动定位器主要由两个继电器组成的可逆交流开关、印刷板电路和变压器组成。执行机构主要由减速器、电动机开关控制箱、手轮和机械限位等组成。

选择风量调节阀执行机构时，最重要的参数就是扭矩，因为装在风道中的风量调节阀在动作时，通常会有气流流动而产生的压力，从而产生一个力矩，风量调节阀执行机构必须有足够大的扭矩去克服它，如果风量调节阀扭矩小了，则不能完成应有的动作。

通常，风量调节阀执行机构扭矩的选择是以风量调节阀的面积为依据的，厂家给出的风量调节阀执行机构的参数中通常都包括扭矩和适用面积两个参数。

可以根据以下步骤选择风量调节阀执行器的扭矩：

1. 计算风量调节阀面积，例如图 4-24 所示的风量调节阀面积为 $A \times B$；

2. 用上面计算的风量调节阀面积值乘以风量调节阀产品样本中提供的满足不同开关条件的每平方米风量调节阀面积所需的扭矩值，即可得出实际所要求的执行机构扭矩；

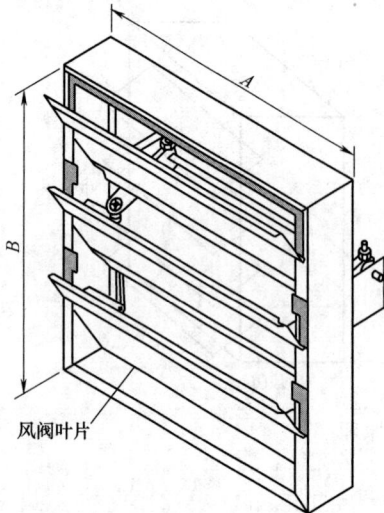

图 4-24　平行叶片风量调节阀

3. 选择扭矩值比计算的值高一档的风量调节阀执行器。

下面以图 4-24 所示的风量调节阀为例，说明风量调节阀执行机构的选择过程：

设图 4-24 所示的平行叶片风量调节阀尺寸为 $A=1.2m$，$B=2.4m$，则总面积 $F=1.2m\times2.4m=2.88m^2$；

风量调节阀在测试条件下（静压＝500Pa，面风速＝5m/s），每平方米风量调节阀面积所需的扭矩值为 $10N\cdot m/m^2$。

则风量调节阀执行机构需要提供的扭矩为：
$10N\cdot m/m^2\times2.88m^2=28.8N\cdot m$。

在实际选型中，还要考虑现场的环境温度、电压、空气流速和压力的变化影响，有必要在计算值的基础上乘以一个安全系数，例如留 20% 的富裕度，则最小名义扭矩为 $28.8N\cdot m\times1.2=34.56N\cdot m$。

第五节　电气执行器

一、开关量输出的执行器

（一）光电隔离

在暖通空调自动控制系统中，控制器的输出有两种，即开关量输出和模拟量输出。所谓开关量输出（控制）就是控制设备"开"或"关"状态的时间来达到控制目的。而模拟量控制则是输出连续的模拟信号，如 $4\sim20mA$ 的直流电流信号，控制调节机构连续动作来达到控制目的。如电磁阀就是由开关量输出来控制，电动调节阀则是由模拟输出来控制。

由于输出设备通常需大电压（或电流）来控制，而现场控制器输出的开关量大都为 TTL（或 CMOS）电平，这种电平一般不能直接用来驱动外部设备开启或关闭。另一方面，许多外部设备，如大功率直流电动机、接触器等在开关过程中会产生很强的电磁干扰信号，如不加隔离可能会使现场控制器造成误动作或损坏。因此，这是开关量输出控制中必须认真考虑并设法解决的问题。首先介绍开关量接口问题。

在开关量控制中，最常用的器件是光电隔离器。光电隔离器的种类繁多，常用的有发光二极管/光敏三极管、发光二极管/光敏复合晶体管、发光二极管/光敏电阻以及发光二极管/光触发可控硅等，其原理电路如图 4-25 所示。

在图 4-25 中，光电隔离器由 GaAs 红外发光二极管和光敏三极管组成。当发光二极管有

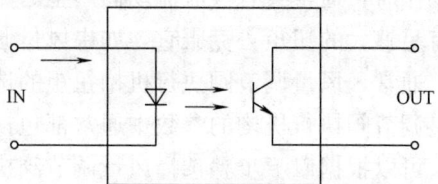

图 4-25　光电隔离原理图

正向电流通过时，即产生人眼看不见的红外光，其光谱范围为 $700\sim1000nm$。光敏三极

管接收光以后便导通。

而当该电流撤去时，发光二极管熄灭，三极管截止。利用这种特性即可达到开关控制的目的。由于该器件是通过电—光—电的转换来实现对输出设备控制的，彼此之间没有电气连接，因而起到隔离作用。隔离电压范围与光电隔离器的结构形式有关。双列直插式塑料封装形式一般为 2500V 左右，陶瓷封装形式一般为 5000～10000V。不同型号的光电隔离器，其输入电流也不同，一般为 10mA 左右。其输出电流的大小将决定控制外设的能力，一般负载电流比较小的外设可直接带动，若负载电流要求比较大时可在输出端加接驱动器。

在一般计算机控制系统中，由于大都采用 TTL 电平，不能直接驱动发光二极管，所以通常加一个驱动器，如 7406 和 7407 等芯片。

值得注意的是输入、输出端两个电源必须单独供电，如图 4-26 (a) 所示。否则，如果使用同一电源（或共地的两个电源），外部干扰信号可能通过电源串到系统中来，如图 4-26 (b) 所示，这样就失去了隔离的意义。

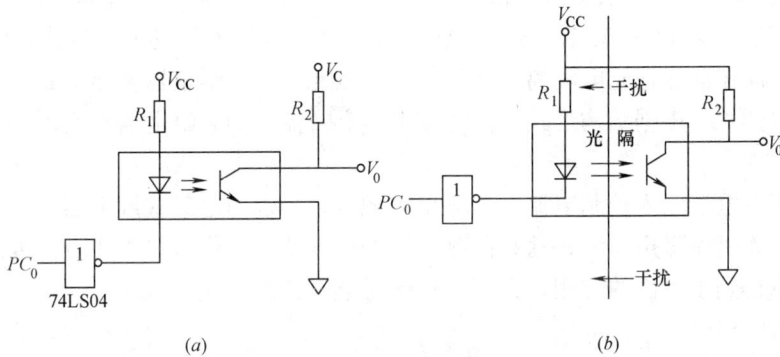

图 4-26　光电隔离器的供电
(a) 隔离供电；(b) 未隔离供电

在图 4-26 中，当数字量 PC_0 输出为高电平时，经反相驱动器后变为低电平，此时发光二极管有电流通过并发光，使光敏三极管导通，从而在集电极上产生输出电压 V_0，此电压便可用来控制外设。

（二）继电器输出技术

继电器是电气控制中最常用的控制器件之一，一般由通电线圈和触点（动合或动断）构成。当线圈通电时，由于磁场的作用，使开关触点闭合（或打开）；当线圈不通电时，则开关触点断开（或闭合）。一般线圈可以用直流低电压控制，（常用的有直流 9V、12V、24V 等），而触点输出部分可以直接与市电（交流 220V）相连接，有时继电器也可以与低压电器配合使用。虽然继电器本身带有一定的隔离作用，但在与微型机接口时通常还是采用光电隔离器进行隔离，常用的接口电路如图 4-27 所示。

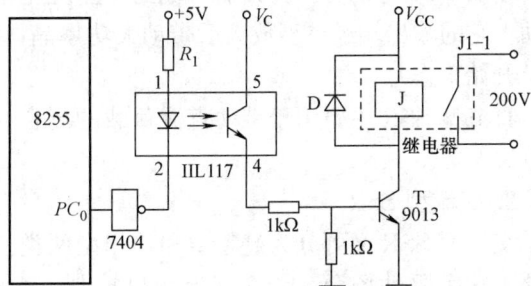

图 4-27　继电器输出电路

图 4-27 中，当开关量 PC_0 输出为高电平时，经反向驱动器 7404 变为低电平，使发光二极管发光，从而使光敏三极管导通，同时使三极管 9013 导通，因而使继电器 J 的线圈通电，继电器触点 J1-1 闭合，使交流 220V 电源接通。反之，当 PC_0 输出低电压时，使J1-1 断开。图中电阻为限流电阻，二极管 D 的作用是保护晶体管 T。当继电器 J 吸合时，二极管 D 截止，不影响电路工作。继电器释放时，由于继电器线圈存在电感，这时晶体管 T 已经截止，所以会在线圈的两端产生较高的感应电压。此电压的极性为上负下正，正端接在晶体管的集电集上。当感应电压与 V_{CC} 之和大于晶体管 T 的集电结反向电压时，晶体管 T 有可能损坏。加入二极管 D 后，继电器线圈产生的感应电流由二极管 D 流过，因此，不会产生很高的感应电压，因而使晶体管 T 得到保护。

（三）固态继电器输出技术

在继电器控制中，由于采用电磁吸合方式，在开关瞬间，触点容易产生火花，从而引起干扰。对于交流高压等场合，触点还容易氧化，因而影响系统的可靠性。所以随着微型计算机控制技术的发展，人们又研究出一种新型的输出控制器件——固态继电器。

固态继电器（Solid State Relay）简称 SSR。它是用晶体管或可控硅代替常规继电器的触点开关，而在前级把光电隔离器融为一体。因此，固态继电器实际上是一种带光电隔离器的无触点开关。根据结构形式，固态继电器有直流型固态继电器和交流型固态继电器之分。

由于固态继电器输入控制电流小，输出无触点，所以与电磁式继电器相比，具有体积小、重量轻、无机械噪声、无抖动和回跳、开关速度快、工作可靠等优点。因此，在计算机控制系统中得到了广泛的应用，大有取代电磁继电器之势。

1. 直流型 SSR

直流型 SSR 的原理电路如图 4-28 所示。

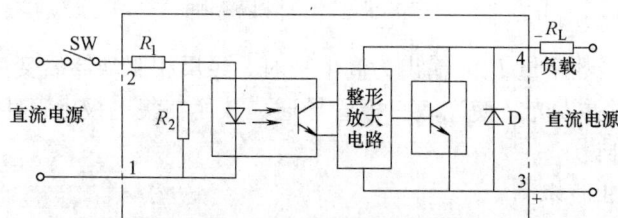

图 4-28　直流型 SSR 的原理电路

由图 4-28 可以看出，其输入端是一个光电隔离器，因此，可用 OC 门或晶体管直接驱动。它的输出端经整型放大后带动大功率晶体管输出，输出工作电压可达到 30～180V（5V 开始工作）。

直流型 SSR 主要用于带动直流负载的场合，如直流电动机控制，直流步进电机控制和电磁阀等。

2. 交流型 SSR

交流型 SSR 又可分为过零型和移相型两类。它采用双相可控硅作为开关器件，用于交流大功率驱动场合，如交流电动机控制、交流电磁阀控制等，其原理电路如图 4-29 所示。

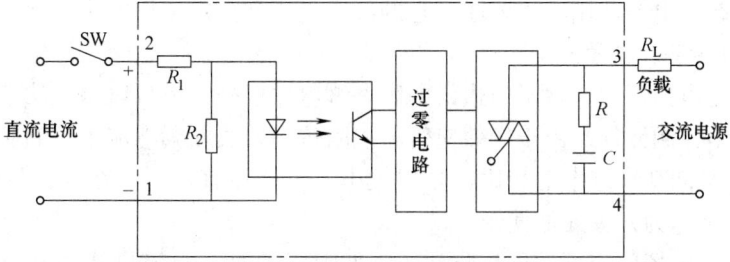

图 4-29　交流型 SSR 原理电路

对于非过零型 SSR，在输入信号时，不管负载电流相位如何，负载端立即导通；而过零型必须在负载电源电压接近零且输入控制信号有效时，输出端负载电源才导通。而当输入的控制信号撤销后，不论哪一种类型，它们都是流过双向可控硅负载电流为零时才关断。其输出波形如图 4-30 所示。

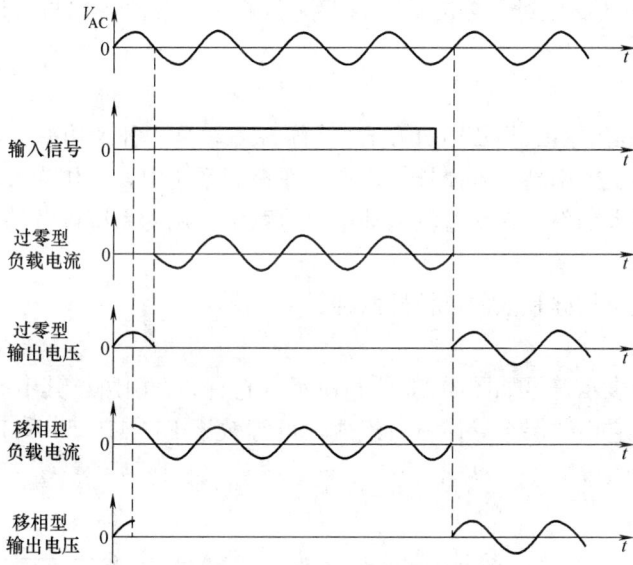

图 4-30　双向可控硅其输出波形

一个交流型 SSR 控制单向交流控制电动机的实例如图 4-31 所示。图中，改变交流电动机通电绕组，即可控制电动机的旋转方向。例如用它控制流量调节阀的开和关，从而实现控制管道中流体流量的目的。

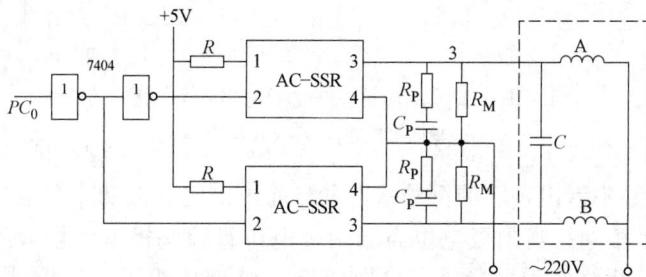

图 4-31　交流型 SSR 控制单向交流控制电动机的实例

交流型固态继电器选用时主要注意它的额定电压和额定工作电流。

（四）大功率场效应管开关

在开关量输出控制中，除了前边讲的固态继电器以外，还可以用大功率场效应管开关作为开关量输出控制元件。由于场效应管输入阻抗高，关断漏电流小，响应速度快，而且与同功率继电器相比，体积较小，价格便宜，所以在开关量输出控制中也常作为开关元件使用。

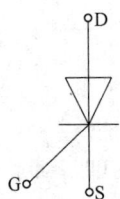

场效应管的种类非常多，如 IRF 系列，电流可从几毫安到几十安，耐压可从几十伏到几百伏，因此可以适合多种场合。

大功率场效管的表示符号如图 4-32 所示。其中，G 为控制栅极，D 为漏极，S 为源极。对于 NPN 型场效应管来讲，当 G 为高电平时，栅极与漏极导通，允许电流通过，否则场效应管关断。

值得说明的是，由于大功率场效应管本身没有隔离作用，故使用时为了防止高压对计算机系统的干扰和破坏，通常在它与微机之间加一级光电隔离器。

图 4-32 大功率场效应管的表示

（五）可控硅

可控硅（Silicon Controlled Rectifier）简称 SCR，是一种大功率电器元件，也称晶闸管。它具有体积小、效率高、寿命长等优点。在控制系统中，可作为大功率驱动器件，以实现用小功率控制大功率。在交直流电动机调速系统、调功系统以及随动系统中得到了广泛的应用。

可控硅有单向可控硅和双向可控硅两种。

1. 单向可控硅

单向可控硅的表示符号如图 4-33（a）所示。它有 3 个引脚，其中 A 为阳极，K 为阴极，G 为控制极。它由 4 层半导体材料组成，可等效于 P1N1P2 和 N1P2N2 两个三极管，如图 4-33（b）所示。

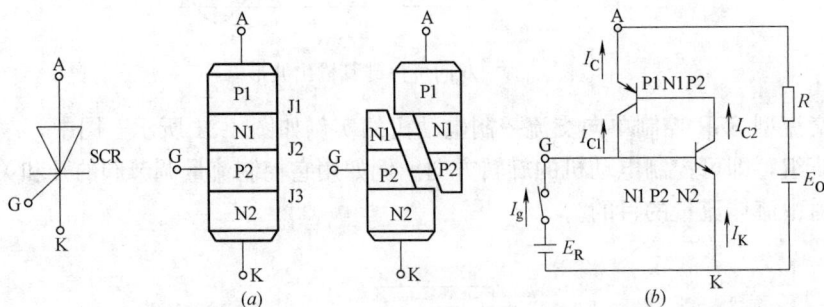

图 4-33　单向可控硅的符号及等效电路
(a) 单向可控硅符号；(b) 等效电路

从图 4-33（a）中看出，它的符号基本上与前边讲过的大功率场效应管相似，但它们的工作原理却不尽相同。当阳极电位高于阴极电位且控制极电流增大到一定值（触发电流）时，可控硅从截止转为导通。一旦导通后，I_g 即使为零，可控硅仍保持导通状态，直到阳极电位小于或等于阴极电位时为止。即阳极电流小于维持电流时，可控硅才由导通变为截止。其输出特性曲线如图 4-34 所示。

单向可控硅的单向导通功能，多用于直流大电流场合，在交流系统中常用于大功率整流回路。

2. 双向可控硅

双向可控硅也叫三端双向可控硅，简称 TRIAC。双向可控硅相当于两个单向可控硅反向连接，如图 4-35 所示。这种可控硅具有双向导通功能，其通断状态由控制极 G 决定。在控制极 G 上加正脉冲（或负脉冲）可使其正向（或反向）导通。这种装置的优点是控制电路简单，没有反向耐压问题，因此特别适合于作交流无触点开关使用。

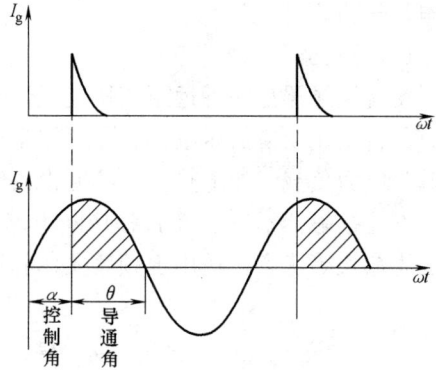

图 4-34　可控硅输出特性曲线

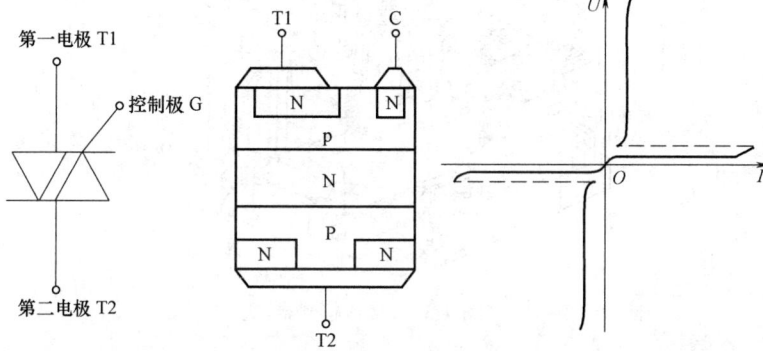

图 4-35　双向可控硅

和大功率场效应管一样，可控硅在与计算机接口时也需加接光电隔离器，触发脉冲电压应大于 4V，脉冲宽度应大于 $20\mu s$。在计算机控制系统中，常用 I/O 接口的某一位产生触发脉冲。为了提高效率，要求触发脉冲与交流同步。通常采用检测交流电过零点来实现。图 4-36 所示为某电炉温度控制系统可控硅控制部分电路原理图。

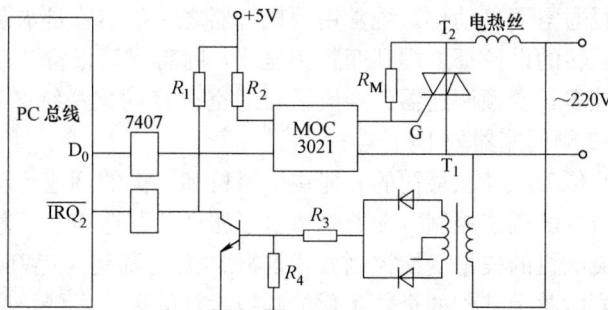

图 4-36　某电炉温度控制系统

这里，为了提高热效率，要求在交流电的每个半周期都需输出一个触发脉冲。为此，把交流电经全波整流后通过三极管变成过零脉冲，加到 PC 机的中断控制端作为同步基准脉冲。在中断服务程序中发触发脉冲，通过光电隔离器 MOC3021 控制双向可控硅，以便对电炉丝加热。

（六）交流接触器

交流接触器是一种远距离接通或切断带有负载的交流主回路（大电流）或大容量控制电路的自动化切换低压电器。主要用于电动机（如送风、回风、排风电动机等），也可用于其他电力负载，如电热器、照明设备等负载。其外形与结构如图 4-37 所示。

交流接触器不仅能接通和切断电路，还具有低电压设防保护、控制容量大、工作可靠、寿命长等优点，适用于频繁操作和远距离控制。

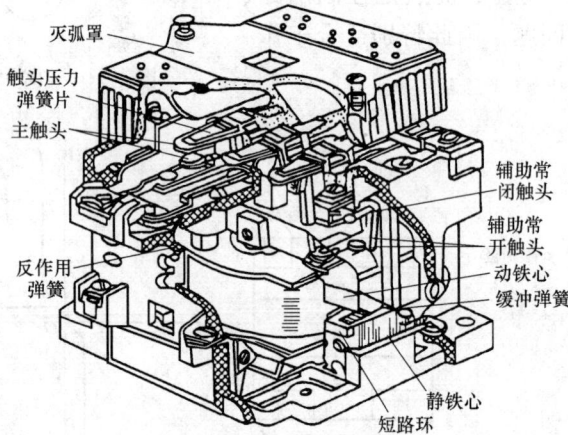

图 4-37　交流接触器

图 4-38 是用直流继电器间接控制交流接触器的情况。通常状态下，控制信号 U_i 为低电平，晶体管 V 截止，直流继电器 KAI 励磁线圈无电流，其活动接触点 KA1-1 在常闭端。此时交流接触器 KD1 的励磁线圈亦无电流，其活动触点 KD1-1 在常闭端，则 A2、B2、C2 处无电源输出。当控制信号 U_i 为高电平时，V 导通，直流继电器 KA1 的励磁线圈上电，接通交流接触器 KD1 励磁线围的电源 A1、B1、C1 处的 380V 三相交流电源经 A2、B2、C2 端子输出供给用电设备。

二、交流变频调速器

变频调速器是暖通空调自动化系统常用的执行器之一，不管是水泵、风机还是锅炉炉排，凡是需要变速运转的设备都要用到变频调速器，随着建筑设备节能的需要，电动设备要求变速运转越来越多，变频调速器已经成了暖通空调自动化系统必不可少的设备之一。图 4-39 为常用交流变频调速器外形。

目前，交流调速传动已经从最初的只能用于风机和泵类的调速传动过渡到需要精度高和响应快的高性能指标的调速控制。随着电力电子器件的制造技术、基于电力电子电路的电力变换技术、交流电机的矢量变换控制技术、脉冲宽度调制（PWM）技术以及以微型计算机和大规模集成电路为基础的全数字化控制技术等的迅速发展，交流调速电气传动将会越来越多并越来越可靠。

（一）变频器的基本构成和基本功能

1. 变频器的基本构成

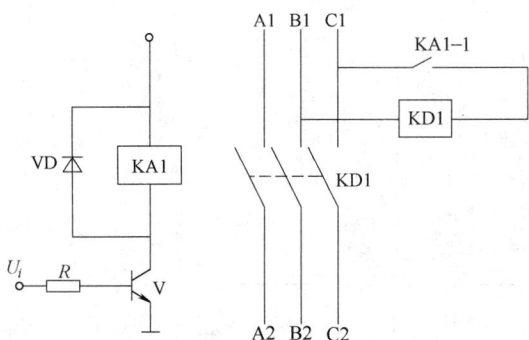

图 4-38 直流继电器间接控制交流接触器

图 4-39 交流变频调速器

变频器已有几十年的发展历史，曾经出现过多种类型的变频器。但是，目前成为市场主流的变频器，其基本结构如图 4-40 所示。

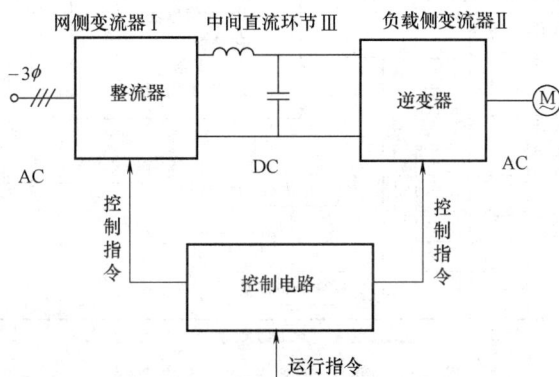

图 4-40 变频器的基本构成

2. 变频器内部电路的基本功能

变频器的种类很多，其内部结构也有些不同，但大多数变频器都具有图 4-41 所示的硬件结构，它们的区别主要是控制电路和检测电路以及控制算法不同而已。

一般的三相变频器的整流电路由三相全波整流桥组成。它的主要作用是对工频的外部电源进行整流，并给逆变电路和控制电路提供所需要的直流电源。整流电路按其控制方式可以是直流电压源也可以是直流电流源。

直流中间电路的作用是对整流电路的输出进行平滑，以保证逆变电路和控制电路能够获得质量较高的直流电源。当整流电路是电压源时，直流中间电路的主要元器件是大容量的电解电容；而当整流电路是电流源时，平滑电路则主要由大容量电感组成。此外，由于电动机制动的需要，在直流中间电路中，有时还包括制动电阻以及其他辅助电路。

逆变电路是变频器最主要的组成部分之一，它的主要作用是在控制电路的控制下，将平滑电路输出的直流电源转换为频率和电压都任意可调的交流电源。逆变电路的输出就是变频器的输出，用来实现对异步电动机的调速控制。

变频器的控制电路包括主控制电路、信号检测电路、门极（基极）驱动电路、外部接口电路以及保护电路等几个部分，也是变频器的核心部分。控制电路的优劣决定了变频器

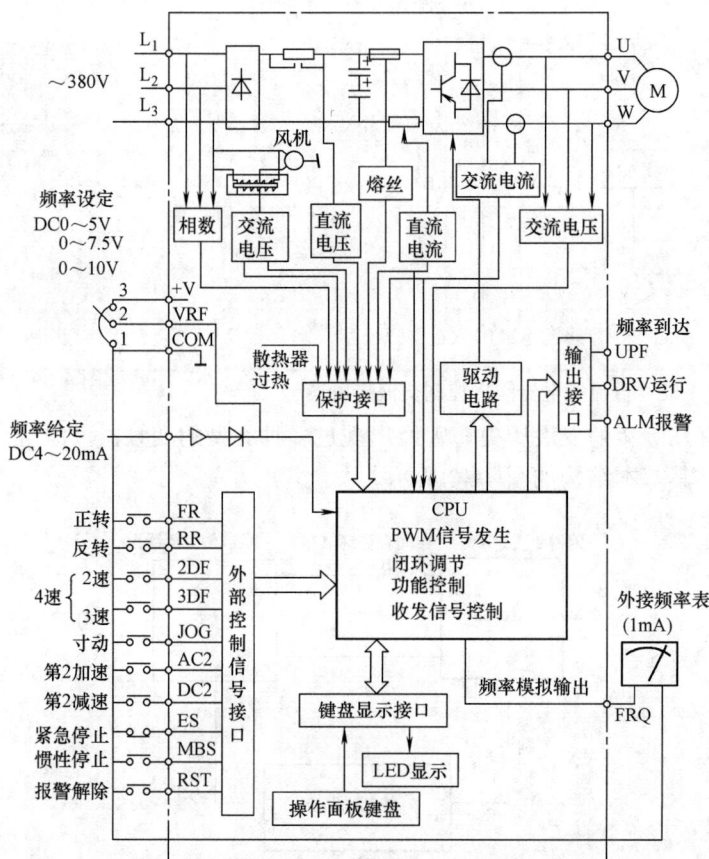

图 4-41　通用变频器的硬件结构框图

性能的优劣。控制电路的主要作用是将检测电路得到的各种信号送至运算电路，使运算电路能够根据驱动要求为变频器主电路提供必要的门极（基极）驱动信号，并对变频器以及异步电动机提供必要的保护。此外，控制电路还通过 A/D 和 D/A 等外部接口电路接收/发送多种形式的外部信号和给出系统内部工作状态，以便变频器能够和外部设备配合进行各种高性能的控制。

（二）通用变频器的标准规格

与可编程序控制器（简称 PC 或 PLC）一样，变频器也没有一个统一的产品型号，世界上各个变频器生产厂家都自定型号。因此，要选用适合于交流电动机的变频器，就要了解变频器的产品型号及其含义。实际上，每个变频器生产厂家都会提供变频器型号说明、主要特点、技术性能和标准规格等内容，让用户选用。

通用变频器的选用，包括变频器类型选用和容量选用两个方面。

1. 变频器的容量　大多数变频器的容量均以所适用的电动机的功率、变频器的输出表观功率和变频器的输出电流来表征。其中，最重要的是额定电流，它是指变频器连续运行时，允许输出的电流。额定容量是指额定输出电流与额定输出电压下的三相表观功率。

至于变频器所适用的电动机的功率（kW），是以标准的 4 极电动机为对象，在变频器的额定输出电流限度内，可以拖动的电动机的功率。如果是 6 极以上的异步电动机，同样的功率下，主要是由于功率因数的降低，其额定电流比 4 极异步电动机大。所以，变频器的容量应该相应扩大，以使变频器的电流不超出其允许值。

由此可见，选择变频器容量时，变频器的额定输出电流是一个关键量。因此，采用 4 极以上电动机或者多电机并联时，必须以总电流不超过变频器的额定输出电流为原则。

2. 变频器输出电压　可以根据所用电动机的额定输出电压进行选择或适当调整。我国常用交流电动机的额定电压为 220V 和 380V，还有一些场合采用高压交流电动机。

3. 变频器输出频率　变频器的最高输出频率根据机种不同而有很大的差别，一般有 50Hz、60Hz、120Hz、240Hz 及更高的输出频率。以在额定速度以下范围内进行调速运转为目的，大容量通用变频器几乎都具有 50Hz 或 60Hz 的输出频率。

4. 变频器保护结构　变频器内部产生的热量大，考虑到散热的经济性，除小容量变频器外，几乎都是开启式结构，采用风扇进行强制冷却。变频器设置场所在室外或周围环境恶劣时，最好装在独立盘上，采用具有冷却用热交换装置的全封闭式。对于小容量变频器，在粉尘多、油雾多、棉绒多的环境中，也要采用全封闭式结构。

5. 瞬时过载能力　基于主回路半导体开关器件的过载能力，考虑到成本问题，通用变频器的电流瞬时过载能力常常设计为：150% 额定电流 1min 或 120% 额定电流 1min。与标准异步电动机（过载能力通常为 200% 左右）相比较，变频器的过载能力较小。因此，在变频器传动的情况下，异步电动机的过载能力常常得不到充分的发挥。此外，如果考虑到通用电动机散热能力的变化，在不同转速下，电动机的转矩过载能力还要有所变化。

（三）变频器类型的选用

根据控制功能，将通用变频器分为 3 种类型：普通功能型 U/f 控制变频器、具有转矩控制功能的高功能型 U/f 控制变频器和矢量控制高性能型变频器。

变频器类型的选用要根据负载的要求来进行。

风机和泵类，由于负载转矩正比于转速的平方，低速下负载转矩较小，通常可以选择普通功能型 U/f 控制变频器。

（四）变频器容量的选用

变频器容量的选用由很多因素决定，例如电动机容量、电动机额定电流、电动机加速时间等，其中，最主要的是电动机额定电流。

1. 驱动一台电动机

对于连续运转的变频器必须同时满足下列 3 项计算公式：

满足负载输出：$P_{CM} \geq k P_M / \eta \cos\varphi$

满足电动机容量：$P_{CM} \geq 10^{-3} \sqrt{3} k U_E I_E$

满足电动机电流：$I_{CM} \geq k I_E$

式中　P_{CM}——变频器容量，kVA；

P_M——负载要求的电动机轴输出功率，kW；

U_E——电动机额定电压，V；

I_E——电动机额定电流，A；

η——电动机效率（通常约为 0.85）；

$\cos\varphi$——电动机功率因数（通常约为 0.75）；

　　　　k——电流波形补偿系数。

　　k是电流波形补偿系数，由于变频器的输出波形并不是完全的正弦波，而含有高次谐波的成分，其电流应有所增加。对 PWM 控制方式的变频器，k 约为 $1.05\sim1.1$。

　　2. 驱动多台电动机

　　当变频器同时驱动多台电动机时，一定要保证变频器的额定输出电流大于所有电动机额定电流的总和。对于连续运转的变频器，当过载能力为 $150\%1\text{min}$ 时，必须同时满足下列 2 项计算公式：

　　满足驱动时容量：$j\times P_{CM}\geqslant kP_{M}/\eta\cos\varphi[N_{T}+N_{s}(k_{s}-1)]=P_{C1}[1+(k_{s}-1)N_{s}/N_{T}]$

　　满足电动机电流：$\quad j\times P_{CM}\geqslant N_{T}I_{E}[1+(k_{s}-1)N_{s}/N_{T}]$

式中　P_{CM}——变频器容量，kVA；

　　　　P_{M}——负载要求的电动机轴输出功率，kW；

　　　　k——电流波形补偿系数，对 PWM 控制方式的变频器，k 约为 $1.05\sim1.1$

　　　　η——电动机效率（通常约为 0.85）；

　　　$\cos\varphi$——电动机功率因数（通常约为 0.75）；

　　　　N_{T}——电动机并联的台数，台；

　　　　N_{s}——电动机同时启动的台数，台；

　　　P_{C1}——连续容量，kVA；

　　　　k_{s}——电动机启动电流/电动机额定电流；

　　　　I_{E}——电动机额定电流，A；

　　　　j——系数，当电动机加速时间在 1min 以内时，$j=1.5$；当电动机加速时间在
　　　　　　　1 分钟以上时，$j=1$。

第五章　暖通空调计算机控制系统

近几年来，计算机技术、自动控制技术、微电子技术、检测与传感技术、通信与网络技术的高速发展，给计算机控制技术带来了巨大的变革。人们利用这种技术可以完成常规控制技术无法完成的任务，达到常规控制技术无法达到的性能指标。在暖通空调领域，计算机控制技术也得到了飞速的发展，除了在一些简单的控制环节还在使用一些自力式控制阀以外，模拟控制器几乎全部被智能控制器取代，大多数暖通空调的自动控制系统都采用了 DDC 控制系统和分布式控制系统，也有一些控制系统开始采用现场总线控制级系统。如今，没有计算机的暖通空调自动化系统几乎已经看不见。作为现代暖通空调技术人员，学习一些计算机控制技术，并且用计算机控制技术来解决暖通空调系统运行和管理的问题十分必要。本章将对什么是计算机控制系统，计算机控制系统是如何来解决暖通空调领域的问题等方面的内容进行介绍。

第一节　计算机控制系统概述

一、计算机控制系统组成

最简单的计算机控制系统由计算机、接口电路、外部通用设备和被控对象等几部分组成，其原理如图 5-1 所示。

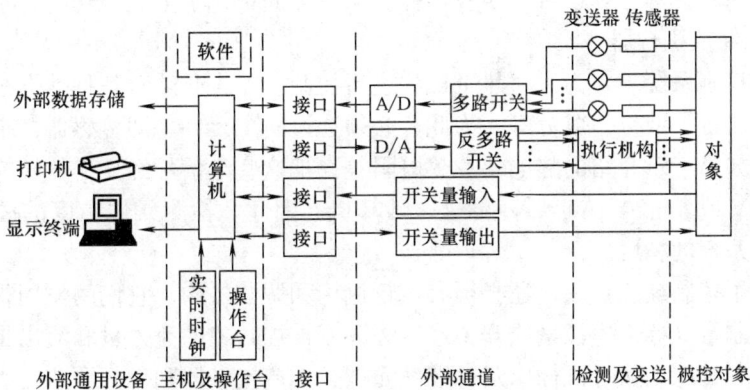

图 5-1　计算机控制系统组成

在图 5-1 中，被测参数经传感器、变送器，转换成统一的标准电信号，再经多路开关分时送到 A/D 转换器进行模拟/数字转换，转换后的数字量通过接口送入计算机。在计算机内部，用软件对采集的数据进行处理和计算，然后经模拟量输出通道输出。输出的数字量通过 D/A 转换器转换成模拟量，再经反多路开关与相应的执行机构相连，实现对被测参数进行控制。

（一）计算机控制系统硬件结构

系统硬件是由主机、接口电路及外部设备组成的。由于要求的不同，组成计算机控制系统的硬件也不同，一般可根据系统的需要进行扩展。现在市面上具有各种功能的接口板，并用标准总线连接起来，用户可根据实际需要进行选配。

1. 主机

它是整个控制系统的指挥部，通过接口及软件可向系统的各个部分发出各种命令；同时对被测参数进行巡回检测、数据处理、控制计算、报警处理以及逻辑判断等等。因此，主机是计算机控制系统的重要组成部分。主机的选用将直接影响到系统的功能及接口电路的设计等。目前最常用的主机由工业控制计算机和由单片机为核心组成的现场控制器两种形式。虽然目前单片机的型号很多，生产厂家也很多，但是工作原理基本上是一样的，在使用时并没有太多的差异。

2. I/O接口

I/O接口是主机与被控对象进行信息交换的纽带。主机通过 I/O 接口与外部设备进行数据交换。目前，很多 I/O 接口电路都是可编程的，即它们的工作方式可由程序进行控制。

此外，由于计算机只能接收数字量，而一般的热工过程被测参数大都为模拟量，如温度、压力、流量、液位、速度、电压以及电流等。因此，为了实现计算机控制，还必须把模拟量转换成数字量，即 A/D 转换；同样，外部执行机构的控制也多为模拟量，所以计算机计算出控制量之后，还必须把数字量变成模拟量，即 D/A 转换。

3. 外部通用设备

外部通用设备主要是为了扩大主机的功能而设置的，它们用来显示、打印、存储及传送数据。目前常用的外部通用设备有打印机、CRT 显示终端、模拟显示台等。这些专用设备就像主机的眼、耳、鼻、舌、四肢一样，从各方面扩充了主机的功能。

4. 检测元件及执行器

在计算机控制系统中，为了对热工过程进行控制，首先必须对各种数据进行采集，如温度、压力、流量、液位、成分等。为此，必须通过检测元件，即传感器，把非电量参数转换成电量，如第三章介绍的热电偶、热电阻等。把这些电信号经变送器转换成统一的标准信号（0～5V 或 4～20mA）后，再送入计算机。因此，检测元件精度的高低，直接影响计算机控制系统的精度。

此外，为了控制被控对象，还必须有执行机构和调节机构，它们的作用是根据计算机计算出来的控制量（标准模拟量或开关量）去改变被控对象的流入量和流出量，例如，在第四章介绍的各种电动执行机构以及可控硅元件、交流接触器和变频调速器等。

5. 操作台

操作台是人机对话的联系纽带。通过它人们可以向计算机输入程序，修改内部的数据，显示被测参数以及发出各种操作命令等。操作台可大可小，大的系统做成大面积模拟显示屏加各种操作按钮，中等规模的可以利用工控机（微机）的显示屏和键盘，小型的可以直接在 DDC 控制器上设置几个数码显示管和几个按键。

（二）计算机控制系统软件

对于计算机控制系统而言，除了上述硬件组成部分以外，软件也是必不可少的。所谓软件是指完成各种功能的计算机程序的总和，如操作、监控、管理、控制、计算和自诊断程序等。它们是计算机控制系统的神经中枢，整个系统的动作都是在软件的指挥下进行协调工作的。按使用的语言来分，软件可分为机器语言、汇编语言和高级语言；就其功能来分，软件可分为系统软件、应用软件及数据库。

所谓系统软件一般是由计算机厂家提供的，专门用来使用和管理计算机的程序，系统软件包括：

（1）各种语言的汇编、解释和编译软件，如 8051 汇编语言程序、组态软件等；

（2）操作系统。

这些软件一般不需要用户自己设计，对用户来讲，它们只是作为开发应用软件的工具。

应用软件是面向控制过程的程序，如 A/D、D/A 转换程序、数据采样、数字滤波程序、标度变换程序、键盘处理程序、显示程序、过程控制程序（如 PID 运算程序、数字控制程序）等等。应用软件大都由用户自己根据实际需要进行开发。

数据库及数据库管理系统用来建立数据库以及对数据库中的数据进行查询、显示、调用和修改等等，主要用于资料管理、存档和检索。近年来，随着计算机软件的发展，数据库开发软件得到了迅速的发展，出现了许多数据库开发软件，如 FoxPro，Visual Basic（VB），VC（Visual C），Microsoft SQL Server 等数据库软件相继出现，使得计算机控制系统的开发越来越方便。

二、计算机控制系统的分类

计算机控制系统与被控对象的性质、规模密切相关，被控制对象不同，其控制系统也不同。

对于一般的热工过程的控制，主要有下面几种方式：

（一）操作指导控制系统

操作指导是指计算机的输出不直接用来控制生产对象，而只是对系统过程参数进行收集、加工处理，然后输出数据。操作人员根据这些数据进行必要的操作，其原理方块图如图 5-2 所示。

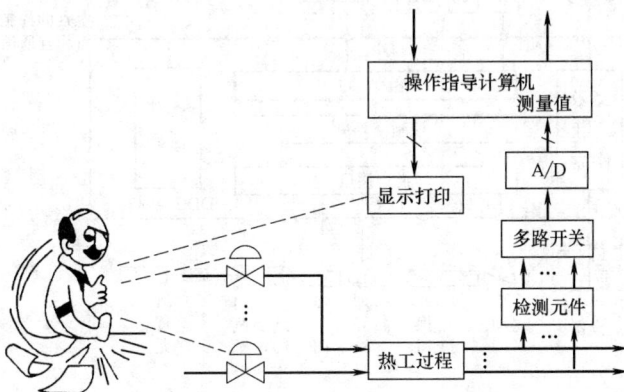

图 5-2　操作指导控制系统

在这种系统中，每隔一定的时间，计算机进行一次采样，经 A/D 转换后送入计算机进行加工处理。然后再进行报警、打印或显示。操作人员根据此结果进行设定值的改变或必要的操作。

该系统最突出的特点是比较简单，且安全可靠，特别是对于未摸清控制规律的系统更为适用。常常被用于计算机控制系统的初级阶段，或用于试验新的数学模型和调试新的控制程序等。它的缺点是仍要人工进行操作，所以操作速度不能太快，太快了人跟不上计算机的变化，而且不能同时操作几个回路。它相当于模拟仪表控制系统的手动与半自动工作状态。

（二）直接数字控制系统（DDC）

DDC（Direct Digital Control）控制是用一台计算机对多个被控参数进行巡回检测，将检测结果与设定值进行比较，再按 PID 规律或直接数字控制方法进行控制运算，然后输出到执行机构，对热工过程进行控制，使被控参数稳定在给定值上，其系统原理如图 5-3 所示。

由于微型计算机的速度快，所以一台计算机可代替多个模拟调节器，这是非常经济的。

DDC 控制系统的另一个优点是灵活性大，可靠性高。因为计算机计算能力强，所以用它可以实现各种复杂的控制规律，如串级控制、前馈控制、自动选择控制以及大滞后控制等。正因如此，DDC 系统得到了广泛的应用。图 5-4 为一个用于空调系统的 DDC 控制器的基本形式。

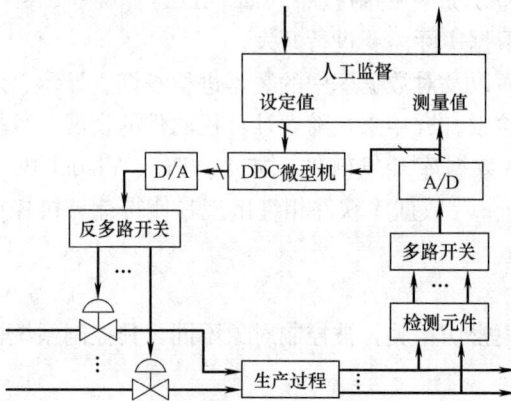

图 5-3 直接数字控制系统（DDC）

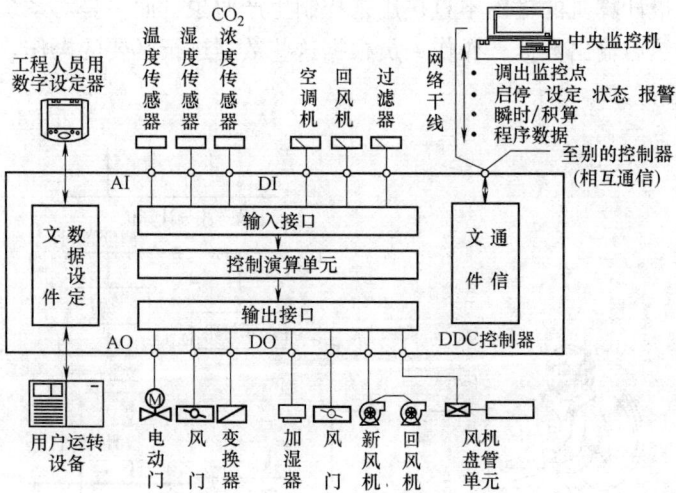

图 5-4 用于空调系统的 DDC 控制器

（三）计算机监督系统（SCC）

计算机监督系统（Supervisory Computer Control）简称 SCC 系统。在 DDC 系统中，

是用计算机代替模拟调节器进行控制的，而在计算机监督系统中，则是由计算机按照描述生产过程的数学模型，计算出最佳给定值送给模拟调节器或者 DDC 计算机，最后由模拟调节器或 DDC 计算机控制生产过程，从而使生产过程处于最优工作状况。SCC 系统比 DDC 系统更接近生产变化实际情况，它不仅可以进行给定值控制，同时还可以进行顺序控制、最优控制以及自适应控制等，它是操作指导系统和 DDC 系统的综合与发展。

SCC 系统就其结构来讲有两种：一种是 SCC＋模拟调节器控制系统，另一种是 SCC＋DDC控制系统。

1. SCC＋模拟调节器控制系统

SCC＋模拟调节器控制系统原理如图 5-5 所示。

在此系统中，SCC 监督计算机的作用是收集检测信号及管理命令，然后，按照一定的数学模型计算后，输出给定值到模拟调节器。此给定值在模拟调节器中与检测值进行比较后，其偏差值经模拟调节器计算后输出到执行机构，以达到调节生产过程的目的。这样，系统就可以根据生产工况的变化，不断地改变给定值，以达到实现最优控制的目的。而一般的模拟系统是不能改变给定值的。因此这种系统特别适合于企业的技术改造，既用上了原有的模拟调节器，又实现了最佳给定值控制。

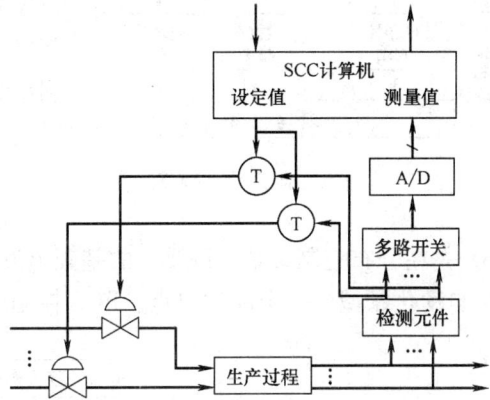

图 5-5　SCC＋模拟调节器控制系统

2. SCC＋DDC控制系统

SCC＋DDC 控制系统原理如图 5-6 所示。

本系统为两级计算机控制系统，一级为监督级 SCC，其作用与 SCC＋模拟调节器中的 SCC 一样，用来计算最佳给定值。直接数字控制器（DDC）用来把给定值与测量值（数字量）进行比较，其偏差由 DDC 进行数字控制计算，然后经 D/A 转换器和多路开关分别控制各个执行机构进行调节。与 SCC＋模拟调节器系统相比，其控制规律可以改变，用起来更加灵活，而且一台 DDC 可以控制多个回路，使系统比较简单。

总之，SCC 系统比 DDC 系统有着更大的优越性，可以接近于生产的实际情况。另一方面，当系统中模拟调节器或 DDC 控制器出故障时，可用 SCC 系统代替调节器进行调节。因此，大大提高了系统的可靠性。

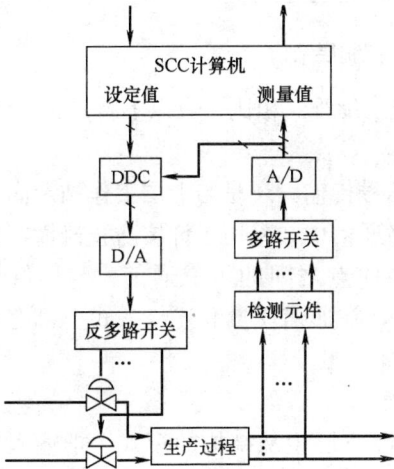

图 5-6　SCC＋DDC控制系统原理

（四）分散控制系统（DCS）

分散控制系统（Distributed Control System）也称分布控制系统。分散控制系统（DCS）的主要特点是"分散控制、集中管理"。所谓分散是强调工艺过程要求各种设备的地理位置的分散，相应的也要求控制设备的地理位置的分散。集中管理是指管理计算机只把各个分散控制的现场设备的主要运行参数收集到一起，以便进行分析和管理。这样做的好处是有分有合，各司其职，既减少了集中控制带来的传感器、执行器布线过长、过多的现象，也减轻了集中控制器的负担，是一种解决规模大而且复杂的工艺过程控制问题的有效方法。

分散式控制系统一般由现场控制级（现场控制站）、计算机监督控制级（监控计算机）和管理级（管理计算机）组成，其原理如图 5-7 所示。

分散控制系统也可以由现场控制级和监控级两级组成。分散控制系统是目前暖通空调自动控制系统的主要形式，本章第二节将对它进行详细讨论。

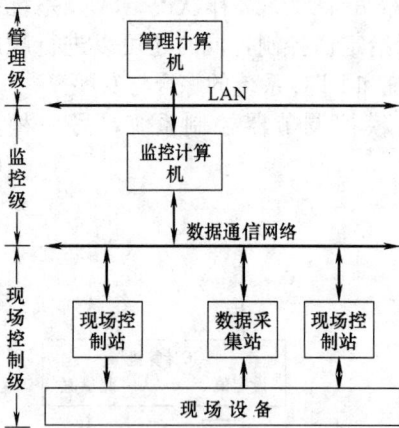

图 5-7　分散控制系统（DCS）

（五）现场总线控制系统（FCS）

现场总线控制系统（Field bus Control System）是在分布控制系统（DCS）的基础上发展起来的一种新的自动控制方式，并且已经成为自动化领域中一个新的热点。FCS 控制层结构如图 5-8 所示。

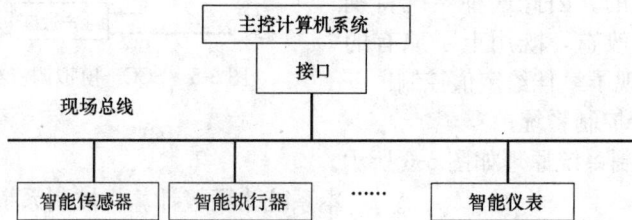

图 5-8　现场总线控制系统（FCS）控制层结构

现场总线控制系统（FCS）与传统的分布控制系统（DCS）相比，有以下特点：

1. 数字化的信息传输

无论是现场底层传感器、执行器、控制器之间的信号传输，还是与上层工作站及高速网络之间的信息交换，系统全部使用数字信号。在网络通信中，采用了许多防止碰撞、检查纠错的技术措施，实现了高速、双向、多变量、多地点之间的可靠通信，与传统的 DCS 中底层到控制站之间 4～20mA 模拟信号传输相比，在通信质量和连线方式上都有重大的突破。

2. 分散的系统结构

废除了 DCS 中采用"操作站—控制站—现场仪表"三层主从结构的模式，把输入输出单元、控制站的功能分散到智能型现场仪表中去。每个现场仪表作为一个智能节点，都带有 CPU 单元，可分别独立完成测量、校正、调节、诊断等功能，靠网络协议把它们连接在一起统筹工作。任何一个节点出现故障只影响本身而不会危及全局，这种彻底的分散型控制体系使系统更加可靠。

3. 方便的互操作性

FCS特别强调"互联"和"互操作性"。也就是说，不同厂商的FCS产品可以异构，组成统一的系统，可以相互操作，统一组态，打破了传统DCS产品互不兼容的缺点，方便了用户。

4. 开放的互联网络

FCS技术及标准是全开放式的。从总线标准、产品检验到信息发布都是公开的，面向所有的产品制造商和用户。通信网络可以和其他系统网络或高速网络相连接，用户可共享网络资源。

5. 多种传输媒介和拓扑结构

由于FCS采用数字通信方式，因此可采用多种传输介质进行通信，即根据控制系统中节点的空间分布情况，采用多种网络拓扑结构。这种传输介质和网络拓扑结构的多样性给自动化系统的施工带来了极大的方便，据统计，与传统DCS的主从结构相比，只计算布线工程一项即可节省40％的经费。

FCS的出现改变了传统的信息交换方式、信号制式和系统结构，改变了传统的自动化仪表功能概念和结构形式，也改变了系统的设计和调试方法。

（六）工业以太网技术

所谓工业以太网通俗地讲就是应用于工业的以太网。以太网是目前计算机局域网最常见的通信方式，但它是为办公自动化的应用而设计的，并没有考虑到工业现场环境的需求，比如高温、低温、防尘等，所以以太网不能直接应用于环境恶劣的工业现场。

现代以太网技术发展至今已有20余年历程，作为局域网组网的主要技术，一直长久不衰。在这期间，令牌环、令牌总线、FDDI、ATM等技术分别在不同的阶段冲击着以太网在局域网领域的盟主地位。但是以太网以其简单、价廉、高带宽、维护方便以及不断发展的特点牢牢地占领着局域网领域，并向接入网和城域网领域发展。

进入21世纪以来，IT界已经不再寻找替代以太网的技术，转而寻找增强以太网的功能和将它扩展到新领域的途径。现代以太网组网功能已经大大地超越了基本的以太网功能。TCP/IP与以太网是开放性的强强组合，逐步渗透到建筑智能化领域的各个方面，给予智能建筑强大的生命力。在智能建筑领域，TCP/IP以太网不仅作为信息服务/管理/监控的网络平台，而且越来越成为视频/语音等应用的支撑平台。目前市场上直接采用标准双绞线和专用以太网来构成监控系统的产品已经出现。基于工业控制以太网的多个子系统融合的、结构优化的、可靠的、一体化的智能建筑的机电设备监控系统已经开始运行。

第二节　分散控制系统

分散控制系统（DCS），是以多个微处理机为基础的，利用现代网络技术、现代控制技术、图形显示技术和冗余技术等实现对分散控制对象的调节、监视管理的控制技术。其特点是以分散的控制适应分散的控制对象，以集中的监视和操作达到掌握全局的目的。系统具有较高的稳定性、可靠性和可扩展性。

一、分散控制系统名称

"分散控制系统"一词，是根据外国公司的产品名称意译而得的。由于产品生产厂家多，系统设计不尽相同，功能和特点不尽相同，所以对产品的命名也各具特色，称呼也不完全相同，常见的有以下 3 类：

（1）分散控制系统（Distributed Control System），简称 DCS；

（2）集散控制系统（Total Distributed Control System），简称 TDCS 或 TDC；

（3）分布式计算机控制系统（Distributed Computer Control System），简称 DCCS。

二、分散控制系统的发展与演变

分散控制系统出现之前，暖通空调控制系统经历过手动控制、模拟仪表控制、计算机集中控制等几个发展阶段。

（一）手动控制

早期的暖通空调系统是没有自动控制的，当发现被控参数改变，需要调节时就用人工的方法去调节。如看到室内温度高了就人为地关小蒸汽加热器进汽阀门；当看到室内温度低了就开大阀门。这种控制只能适用于对被控参数精度要求不高的情况，是与当时较低的生产水平相适应的。

（二）模拟仪表控制

随着生产水平的提高，对暖通空调系统的精度提出了新的要求，同时电子技术的发展也达到了一定的水平，就出现了用电子器件（三极管、电阻、电容）搭成的模拟调节器。这种调节器（控制器）与传感器和执行器配合，可以完成对某一控制回路的控制，这就是单回路模拟控制仪表。在此基础上人们又研究出多回路模拟控制仪表和多种控制规律的模拟控制仪表，这个时期就是模拟仪表控制时期。对于一个暖通空调系统来说，被控参数不止一个，被控设备也不止一个，如既要控制温度又要控制湿度，既要控制加热器又要控制表冷器，同时还要控制加湿器等等，用模拟仪表搭成的自动控制系统往往非常庞大而复杂，笨重而不经济。

（三）计算机集中控制

计算机的出现让人们眼前一亮，计算机惊人的计算速度让人们想到何不让计算机来代替模拟仪表来完成那复杂的过程控制呢？于是就出现了早期的计算机控制系统。早期的计算机控制系统是一种集中式控制系统，它把几十上百个回路模拟控制器的工作集中到一台计算机上，利用计算机运算速度快的优点，在一台计算机上完成了上百台模拟控制器所要完成的工作，控制系统大大减小了体积，而且提高了响应速度，尝到了计算机控制的好处。但是，人们很快发现了新的问题，首先，一台计算机要完成几十甚至几百个回路的运算，很显然其危险性集中；其次，成百上千台变送器或传感器传来的信号都要连到计算机上，和模拟仪表连接的电缆一样多，显然系统还是过于笨重。一旦计算机坏了，系统就得瘫痪。于是人们又想到，工艺过程作为被控对象的各个部分都有相对独立性，是否可以把一个大系统分成若干个独立的小系统，再把在计算机控制系统中相对独立的部分分配到数台计算机中去，把原来由一台计算机完成的运算任务由几台或几十台计算机（控制器）去完成呢？即所谓"狼群代替老虎"的战术，这就是分散控制最初的想法。这种想法好是好，但是在计算机昂贵的早期，这种想法是难以实现的。

（四）分散（DCS）控制

20 世纪 80 年代以后微型计算机的出现，特别是微处理器（单片机）的大量使用，给以上想法提供了可能，人们开始用微处理器制作廉价的控制器来代替原来的计算机，除了系统的显示、设定、数据存储、报表打印以及管理通信等比较复杂的任务选用高档一些的计算机（台式机）来完成以外，控制部分全部由若干台带微处理器的控制器来完成。由于微处理器技术的提高，用这种微处理器为主要元件制作的控制器，在性能上完全达到原来控制用计算机的水平，而且体积小、安装方便、经济耐用。这就是分散式控制系统的出现和演变过程。

三、分散控制系统的结构组成

DCS 从结构上可以分为三大部分：带 I/O 接口的控制器、通信网络和人机界面（HMI）。由 I/O 接口通过端子板直接与生产过程相连，读取传感器来的信号。I/O 接口有几种不同的类型，有模拟量也有开关量，每一种 I/O 接口都有相应的端子板。通信网络分为现场通信网络和局域网两部分，现场通信网络负责各个局部控制器与监控计算机之间的联络；局域网负责监控计算机与管理计算机之间的联络。目前，局域网都有与外网（Internet）联络的接口。人机界面（HMI）用于控制系统的显示、设定、打印等功能。

从系统的功能角度上看，分散控制系统是一个多功能分级控制系统的结构体系，分散控制系统按功能可以划分为经营管理、生产管理、过程管理（监督控制）、直接控制等四个层次级，其结构如图 5-9 所示。

分散式控制系统也可以认为由分散过程控制级（DDC）、计算机监督控制级（SCC）和管理级（MIC）组成，其原理框图如图 5-10 所示。

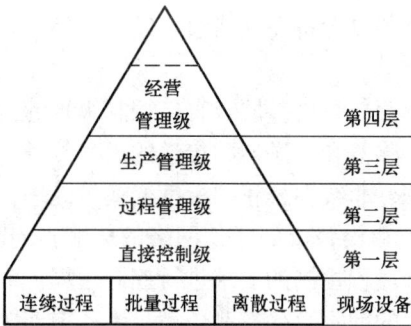

图 5-9 分散式控制系统结构图

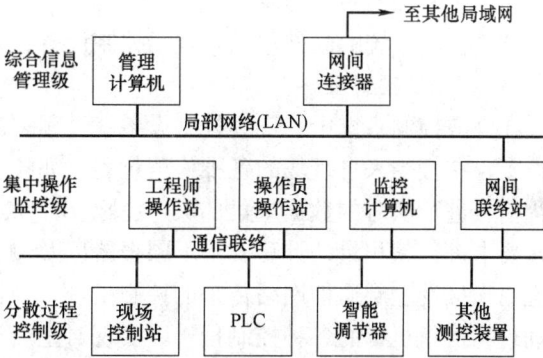

图 5-10 分散控制系统（DCS）

图 5-9 中各级的基本功能如下：

（一）直接控制级

直接与现场各类装置（如变送器、PLC、执行器等）相连，对现场过程进行监测、控制，同时还向上与过程管理级计算机相连，接受过程管理级的管理信息，并向上传递过程实时数据。功能：数据采集、过程控制、设备检测、系统测试与诊断、实施安全性及冗余措施。

（二）过程管理级

主要包括监控计算机、操作站、工程师站等，综合监视过程的所有信息，集中显示操作，并对回路进行组态，修改参数及优化等。功能：综合显示、操作指导、集中操作、自适应控制、优化控制、存档功能。

（三）生产管理级

根据各工艺系统的特点，协调各系统参数的整定，是整个工艺系统的协调者和控制者。功能：制订生产计划、实施生产调度、协调生产运行；安排设备检修、组织备品备件；收集生产信息、监督生产工况、调整生产策略。

（四）经营管理级

这一级属于中央计算机，与办公室自动化连接起来，实现全厂生产自动化和办公室自动化的集中统一，担负全厂的协调管理任务，包括各类经营活动、人事管理等。功能：工程技术、经济经营管理、人事管理、财务管理等。

应该说明，现代先进的分散控制系统皆可实现上述各层的功能，但对某一具体的应用系统来说，并非全部具有上述四层功能。大多数应用系统，目前只配置和发挥到第一层和第二层中小规模上（目前暖通空调自动控制系统大都如此），少数应用系统使用到第三层功能，只在大规模的综合控制系统中才应用到全部四层功能。分散控制系统的层次结构是其功能垂直分解的结果，反映出系统功能的纵向分散，意味着不同层次所对应的设备有着不同的功能、不同的任务和不同的控制范围。对于每一层次，又可将其划分成若干个子集，即进行所谓的水平分解。水平分解反映了系统功能的横向分散，它意味着某一功能的实现，是由若干个功能子集和子系统自主工作、相互支持、共同完成的。分散控制系统这种金字塔式的分级递阶结构，体现了大系统理论的分解与综合的思想，将分散控制、集中管理有机地统一起来。

四、分散控制系统的硬件

分散控制系统的硬件包括：现场控制设备、人机接口设备和网络通信设备三类。

（一）现场控制设备

在分散控制系统中，现场控制设备（过程控制单元）是最基层（直接控制级）的自动化设备，它接受来自现场的各种检测仪表（如各种传感器和变送器）传送的过程信号，对过程信号进行实时的数据采集、噪声滤除、补偿运算、非线性校正、标度变换等处理，并可按要求进行累积量的计算、上下限报警以及测量值和报警值向通信网络的传输。同时，它也用来接受上层通信网络传来的控制指令，并根据过程控制的要求进行控制运算，输出驱动现场执行机构的各种控制信号，实现对生产过程的数字直接控制，满足生产中连续控制、逻辑控制、顺序控制等的需要。现场控制设备还具有接受各种手动操作信号，实现手动操作的功能。

在分散控制系统的应用中，用于过程控制级的设备有两类，一是分散控制系统自身的"现场控制器单元"（现场控制器）；二是可纳入分散系统中应用的其他独立产品——可编程逻辑控制器（PLC）、可编程调节器等。

1. 现场控制单元

所谓"现场控制单元"，是指分散控制系统中与现场关系最密切，最靠近生产现场的控制装置。不同的分散控制系统生产厂家，对自己系统中的过程控制设备取有独特的名称，如基本控制器（Basic Controller）、多功能控制器（Multifunction Controller）、暖通空调控制器、变风量控制器等等。

不同厂家的现场控制单元所采用的结构形式大致相同。概括地说，现场控制单元是一个以微处理器为核心的、按功能要求组合的各种电子模块的集合体，并配以机柜和电源等而形成的一个相对独立的控制装置。

2. 可编程调节器

这是一种早期的数字调节器，外表类似一般盘装仪表的数字化过程控制装置，是由微处理器、RAM、ROM、模拟量和数字量通道、电源等基本部分组成的一个时间分享的微型调节装置。这种调节器的生产厂家和品种较多，仅就控制回路的能力而言，有单回路、双回路、四回路、八回路等形式，目前用得不是很多。

3. 可编程逻辑控制器（PLC）

可编程逻辑控制器（PLC）也是一种以微处理器为核心、具有存贮记忆功能的数字化控制装置。它的最大特点是提供了开关量输入、输出通道，可以通过预先编制好的程序来实现时间顺序控制或逻辑顺序控制，以取代以往复杂的继电器控制装置。目前，各厂家生产的 PLC 均已标准化、模块化、系列化。PLC 中的一个 I/O 模块通常可输入或输出16～64个点。用户可根据需要灵活选配模块，构成不同规模的 PLC。

新型的 PLC 还提供了模拟量输入、输出通道和 PID 等控制算法，可以实现连续过程的控制。PLC 一般设有异步通信接口（RS-232 或 RS-422），它可以按独立控制站的形式直接与分散控制系统的操作站（上位机）交换信息。

可编程逻辑控制器以其不断增强的功能和自身的高可靠性，在分散控制系统的过程控制中得到了日益广泛的应用。它的应用可使整个控制系统的功能和结构进一步得到分散，使分散控制系统更具有活力。

（二）现场控制单元（DCS 控制站）的结构组成

现场控制单元是面向过程、可独立运行的通用型计算机测控设备。尽管不同厂家生产的现场控制单元在结构尺寸、输入和输出的点数、控制回路数目、采用的微处理器、设计的模件、实现的控制算法等各方面有所不同，但它们均是由机柜、电源、I/O 通道模件、以微处理器为核心的控制模件等几部分组成。

1. 机柜

现场控制单元的机柜一般是用金属材料（如钢板）制成的立式柜。柜内装有机架，供安装电源和各种模件之用，电源通常放在最上层或最下层，柜内所配置的各种模件可以横向排列也可以纵向排列，随系统而异。有的柜内装有多层机架，可以安装多个模件。

为保证柜内电子设备具有良好的电磁屏蔽，柜与柜门之间采用电气连接，而且机柜接地，接地电阻小于 40Ω，以保证设备的正常工作和人身安全。

2. 电源

分散控制系统的电源包括交流电源和直流电源两大部分，不论是何种电源，都必须保证其一定的电压等级和稳定性。

（1）交流电源稳定措施

1）每一现场控制单元均采用两路单相交流电源互为备用；

2）采用交流电子调压器，保证电压稳定；

3）供电系统采用正确、合理的接地方式，防止干扰；

4）电源应远离经常开、关的大功率用电设备；

5）对控制过程连续性要求高的单元，应采用一路 UPS 电源。

（2）直流电源电压等级及形式

不同厂家的现场控制单元内部模件的供电均采用直流电源，但对直流电源的等级要求不一，常见的有+5、+12、−12、+15、−15、+24V，现场控制单元内部必须具备直流稳压电源，以进行电压转换。

稳压电源的形式有以下 3 种：

1）集中的直流稳压器；

2）主、从稳压电源；

3）分立的直流稳压电源。

3. I/O 通道模件

I/O 通道模件是为分散控制系统的各种输入/输出信号提供信息通道的专用接口板，它的基本作用是对现场信号进行采样、转化，并处理成微处理器能接受的标准数字信号，或将微处理器的运算输出转换、还原成模拟量或开关量信号，去控制执行机构。因此，I/O 通道模件是联系现场与微处理器的桥梁和纽带。

I/O 通道模件的类型有模拟量输入（AI）模件、模拟量输出（AO）模件、开关量输入（DI）模件、开关量输出（DO）模件、脉冲量输入（PI）模件。

（1）模拟量输入模件 AI

模拟量输入模件 AI 接受现场变送器的输出，并转换为计算机可以接受的数字信号，输入模件可以接受的信号类型有以下几类：

1）电流信号：来自各种变送器的 4～20mA 或 0～10mA 电流信号。

2）毫伏级电压信号：来自热电偶、热电阻或应变传感器，−100～100mV 或 12～80mV 电压信号。

3）常规直流电压信号：来自各种可输出直流电压的过程设备，0～5V、0～10V、−10～10V 的电压信号。

AI 通道主要有以下硬件：

1）信号端子板：用来连接输送现场模拟信号的电缆。

2）信号调理器：对每路模拟输入信号进行滤波、隔离、放大、开路检测等综合处理。

3）A/D 转换器：接受多路模拟输入及参考输入，由多路切换开关根据 CPU 指令选择输入并将其转换为数字量。

智能化 AI 模件采用了微处理器，其功能得到扩展，可通过便携式编程器调整其运行软件去适应现场条件，可进行非线性补偿等。

（2）模拟量输出（AO）模件

模拟量输出（AO）模件将计算机输出的数字信号转换成外部过程控制仪表能接受的模拟信号，用来驱动执行器或为控制器提供给定值或为显示记录仪表提供信号。

输出信号的类型有以下两种：

1）电压信号：0/1/2～5VDC，0/2～10VDC 等；

2）电流信号：4～20mADC 或 0～10mADC 等。

AO 通道通常有两种结构形式，一种是每路通道都设置独立的 D/A 转换器，为常用形式；另一种是各路信号采用一个共用的 D/A 转换器。

AO 通道的硬件组成包括以下几类：

1）输出端子板：连接现场控制信号电缆与 AO 模件；

2）输出驱动器：用来实现功率放大；

3）D/A 转换器：将数字信号转换成模拟信号；

4）多路切换开关：周期性分时选通各路信号；

5）数据保持寄存器：保持各路数字信号以便转换；

6）输出控制器：实现 AO 模件输入信号选择及切换开关控制。

（3）开关量输入（DI）模件

开关量输入（DI）模件的功能是根据监测和控制需要，将生产过程中的各种开关量信号转换为计算机可识别的信号形式。其输入信号的类型一般为电压信号，常见的有：5V DC、12V DC、24V DC、48V DC、120V DC 等。

DI 模件的硬件组成有以下几类：

1）端子板：连接传送开关量的电缆，接受开关量输入；

2）保护电路：限制各路输入信号大小，实现过电流、过电压保护；

3）隔离电路、信号处理器、数字缓冲器、控制器、地址开关与译码器、四 D 指示器等。

（4）开关量输出 DO 模件

开关量输出（DO）模件的功能是将计算机输出的开关量信息转换为能对生产过程进行控制或状态显示的开关量信号，以控制现场设备的状态。其输出信号的类型有电压和电流形式，等级为：20V DC（16mA，10mA）；24V DC（250mA）等。

DO 模件的硬件组成有端子板、输出电路、输出寄存器、控制电路、地址开关与地址译码器、LED 指示器等。

4. 数字控制器

数字控制器是现场控制单元的核心，是 I/O 模件的上一级智能化单元。它通过现场控制单元的内部总线与各种 I/O 模件交换信息，实现现场的数据采集、贮存、运算和控制等功能。

数字控制器由 CPU、存储器（RAM、ROM）、总线、通信接口等组成。

现场控制单元的内部结构如图 5-11 所示。从内部机构看，现场控制单元由中央处理器（CPU）、存储器、输入/输出电路（I/O）、通信接口及其他电路组成。

（1）CPU：是基本控制器的核心部件，按预定的周期和程序对相应的信息进行运算处理并对控制器内部部件进行操作控制和故障诊断，常采用冗余配置。

（2）存储器：有程序存储器和工作存贮器两种。

1）程序存储器（ROM）：存放标准算法程序、管理程序、自诊断程序及用户组态方案等。

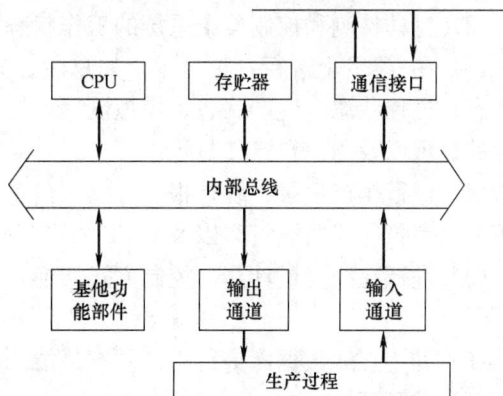

图 5-11 现场控制单元的内部结构图

115

2）工作存储器（RAM、EPROM）：既是基本控制器的数据库又是系统分散数据库的一部分，用于存放现场信号、设定值、中间运算结果等通信接口，主要包括并行数据输入/输出端口、串行数据接受/发送端口、接口控制电路等。

（3）输入输出通道：实现基本控制器与工艺过程之间的接口功能，包括模拟量与开关量输入/输出通道两种。

（三）人机接口设备

人机接口设备是人与系统互通信息、交互作用的设备，在生产过程高度自动化的今天，仍需要运行（操作）人员对生产过程、设备状态进行监视、判断、分析、决策和某些干预，特别是生产过程发生故障时更是如此。运行人员的决策依赖于生产过程的大量信息，运行人员的干预又是通过控制信息的传递作用于生产过程的，人机接口设备正是承担这种信息相互传递任务的装置。

人机接口设备包括输入设备和输出设备，输入设备用来接受运行人员的各种操作控制命令；输出设备用来向运行、管理人员提供生产过程和设备状态的有关信息。分散控制系统的人机接口设备一般有两种形式，一种是以 CRT 为基础的显示操作站，从它的功能上看又可划分为操作员接口站（Operator Interface Station，简称 OIS）、工程师工作站（Engineering Work Station，简称 EWS）等；另一种是具有显示操作的功能仪表。

1. 操作员接口站（OIS）

操作员接口站（OIS）是一个集中的操作员工作台，它设置在中控室内，是运行操作人员与生产过程之间的一个交互窗口。在暖通空调系统的工作过程中，需要监视和收集的信息量很大，要求控制的对象众多。例如，一栋大楼里的空调系统，需要监控的测点信息达 200～300 点之多，如果再加上冷热水系统，其测点数目将更多，可达 400～500 点。为了能使运行操作人员方便地了解各种工况下的运行参数，及时掌握设备操作信息和系统故障信息，准确无误地做出操作决策，提供一种现代化的监控工具是十分必要的。为此，分散控制系统产品，普遍设立了以 CRT（或液晶屏）为基础的操作员接口站，它把系统的绝大多数显示和操作内容集中在 CRT 的不同画面和操作键盘上，从而使运行操作人员的控制台盘体积、人工监视面大大减少，且对系统的操作也更为方便。

操作员接口站（OIS）的基本功能包括以下几方面：

（1）收集各现场控制单元的过程信息，建立数据库。

（2）自动检测和控制整个系统的工作状态。

（3）在 CRT 上进行各种显示，如总貌、分组、回路、细目、报警、趋势、报表、系统状态、过程状态、生产状态、模拟流程、特殊数据、历史数据、统计结果等各种参数和画面的显示以及用户自定义显示。

（4）进行生产记录、统计报表、操作信息、状态信息、报警信息、历史数据、过程趋势等的制表打印或曲线打印以及 CRT 的屏幕拷贝。

（5）进行在线变量计算、控制方式切换，实现 DDC 控制、逻辑控制和设定值指导控制等。

（6）利用在线数据库进行生产效率、能源消耗、设备寿命、成本核算等综合计算，实现生产过程管理。

（7）具有磁盘操作、数据库组织、显示格式编辑、程序诊断处理等在线辅助功能。

OIS在结构上就是一台高档的计算机（服务器），以及外围设备和操作台等，其组成如图 5-12 所示。

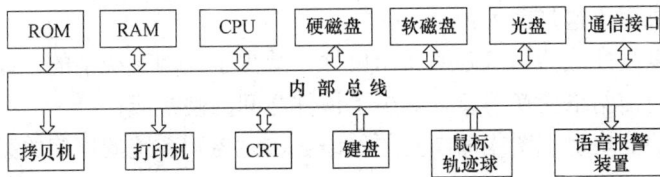

图 5-12　操作员接口站（OIS）的组成

操作员接口站是运行操作人员进行生产过程监视和运行操作的设备。其操作台既是固定和保护计算机和各种外设的设施，又是运行操作人员工作的台面。因此，操作台的设计既要满足设备固定和保护的要求，又必须为操作人员提供工作的便利和舒适的条件，其高度和倾斜尺寸应适合于操作人员的长期工作。其显示设备（CRT 或液晶屏）屏幕的角度应避免控制室照明的反光，以利于运行人员监视。另一方面，由于该操作台置于中控室中，其外观设计应美观、大方，以保持工作环境的优雅。

图 5-13 示出了两种典型操作台形式，一种为桌式操作台，该操作台呈桌子式样，桌台面上放置显示器、操作键盘、鼠标等，而计算机系统及其电源系统置于桌面下方机柜内；另一种为集成式操作台，该操作台将 CRT 显示器、微处理机系统及其电源系统等集成一体，其整体感强。通常，操作台由金属的骨架和板材制作。

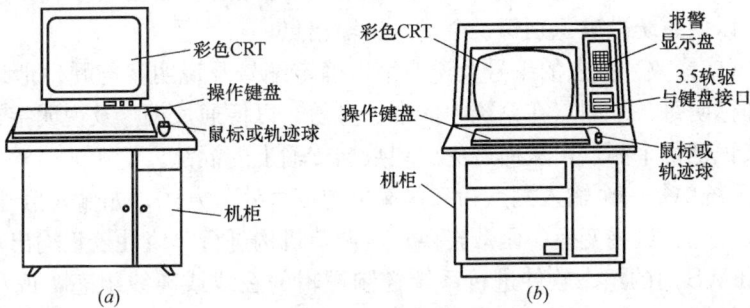

图 5-13　典型操作台形式
(a) 桌式操作台；(b) 集成式操作台

以上的操作台没有考虑放置打印机等外设的位置，这是基于控制室的整体布局和利于操作管理的设计思想，将打印机等有关外设置于专用的台架上，这些外设通过电缆或网线与操作台交换信息。

2. 工程师工作站（EWS）

在一个自动化系统的设计、安装、调试过程中，系统工程师们要做大量的工作，例如：

(1) 系统所有组件的选定；

(2) 组件的安装与接线；

(3) 系统的构成与组态；

(4) 系统的检查与试验；

（5）故障的分析与处理；

（6）文档（如图纸、表格、文件等）的编制与修改。

这些工作在以前全靠手工来完成，计算机分散控制系统的出现，在很大程度上简化了控制系统的实现过程，这是因为：

（1）采用了以微处理器为基础的通用模件，减少了控制系统中的一些专用硬件；

（2）采用了通信网络交换信息，减少了模件之间的硬接线；

（3）采用了功能块组态图或面向问题的语言描述控制系统的连接关系，减少了硬件接线图的绘制；

（4）采用了以 CRT 为基础的控制操作台，减少了监视、记录、报警和操作仪表，简化了控制盘面。

所有这些都明显地减少了实现控制系统的工作量。尽管如此，一个分散控制系统从现场安装到投入运行，仍有不少工作要做。为了方便工程师们的工作，分散控制系统中设有一种专用设备——工程师工作站（EWS）。

EWS 是一个硬件和软件一体化的设备，是分散控制系统中的一个重要人机接口，是专门用于系统设计、开发、组态、调试、维护和监视的工具，是系统工程师的中心工作站。EWS 的主要功能包括以下几方面。

（1）系统组态功能。

该功能用来确定硬件组态和连接关系，以及控制逻辑和控制算法等。其基本组态任务有以下几点：

1）确定系统中每一个输入、输出点的地址，如确定它们在通信系统中的机柜号、模件号、点号，以便系统准确识别每一个输入、输出点。

2）建立（或修改）测点的编号及说明字，确定编号及说明字与硬件地址之间的一一对应关系，即标明每一个测点在系统中的惟一身份，以便通过编号及说明字（而不必通过硬件地址）来识别每个测点，从而避免出现数据传输上的混乱。

3）确定系统中每一个输入测点和某些输出的信号处理方式，如输入信号的零点迁移、量程范围、线性化、量纲变换、函数转换；对调节机构进行非线性校正输出。

4）利用 EWS 内的组态软件进行系统控制逻辑的在线或离线组态，或利用面向问题的语言和标准软件，开发、管理、修改系统其他工作站的应用软件。

5）选择控制算法，调整控制参数，设置报警限值，定义某些测点的辅助功能（如打印记录、趋势记录、历史数据存储与检索等）。

6）建立系统中各个设备之间的通信联系，实现控制方案中的数据传输、网络通信系统调试，以及将组态或应用软件下载到各个目标站点上去等。

上述组态信息输进系统且进行正确性检查之后，以数据库的形式全部存储到系统设置的大容量存贮器中。EWS 的系统组态功能在无需增设其他系统硬件的情况下，工程师可方便地进行分散控制系统的组态，而当系统投运后，还可支持系统的维护。

（2）OIS 组态功能。

除对分散控制系统的控制功能进行组态外，工程师还要对操作员接口进行组态，EWS 的 OIS 组态功能正是为此而设立的。OIS 组态功能包括以下几类：

1）选择确定系统运行时操作员接口所使用的设备和装置，如操作、显示、报警、存储等设备。

2）建立操作员接口与其相关设备（包括现场控制设备）之间的对应关系，如用编号说明字、指明设备和画面、为测点选择合适的工程单位等。

3）利用 EWS 提供的标准软件，对监视、记录等所需的数据库、CRT 监控图形和显示面进行设计与组态。组织与形成 OIS 的 CRT 显示画面是 EWS 中的一个重要内容。

（3）在线监控功能。

EWS 一般具有 OIS 的全部功能。它在在线工作时，作为一个独立的网络节点，能够与网络互换信息。因此，它在相关软件的支持下，具有以下功能：

1）像 OIS 一样，在线监视和了解机组当前的运行情况（量值或状态）。

2）利用存储设备内的数据，在 CRT 上进行趋势在线显示。

3）按环路、页在线显示应用程序及其当前的参数和状态。

4）提供在线调整功能，使 EWS 具有及时调整生产过程的能力。

（4）文件编制功能。

工业过程控制系统的硬件组态图、功能逻辑图的编制，是一项艰巨、复杂、费力费时的工作，在常规控制系统中，这些工作几乎全部由人工完成，但在分散控制系统中，EWS 的设立大大改善了这种局面。一般而言有以下情况：

1）EWS 具有支持表格数据和图形数据两种格式的文件系统（数据格式是可变的，以满足各种用户的不同要求）。

2）EWS 具有支持工程设计文件建立和修改的文件处理功能。

3）EWS 具有 CRT 拷贝和支持文件编制的硬件设备（如打印机、彩色复印机），可以输出所感兴趣的文档资料。

工程师通过利用 EWS 的文件处理系统、输入和存储的大量组态信息以及硬拷贝设备，可方便地实现系统众多文件的自动编制和必要的修改功能。

（5）故障诊断功能。

在分散控制系统中，EWS 是系统调试、查错和故障诊断的重要设备之一。分散控制系统中的大多数装置都是以微处理器为基础的，利用这些装置的"智能化"特点，可以实现以下功能：

1）自动识别系统中包括电源、模件、传感器、通信设备在内的任何一个设备的故障；

2）确定某设备的局部故障，以及故障的类型和故障的严重性；

3）在系统处于启动前检查或在线运行时，能快速处理查错信息。

分散控制系统的故障诊断功能为及时发现系统故障、准确确定故障位置和类型，以便寻找最好的解决方法，迅速排除系统故障，提供了有力的工具。应该指出，此处讨论的故障诊断是指控制系统的故障诊断，并非是过程设备的故障诊断。过程设备的故障诊断现已成为一项相对独立的重要工作，它在很大程度上取决于对过程设备的构造、特性和运动规律等的了解，而不取决于分散控制系统本身。

五、分散控制系统的软件

分散控制系统的硬件是物质基础，而分散控制系统的软件是其灵魂，是人的思维与意识在控制装置中的具体体现，其软件虽各具特点，但也有许多共同之处。

（一）分散控制系统软件的分类

1. 按功能分

分散控制系统的软件按功能可分为系统软件和应用软件。

（1）系统软件

一般由计算机设计人员研制，由厂商提供，与应用对象无关的、面向计算机或面向应用服务的、专门用来管理计算机的、具有通用性的程序，称为系统软件，其中包括以下几方面：

1）语言加工程序，主要为操作系统、数据库系统、系统诊断程序、连接程序、调试程序等。

2）应用服务软件，包括各种组态软件、算法库软件、图符库软件、用户操作键定义软件等。

3）网络通信软件。

（2）应用软件

根据用户需要解决的实际问题而编制的有一定针对性的程序，是面向用户、在操作系统下在线运行并直接控制生产过程的程序。应用软件主要有输入/输出程序、数据处理程序、过程控制程序、人机接口程序、显示、打印、报警程序等。

2. 按对应硬件分类

（1）现场控制软件

对应于现场控制单元。

（2）工作站软件

对应于操作员接口站、工程师工作站、观察站、历史站、记录站等。

（3）网络通信软件

对应于计算机通信接口、控制设备的通信接口、网络匹配器和通信网络等。

（二）数据结构和实时数据库

1. 数据结构

为了便于数据的查找和修改，计算机必须按照一定的规则来组织数据，使之彼此相关，这种数据间存在的逻辑关系称为数据结构。

2. 实时数据库

数据结构与相关数据信息的集合称为数据库，若数据库中的数据信息为实时信息则为实时数据库。

3. 现场控制单元的数据结构

各种 DCS 系统现场控制单元的实时数据库结构各具特色，一般通用的实时数据库应包括系统中采集点、控制算法结构、计算中间变量点、输出控制点等有关信息，即点索引号、点字符名称、说明信息、报警管理信息、显示用信息、转换用信息、计算用信息。每一点的信息构成一条"记录"，称"点记录"。

（三）过程控制软件

过程控制软件是通过组态方式，在内部标准子程序库和分散数据库的支持下，由相应的组态工具软件生成的。标准子程序库提供功能块和管理程序（操作系统）；分散数据库则提供构成软件所必需的实时动态信息，包括数据信息、状态信息、连接信息等。根据生产过程控制的要求，利用控制算法库提供的控制模块，在工程师工作站生成所需的控制规律，然后将其下装到现场控制单元中。

基本控制器的算法：制造商为了满足用户需要，将可能用到的各种算法设计成标准化、模块化的子程序，这些子程序称为标准算法模块或功能块，简称算法。

（四）操作员/工程师站软件

各操作站点的软件是庞大的，一般分散控制系统提供的系统软件由实时多任务操作系统、编程语言及应用服务软件（组态工具）等组成。

1. 实时多任务操作系统

操作系统是裸机与用户之间的界面，是用于计算机系统自身控制和管理的一种程序集合。常见的操作系统有 DOS、UNIX、WINDOWS 系列，其功能为任务管理、设备管理、存贮管理和文件管理。

2. 编程语言

编程语言主要有面向机器的语言、面向问题的语言、面向过程的语言、梯形图逻辑语言等。

（1）面向机器的语言是为特定的或某一类计算机专门设计的编程语言，其中包括以下两类：

1）机器码，又称机器语言，用计算机能直接执行的代码为指令来编程。

2）汇编语言，是一种以助记符为指令的编程语言，其语句与机器码之间有一一对应关系，计算机可将汇编语言翻译成机器码执行。

（2）面向问题的语言是一种专门为解决某一方面问题而设计的独立于计算机的程序语言，接近于人们的习惯语言与数学表达，如 FORTRAN 语言、BASIC 语言、PASCAL 语言、C 语言等。

（3）面向过程的语言，该语言面对生产过程控制的应用需求，运用面向机器或面向问题的研究开发的，可按人们的常规思维和语言方式对生产过程进行直接描述的一种语言。面向过程的语言在分散控制系统中通常被称为"组态软件"。

六、分散控制系统的通信

（一）通信

通信是指采用某种特定的方法，通过某种介质或渠道将信息从一处传到另一处的过程。它包括模拟通信、数字通信、数据通信三种。

（1）模拟通信：用模拟信号传递信息的方式，通常用 $0\sim10mA$、$4\sim20mA$、$0\sim5V$ 信号。

（2）数字通信：将模拟信号转换为数字信号后传输的方式。

（3）数据通信：通过计算机或其他数字装置与通信线路相结合，实现对数据信息的传输、转换、存储和处理的通信技术。

（二）通信网络

随着计算机技术的发展和应用的深入，为了共享信息资源、互相传递信息，共享大型与巨型计算机的硬件和软件资源、信息资源等，使计算机开始向网络化发展。

网络的定义：资源共享的观点将计算机网络定义为"以能够相互共享资源的方式互联起来的自治计算机系统的集合"，即将在地理位置不同且具有独立功能的多台计算机通过通信设备连接在一起，以功能完善的网络软件（网络协议、信息交换方式、网络操作系统等）实现数据传输及资源共享。

（三）网络拓扑结构

网络中各站（节点）的相互联接方式（空间布局的形式）被称为网络拓扑结构。所谓网络"拓扑"就是几何的分支，即它将实物抽象为与其大小和形状无关的点、线、面，然后来研究这些点、线、面的特征。DCS 常用的网络结构有总线形、星形、环形。

1. 总线形网络结构

以一条开环的通信电缆作为数据传输通路，各节点直接通过硬件接口与总线相连接，称为总线形网络结构，如图 5-14 所示。任何一个站的信息都以广播的方式在总线上传播。这种结构非常简单，所需要的电缆也很少，网络易于扩展，不致相互影响。

2. 星形网络结构

以中央节点为中心与各个节点连接而组成的，各节点与中央节点通过点到点的方式连接，称为星形网络结构，如图 5-15 所示。中央节点可直接与从节点通信，而从节点之间必须经过中央节点才能通信。

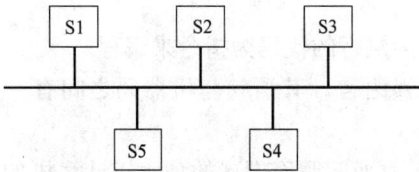

图 5-14　总线形网络结构图

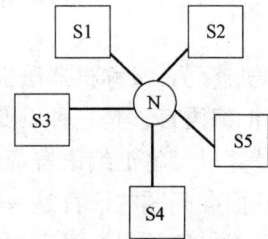

图 5-15　星形网络结构图

3. 环形网络结构

网络中的各节点通过环路接口连在一条首尾相接的闭合环形通信线路中，站与站之间的通信必须通过环路，信息的传输是沿单方向围绕线路循环，且逐点进行，由一个站发出的信息只传输到下一站，若不是目的站，则继续传播。在整个传输过程中，任何一个接口损坏，都将导致整个网络瘫痪。这种网络称为环形网络结构，如图 5-16 所示。

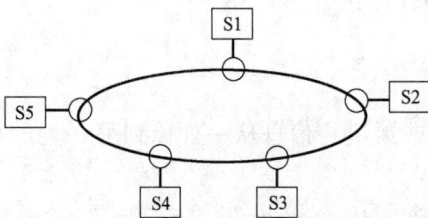

图 5-16　环形网络结构图

（四）DCS 系统网络控制方式

通信网络上各站的信息传递过程，首先是由原站将信息送上网络，然后由目的站取走信息。要保证信息传递无误，必须选取合适的网络控制方式，即信息送取的控制方式。

1. 查询方式

查询方式适用于有主节点的星形网络结构。网络中的主节点就是一个网络控制器，网络控制器按照一定的次序向网络中的每个站发送是否要发送信息的询问信息，被询问的站作出应答，若不要发送信息，则转向下一个站，若要发送，则由网络控制器安排通信。若网络中同时有多个站要发送信息时，则按优先级别发送。

2. 广播方式

在同一时间内，网络上只有一个节点发送信息，而其他节点处于接受信息的状态。通常情况下，该方式不需要网络控制器，参加通信的各站点都处于平等地位。但需要解决信道冲突问题，适用于环形网络结构和总线形网络结构。

3. 存储转发方式

存储转发方式，也称环形扩展方式，其主要特点是一个站发送的信息，必须旅行完参加网络通信的所有站点。采用此方式发送信息时，准备发送信息的站点将不断监视通过它的信息流，一旦发现信息流通过完毕，则立即将信息送上网络，其过程是一个站点发送信息到相邻站点，后者将其存储起来，等自己的信息发送完后再转发。直到目的站点收到信息后，在其后带上确认信息后，重新送入环路，直至回到源点。它适用于环形网络结构。

（五）网络协议

在计算机的通信网络中，所有的站点都要共享网络中的资源。但由于挂接在网络上的计算机或设备是各式各样的，可能出于不同的生产厂家，型号也不同，它们在软件及硬件上的差异造成相互之间通信的困难，因此需要有一套所有"成员"共同遵守的"规则、标准或某些约定"，以便实现资源共享。这种约定称为"网络协议"。网络协议在功能上是有层次的。为实现网络通信的标准化，应首先定义通信任务的体系结构，以便将复杂的通信任务划分为若干个可管理的层次来处理。国际标准化组织针对协议层次提出了开放系统互联参考模型，简称 OSI 参考模型。

早期的 DCS 的通信网络都是专用的，通过 DCS 不同级别网络，完成不同模件之间的通信。究竟做成几级，各厂家并不相同，级数既与 DCS 系统的大小有关也与当时计算机技术的发展有关。一般的 DCS 通信网络包含现场总线、I/O 总线、控制总线和 DCS 网络等几级。

I/O 总线是现场信息与控制器之间连接的通道，信息既包含开关量也包括模拟量，模拟量需要先进行 A/D 或 D/A 转换。为了提高传送速度，常采用并行总线的方式。同时，最好把控制器模件和 I/O 模件装在一个机柜内或相邻的机柜内。对于远程 I/O，为了保证信号传输的可靠性，应该采用现场总线，如 CAN、LONWORKS、HART 总线等。

第二级网络是控制器之间的通信，把完成不同任务的三种控制器连在一条总线上，称为控制总线。控制总线不是每一种 DCS 系统都有的，可以把各种控制器分别连到 DCS 网络上。控制器之间的数据调用要通过 DCS 网络。目前控制器中的 CPU 和存贮器的能力都已经比较强，把开关量的逻辑运算和模拟量的采集功能都在一个控制器中完成已经不成问题，这时在控制总线上就只有一种形式的控制器。在控制总线上还接有 DCS 网络的接口模件。

第三级是 DCS 网络。它把现场控制器和人机界面连成一个系统。

总线的通信协议最早是由各 DCS 生产厂家自行开发的，通信协议是不公开的。最近几年，Modbus 等通信协议逐渐成为电子控制器上的通用语言。通过此类协议，控制器相互之间、控制器经由网络（例如以太网）和其他设备之间通信变得更加方便，已经成为一个通用工业标准。

七、分散控制系统在空调自控中的应用

下面举例说明分散控制系统在空调自控中的应用。某电视台共有 11 套空调系统，在

进行自控改造之前，基本上都是人工调节，既占用了大量的人力资源，又不能把系统调节到最佳状态，同时还造成能源的浪费。在自控改造中，采用了分散式控制系统，改变了以上存在的问题，同时也极大地提高了管理水平。

分散式控制系统如图 5-17 所示。

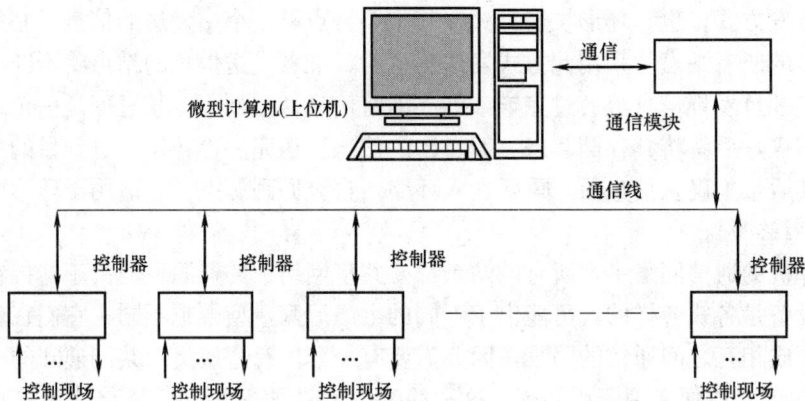

图 5-17　空调自控分散式控制系统结构

（一）现场控制器

现场控制器由以 8051 单片机为核心的控制单元加上模拟输入模块、模拟输出模块、开关量输入模块、开关量输出模块以及交流电源、直流电源和机箱等部件组成。附录 1-1 为现场控制器控制单元的电路原理图。附录 1-2 为接口模块的电路原理图。整个系统共安装了 11 套现场控制器，每套现场控制器控制一套空调系统（空气处理机组），现场控制器根据被控区域的温度和湿度情况，与预先的设定值进行比较，再根据偏差按照 PID 调节规律去调节表冷器、加热器、加湿器、风阀等设备上的执行机构，改变进入系统的冷量、热量和湿量（含湿量），从而达到控制区域温度、湿度的要求。

（二）人机接口设备

人机接口设备采用了微型计算机，内置了数据库系统，配置了打印机、操作台等设备，完成系统监控的任务。在人机接口的显示屏上可以随意显示任意一套空调系统的运行状况。其中一个页面如图 5-18 所示。在人机接口上还可以进行多项操作。

1. 设定运行参数

登陆"参数设定窗体"后，先进入"密码验证窗体"，密码验证通过后，将根据所输密码的权限，登录相应的"参数设定窗体"，进行室内温湿度、冬夏季转换、机组运行时间、PID 参数、模糊控制参数、系统默认值等参数的设定。为了防止无关人员改动设定值，设置了三级对话框。三级设定对话框如图 5-19～图 5-21 所示。

一级权限的设定窗口如图 5-19 所示。在此对话框下，可浏览该系统的所有机组的编号，可以设定所有机组的运行时间，将所有现场控制器的时间统一成中央控制器的时间，使所有控制、通信同步。"设定机组参数"的窗体上有四个按钮，"应用"按钮将设定值的改变量发送给现场控制器并把数据存入相应的数据库。"刷新"按钮将选定机组的现场控制器的参数传给中央控制器，刷新当前数据并把数据存入相应的数据库。"复位"按钮将

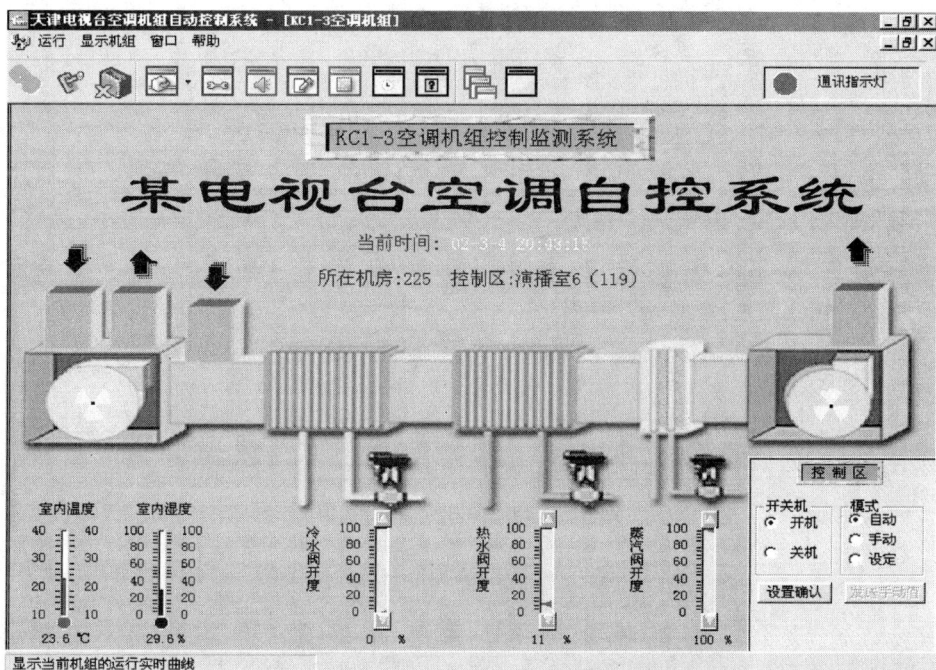

图 5-18　人机接口显示屏上显示空调系统的运行状况

设定窗口回复最初状态。"退出"按钮退出设定窗体。

二级权限的设定窗口如图 5-20 所示，二级权限除了具有一级权限的设定功能以外，还增加了室内参数设定功能，还可以设定该现场控制器的当前时间、空调运行的两次开关机时间、室内温湿度设定值以及运行工况。时间的设定可以直接输入，也可以用下拉箭头选择；温湿度的设定可以直接输入，也可以用上下箭头来改变设定值，上下箭头改变量为 0.1；工况选择可以用鼠标直接选择。

三级权限的设定窗口如图 5-21 所示，三级权限除了具有二级权限的设定功能以外，还增加了控制参数设

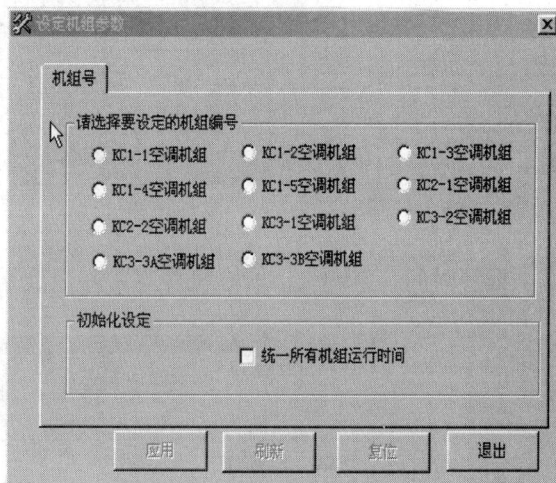

图 5-19　机组设定一级对话框

定功能。这一级是最高权限，一般需要由专业人员来设定，因为这些参数设定的好坏，直接影响到控制的精度和效果，而且这些参数一般由试验测定得出。PID 控制参数主要包括比例系数、积分时间、微分时间、控制周期、控制死区、积分修正、上端修正、下端修正等。上端修正和下端修正用于修正温度。

2. 报警显示

当出现故障时，系统会自动弹出报警窗口，如图 5-22 所示，显示报警机组名、故障

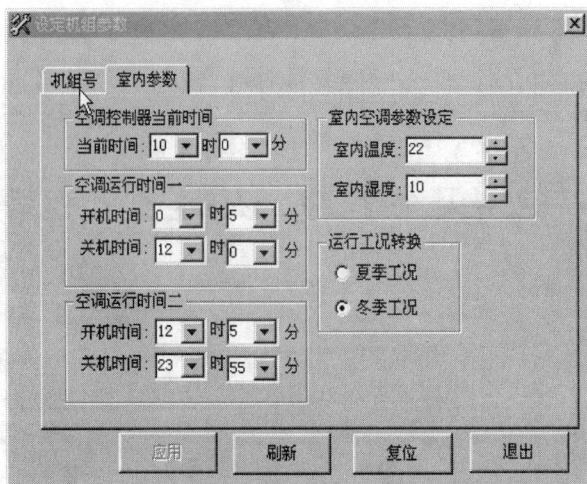

图 5-20 机组设定二级对话框

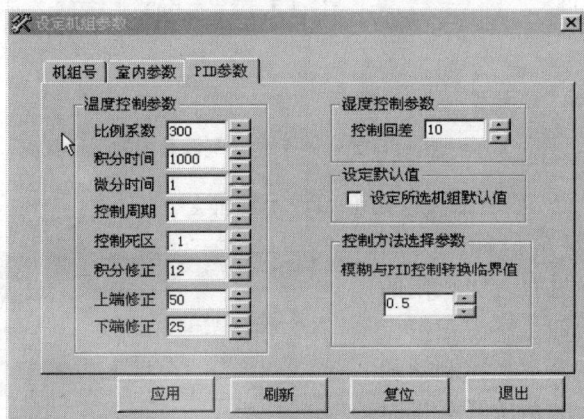

图 5-21 机组设定三级对话框

名称、报警时间、空调机组所在机房等，并把数据存入数据库以备查询。

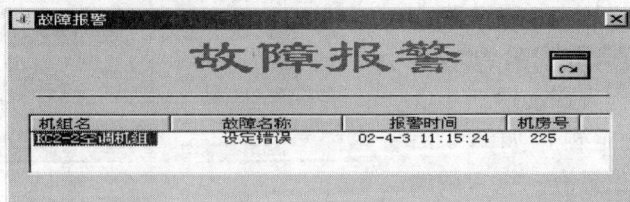

图 5-22 报警子窗口

3. 数据报表显示

该数据报表是日报表，如图 5-23 所示。该报表可以根据机组号和时间（年、月、日）查出相应的数据，按采集时间降序排列。报表的内容包括一天的温度、湿度、温控阀开度、电磁阀开关、送风机状态、回风机状态、采集时间等。报表还可以随时打印输出。

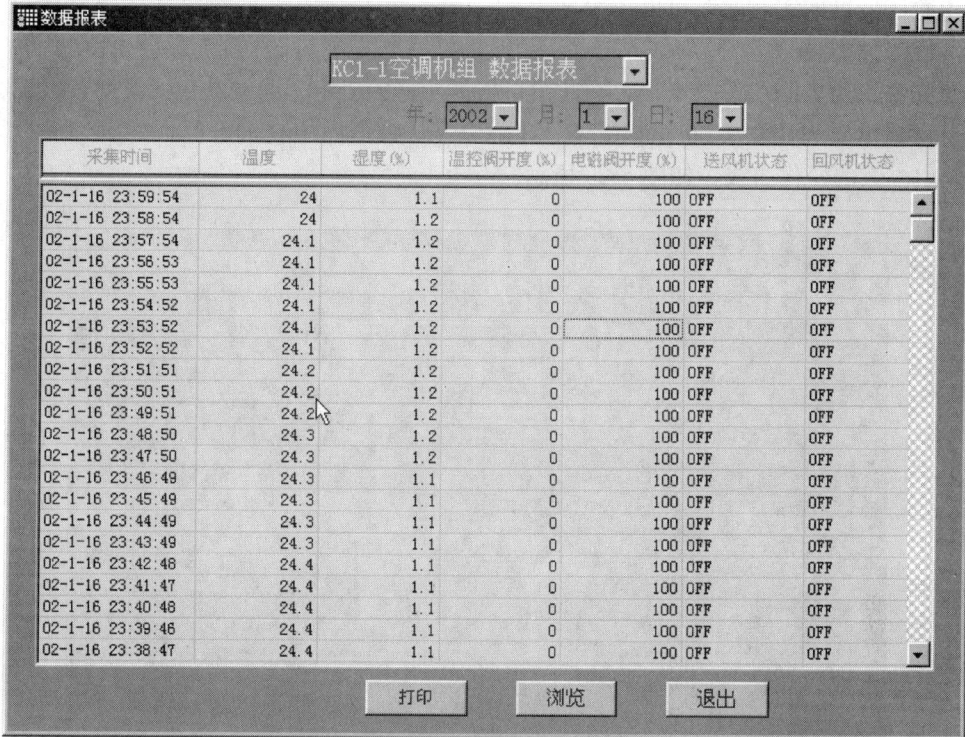

图 5-23　数据报表显示

4. 实时曲线显示

从当前开始，以时间为 x 轴，动态地显示实时数据（温度、湿度、温控阀开度、电磁阀开度），并画成动态曲线供监控浏览，如图 5-24 所示。而且温度、湿度、温控阀开

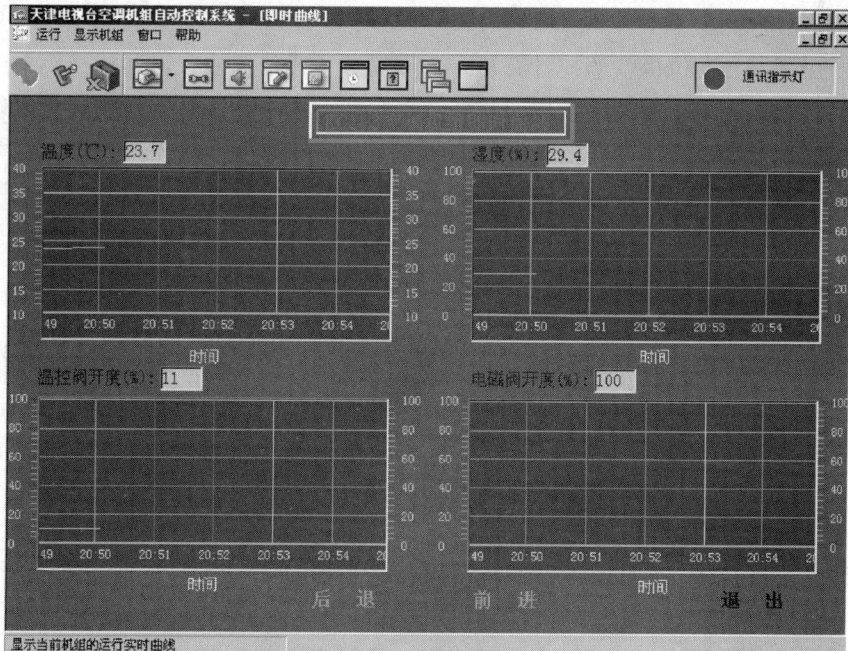

图 5-24　实时曲线显示

度、电磁阀开度的实时曲线可以放大显示。

5. 历史曲线显示

首先进入历史曲线选择窗口，在此窗口根据所选的机组、曲线类型（温度、湿度、温控阀开度或电磁阀开度）和时间（年、月、日），从数据库中查询数据，并以采集时间为 x 轴画出一天的变化曲线，如图 5-25 所示。

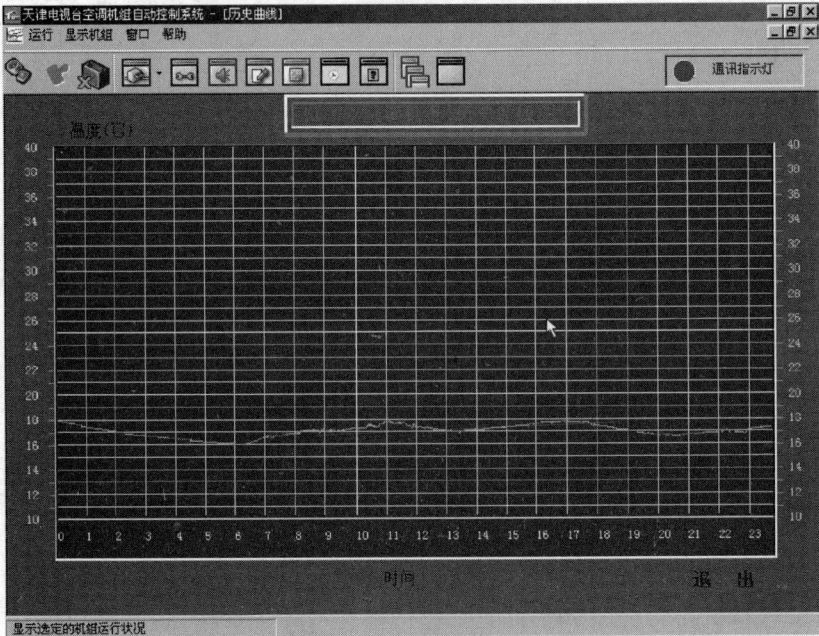

图 5-25　历史曲线显示

（三）系统通信

在现场控制器和上位机（监控计算机）之间安装了通信模块，该通信模块采用智能控制算法，实时采集现场控制器的数据，将各数据打包并统一传送到上位机。对出现故障和关机的现场控制器以及通信问题的现场控制器进行判断和剔除。通信采用 485 总线形式，自定通信协议格式。

第三节　现场总线和工业以太网技术

计算机控制技术应用于暖通空调系统以来，给暖通空调系统带来了革命性的变化。不但提高了系统的控制精度，方便了管理，而且降低了系统的能源消耗。随着电子技术特别是通信技术和网络技术的飞速发展，暖通空调计算机控制系统也得到了快速的发展，一些新技术正在逐步应用。其中现场总线和工业以太网技术已经得到了较多的应用，本节对这两种技术做一简要介绍。

一、现场总线技术（Fieldbus Control System，FCS）

（一）现场总线技术诞生的背景

计算机分散控制系统（DCS）在现场一级，仍然广泛使用模拟仪表系统中的传感器、变送器和执行机构。其信号传送一般采用 4～20mA 的电流信号形式，一个变送器或执行机构需要一对传输线来单向传送一个模拟信号。这种传输方法使用的导线多，现场安装及调试的工作量大，投资高，传输精度和抗干扰能力较低，不便维护。监控室的工作人员无法了解现场仪表的实际情况，不能对其进行参数调整和故障诊断，所以处于最底层的模拟变送器和执行机构成了计算机控制系统中最薄弱的环节，即所谓 DCS 系统的发展瓶颈。现场总线正是在这种情况下应运而生的。

（二）现场总线技术及其特点

1. 什么是现场总线

现场总线技术是在 20 世纪 80 年代后期发展起来的一种先进的现场工业控制技术，它综合了数字通信技术、计算机技术、自动控制技术、网络技术和智能仪表等多种技术手段，从根本上突破了传统的"点对点"式的模拟信号或数字-模拟信号控制的局限性，构成一种全分散、全数字化、智能、双向、互联、多变量、多接点的通信与控制系统。现场总线是连接智能现场设备和自动化系统的数字式、双向传输、多分支结构的通信网络，其基础是智能仪表。分散在各个工业现场的智能仪表通过数字现场总线连为一体，并与控制室中的控制器和监视器一起共同构成现场总线控制系统（FCS）。通过遵循一定的国际标准，可以将不同厂商的现场总线产品集成在同一套 FCS 中，具有互换性和互操作性。FCS 把传统 DCS 的控制功能进一步下放到现场智能仪表，由现场智能仪表完成数据采集、数据处理、控制运算和数据输出等功能。现场仪表的数据（包括采集的数据和诊断数据）通过现场总线传到控制室的控制设备上，控制室的控制设备用来监视各个现场仪表的运行状态，保存各智能仪表上传的数据，同时完成少量现场仪表无法完成的高级控制功能。另外，FCS 还可通过网关和上级管理网络相连，以便上级管理者掌握第一手资料，为决策提供依据。

2. 现场总线的特点

现场总线具有以下突出特点：

（1）开放性

现场总线控制系统（FCS）采用公开化的通信协议，遵守同一通信标准的不同厂商的设备之间可以互联及实现信息交换。用户可以灵活选用不同厂商的现场总线产品来组成实际的控制系统，以达到最佳的系统集成。

（2）互操作性

互操作性是指不同厂商的控制设备不仅可以互相通信，而且可以统一组态，实现统一的控制策略和"即插即用"，不同厂商的性能相同的设备可以互换。

（3）灵活的网络拓扑结构

现场总线控制系统可以根据复杂的现场情况组成不同的网络拓扑结构，如树形、星形、总线形和层次化网络结构等。

（4）系统结构的高度分散性

现场设备本身属于智能化设备，具有独立自动控制的基本功能，从根本上改变了DCS 的集中与分散相结合的体系结构，形成了一种全新的分布式控制系统，实现了控制功能的彻底分散，提高了控制系统的可靠性，简化了控制系统的结构。现场总线与上一级网络断开后仍可维持底层设备的独立正常运行，其智能程度大大加强。

（5）现场设备的高度智能化

传统的 DCS 使用相对集中的控制站，其控制站由 CPU 单元和输入/输出单元等组成。现场总线控制系统则将 DCS 的控制站功能彻底分散到现场控制设备，仅靠现场总线设备就可以实现自动控制的基本功能，如数据采集与补偿、PID 运算和控制、设备自校验和自诊断等功能。系统操作员可以在控制室实现远程监控，设定或调整现场设备的运行参数，还能借助现场设备的自诊断功能对故障进行定位和诊断。

（6）对环境的高度适应性

现场总线是专为工业现场设计的，它可以使用双绞线、同轴电缆、光缆、电力线和无线的方式来传送数据，具有很强的抗干扰能力。常用的数据传输线是廉价的双绞线，并允许现场设备利用数据通信线进行供电，还能满足安全防爆要求。

鉴于现场总线的优越性，很多生产厂商将现场总线技术引入 DCS 通信网络系统，图5-26 所示为引入现场总线 DCS 体系结构。

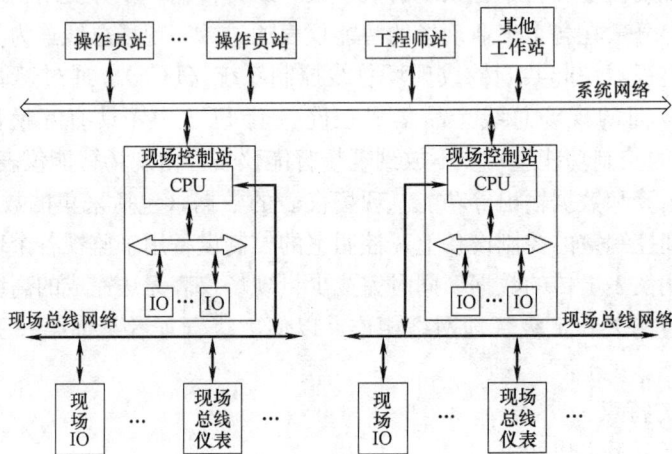

图 5-26　引入现场总线 DCS 体系结构

近十几年来出现了多种有影响的现场总线，如基金会现场总线 FF、Profibus、CAN、LonWorks、HART 等，并得到了广泛的应用。下面予以简要介绍。

（三）主要现场总线简介

1. 基金会现场总线 FF（Foundation Fieldbus）

基金会现场总线是国际上几家现场总线经过激烈竞争后形成的一种现场总线，由现场总线基金会推出。与私有的网络总线协议不同，FF 总线不附属于任何一个企业或国家。其总线体系结构是参照 ISO 的 OSI 模型中物理层、数据链路层和应用层，并增加了用户层而建立起来的通信模型。FF 得到了世界上几乎所有的著名仪表制造商的支持，同时遵守 IEC（国际电工委员会）的协议规划，与 IEC 的现场总线国际标准和草案基本一致，加上它在技术上的优势，所以极有希望成为将来的主要国际标准。

FF 总线提供了 H1 和 H2 两种物理层标准。H1 是用于过程控制的低速总线，传输速率为 31.25kbps，传输距离为 200m、450m、1200m、1900m 四种（加中继器可以延长），可用总线供电，支持本质安全设备和非本质安全总线设备。H2 为高速总线，其传输速率为 1Mbps（此时传输距离为 750m）或 2.5Mbps（此时传输距离为为 500m）。在后来的会议中决定改为以 100Mbps 以太网为基础，并称为高速以太网现场总线 HSE（High Speed Ethernet Fieldbus）。H1 和 H2 每段节点数可达 32 个，使用中继器后可达 240 个，H1 和 H2 可通过网桥互联。FF 的突出特点在于设备的互操作性、改善的过程数据、更早的预测维护及可靠的安全性。

2. 过程现场总线 Profibus

Profibus 由 Siemens 公司提出并极力倡导，已先后成为德国国家标准 DIN19245 和欧洲标准 EN50170，是一种开放而独立的总线标准，在机械制造、工业过程控制、智能建筑中充当通信网络。Profibus 由 Profibus-PA、Profibus-DP 和 Profibus-FMS 三个系列组成。Profibus-PA（Process Automation）用于过程自动化的低速数据传输，其基本特性同 FF 的 H1 总线，可以提供总线供电和本质安全，并得到了专用集成电路（ASIC）和软件的支持。Profibus-DP 与 Profibus-PA 兼容，基本特性同 FF 的 H2 总线，可实现高速传输，适用于分散的外部设备和自控设备之间的高速数据传输，用于连接 Profibus-PA 和加工自动化。Profibus-FMS 适用于一般自动化的中速数据传输，主要用于传感器、执行器、电气传动、PLC、纺织和楼宇自动化等。后两个系列采用 RS485 通信标准，传输速率从 9.6kbps 到 12Mbps，传输距离从 1200m 到 100m（与传输速率有关）。介质存取控制的基本方式为主站之间的令牌方式和主站与从站之间的主从方式，以及综合这两种方式的混合方式。Profibus 是一种比较成熟的总线，在工程上的应用十分广泛。

3. Lonwoks 总线

Lonworks 是 Local Operating Network 的缩写，是由美国 Echelon 公司 1991 年推出的一种全面的测控网络，希望能够适合各种现场总线应用场合。智能节点和 LonTalk 通信协议是 LonWorks 现场总线的基础，前者支持分散化、智能化的特征，后者满足了现场智能节点之间无拥塞、快速安全的通信要求。它的最大特点是全分散智能监控，赋予现场智能节点更大的自主权，大部分任务就地完成，上位机只起系统建造、组态和维护的作用。运行好的系统可以脱离上位机正常运行，上位机成为"虚拟主机"。目前 Lonworks 应用范围广泛，主要包括工业控制、楼宇自动化、数据采集、SCADA（Supervisory Control and Data Acquisition 监视控制与数据采集）系统等。国内主要应用于楼宇自动化方面。

4. CANbus 现场总线

CANbus 现场总线已由 ISO/TC22 技术委员会批准为国际标准 ISO 11898（通信速率小于 1Mbps）和 ISO 11519（通信速率小于 125kbps）。它的协议是工作站现场总线-智能现场设备两层多主结构网络。它具有标准通信协议，开放性功能好、无损结构的逐位仲裁方式进行总线的优先权访问、强有力的错误处理能力、故障节点自动脱离总线、有较强的网络抗干扰能力等特点。CANbus 主要产品应用于汽车制造、公共交通车辆、机器人、液压系统、分散型 I/O。另外在电梯、医疗器械、工具机床、楼宇自动化等场合均有所应用。

（四）FCS 对计算机控制系统的影响

传统的计算机控制系统一般采用 DCS 结构。在 DCS 中，对现场信号需要进行点对点的连接，并且 I/O 端子与 PLC 或自动化仪表一起被放在控制柜中，而不是放在现场。这就需要铺设大量的信号传输电缆，布线复杂，既费料又费时，信号容易衰减并容易被干扰，而且又不便维护。DCS 一般由操作员站、控制站等组成，结构复杂，成本高。而且 DCS 不是开放系统，互操作性差，难以实现数据共享。而基于 PC 的 FCS 则完全克服了这些缺点。

1. 在 FCS 中，借助于现场总线技术，所有的 I/O 模块均放在工业现场，而且所有的信号通过分布式智能 I/O 模块在现场被转换成标准数字信号，只需一根电缆就可把所有的现场子站连接起来，进而把现场信号非常简捷地传送到控制室监控设备上，既降低了成本，又便于安装和维护。同时，数字化的数据传输使系统具有很高的传输速度和很强的抗干扰能力。

2. FCS 具有开放性。在 FCS 中，软件和硬件都遵从同样的标准，互换性好，更新换代容易。程序设计采用 IEC1131-3 五种国际标准编程语言，编程和开发工具是完全开放的，同时还可以利用 PC 丰富的软硬件资源。

3. 系统的效率大为提高。在 FCS 中，一台 PC 可同时完成原来要用两台设备才能完成的 PLC 和 NC/CNC 任务。在多任务的 Windows NT 操作系统下，PC 中的软 PLC 可以同时执行多达十几个 PLC 任务，既提高了效率，又降低了成本。且 PC 上的 PLC 具有在线调试和仿真功能，极大地改善了编程环境。

在 FCS 中，系统的基本结构为：工控机或商用 PC、现场总线主站接口卡、现场总线输入/输出模块、PLC 或 NC/CNC（数控）实时多任务控制软件包、组态软件和应用软件。上位机的主要功能包括系统组态、数据库组态、历史库组态、图形组态、控制算法组态、数据报表组态、实时数据显示、历史数据显示、图形显示、参数列表、数据打印输出、数据输入及参数修改、控制运算调节、报警处理、故障处理、通信控制和人机接口等各个方面，并真正实现控制集中、危险分散、数据共享、完全开放的控制要求。

由前面的讨论可以看出，FCS 的技术关键是智能仪表技术和现场总线技术。智能仪表不仅具有精度高、可自诊断等优点，而且具有控制功能，必将取代传统的 4~20mA 模拟仪表。连接现场智能仪表的现场总线是一种开放式、数字化、多接点的双向传输串行数据通路，它是计算机技术、自动控制技术和通信技术相结合的产物。结合 PC 丰富的软硬件资源，既克服了传统控制系统的缺点，又极大地提高了控制系统的灵活性和效率，形成了一种全新的控制系统，开创了自动控制的新纪元，成为自动控制发展的必然趋势。

二、工业以太网技术

（一）什么是工业以太网

现场总线自 20 世纪 80 年代发展至今，世界各大公司纷纷投入了大量资金和力量，开发了数百种现场总线，其中开放的现场总线也有数十种。虽然广大仪表和系统开发商以及用户对统一的现场总线的呼声很高，但由于技术和市场经济利益等方面的冲突，市场上的现场总线在长久的争论中至今也无法达成统一。

此外，现场总线在其自身发展的过程中，无一例外地沿用了各大公司的专有技术，导致相互之间不能兼容，同时也无一例外地过多强调了工业控制网络的特殊性，从而忽视了其作为一种通信技术的一般性和共性。因此，尽管迫于市场的压力，这些现场总线协议公开了，但其本质上还是"专有的"。其"开放性"仅是局部的，只是部分技术（主要是协议规范）的公开，对于广大仪表和系统开发商来说，开发和实现技术还是"专有的"。

与此相反，以以太网为代表的信息网络通信技术却以其协议简单、完全开放、稳定性和可靠性好而获得了全球的技术支持。在工业控制网络中采用以太网，就可以避免其发展游离于计算机网络技术的发展主流之外，从而使工业控制网络与信息网络技术互相促进，共同发展，并保证技术上的可持续发展，在技术升级方面无需单独的研究投入。

以太网产生于 20 世纪 70 年代。1972 年，罗伯特·梅特卡夫（Robert Metcalfe）和施乐公司帕洛阿尔托研究中心（Xerox PARC）的同事们研制出了世界上第一套实验型的以太网系统，用来实现 Xerox Alto（一种具有图形用户界面的个人工作站）之间的互联，这种实验型的以太网用于 Alto 工作站、服务器以及激光打印机之间的互联，其数据传输率达到了 2.94Mbps。

梅特卡夫发明的这套实验型的网络当时被称为 Alto Aloha 网。1973 年，梅特卡夫将其命名为以太网，并指出这一系统除了支持 Alto 工作站外，还可以支持任何类型的计算机，而且整个网络结构已经超越了 Aloha 系统。他选择"以太"（ether）这一名词作为描述这一网络的特征：物理介质（比如电缆）将比特流传输到各个站点，就像古老的"以太理论"所阐述的那样。

最初的以太网是一种实验型的同轴电缆网，冲突检测采用 CSMA/CD（带冲突检测的载波侦听多路访问）。CSMA/CD 的基本思想是：当一个节点要发送数据时，首先监听信道；如果信道空闲就发送数据，并继续监听；如果在数据发送过程中监听到了冲突，则立刻停止数据发送，等待一段随机的时间后，重新开始尝试发送数据。

该网络的成功，引起了大家的关注。1980 年，三家公司（数字设备公司、Intel 公司、施乐公司）联合研发了 10M 以太网 1.0 规范。最初的 IEEE802.3 即基于该规范，并且与该规范非常相似。802.3 工作组于 1983 年通过了草案，并于 1985 年出版了官方标准 ANSI/IEEE Std 802.3-1985。从此以后，随着技术的发展，该标准进行了大量的补充与更新，当今已成为局域网采用的最通用的通信协议标准。

一般来讲，工业以太网与商用以太网（即 IEEE802.3 标准）兼容。但在产品设计时，考虑到工业现场的复杂性，在材质的选用、产品的强度和适用性方面的要求要大大超过商用以太网。工业以太网设备和商用以太网设备之间的区别见表 5-1。

工业以太网设备和商用以太网设备之间的区别 表 5-1

名　称	工业以太网设备	商用以太网设备
元器件	工业级	商用级
接插件	耐腐蚀、防尘、防水，如加固 RJ45、DB-9、航空接头等	一般 RJ45
工作电压	24V DC	220V AC
电源冗余	双电源	一般没有
安装方式	可采用 DIN 导轨或其他方式　固定安装	桌面、机架等
工作温度	$-40\sim+85℃$，至少应为 $-20\sim+70℃$	$5\sim40℃$
电磁兼容性标准	EN50081-2（工业级 EMC） EN50082-2（工业级 EMC）	EN50081-2（商用级 EMC） EN50082-2（商用级 EMC）
MTBF 值	至少 10 年	$3\sim5$ 年

通过表 5-1 可以看出，直接采用现有的商用以太网设备用于工业控制现场是远远无法达到要求的。

考虑到现有商用以太网设备的局限性，为了解决在不间断的工业应用领域，在极端条件下网络也能稳定工作的问题，美国 Synergetic 微系统公司和德国 Hirchmann 公司专门开发和生产了标准 DIN 导轨，并由冗余电源供电，接插件采用类似 RS-485 的牢固的DB-9结构。美国 Woodhead Connectivity 公司还专门开发和生产了用于工业现场的加固型连接件（如加固的 RJ45 接头、具有加固的 RJ45 接头的工业以太网交换机、加固型光纤转换器/中继器等），可以用于工业以太网的变送器、执行机构等。

以太网在工业控制中得到了越来越广泛的应用，大型工业控制网络中最上层的网络几乎全部采用以太网。

但是，以太网由于采用 CSMA/CD 的介质访问控制机制而具有通信不确定性的特点，并一度成为它应用于工业控制网络中的底层网络的主要障碍。因此，仅仅通过提高以太网设备应用的可靠性和环境适应性仍然没有能够解决通信不确定性和实时性的问题。为此，以太网全面应用于工业控制网络，必须很好地解决通信不确定性和实时性问题。随着以太网技术的进一步发展，智能集线器的使用、100Mbps 快速以太网的诞生等，以太网的通信不确定性和实时性问题已经得到了基本解决。

（二）工业以太网的关键技术

传统商业以太网技术应用到工业现场有着许多的不足和缺陷，但是通过许多研究机构和工程技术人员的不懈努力和对关键技术的研究，使得传统以太网技术不断改进，以满足工业控制现场的要求。

这些关键技术包括通信确定性和实时性技术、系统稳定性技术、系统互操作性技术、网络安全技术、总线供电及本质安全与安全防爆技术等。对楼宇自动化来讲最重要的是通信确定性和实时性技术及系统互操作性技术。

1. 通信确定性和实时性技术

传统以太网在工业应用中传输延迟的问题，在对数据传送实时性要求很高的场合是不能容忍的，工业以太网通过以下几种方式来解决这个问题。

首先，在网络拓扑结构上采用了星形连接代替总线形连接。星形连接用网桥或是路由器等设备将网络分割成多个网段，在每个网段上以一个多口集线器为中心，将若干设备或节点连接起来。这样，挂接在同一网段上的所有设备形成一个冲突域，每个冲突域采用CSMA/CD 机制来管理网络冲突。这种分段方法可以使每个冲突域的网络负荷减轻，碰撞几率减少。

其次，使用以太网交换技术，使网络冲突域进一步细化。用智能交换设备代替共享式集线器，使交换设备各端口之间可以同时形成多个数据通道，可以避免广播风暴、大大降低网络的信息流量。这样，端口之间信息报文的输入/输出已不再受到 CSMA/CD 介质访问控制机制的约束。总之，在用以太网智能交换设备组成的系统中，每个端口就是一个冲突域，每个冲突域可通过智能交换设备实现隔离。

再次，用全双工通信方式，可以使设备端口间两对双绞线（或两根光纤）上同时接收和发送报文，从而也不再受到 CSMA/CD 的约束。这样，任一通信节点在发送信息报文时不会再发生碰撞，冲突域也就不复存在了。

总之，采用星形网络结构和以太网交换技术后，可以大大减少或是完全避免碰撞，从而使以太网的通信确定性和实时性大大增强。

2. 系统互操作性技术

互操作性是指连接到同一网络上不同厂家的设备之间通过统一的应用层协议进行通信和互用，性能类似的设备可以实现互换。互操作性是决定某一通信技术能否被广大自动化设备制造商和用户所接受并进行大面积推广应用的关键。OPC 基金会的 OPC 接口标准目前已得到众多生产厂商的一致支持，应用这一技术将极大地提高工业以太网的互操作性。

OPC（OLE for Process Control）是建立在微软 OLE（Object Linking and Embedding，对象连接与嵌入，即现在的 ActiveX）、COM 与 DCOM 技术的基础上，用于过程控制和制造业自动化中应用软件开发的一组包括接口、方法和属性的标准。OLE/COM 提供了一种软件架构，其基础是可复用的二进制的软件组件。它们之间可以相互通信并共享数据，一个完整的应用软件可以用这些组件适当地组合而成。在此基础上，OPC 为工业自动化系统中的各种不同现场器件之间信息交换提供了一种标准的机制。OPC 采用客户机/服务器结构，作为中心数据源的 OPC 服务器负责向各种客户应用，如 HMI（Human Machine Interface 人机接口）、SCADA（Supervisory Control And Data Acquisition 数据采集与监视控制系统）等提供生产过程现场的数据。这些数据来自 PLC、现场仪表、AC/DC 驱动器电源、监控设备以及其他工业自动化设备。采用 OPC 技术可以使人们在硬件供应商和软件供应商之间明确地分工。软件开发商可以集中精力提供软件的性能和增加新的功能，而不必耗费资源去开发大量支持各种硬件的驱动程序；硬件制造商则有积极性去开发自己产品的 OPC 服务器；用户则可获得结构模块化的、可复用的产品（即专业厂商提供的、由各种特定领域专家用 C 或 C＋＋编写的软件组件），用户只需要利用 VB、VC、Delphi 或其他语言将这些组件装配起来，就能得到满足自己需要的应用软件，而不必关心从某个具体的硬件获取数据的技术细节。

（三）选择正确的工业以太网

今天的工业控制系统和楼宇自动化系统中，以太网的应用已经和 PLC 一样普及。但是现场工程师对以太网的了解，大多来自他们对传统商业以太网的认识。很多控制系统工程实施时是直接让 IT 部门的技术人员来进行的。但是，IT 工程师对于以太网的了解，往往局限于办公自动化、商业以太网的实施经验，可能导致工业以太网在工业控制系统中实施的简单化和商业化，不能真正理解工业以太网在工业现场的意义，也无法真正利用工业以太网内在的特殊功能，常常造成工业以太网现场实施的不彻底，给整个控制系统留下不稳定因素。

那么选择正确的工业以太网要考虑哪些因素呢？简单来说，要从以太网通信协议、电源、通信速率、工业环境认证、安装方式、外壳对散热的影响、简单通信功能和通信管理功能等来考虑。这些是需要了解的最基本的产品选择因素。如果对工业以太网的网络管理有更高的要求，则需要考虑所选择产品的高级功能，如：信号强弱、端口设置、出错报警、串口使用、主干冗余、环网冗余、服务质量、虚拟局域网、简单网络管理协议、端口镜像等其他工业以太网管理交换机中可以提供的功能。

不同的控制系统对网络的管理功能要求不同，自然对管理型交换机的使用也有不同的要求。控制工程师应该根据其系统的设计要求，选择适合自己系统的工业以太网产品。同时，由于工业环境对工业控制网络可靠性能的超高要求，工业以太网的冗余功能应运而生，从快速生成树冗余、环网冗余到主干冗余，都有各自不同的优势和特点，可以根据自已的要求进行选择。

（四）工业以太网应用展望

现阶段对现场总线技术以及工业以太网技术的争论很多，焦点在于哪种更具优势，在未来的自动控制领域谁能取代谁。从本质上看，现场总线技术来源于网络技术，而工业以太网技术则是进入总线概念的以太网。但是从应用前景上来看，工业以太网更具优势，因为：

（1）以太网是当今最流行的、应用最广泛的通信网络，具有价格低、多种传输介质可选、速度高、易于组网应用等优点，其运行经验最为丰富，拥有大量的安装维护人员，且它与因特网的连接更为方便。

（2）它可以克服现场总线不能与计算机网络技术同步发展的弊端。以太网作为现场总线，特别是高速现场总线框架的主体，可以避免现场总线技术游离于计算机网络技术的发展之外，使现场总线与计算机网络技术能很好地融合，从而形成相互促进的局面。

目前，在楼宇自动化等原先以现场总线为主的领域已有以太网产品的出现，它在局域网和因特网上的成功及其自身技术的不断发展，使这种高速价廉且广泛应用的网络必将为包括楼宇自动化在内工业自动化领域带来新的天地。

三、BACnet 和 Modbus 通信协议简介

（一）BACnet 协议

在楼宇自控领域，两个标准占有极重要的地位并为业界广为接受：一个是于 1995 年 6 月由美国采暖、制冷和空调工程师协会（ASHRAE American Society of Heating Refrigerating and Air-Condition Engineers）制定的 BACnet（A Data Communication Protocol For Building Automation and Control Network）协议，标准编号为 ANSI/ASHRAE Standard 135-1995，并于当年被批准为美国国家标准和得到欧盟标准委员会的承认，成为欧盟标准草案。另一个标准及协议是由美国 Echelon 公司制定和推出的 Lontalk 协议，也已被采纳为美国国家标准。这两个标准在楼宇自控的应用系统中各具特点。BACnet 协议是专门为楼宇自动化和控制网络而设计的通信协议。

一般楼宇自控设备从功能上讲分为两部分：一部分专门处理设备的控制功能，另一部分专门处理设备的数据通信功能。而 BACnet 就是要建立一种统一的数据通信标准，使得设备可以实现互通信并在互通信的基础上实现互操作。BACnet 协议只是规定了设备之间通信的规则，并不涉及实现细节。

对于 BACnet 协议，所有的网络设备，除基于 MS/TP 协议的以外，都是完全对等的，每个设备实体都是一个标准"对象"或几个标准对象的集合，每个对象用其"属性"描述，并提供了在网络中识别和访问设备的方法，设备相互通信是通过读/写某些设备对象的属性，以及利用协议提供的"服务"完成。

BACnet 协议是应用于分布控制面向对象开放型的网络通信协议。楼宇自控系统的开放性是业界进行开发、设计、工程施工到验收，从发标、中标到评估都应体现并贯彻其中的一项内容。BACnet 协议提供了一个开放性的体系。在该体系内，任何计算机化的设备，都可以彼此进行数据通信。除了计算机可直接地应用于 BACnet 网络中以外，通用的直接数字控制器和专用的或个别设备的控制器，也可以应用于 BACnet 网络中。

BACnet 协议是一种开放的非专有协议。BACnet 标准以其先进的技术，较严密的体系和良好的开放性得到了迅速地推广和应用。在开放的 BACnet 平台或环境中，不同厂商的设备可以方便地进入其中。BACnet 应用系统的重要特点：

1. 专门用于楼宇自控网络。BACnet 标准定义了许多楼宇自控系统所特有的特性和功能。

2. 完全的开放性。BACnet 标准的开放性不仅体现在对外部系统的开放接入，而且具有良好的可扩充性，不断注入新技术，使楼宇自控系统的发展不受限制。

3. 互联特性和扩充性好。BACnet 标准可向其他通信网络扩展，如 BACnet/IP 标准可实现与 Internet 的无缝互联。

4. 应用灵活。BACnet 集成系统可以由几个设备节点构成一个小区域的自控系统，也可以由成百上千个设备节点组成较大的自控系统。

5. 应用领域不断扩大。在开放环境下，由于具有良好的互联性和互操作性。BACnet 标准最初是为采暖、通风、空调和制冷控制设备设计的，但该标准同时提供了集成其他楼宇设备的强大功能，如照明、安全和消防等子系统及设备。正是由于 BACnet 标准的开放性的架构体系，使楼宇自动化系统和整个建筑智能化系统的系统集成工作变得更易于实现了。

6. 所有的网络设备都是对等的，但允许某些设备具有更大的权限和责任。

7. 网络中的每一个设备均被模型化为一个"对象"，每个对象可用一组属性来加以描述和标识。

8. 通信是通过读写特定对象的属性和相互接收执行其他协议的服务实现的，标准定义了一组服务，并提供了在必要时创建附加服务的实现机制。

9. 由于 BACnet 标准采用了 ISO 的分层通信结构，所以可以在不同的网络支持中进行访问和通过不同的物理介质去交换数据。即 BACnet 网络可以用多种不同的方案灵活地实现，以满足不同的网络环境，不同的速度和吞吐率的要求。

（二）Modbus 协议

Modbus 协议最初由 Modicon 公司开发出来，在 1979 年末，该公司成为施耐德自动化（Schneider Automation）部门的一部分，现在 Modbus 已经是全球工业领域最流行的协议。此协议支持传统的 RS-232、RS-422、RS-485 和以太网设备。许多工业设备，包括 PLC，DCS、智能仪表等都在使用 Modbus 协议作为它们之间的通信标准。有了它，不同厂商生产的控制设备可以连成工业网络，进行集中监控。

当在网络上通信时，Modbus 协议决定了每个控制器需要知道它们的设备地址，识别按地址发来的消息，决定要产生何种行动。如果需要回应，控制器将生成应答并使用 Modbus 协议发送给询问方。

Modbus 协议包括 ASCⅡ、RTU、TCP 等，并没有规定物理层。此协议定义了控制器能够认识和使用的消息结构，而不管它们是经过何种网络进行通信的。标准的 Modicon 控制器使用 RS232C 实现串行的 Modbus。Modbus 的 ASCⅡ、RTU 协议规定了消息、数据的结构、命令和应答的方式，数据通信采用 Master/Slave 方式，Master 端发出数据请求消息，Slave 端接收到正确消息后就可以发送数据到 Master 端以响应请求；Master 端也可以直接发消息修改 Slave 端的数据，实现双向读写。

Modbus 协议需要对数据进行校验，串行协议中除有奇偶校验外，ASCⅡ模式采用 LRC 校验，RTU 模式采用 16 位 CRC 校验，但 TCP 模式没有额外规定校验，因为 TCP 协议是一个面向链接的可靠协议。另外，Modbus 采用主从方式定时收发数据，在实际使用中如果某 Slave 站点断开（如故障或关机），Master 端可以诊断出来，而当故障修复后，网络又可自动接通。因此，Modbus 协议的可靠性较好。

第六章　暖通空调常用设备控制方法

第一节　水泵的控制

水泵是暖通空调系统中的常用设备，如空调系统中用的冷冻水泵、冷却水泵，供热系统的热水循环泵、管道稳压泵等等。水泵不仅为暖通空调系统提供可靠的流体输送动力，而且也是自动控制系统主要的控制对象和控制部件。对水泵控制是否有效、可靠和灵活是自动控制系统成败的重要一环。

一、水泵的工作特性

在暖通空调自动控制系统中，为了满足负荷变化和节能的需要，往往采用变流量的调节方法，水泵在变流量的情况下的工作特性与定流量下有很大的不同，要想很好地控制水泵达到变流量的要求，应很好地了解水泵的特性曲线、管路的特性曲线以及联合工作特性曲线。

（一）单台水泵的工作特性

1. 水泵的性能曲线

从"流体力学泵与风机"课程我们已经知道，水泵的流量—扬程曲线一般有平坦型、陡降型、驼峰型三种，如图 6-1 所示。常用单级单吸离心泵的性能曲线如图 6-2 所示。

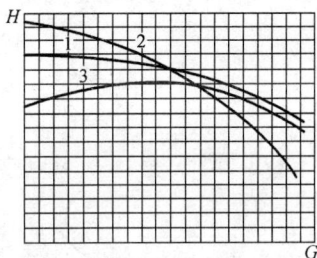

图 6-1　三种不同的 G-H 曲线

1—平坦型；2—陡降型；3—驼峰型

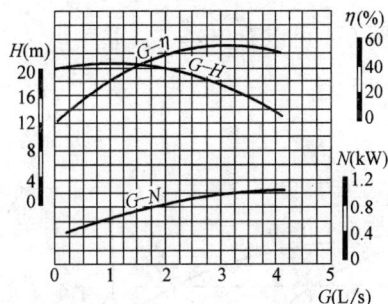

图 6-2　单级单吸离心泵的性能曲线

水泵的流量、扬程、轴功率和转速的关系为：

$$\frac{G}{G_1}=\frac{n}{n_1},\ \frac{H}{H_1}=\left(\frac{n}{n_1}\right)^2,\ \frac{N}{N_1}=\left(\frac{n}{n_1}\right)^3 \tag{6-1}$$

式中　G、H、N——叶轮转速为 n 时的流量、扬程和功率；

G_1、H_1、N_1——叶轮转速为 n_1 时的流量、扬程和功率。

2. 管路的特性曲线

水泵工作时总是与一定的管路连在一起的，水泵的工作状态与管路的特性直接相关。

根据流体力学知识，管路的流量特性，对于开式系统有：

$$H' = H_1 + h_w \tag{6-2}$$

对于闭式系统，有：

$$H' = h_w$$

$$h_w = KG^2$$

式中　H'——对应于某一流量下需提供的扬程；

　　　　H_1——静压头；

　　　　h_w——整个管路摩擦阻力损失和局部阻力损失之和；

　　　　K——反映管网阻力特性的系数。

3. 联合工作特性

将水泵的性能曲线 $G-H$ 和管路特性曲线 R 按同一比例画在同一张图上，两条曲线的交点 A 即为水泵在管路系统中的运行的工作点，如图 6-3 所示。

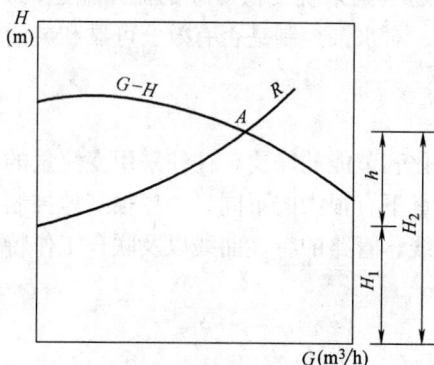

图 6-3　管路特性曲线

（二）多台水泵并联工作时的工作特性

假设型号相同的水泵并联，两台泵并联时的工作特性如图 6-4 所示，5 台泵并联时的工作特性如图 6-5 所示。

图 6-4 中　点 1——两台泵工作时的工作点；

　　　　　　点 2——并联工作时每台泵的工作点；

　　　　　　点 3——一台水泵单独工作时的工作点。

由图 6-4 可以看出：

$$G_{1+2} = 2G_1' \leqslant 2G_1$$

$$G_1' \leqslant G_1$$

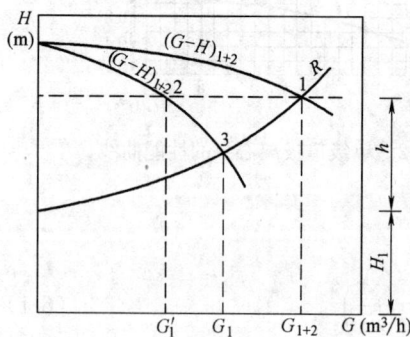

图 6-4　两台泵并联时的工作特性

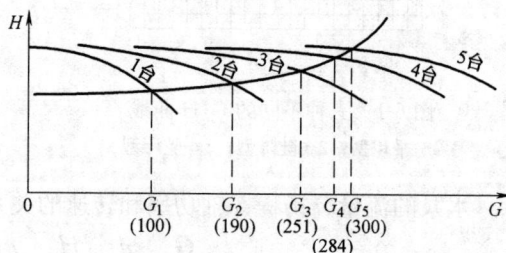

图 6-5　5 台泵并联时的工作特性

这说明，一台泵单独工作时的流量大于并联工作时每台泵的流量。两台泵并联工作时，其流量不能比单台泵工作时成倍增加，这在多台泵并联时更明显（见图 6-4）。

140

二、水泵的启停控制

水泵的启动方式分为全压启动（也称为直接启动）、降压启动、变频启动等。

全压启动设备简单、操作方便、易于维修、启动转矩大、启动时间短、设备故障率低、投资省。缺点是启动电流大，会引起配电系统的电压下降。如果供电变压器不够大，电压就会显著下降，可能影响接在同一条供电回路或同一台变压器上的其他电动机和电气设备的正常工作。

为了利用全压启动的优点，现代设计的鼠笼式异步电动机，都按全压启动时的冲击力矩和发热来考虑其机械强度与热稳定性。因此，从电动机本身来说，鼠笼式异步电动机都允许全压启动。

对水泵而言，只有当全压启动引起配电系统的电压波动不符合规范要求时，才采用降压启动，否则可一律采用全压启动。随着供电变压器容量的不断增大，电动机启动电流占变压器额定电流的比例越来越小，采用全压启动的水泵也越来越多。

如水泵由城市低压电网供电，很可能一个回路带许多负荷，也许水泵与对电压波动有严格要求的负荷共用同一个回路或共用一台变压器供电，这时电机允许全压启动的容量应与当地供电部门的规定相协调。当地供电部门对允许鼠笼型电动机全压启动容量无明确规定时，可按下述条件确定：

(1) 由公用低压电网供电时，容量小于或等于11kW者，可全压启动。

(2) 由居住小区变电所低压配电装置供电时，容量在小于或等于15kW者，可全压启动。

当供电变压器容量不够大，不能采用全压启动时，根据启动电流与电机端电压成正比的关系，采用降低电压的办法来减小启动电流，简称降压启动。但是，启动转矩与端电压的平方成正比，若启动电压降低一半，则启动转矩将只有原来的1/4。一般来说，如果电动机中的启动电流下降到原来的$1/K$倍时，启动转矩则下降到原来的$1/K^2$倍。这说明用降低启动电流的启动方法会使启动转矩显著下降。降压启动有串入电抗器启动、自耦变压器降压启动和星-三角转换启动几种方式。

串入电抗器降压启动是在电动机定子回路中串入电抗器来启动电动机，虽然启动电流有所减小，但启动力矩比用自耦变压器及星—三角转换低得更多，所以这种启动方式不好，很少采用。

用自耦变压器降压启动，是将自耦变压器的原边接入供电电源，副边（即原边绕组的一部分）接到电动机的定子绕组上。待电动机转速基本稳定时再切除自耦变压器，将电动机定子绕组直接接入供电电源。这种启动方法也降低了电动机的启动电压和启动电流。对电动机来说，仍符合电流与电压成正比，转矩与电压的平方成正比的规律。假如自耦变压器的变比为1：2，则电动机的启动电压与电动机的启动电流均降到原来的一半，转矩则降到原来的1/4。但是，需要特别强调的是：因为配电系统中的电流（即自耦变压器原边电流）与电动机中的电流（即自耦变压器副边电流）之比是1：2，所以将电动机中的电流折算到自耦变压器的原边，即配电系统中的电流，便降到全压启动时的1/4。一般来说，用自耦变压器降压启动，配电系统中的电流是电动机电流的K倍（K为自耦变压器的变比，小于1）。可见这种降压启动方法，使配电系统中的电流下降到原来的一半时，电动机的转矩并没下降到原来的1/4，而只下降到原来的一半，显然比采用电抗器启动好得多。

采用星-三角转换方式，是将电动机定子的三相绕组接成星形启动，待电机速度基本稳定时，再换接成三角形转入正常运行。对电机绕组来说，星形联接比三角形联接的端电压降到 $1/\sqrt{3}$。值得注意的是，电机绕组的星形联接，其绕组中的电流即配电系统中的电流。而三角形联接时，电机绕组中的电流为相电流，而配电系统中的电流是线电流，相电流是线电流的 $1/\sqrt{3}$。这样，对配电系统而言，电机星形联接启动时的电流仅为三角形联接启动时电流的 $\frac{1}{\sqrt{3}} \times \frac{1}{\sqrt{3}} = \frac{1}{3}$。所以星-三角转换的启动方式，其电机的端电压、启动转矩和配电系统中的电流三者的关系，均相当于变比为 $1 : \sqrt{3}$ 的自耦变压器降压启动。

采用星-三角转换降压启动方式时，允许启动的电动机容量是全压启动的 3 倍。

采用自耦变压器降压启动时，允许启动的电动机容量是全压启动的 $1/K^2$ 倍（K 是自耦变压器的变比），当接在自耦变压器 65％ 抽头处时为 2.37 倍，当接在 80％ 抽头处时为 1.56 倍。

三、水泵的控制电路

水泵的控制电路分为主电路和控制电路两部分，以一台排水泵两地（自动/手动）控制为例，其主电路和控制电路如图 6-6 所示。图中选用了工作状态选择开关 SAC，当水泵初次调试和检修时，将 SAC 置于手动位置，可用按钮启停试泵，此时自动回路不通电，保证了检修时的安全。当水泵正常工作时将 SAC 扳到自动（远动）位置，水泵将接收自动控制装置发出的控制命令（接入 9、7 两端），对水泵进行启停控制。

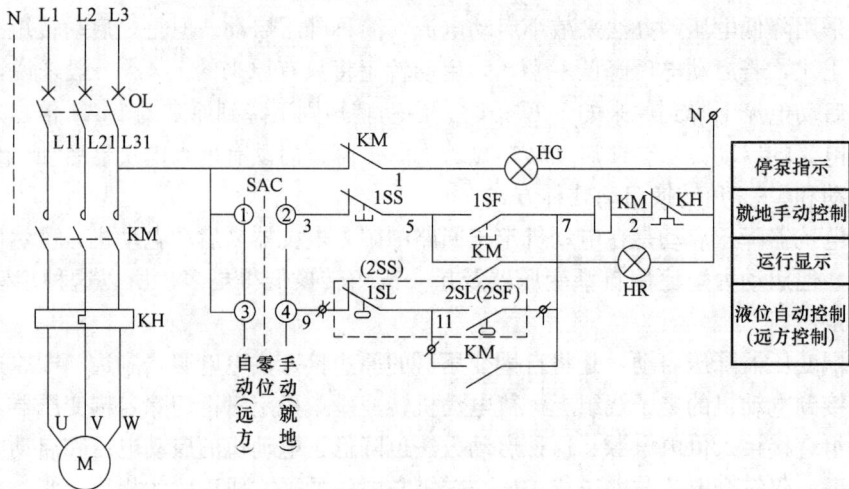

图 6-6　单台水泵控制电路图

如果自动控制采用液位器来控制，可以把液位器的常开触点 2SL 和常闭触点 1SL 接入控制回路，实现水位的自动控制。如果远方不是自动控制装置，而是远方手动控制台，即远方手动启停按钮，则可以将图 6-6 中的 2SL 换成 2SF，1SL 换成 2SS，实现远方手动控制。

水泵控制设备的主要设备材料见表 6-1。

符　号	名　称	型号及规格	单　位	数　量	备　注
QL	低压断路器	C45N-4	个	1	
KM	交流接触器	CJ20-	个	1	
KH	热继电器	JR20-	个	1	
1,2SS	停止按钮	LA38-11/209	个	2	
1,2SF	启动按钮		个	2	
HR	红色信号灯	AD11-25/41-1GZ	个	1	
HG	绿色信号灯		个	1	
SAC	选择开关	LW5-15D0081/1	个	1	
1,2SL	液位器		个	1	

四、水泵的变频调速控制

暖通空调和给水排水系统中，经常要求改变管网的流量和压力以适应负荷的变化。如大楼的供水管网，当用户的用水量大时，会使管网的压力降低，当用户的用水量减少时，会使管网的压力增高。为了维持用户端压力的恒定，就要求管网的水泵提供的扬程在用户用水量变化时基本保持不变，也就是要求水泵具有改变流量和扬程的调节能力。再如空调的冷冻水系统，当用户端的负荷减少，冷冻水需水量减少（通过调节阀关小造成）时，必会造成管网压力的提高，这时也要求管网水泵进行调节，减少流量和扬程，以适应用户端的变化。

在变频调速技术成功地应用在水泵控制之前，管网的流量控制一般采取更换水泵、改变电动机和水泵联接的皮带轮直径以及改变管网总管上阀门开度的方法实现。这几种方法中前两种方法操作起来非常不方便，只有在负荷变化缓慢的情况下适用，如空调冷冻水系统冬夏采用不同的水泵，采暖热水系统在采暖季开始和最冷月采用不同的皮带轮等等。对负荷在短时间内有较大变化的系统（如生活用水管网），则无能为力。第三种方法虽然可以较快地使管网的流量和压力适应用户的需要，然而这是以管网总管调节阀上多消耗能量作为代价的，如图 6-7 所示。

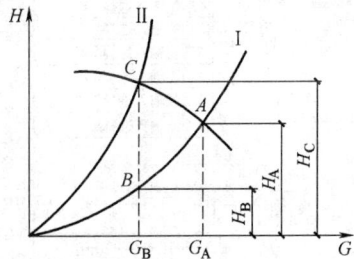

图 6-7　阀门调节方法

当用户的需水量由 G_A 变为 G_B 时，阀门关小的结果使得管网的阻力特性曲线由 I 变为 II，水泵与管网联合工作点从 A 变为 C。从图 6-7 上可以看出，在用户的需水量为 G_B 时，只要提供 H_B 的扬程就可以实现，但由于水泵电机转速的不可调节，只能靠关小主管阀门上的开度来调节流量，造成阀门节流损失的增加，水泵提供的扬程中的很大一部分就白白浪费掉了。

变频器是由电子器件和功率器件组成的智能型电机控制装置，它通过改变频率的方法来改变电机的转速，如果把变频器与水泵电机联接就可以通过改变水泵转速的方法改变水泵的特性曲线，在不改变管道特性曲线的情况下改变联合工作点，从而达到调节流量和压力的目的。前面我们知道，水泵的轴功率理论上与转速的三次方成正比，水泵转速的下降将大大减少轴功率的输入，从而达到既灵活可靠调节管网系统流量、压力的要求，又极大

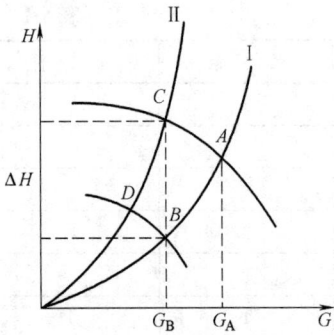

图 6-8 变频调节方法

地减少了水泵能耗，是一种很好的水泵控制方法。图 6-8 为变频调速改变水泵特性曲线后与管网联接时工作特性曲线，从图 6-8 上可以看到，水泵特性曲线从 $C\sim A$ 变为 $D\sim B$，联合工作点从 A 变为 B，与阀门调节方法的联合工作点 C 相比，水泵流量 G_B 相同的情况下，扬程大大减少，从而达到了节能的目的。图 6-9 为变频器与水泵联接的基本配线原理图。其中 VCI 为 $0\sim10V$ 直流控制信号输入端，CCI 为 $0\sim20mA$ 直流电流控制信号输入端。

以一台 90kW 连续运转的水泵为例，一年的用电量将近 80 万 kWh，如果该水泵平均转速降为额定转速的 2/3，因为水泵的功率与转速成 3 次方的关系，则平均功率可降为额定功率的 1/3 左右，每年节省耗电 50 多万度，按每度电费 0.5 元计算，每年大约可以节约电费 25 万元。

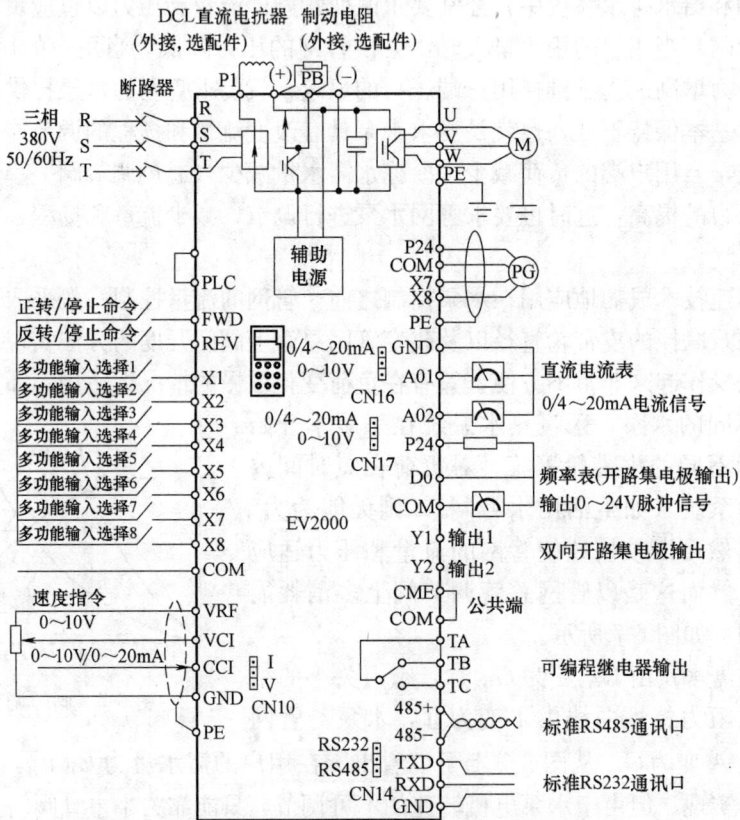

图 6-9 变频器与水泵联接的基本配线原理图

第二节 风机的控制

在暖通空调工程中，根据风机的作用原理可分为离心式、轴流式和贯流式三种。贯流式风机目前仅用于设备产品中，如风机盘管、风幕等。工程上大量使用的是离心式风机和轴流式风机。

离心式风机主要有叶轮、机壳、进风口、出风口及电机等组成，叶轮上有一定数量的叶片，叶片可以是向前弯的、后弯的或径向的。叶轮固定在轴上，由电机带动旋转。风机的外壳为一个对数螺旋线形蜗壳。当叶轮旋转时，叶片间的气体也随叶轮旋转而获得离心力，气体跟随叶片在离心力的作用下不断地流入与流出，外加功通过叶片传递给气体，气体的动能和势能增加，从而源源不断地输送气体。

轴流风机的空气是按轴向流过风机的，带扭曲的叶轮安装在圆形风筒内，另有一个钟罩形入口，用来避免进气的突然收缩。风机的电动机是装在适当形式的轮毂罩内。当叶轮由电机带动旋转后，气体在轴流风机中沿着轴向流动。轴流风机产生的风压没有离心风机高，但可以在低压下输送大量的空气。轴流风机产生的噪声通常比离心风机要高一些。

一、风机的工作特性

（一）风机性能的主要指标

风量 Q：通常指的是在工作状态下抽送的气体量，m^3/h。

风压 P：风机所产生的风压（全压），包括动压和静压两部分。

功率 N_y：风机的有效功率，按式（6-3）确定。

$$N_y = \frac{QP}{3600} \tag{6-3}$$

式中　N_y——风机的有效功率，W；

　　　Q——风机所输送的风量，m^3/h；

　　　P——风机所产生的风压，Pa。

（二）风机的特性曲线

即使在转速相同时风机所输送的风量也可能各不相同，风机的工作特性除了与本身的特性有关还与系统有关。系统中的阻力小时，要求的风机的风压就小，输送的气体量就大；反之，系统的阻力大时，要求的风压就大，输送的气体量就小。因此，用一种工况（风量和风压）来评定风机的性能是不够的。为了全面评定风机的性能，就必须了解在各种工况下风机的全压和风量，以及功率、转速，效率与风量的关系，这些关系就形成了风机的性能曲线。每种风机的性能曲线都是不同的，通常用试验测出在不同转速、不同风量下的静压和功率，然后计算全压、效率等，并作出有关曲线。图 6-10 所示为 4-72-11NO5 风机的特性曲线，图 6-11 所示为 4-72 风机的无因次特性曲线。

当风机的转速发生变化时，风机的流量、压力（全压或静压）、功率之间存在如下的关系：

$$\frac{Q}{Q_1} = \frac{n}{n_1}, \quad \frac{P}{P_1} = \left(\frac{n}{n_1}\right)^2, \quad \frac{N}{N_1} = \left(\frac{n}{n_1}\right)^3 \tag{6-4}$$

式中　Q、P、N——叶轮转速为 n 时的流量、扬程和功率；

　　　Q_1、P_1、N_1——叶轮转速为 n_1 时的流量、扬程和功率。

当系统中要求的风量很大，一台风机的风量又不够时，可以在系统中并联设置两台或多台风机。并联风机的总特性曲线是由各种压力下的风量叠加而得。然而，在实际管网系统中，两台风机并联工作时的总风量，不等于单台风机工作时风量的两倍风量增加的数

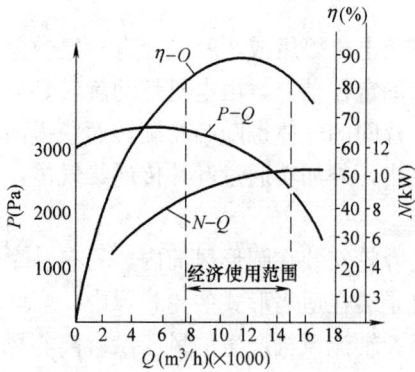

图 6-10 4-72-11NO5 风机的特性曲线

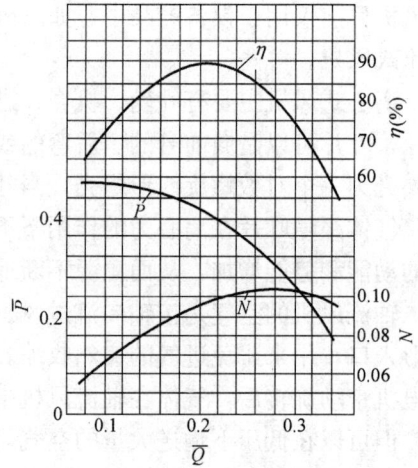

图 6-11 4-72 风机的无因次特性曲线

量，与管网的特性以及风机型号是否相同等因素有关。

两台型号相同的风机并联工作的特性如图 6-12，两台相同风机并联的总特性曲线为

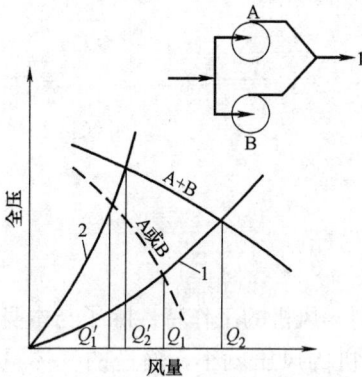

图 6-12 两台型号相同的风机并联

A+B。若系统的压力损失不大，则并联后的工作点位于管网特性曲线 1 与曲线 A+B 的交点处，由图可以看出，这时风机的风量由单台时的 Q_1，增加到 Q_2，增加量虽然不等于 $2Q_1$，但增加得还是较多。如果管网系统的压力损失很大，管网特性曲线为 2，则与 A+B 的交点所得到的风量为 Q_2'，比单台风机工作时的风量 Q_1' 增加并不多。

二、风机的调节方法

(一) 改变管网特性曲线的调节方法

改变管网特性曲线的调节方法是在风机转数不变的情况下，通过改变系统中的阀门等节流装置的开度大小，来增减管网压力损失而使流量发生改变，由于风机性能曲线并未改变，仅改变系统工况点的位置，所以起不到节能作用。

如图 6-13 所示，P、N 和 η 分别为系统中风机的工作压力、功率和效率。当关小管道上的阀门时，压力由 P_1 增到 P_2，而 Q_1 减到 Q_2。这时 P_2 中的一部分作为克服阀门阻力而损失了。因此，虽然风机的功率由 N_1 降到 N_2，但其效率也由 η_1 降到 η_2。

(二) 改变风机特性曲线的方法

改变风机特性曲线，可以通过改变风机的转数、风机进口导流阀的叶片角度以及风机叶片宽度和角度等途径来实现。

采用这些调节方法时，管网的特性曲线并不改变，仅改变工况点位置。

1. 改变转数的调节方法

改变转数后风机的效率保持不变，而功率则由于流量与压力的降低而下降，如图 6-14 所示。风机以转数 n_1 在管网特性曲线 $p=SQ^2$ 的管网中工作时，其流量为 Q_1，压力为 P_1，功率为 N_1，效率为 η_1，即工况点 1；当风机转数减至 n_2 时，流量为 Q_2，压力为

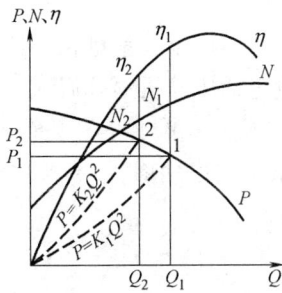

图 6-13 改变管网特性曲线图

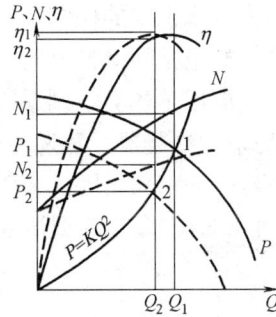

图 6-14 改变通风机转数特性曲线图

P_2，功率为 N_2，效率为 η_2，即工况点 2。风机转数由 n_1 变为 n_2 后，风机的效率基本不变，即 $\eta_1 \approx \eta_2$。

用交流变频器控制风机就是这种控制方法，当风机的转数下降以后，功率成 3 次方的规律下降，因此是一种最节能的调节方法。采用这种方法时，如果加大转速就需要验算风机是否超过最高允许转数和电动机是否过载。

2. 改变风机进口导流叶片角度的调节方法

风机采用的导流器有轴向和径向两种，调节时使气流进入叶轮前的旋转速度发生改变，从而改变风机的流量、压力、功率和效率。

由于导流器的结构简单，使用可靠，其调节效率虽比改变转数差，但比改变管网特性曲线好，这是风机常用的调节方法。

图 6-15 所示为采用导流器调节方法的特性曲线图，风机导流片角度为 0°、30°、60°时，在管网特性曲线上的工作点分别为 1、2、3。

调节导流片角度而减少风量时，风机的功率沿着 $1'-2'-3'$ 下降，当在管网中用节流装置来减少风量时，风机的功率沿着导流器叶片角度 $\alpha = 0°$ 时的功率曲线由 $1'$ 向左而下降，所以用导流器调节比用节流装置调节所消耗的功率小，是一种比较经济的调节方法。

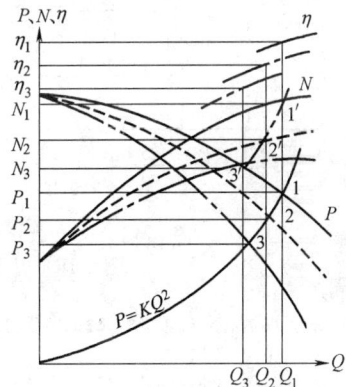

图 6-15 导流器调节曲线

风机的启停控制方法和变频调速控制方法与水泵的控制方法基本一样，其具体电路参见第一节相关内容。

第三节 冷水机组的控制

冷水机组是空调系统的重要组成部分，它担负着给空调系统提供冷量的任务，冷水机组工作状态的好坏直接关系到空调系统运行的状况。冷水机组控制系统的任务有 4 部分，1) 压缩机的启停控制；2) 冷水机组各组成部件的温度、压力控制；3) 冷水机组输出能量的控制；4) 冷水机组的安全控制。常用的冷水机组有活塞式冷水机组、螺杆式冷水机组、离式冷水机组和吸收式冷水机组。有的冷水机组具有同时制冷和制热的功能，被称为冷热水机组，下面对几类冷水机组的控制方法分别进行介绍

一、活塞式冷水机组的控制

活塞式冷水机组是问世最早的一种冷水机组，它具有体积小、重量轻、适应性强的特点，现在仍广泛应用了各类空调系统。活塞式冷水机组包括压缩机（开启式、半封闭式和全封闭式活塞式）、冷凝器、蒸发器、热力膨胀阀以及与机组相配套的开关箱及控制柜等。冷凝器和蒸发器一般都采用卧式壳管结构，机组结构紧凑，占地面积小，现场安装方便，图 6-16 为开利 30HR195/225 型活塞式冷水机组外形图。

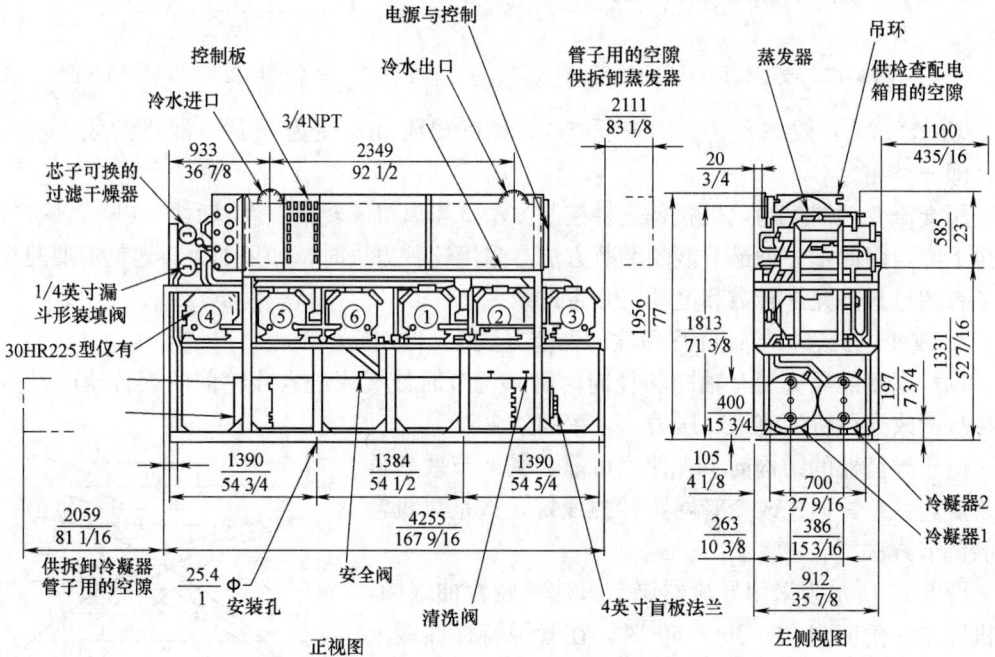

图 6-16　开利 30HR195/225 型活塞式冷水机组外形图

（一）活塞式冷水机组的启停控制

1. 启动

启动前应全面检查制冷系统、润滑油系统、水系统和由冷水机组提供冷源的空调末端设备，确定水源开关已装好，水源开关导线已接到控制柜，同时应确认空调系统有足够的负荷；检查冷冻水泵的辅助接点是否接到压缩机的主控回路之中，检查水系统的阀门是否已全部打开；检查压缩机油位，确认曲轴箱电加热器已通电 24h 以上，且曲轴箱中润滑油温度已上升到规定值。确认上述各式检查合乎要求后，把机组总开关扳到"ON"位置，注意观察机组各部件是否运行正常，若各部件均转良好，则可转入正常运转。

2. 停止

若机组要在周末或短时间内停机，可直接按"OFF"按钮，使压缩机停机。压缩机曲轴箱中电加热器仍可继续工作，避免制冷剂冷凝在润滑油中。

若较长的时间停机，首先将低压制冷系统降压，系统降压的目的是将大部分制冷剂输送至冷凝器内，这样可以降低系统低压侧的压力。具体做法是切断供液电磁主阀电源，将低压表下降至 0.32MPa（表压），再把机组的总开关扳到"OFF"位置（或者由于低压控制器作用而停机）。过 15min 后关闭通往冷凝器和蒸发器的水泵和给水阀。如果机组停机期间将会遇到结冰温度，应将冷凝器和蒸发器传热管及管路内的水全部放空（可以通过打开水盖和蒸发器壳体下部的排水阀来排水）。切断冷水机组的总电源开关，确保其在机组停机期间不会闭合。把每台压缩机的吸、排气截止阀关闭。

（二）活塞式冷水机组的输出能量控制

活塞式冷水机组的输出能量控制是通过压缩机的开机、停机和压缩机汽缸的上载、卸载来实现的。机组制冷量控制装置由冷冻水温度控制器分级控制器和一些由电磁阀操作的气缸卸载机构所组成，当冷冻水温度控制器指令机组增加或减少制冷量时，就会激励分级控制器向控制器电机供电，带动控制器凸轮轴旋转，凸轮轴操作负载开关使压缩机上载或下载，从而实现制冷量的增加或减少。开利 30HR225 机组的制冷量控制方案如表 6-2 所示。

开利 30HR225 机组的制冷量控制方案　　　　　　表 6-2

机组	控制级数	总冷量(%)	顺序开关为"1"		顺序开关为"2"	
			回路 1	回路 2	回路 1	回路 2
			工作压缩机编号		工作压缩机编号	
225	6	16.7	1		3	
		33.3	1	4	3	6
		50	1	4、5	3	6、5
		66.7	1、2	4、5	3、2	6、5
		88.3	1、2	4、5、6	3、2	6、5、4
		100	1、2、3	4、5、6	3、2、1	6、5、4

（三）活塞式压缩机的安全保护控制

活塞式冷水机组的安装保护装置有以下几部分：

(1) 制冷剂高压保护控制；

(2) 制冷剂低压保护控制；

(3) 润滑油压差保护控制；

(4) 压缩机电源过载保护控制；

(5) 压缩机过热保护控制；

(6) 机组水回路断流保护控制；

(7) 冷冻水出口温度过低保护控制。

二、螺杆式冷水机组的控制

螺杆式冷水机组是由螺杆式制冷压缩机、冷凝器、蒸发器、热力膨胀阀以及控制元件等组成。具有结构简单、占地面积小、能量调节范围大和排气温度低的特点。图 6-17 为开利 23XL150 螺杆式冷水机组外形图。

图 6-18 为开利 23XL150 螺杆式冷水机组压缩机内部结构图。

（一）螺杆式冷水机组的启停控制

1. 启动

螺杆式冷水机组启动前的检查工作与活塞式冷水机组相似，另外要注意检查喷油阀的开启程度，喷油阀门应开启 1/5 圈，不可全开。机组运行准备好后，开启冷却水泵及冷冻

前视图

图 6-17　开利 23XL150 螺杆式冷水机组外形图
1—配电柜；2—控制柜；3—机组铭牌；4—蒸发器截止阀；5—经济器铭牌；6—维修阀；7—槽式接口；
8—蒸发器温度传感器；9—冷凝器铭牌；10—水室排污口；11—蒸发器水室；
12—冷凝器水室；13—压缩机铭牌

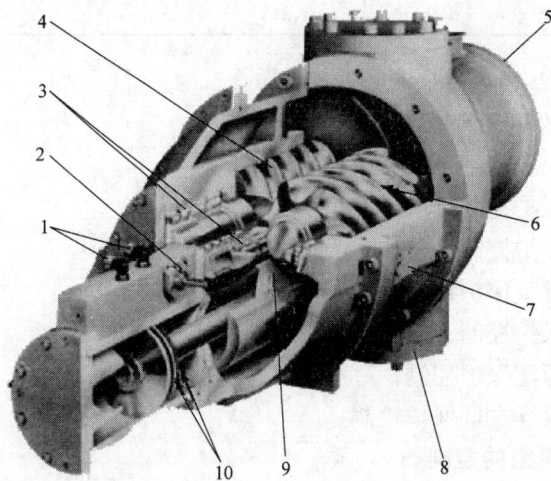

图 6-18　开利 23XL150 螺杆式冷水机组压缩机内部结构图
1—控制油路；2—能量控制电磁阀；3—排气端轴承组件；4—阳转子；5—半封闭电机；6—阴转子；
7—喷油口；8—吸气进口法兰；9—能量调节滑阀；10—油活塞密封

水泵，使冷却水及冷冻水在系统内循环并观察水泵的工作情况，水压、水量是否符合要求。确认上述无误时，启动油泵→油压上升→滑阀处于 0 位→开启供液阀→启动压缩机→正常运转后增载至 100%→调整热力膨胀阀开度至工作压力，观察机组各部件运行情况并做好记录。

2. 停止

（1）在手动状态下停机：转动能量调节阀，使滑阀回到 0 位，按压缩机停机按钮，此时油泵尚在工作，待压缩机停稳后，关闭供液阀，停止油泵和冷却水泵，再过 15min 后停冷冻水泵。

（2）在自动状态下停机：按下停止按钮，机组按控制程序停机，随后关闭供液阀和冷却水泵，15min 以后停冷冻水泵。

（3）故障停机：机组设有自动保护元件，当高压过高，低压过低，油压偏低，油温过高，冷冻水温度过低以及精滤油器堵塞时，均能使机组自动停止运转，同时发出声光报警信号，发光显示器指示故障部位。故障停机后，应先按下"解除"按钮，停止报警，然后排除故障后，再按"复位"按钮，再按照启动步骤启动机组。

（4）长期停机：机组停机长期不再使用时，应在停机前关闭供液阀门，观察低压表使压力降至 0.1MPa 时，按上述正常停机方法停机。停机后应关闭所有阀门和拧紧封帽；可将氟利昂抽入钢瓶内，润滑油抽出置于贮油容器内，并检查油质，关闭冷却水、冷冻水阀门，卸下蒸发器、冷凝器水室盖上的放水螺塞，将水放净，防止冬天冻裂水管。机组的维修保养工作可在长期停机时间内进行。

（二）螺杆式冷水机组的输出能量控制

螺杆式冷水机组的制冷量调节是通过滑阀控制装置来实现的。滑阀能量调节装置是由装在压缩机内的滑阀、油缸活塞、能量指示器及油管路、手动四通阀或电磁换向阀组成，电磁换向阀可用于自动调节；滑阀位置受油活塞位置控制；手动四通阀有增载、减载和定位 3 个手柄位置。图 6-19 是滑阀能量调节装置的控制原理图。其控制原理如下：

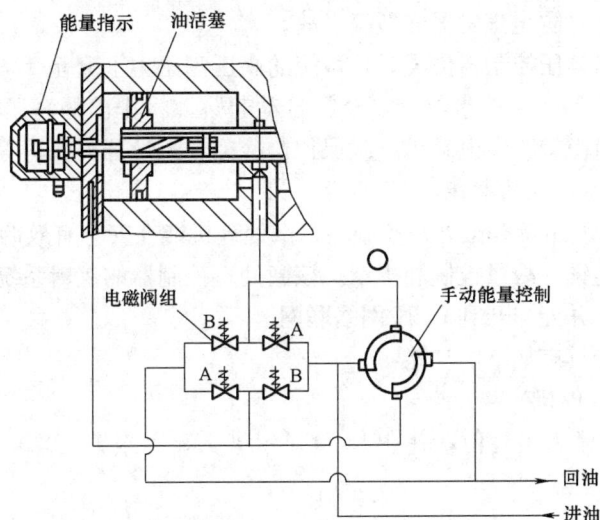

图 6-19　滑阀能量调节装置的控制原理图

图 6-19 所示位置为增载，此时电磁阀 A 开启，B 关闭（或四通阀为增载位置）。从油泵来的高压油通过电磁阀 A（或四通阀）进入油缸右边，油活塞则带动滑阀向左移动，靠近固定端，此时压缩机为全负荷运行。油缸左边的油，则通过电磁阀 A（或四通阀）流回压缩机的吸入腔。

反之，若电磁阀 B 开启，A 关闭（或四通阀为减载位置），则油路正好相反，滑阀向右移动，工作腔的部分气体则从滑阀与固定端之间的位置回流到吸入端，机器即在部分负荷下运转。滑阀继续向右移动，直到右止点。此时机组能量为最小，约为全负荷的15%。所以，由滑阀控制制冷量可在15%～100%间无级调节，其滑阀所在位置可通过制冷量指示器上的指针，或仪表箱上的制冷量指示仪表指示出来。当制冷量逐步减少时，功率消耗也相应减少，实现压缩机经济运行。

（三）螺杆式冷水机组的安全保护控制

为了使螺杆式冷水机组安全可靠地运行，机组仪表箱上部装有压力表、排气温度表、手动能量调节四通阀，下部装有：

（1）高压控制器，调定值为1.6MPa。

（2）低压控制器，调定值为3.2MPa。

（3）油温控制器。油温的高低直接影响润滑油的黏度，从而影响润滑油分离的效果。因此，采用温度控制器控制油温，当油温高于70℃时，油温控制器可使压缩机停止运行。

（4）油压差控制器。当油压高于排气压力0.2MPa时，压缩机才能运行，而低于1.5MPa时，压缩机停止运行。油压差控制器本身具有45～60s延时机构，以保证压缩机正常启动。

（5）精滤油器压差控制器。精滤油器进出口压差的大小是精滤油器堵塞程度的一种反映，压差越大，说明精滤油器的堵塞越严重，当压差达到0.1MPa时，精滤油器的堵塞程度将对系统的供油量产生危害，这时就应停机，将精滤油器清洗干净后，再投入使用。

（6）冷冻水出水温度控制器。用温度控制器来控制冷冻水的出口温度高于2℃，避免机组在低负荷下运行并防止蒸发器冻裂等事故。

（7）安全阀。当高压控制器失灵时，系统的高压侧压力上升至1.8MPa，为防止高压压力的继续上升而导致破坏性事故，安全阀自动起跳，将排出的高压制冷剂导入低压部分。此外，冷水机组尚带有主电动机过载保护、冷冻水流量开关保护等。

（四）螺杆式冷水机组的智能控制

开利23XL螺杆机组带有微处理控制器，微处理机能在安全有效的方式下提供机组操作所需的安全性、连锁、冷量控制和指示。该微处理控制器的逻辑系统能保证机组正常的启动、运转、停机，并能与开利CCN网络联网。

该微处理控制器具有如下的功能：

1. 安全报警（并停机）

（1）每个报警必须人工复位，并在LCD显示屏上显示报警信息，提示操作员报警的原因；

（2）电机离温；

（3）制冷剂（冷凝器）高压；

（4）制冷剂（蒸发器）低压；

（5）供油低压；

（6）油箱低油位；

（7）压缩机（制冷剂）排气高温；

（8）欠电压；

（9）过电压；

（10）冷凝器和蒸发器断水；

（11）电机过电流；

（12）电机加速时间过长；

（13）瞬时失电；

（14）压缩机启动故障；

（15）排气过热度低；

（16）油过滤器油差大；

（17）启动转换时间长；

（18）无电机电流反馈信号；

（19）电网缺相；

（20）温度传感器和变送器故障；

（21）单个电压波缺损；

（22）电机反相保护。

2. 冷量控制

（1）冷水进水温度；

（2）冷水出水温度；

（3）按温度或负载的变化率进行负载软控制；

（4）滑阀控制模式；

（5）热气旁通；

（6）功率极限；

（7）冷水低温自动复位。

3. 连锁

（1）自动/手动遥控启动；

（2）启动/停止顺序；

（3）压缩机超动柜运转连锁；

（4）安全与报警装置启动前预检；

（5）冷水低温（泵）再循环；

（6）监测/计数压缩机启动次数和运转时间；

（7）安全报警停机后必须手动复位。

4. 显示

（1）机组运行状态；

（2）电源接通；

（3）预启动自检；

（4）压缩机电机电流；

（5）警告；

（6）报警；

（7）遥控报警接点；

（8）安全停机信息；

（9）运行时间；

（10）输入功率。

三、离心式冷水机组的控制

离心式冷水机组是以离心式压缩机为主要部件的冷冻水制备机组。它是 20 世纪 20 年代为了空调的目的而制造的冷水机组，它具有制冷量大的特点，目前已广泛应用于各种大型空调系统中。

图 6-20 所示是约克 HT 型 R11 离心式冷水机组制冷原理图。由蒸发器来，经吸入管道过热的低温低压蒸气经导叶片被叶轮吸入；经高速旋转的叶轮，在蜗壳出口处成为高压过热气体并排入冷凝器；R11 制冷剂在铜管翅片外冷却和冷凝成高压饱和液体。大部分液体流经节流孔口进入蒸发器，在铜管翅片外侧沸腾吸热后变成气体；从冷凝器底部引出的另一小部分液体制冷剂，经过滤器和节流阀后进入主电动机，吸收电机的热量后气化，回到蒸发器，又重复上述循环。

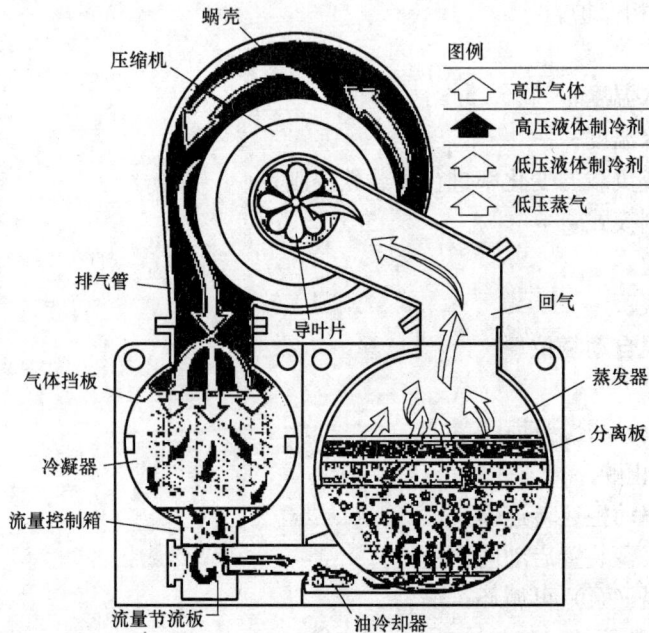

图 6-20　约克 HT 型 R11 离心式冷水机组制冷原理图

离心式冷水机组一般由制冷系统、润滑系统、自动回油系统、抽气回收装置及冷冻、冷却水系统组成。图 6-21 为离心式冷水机组典型的水系统接线图

（一）离心式冷水机组的启停控制

1. 启动

系统启动前要进行电机绝缘电阻、电源电压、电机转向的检查，润滑油油位、油温、油压差、油泵电机旋转方向的检查，确认无误进行下面的操作：

（1）手动启动冷冻水泵，冷冻水流量开关闭合，由于冷冻水温度高，在冷冻水回水管上的温度控制器闭合，控制箱中冷冻水泵的辅助触头闭合。

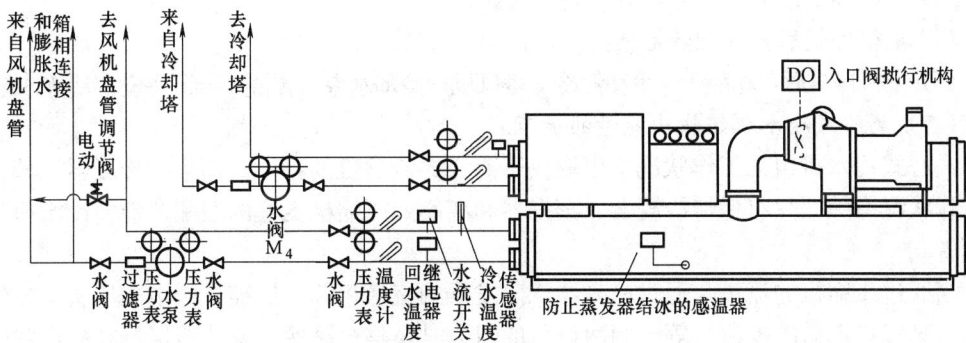

图 6-21　离心式冷水机组典型的水系统接线图

（2）相隔 15s 后，手动启动冷却水泵，冷却水流量开关闭合，在控制箱中冷却水泵的辅助触头闭合。

（3）再隔 15s 后，手动启动冷却塔风机。只要手动启动过冷却塔风机，不管此风机是否在运行，控制箱中的辅助触头也闭合。如果冷却塔风机故障，冷却水回水温度升高，会用报警方法提醒操作人员注意。

（4）当冷冻水泵、冷却水泵和冷却塔风机的辅助触头都闭合时，主机才能启动，具体过程如下：

将控制箱的按钮从停止转换到运行时，如果满足下列三个条件：油温达到要求、与上次停机的时间间隔大于设定值、导叶的开度处于全关位置，则油泵立即投入运行。如果上述三条件中任一条不满足时，油泵不能运行。

当油泵运行 2min 以后，立即启动主电机。约 30s，主电机就从 Y 形启动转换到 △ 运行。导叶开度将按照冷冻水出水温度和主电机电流值的大小进行调节。

主机启动之后，要调节冷凝器和蒸发器的水管路压力降，对离心式冷水机组，冷冻水通过蒸发器的压降一般为 0.05～0.06MPa，冷却水通过冷凝器时的压降为 0.06～0.07MPa。通过调节水泵出口阀门以及冷凝器、蒸发器的供水阀开度，可以将压力降控制在要求的范围内。

除非在签订合同时另有要求，一般机组在现场调试时，以冷冻水供水温度为 7℃，冷却水进水温度 32℃ 来设定导叶的开度。

机组启动后，按下列顺序检查各项内容：

1）压力：检查油压、吸入压力和排出压力。

2）温度：检查油箱中温度、冷凝器下部液体制冷剂温度（应比冷凝压力对应的饱和温度低 2℃ 左右）；冷凝温度应比冷却水出水温度高 2～4℃；蒸发温度应比冷冻水出水温度低 2～4℃。

3）电流：电流表上的读数应小于或等于电机铭牌上的额定电流。

4）振动和噪声：确认没有喘振和不正常响声。

2. 停机

在控制箱上将转换开关由"运行"拨到"停止"位置，主机立即停机。

（1）主机停机后，油泵继续运行 3min 后再停止运行。

（2）主机停机的同时，导叶开关自动关闭。

（3）主机停机后，油加热器便接通电源。

（4）主机停机后，相隔 15s 手动停冷却塔风机、冷却水泵、再隔 15min 手动停冷冻水泵。

（二）离心式冷水机组输出能量的调节

离心式冷水机组的工作状况不仅取决于离心式压缩机的特性，而且与冷凝器、蒸发器的工作状况有关，只有保持冷凝器、蒸发器和离心式压缩机良好的匹配才能使冷水机组正常运转。

当通过压缩机的流量与通过冷凝器、蒸发器的流量相等，压缩机产生的压头（排气口压力与吸气口压力的差值）等于制冷设备的阻力时，整个制冷系统才能保持在平衡状态下工作。这样，冷水机组的平衡工况应该是压缩机特性曲线与冷凝器特性曲线的交点。图6-24 示出冷凝器冷却水进水量变化时离心式制冷机组的特性曲线。图中纵坐标表示温度，横坐标为制冷量。

图 6-22 中同时反映出，当冷却水进水温度不变时，冷凝器、蒸发器、压缩机的特性曲线以及效率曲线。图中压缩机特性曲线与冷凝器特性曲线 I 的交点 A 为压缩机的稳定工作点。当冷凝器冷却水进水量变化时，冷凝器的特性曲线将改变，这时交点 A 也随之改变，从而改变了压缩机的制冷量。

当冷凝器进水量减少时，冷凝器特性曲线斜率增大，曲线 I 移至 I′ 的位置，压缩机工作点移到 A′ 点，制冷量减少。反之，如果冷凝器冷却水进水量增大，则压缩机工作点移到 A″ 点，制冷量增大。

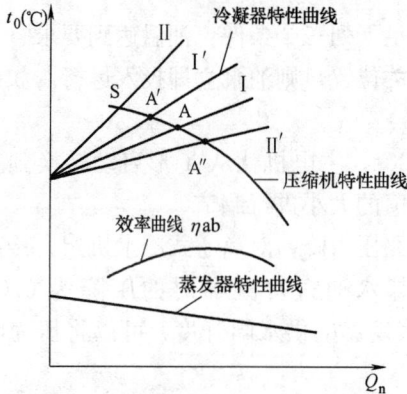

图 6-22　冷凝器冷却水进水量变化时，
离心式冷水机组的特性曲线

如图 6-22 所示，当冷凝器冷却水量减少到一定程度时，冷凝器的特性曲线移至位置 II，压缩机的工作点移到 S。这时冷水机组就出现喘振现象，这是必须防止的。

一般情况下，当制冷量改变时，要求蒸发器冷冻水出口温度为常数，而此时冷凝温度往往是变化的。目前空调用离心式冷水机组大都采用进口可转导叶调节法来进行输出能量的调节，即在叶轮进口前装有可转进口导叶，通过自动调节机构，改变进口导叶开度，使制冷量相应改变。图 6-23 示出冷水机组采用进口导叶阀自动调节控制系统图。

当外界冷负荷减少时，蒸发器的冷冻水回水温度下降，导致蒸发器的冷冻水出水温度降低。冷冻水出水温度的降低，由铂电阻温度计感受，容量调节模块发出电信号，通过脉冲开关及交流接触器，并使执行机构电机旋转，关小进口导叶开度（减载），冷水机组的制冷量随之减少，直至蒸发器冷冻水出水温度回升至设定值，制冷量与外界冷负荷达到新的平衡为止。

相反，当外界冷负荷增加时，蒸发器冷冻水出水温度相应增高，容量调节模块发出的电信号使执行机构电机向相反方向旋转，开大进口导叶的开度（加载），机组的制冷量随之增加，直至蒸发器出水温度下降到设定值为止，

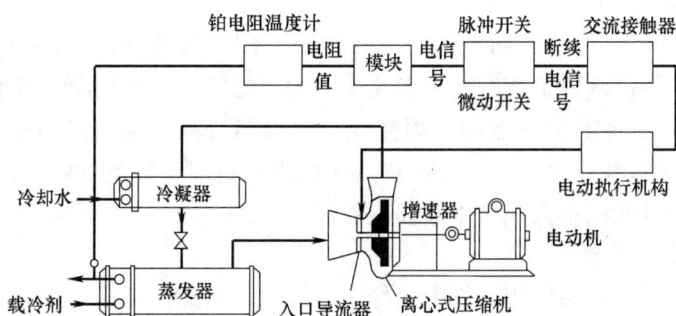

图 6-23　进口导叶阀自动调节控制系统图

采用进口导叶调节法的调节范围较宽（30%～100%），经济性较好，并可实现自动调节。

离心式冷水机组所有的调节方法当中，控制离心式压缩机转速是经济性最好的一种。在用汽轮机驱动时，常采用这种方法；在用电动机驱动时，由于改变电动机转速比较困难，所以在以前的机组中很少采用。近年来变频调速技术发展很快，美国约克公司首先在离心式冷水机组中推出使用调频节能新技术，以改变电源频率来调节电动机转速，从而实现机组制冷量和负荷的大小相匹配。目前有很多引进的调频变速的离心式冷水机组在运行，这种机组惟一的缺点是一次性投资费用比较昂贵。

（三）离心式冷水机组的安全保护控制

为了使离心式冷水机组能够安全可靠地运行，机组上设有比较多的安全保护仪表。它们是：

1. 冷凝器高压控制器（HPC）

由于各种原因，例如冷负荷太大、冷凝器存在较多的空气、冷却水进水温度过高或水流量太小、冷凝器传热效果太差等均可引起冷凝压力升高。冷凝压力升高后，机组的功耗增加，制冷量下降。当冷凝压力超过一定值时，还会引起喘振，甚至损坏设备，发生安全事故。当冷凝压力超过设定值时，HPC 就将主电机的电源切断，机组立即停止运行。此时操作人员必须分析停机原因，待排除故障后，才能按动复位按钮，这时 HPC 就将主电机回路接通，使其重新启动。

2. 蒸发器低压控制器（LPC）

当空调房间负荷减小时，蒸发器内压力下降，蒸发器冷冻水出水温度也下降，制冷机制冷效率亦降低。此外，蒸发压力降低亦会引起离心式压缩机喘振，以致破坏设备。所以当蒸发压力降到某一设定值时，LPC 就将主电机电源切断，机组停止运行。操作人员必须检查原因或调节开机容量，待故障排除后，再按动复位按钮，LPC 又接通主电机回路，再重新启动机组。

3. 油压差控制器（OPC）

机组中只有保持一定的油压，离心式压缩机才能安全可靠地运行。当油压差低于设定值时，OPC 接通延时机构，在设定时间内，油压差仍恢复不了正常值，OPC 将切断主电机电源，使机组停机。操作人员必须排除故障之后，再按复位按钮，OPC 又接通主电机回路，重新启动机组。但必须注意延时机构工作过一次后，要等 5min，待延时双金属片全部冷却后才能恢复正常工作。

4. 油温控制器（OTC）

制冷剂 R12 和 R11 可以与润滑油完全互溶，它们的溶解度随着油温的升高而降低。因此，停机时为了不使制冷剂溶解在润滑油中，就要维持一定的润滑油温度。当油温低于某一设定值时，OTC 将油加热器的电源接通，使油温升高；当油温高于某一设定值时，OTC 就将油加热器的电源切断，停止加热。在机组运行时，即使油箱中的油温较低，油箱中溶解氟利昂的可能性不大，所以油加热器停止工作。

5. 防冻结温度保护器（LTC）

当蒸发温度过低时，会使传热管中的冷冻水结冰，以致损坏蒸发器。因此，当蒸发温度低于设定值时，LTC 将切断主电机电源。操作人员必须查明原因，排除故障之后，再按复位按钮，LTC 将主电机回路再度接通，重新启动机组。

6. 主电机温度控制器（MT）

主电机温度升高，电机效率降低，更严重的是使绝缘破坏而烧毁电机。因此，当主电机温度上升到设定值时，MT 将停机。操作人员必须查明原因，排除故障之后，再按复位按钮，重新启动机组。

7. 导叶关闭继电器（VLS）

为了减小启动电流，导叶应处于零位状态空载启动，如果导叶不处于零位，机组就不能启动。

8. 冷冻水温度控制器（CWT）

从冷水机组的特性来分析，为了节能，只要能满足使用要求，冷冻水的供、回水温度应提高，水温太低，即蒸发温度低，制冷效率下降。所以，除了防冻结温度保护器外，一般机组另外再设冷冻水温度控制器。当冷冻水回水温度下降到某一设定值时，CWT 将切断主电机电源，停机。当冷冻水回水温度上升到另一设定值时，CWT 将接通主机电源，机组又重新启动运行。CWT 的特点是不用复位，只要满足温度条件和 30min 时间间隔条件（有的机组设定值为 20 分钟）时，就能再次启动。

9. 安全阀或安全膜片

安全阀（装于 R12 机组）或安全膜片（装于 R11 机组）都接在冷水机组的蒸发器上。遇到火警或其他意外事故，由于温度升高，系统内压力就会上升，如不及时将系统中的制冷剂引出，机组就有可能发生爆炸的危险。

设置了安全阀或者安全膜片之后，当系统压力升高时，安全阀阀板就会起跳或者安全膜片破裂，这样就将系统中的制冷剂泄放到下水管道，避免事故发生。

当机组进行气密性试验时，试验压力必须小于安全阀或安全膜片的允许压力，否则就有可能破坏安全阀正常工作和使安全膜片破裂。

四、吸收式冷水机组的控制

（一）吸收式冷水机组的工作原理

吸收式制冷与压缩式制冷一样，都是利用低压冷媒的蒸发产生的汽化潜热进行制冷。二者的区别是：压缩式制冷以电为能源，而吸收式制冷则是以热为能源。吸收式制冷所采用的工质通常是溴化锂水溶液，其中水为制冷循环用冷媒，溴化锂为吸收剂。因此，通常溴化锂制冷机组的蒸发温度不可能低于 0℃。溴化锂吸收式制冷循环的基本原理如图 6-24 所示。

来自发生器的高压水蒸气在冷凝器中被冷却为高压液态水，通过膨胀阀后成为低压水

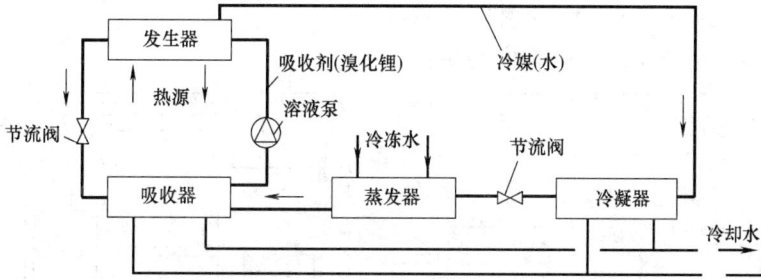

图 6-24　溴化锂吸收式制冷循环基本原理示意图

蒸气进入蒸发器。在蒸发器中，冷媒水与冷冻水进行热交换而发生汽化，带走冷冻水的热量后成为低压冷媒蒸汽进入吸收器，被吸收器中的溴化锂溶液（又称浓溶液）吸收，吸收过程中产生的热量由送入吸收器中的冷却水带走。吸收后的溴化锂水溶液（又称稀溶液）由溶液泵送至发生器，通过与送入发生器中的热源（热水或蒸汽）进行热交换而使其中的水发生汽化，重新产生高压蒸汽。同时，由于溴化锂的蒸发温度较高，稀溶液汽化后，吸收剂则成为浓溶液重新回到吸收器中。在这一过程中，实际上包括了两个循环，即制冷剂（水）的循环和吸收剂（溴化锂溶液）的循环，只有这两个循环同时工作，才能保证整个制冷系统的正常运行。

溴化锂吸收式冷水机组目前的产品分为单效式和双效式两种。单效式利用的是低位热源（80℃以上的热水或低压蒸汽），因此特别适用于有废热的区域（如一些工厂等）。目前通常采用双效式机组，即把发生器分为高压发生器和低压发生器两部分，既可避免溴化锂溶液的结晶，又提高了能源的利用率，其制冷系数可达 0.95～1.2 左右。图 6-25 为远大 Ⅷ 型双效蒸汽制冷机制冷循环图。

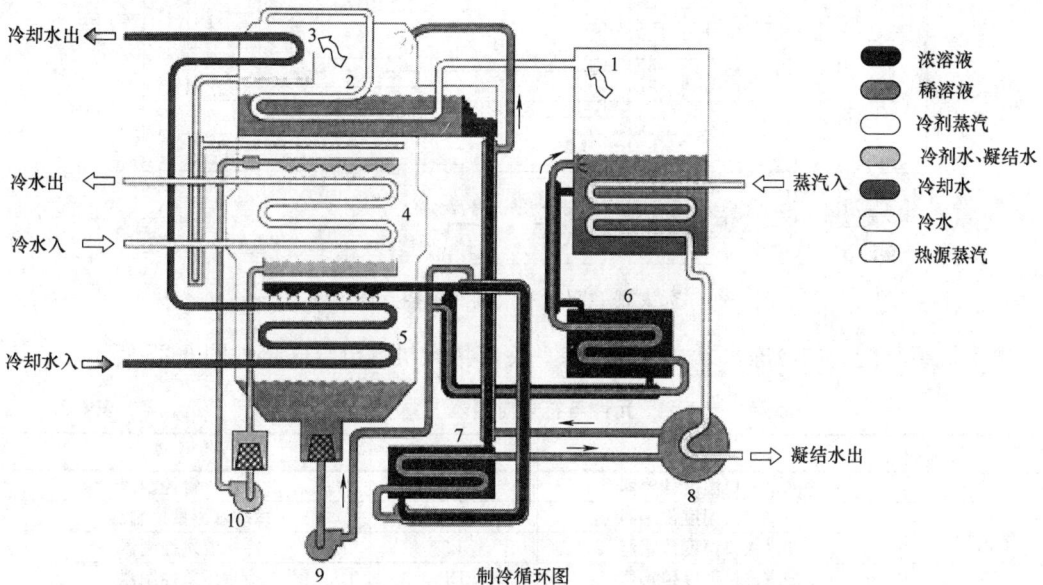

制冷循环图

图 6-25　远大 Ⅷ 型双效蒸汽制冷机制冷循环图
1—高温发生器（高发）；2—低温发生器（低发）；3—冷凝器；4—蒸发器；5—吸收器；6—高温热交换器（高交）；7—低温热交换器（低交）；8—凝水回热器；9—溶液泵；10—冷剂泵

(二) 吸收式冷水机组的控制图 (见图 6-26)

图 6-26 中符号与元件对照表见表 6-3。

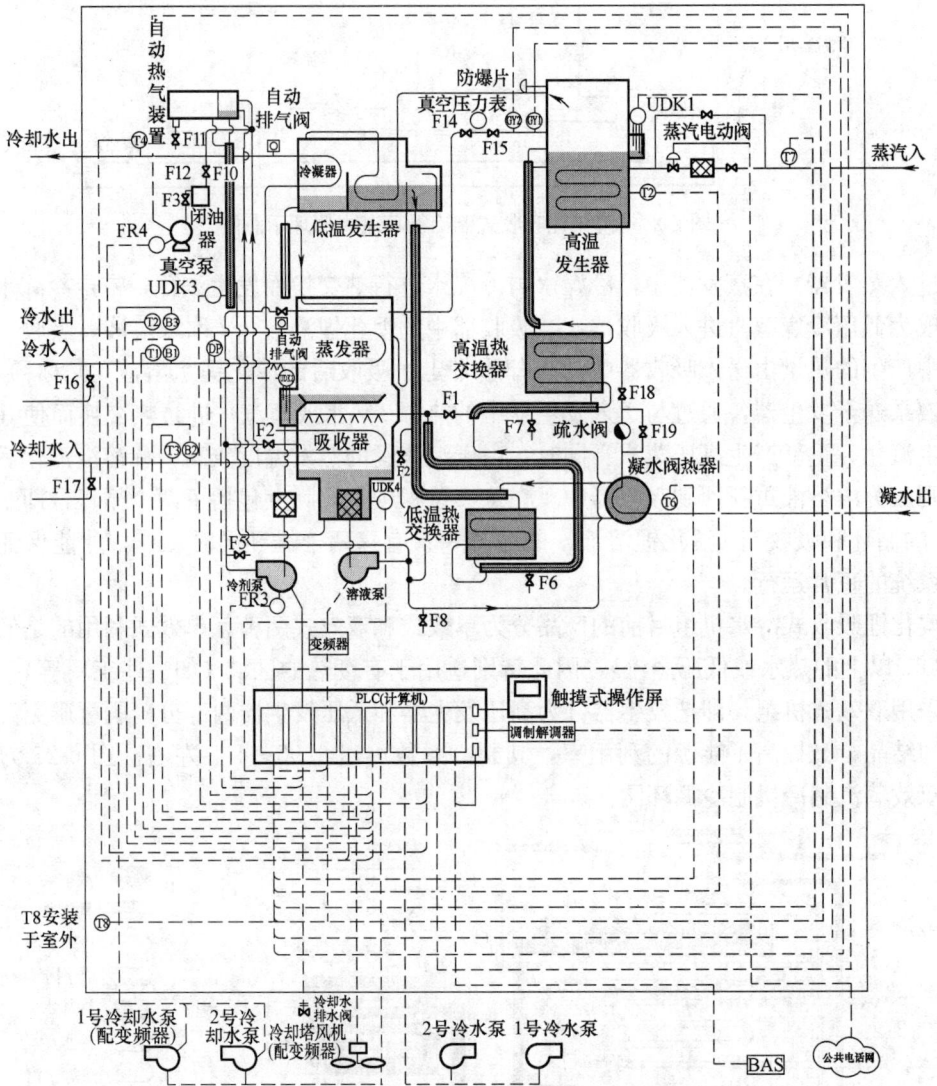

图 6-26 远大Ⅷ型双效蒸汽制冷机控制原理图

冷水机组与配套的冷冻水泵、冷却水泵、冷却塔风机的电气联接如图 6-27 所示。

元件与符号对照表   表 6-3

符　号	元　件	符　号	元　件
T1	冷冻水入口温度传感器	B1	冷水流量控制器
T2	冷冻水出口温度传感器	B2	冷却水流量控制器
T3	冷却水入口温度传感器	B3	冷水流量控制器
T4	冷却水出口温度传感器	DP	冷水压差控制器
T5	高发温度传感器	GY1	压力控制器
T6	凝水温度传感器	GY2	压力控制器
T7	蒸汽温度传感器	UDK1	高发溶液液位传感器
T8	环境温度传感器	UDK2	冷剂液位传感器

续表

符　　号	元　　件	符　　号	元　　件
UDK3	贮气量传感器	F8	稀液取样阀
UDK4	吸收器液位传感器	F9	阻油器抽气阀
FR3	冷剂泵热继电器	F10	直接抽气阀
FR4	真空泵热继电器	F11	贮气室抽气阀
BAS	楼宇控制系统	F12	取样抽气阀
F1	高发浓度调节阀	F13	高发抽气阀
F2	低发浓度调节阀	F14	主体测压阀
F3	冷剂调节阀	F15	高发测压阀
F4	冷剂旁通阀	F16	冷冻水排水阀
F5	冷剂取样阀	F17	冷却水排水阀
F6	低交取样阀	F18	凝水调节阀
F7	高交取样阀	F19	凝水旁通阀

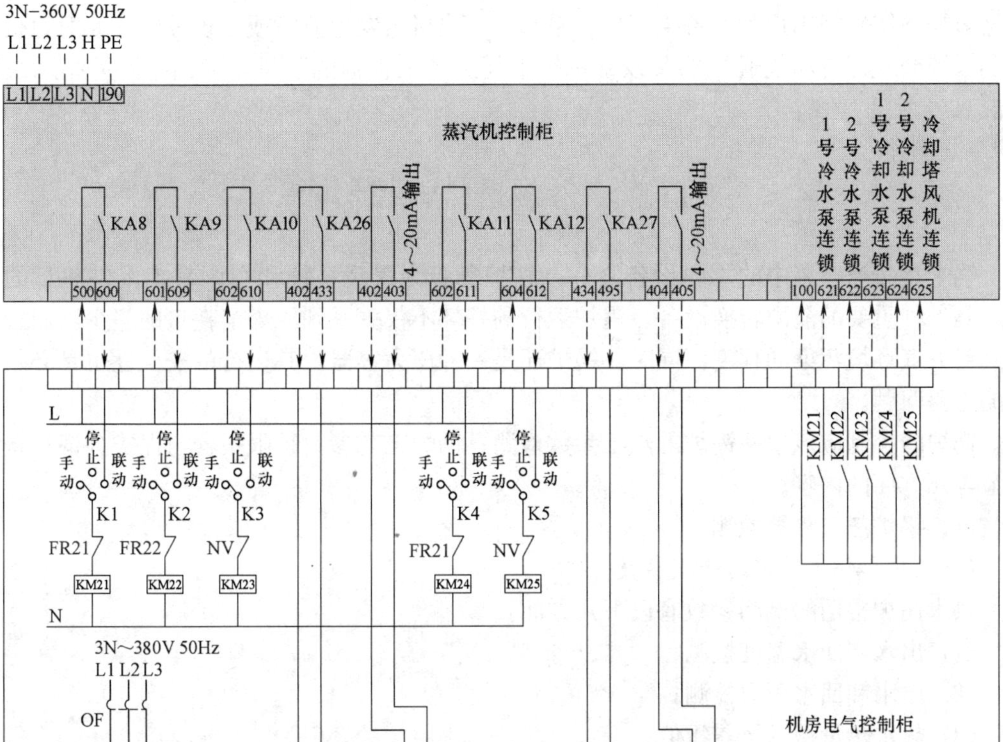

图 6-27　蒸汽机与冷冻水泵、冷却水泵、冷却塔风机的电气连接图

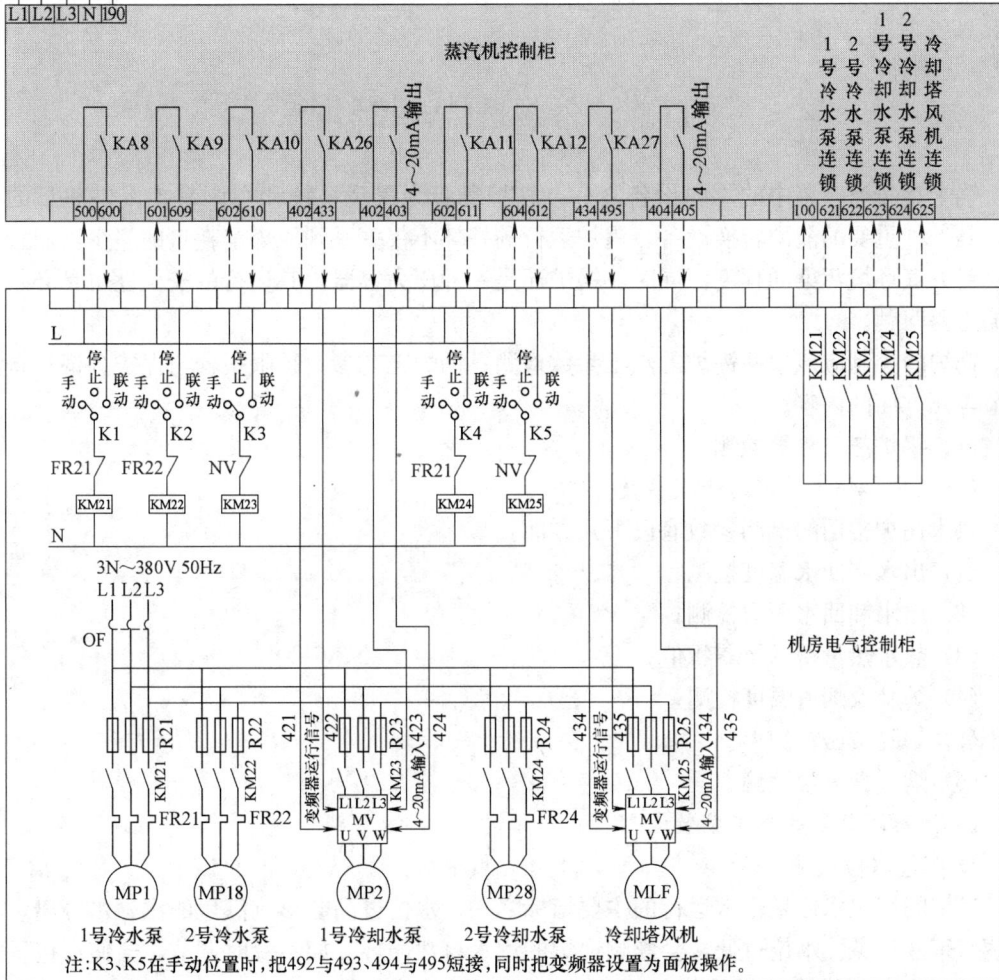

图 6-28 智能控制器

溴化锂吸收式冷水机组采用以 PLC 为核心的智能控制器，如图 6-28 所示，为冷却水泵、冷却塔风机分别提供了 4～20mA 的变频信号输出及控制软件，根据冷却水入口温度分析冷却塔排热能力及气候条件，对冷却塔风机发出升、降频指令，达到节电、减少漂水及恒定冷冻水出口温度的目的。同时，控制器根据冷却水入口、出口温差分析机内排热负荷，对冷却水泵发出升、降频指令，达到减少水泵电耗的目的。此外，控制器对环境温度、冷冻水温差、高发度进行综合分析来调节冷却塔风机和水泵频率。

采用大屏幕触摸屏构成的"人工智能控制系统"包含了负荷追踪、误操作防止、故障诊断及解除、节能专家等大量强劲而精确的软件。应用于双效蒸汽制冷机和直燃机，将吸收式冷水机组由手工或继电器操作变为电脑操作。"用户电话联网监控系统"把用户和设备生产厂联系起来。当机组发生故障或出现故障症候时，机组控制系统会立即自动拨通终端及该台机组责任服务工程师的手机，发出报警并指示故障状况。

第四节 供热锅炉的控制[10]

锅炉是暖通空调中的重要设备之一，它担负着为采暖系统和空调系统提供热量的任务，是一种重要的能源转换设备。锅炉运行的好坏不仅关系到原煤消耗量的多少，而且关系到对大气环境污染的程度。同时，锅炉还是一种压力容器，其运行的安全性也是必须考虑的重要问题。

锅炉的控制应该包括锅炉的热工参数检测、锅炉工艺参数越限报警与保护、锅炉自动调节等几方面的内容。

一、锅炉热工参数检测

（一）热水锅炉常用的检测参数

热水锅炉常用的检测参数有以下几方面：

（1）出水和回水温度检测；

（2）出水和回水压力检测；

（3）热水热量指示及累积值；

（4）炉膛及烟道温度检测；

（5）炉膛负压检测；

（6）烟气含氧量检测。

（二）蒸汽锅炉的热工参数检测

1. 汽包水位检测

锅炉的汽包水位是正常运行的主要指标之一。水位过高会影响汽包的汽、水分离，产生蒸汽带液现象。水位过低，会影响锅炉的汽水自然循环，如不及时调节，会使汽包里的水全部汽化，可能导致锅炉烧坏和爆炸。因此锅炉汽包水位是一个十分重要的被调节参数。

2. 蒸气压力、温度与流量的测量

蒸气压力、温度与流量是锅炉运行的重要参数。

（1）温度过高会缩短设备的使用寿命，严重超温会引起过热器破裂；温度过低会降低机组运行效率，严重时将威胁机组的安全。蒸汽温度常用热电偶、热电阻测量。

（2）压力过高不仅会使安全门动作，大量排汽，而且会威胁到锅炉承压部分的安全运行，压力过低会降低运行的经济性。蒸气压力常用压力变送器测量。

（3）过热蒸汽流量的变化将引起过热蒸气压力、温度和锅筒水位的变化，因此它是运行中的重要变量。过热蒸汽流量测量一般采用孔板等节流装置配以差压变送器。

3. 过热器出口蒸汽温度、压力检测

为满足锅炉燃烧系统经济、安全运行需要对炉膛及烟道温度检测、炉膛负压检测、烟气含氧量检测等。

（三）热力除氧器热工参数检测

热力除氧器的检测参数主要有：除氧器进水温度、蒸气压力、除氧水箱水位、水温等。

二、锅炉工艺参数越限报警与保护

（一）蒸汽锅炉压力报警与保护

锅炉汽包蒸气压力超过额定压力时，容易发生爆炸事故。这种情况常发生在燃烧系统突然降低负荷或去掉负荷的时候。为保证锅炉运行的安全，应设置压力自动报警和保护装置，随时向操作人员通报信息，以便及时处理。如汽包压力上升，应马上减少燃烧量、送风量和引风量，把蒸气压力控制在允许的范围内。

（二）蒸汽锅炉汽包水位报警与保护

锅炉汽包水位的高低关系到汽水分离的速度和生产蒸汽的质量，也是确保安全生产的重要参数。

锅炉汽包水位过高会影响汽水分离效果，使蒸汽带水过多，将影响锅炉蒸发量，降低锅炉出力。同时，水位太高以致上锅筒满水，将造成满水事故。出现这种事故时，应立刻停止给水，截断省煤烟道，使烟气通过旁通烟道，打开过热器疏水门和锅炉排污门，如果水位降不下来，则应马上停止运行。

1. 极限低水位

该水位比正常水位线低 50mm，当锅筒水位低于这个水位时，应发出报警信号，如低水位指示灯亮、电铃响等。

2. 危险低水位

该水位比正常水位线低 75mm，当锅筒水位低于这个水位时，表示锅炉已经严重脱水，此时报警装置除立即发出声光报警信号外，还应进入自动停炉保护状态。

3. 极限高水位

为了保证蒸汽的品质，提高蒸汽干度，系统应设置极限高水位报警，防止锅筒满水所造成的危险事故。当锅筒水位比正常水位高 50mm 时，报警装置立即发出声光报警信号。

（三）热水锅炉工艺参数越限报警与保护

通过对热水锅炉出口水温和水压的监测，可随时掌握热水锅炉的工况。当水温和水压超过规定值时，应发出声光报警。当有两个以上并联环路时，应对各环路的出水温度进行监测并严加控制，以保证运行中的锅炉不致发生汽化。

（四）过热器的工艺参数越限报警与保护

过热蒸汽温度过高，则过热器容易损坏。过热蒸汽温度过低，则设备的效率将会降低。所以过热蒸汽温度（过热器出口蒸汽温度）应设自动声、光报警装置。

（五）燃油与燃气锅炉的报警与保护

油的雾化质量是保证燃油锅炉良好燃烧的主要条件之一，除油本身的性质外，油压等对其也有直接影响，保持油压及气压在正常范围内，是燃油、燃气锅炉经济、安全运行的重要条件，故应设油压、气压越限自动声、光报警。

为保证燃油锅炉安全、经济、可靠运行，应设置熄火保护。

三、锅炉的自动调节

锅炉的任务是根据用户的要求，生产具有一定参数（压力和温度）的蒸汽或热水。为了满足用户的要求以及保证锅炉本身运行的安全性和经济性，锅炉主要有下列 5 项调节任务：

(1) 保持汽包水位在规定范围内；

(2) 保持燃烧的经济性和保证运行的安全性；

(3) 保持炉膛负压在规定的范围内；

(4) 使锅炉蒸发量迅速适应用户的需要；

(5) 稳定蒸汽或热水的温度和压力。

工业锅炉是一个复杂的调节对象，扰动来源较多，要完成上述调节任务，主要调节 5 个被调参数：

(1) 蒸气压力 P；

(2) 汽包水位 H；

(3) 蒸汽温度 θ；

(4) 过剩空气系数 α；

(5) 炉膛负压 ST。

为了完成这些调节任务，可以改变的调节量也有 5 个：

(1) 燃料量 B；

(2) 送风量 V；

(3) 引风量 L；

(4) 给水量 W；

(5) 减温水量 W_b。

上述这些被调参数实际上是相互联系的。例如当锅炉的负荷变化时，所有的被调参数都会发生变化。又当改变任一个调节量时，也会影响到其他几个被调参数。因此，理想的锅炉自动调节系统是一个多回路调节系统，但这种调节十分复杂，要实现这种调节比较困难。根据锅炉运行经验，实际解决锅炉调节任务的方法是将锅炉当作由几个相对独立的调节对象组成。相应设置几个相对独立的调节系统，这样可适当简化调节问题。在中小型工业锅炉中通常只要对两个相对独立的调节对象进行调节，就可满足一般用户的要求。

(1) 给水调节对象：它的被调参数是汽包水位 H，调节机构为给水调节阀，调节量为给水量 W。

（2）燃烧过程调节对象：它的被调参数有 3 个：即蒸气压力 P、燃烧经济指标或过剩空气系数 α 和炉膛负压 S_T。相应的调节机构也有 3 个：燃烧调节机构、送风调节阀和引风调节阀。通过这 3 个调节机构可以分别对燃料量 B、送风量 y 和引风量 L 进行调节。

（一）蒸汽锅炉汽包水位调节

锅炉汽包水位是一个十分重要的被调参数。给水自动调节的任务是使给水流量适应锅炉的蒸发量，以维持汽包中的水位在允许范围内。作为给水自动调节对象，锅炉的汽水系统如图 6-29 所示。

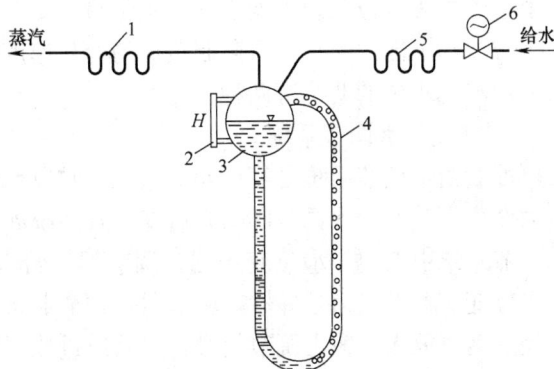

图 6-29　锅炉的汽水系统
1—过滤器；2—水位表；3—汽包；4—水循环管；
5—省煤器；6—给水调节阀

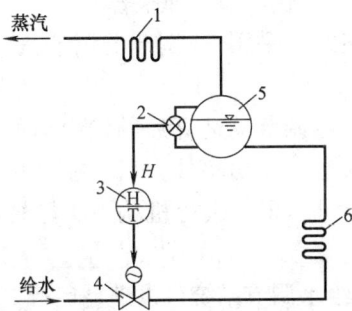

图 6-30　单冲量给水调节系统示意图
1—蒸汽过滤器；2—水位交送器；3—调节器；
4—给水调节器；5—汽包；6—省煤器

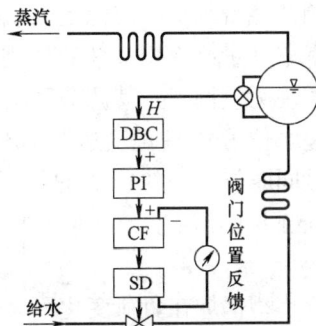

图 6-31　采用电动单元组合仪表组成
单冲量给水调节系统图
DBC—水位变送器；PI—PI 调节器；CF—跟踪放
放大器；SD—执行机构；H—水位信号

汽包的流入量为给水量，流出量为蒸汽量，汽包中水位的高低不仅受到给水量（流入量）和蒸发量（流出量）之间平衡关系的影响，同时还受到汽包和水循环管路中汽水混合物内汽水容积变化的影响

因为汽包中的水位 H 不仅反映汽包（包括水循环管）中的贮水容积，也反映了水面下汽包的容积，而水面下汽包的容积又与锅炉的负荷（即锅炉蒸发量）和蒸气压力有关。因此影响汽包中水汽变化的因素是很多的，如锅炉蒸发量 D、给水量 W、炉膛热负荷 C、燃料量 B、送风量 V 等，而汽包水位变化与它们之间的动态关系是不同的。

通过研究水位调节对象的动态特性可知，当蒸汽负荷增加时，虽然锅炉的给水量小于蒸发量，可汽包水位不但不下降反而迅速上升，这种现象称为"虚假水位"现象。

由于锅炉蒸汽负荷突然增加，即蒸汽流量突然增加，汽包气压下降，炉水沸点下降，使水循环管和汽包内的汽水混合物中的汽容量增加，因而引起汽包水位上升，这是引起汽包虚假水位的主要原因。

由于"虚假水位"现象而出现的水位最大偏差是不可能依靠调节系统来克服的，如果要求水位波动不能太大，只有限制负荷的变化速度或限制负荷一次阶跃变化的数量。

锅炉汽包水位的调节有两种：

1. 单冲量给水调节系统

单冲量给水调节系统是简单调节系统，它以水位为惟一调节信号，即调节器只是根据水位的变化去改变给水调节阀的开启度，其系统如图 6-30 所示。

调节系统由汽包、水位变送器、调节器、给水调节阀等组成。当汽包水位发生变化时，水位变送器发出信号并输入调节器，调节器将水位信号与给定值相比较，得出偏差信号，经过运算放大后输出调节信号，然后通过执行机构带动给水调节阀，完成对给水量进行自动调节的任务。

工业锅炉的容量一般都是在 20t 以下，对中、小型锅炉，由于汽包相对负荷而言，它的容量较大，水位受到扰动后的反应速度比较慢，"虚假水位"现象不很严重。因此一般采用单冲量调节系统就可以满足生产上的要求。

由于工业锅炉汽包相对负荷的容量较大，对控制汽包水位的要求不高，用比例调节规律进行调节能得到良好的稳定性。因此，水位对象采用比例调节规律很普遍。

如果单冲量给水调节系统使用电动单元组合仪表时，采用 PI 调节器调节汽包水位，则可以实现无差调节，其调节系统如图 6-31 所示。

汽包水位信号 H 经变送器 DBC 输入 PI 调节器，经调节器运算后的输出信号与阀位反馈信号同时作用于执行器的伺服放大器 CF 的输入端，经功率放大后，控制执行机构 SD 操作阀门的开启度。这里，执行器包括伺服放大器 CF、执行机构 SD 与阀门三个部分。

中、小型锅炉在负荷变化不大的情况下，单冲量给水调节系统可以满足运行要求。但当锅炉负荷变化幅度与速率很大时，则由于锅炉虚假水位的影响，势必会使调节质量下降。例如负荷增加时，水位一开始先上升，调节器只根据水位作为调节信号，就关小调节阀减少给水量 W，这个动作对锅炉的流量平衡是错误的，它在调节过程一开始就扩大了蒸汽流量 D 与给水量 W 的差值，使水位和给水量的波动幅度增大。又如：由于给水总管压力改变等原因所造成给水量 W 变动时，调节器要等到水位改变后才开始动作，而在调节动作后又要经过一段滞后时间 t 才能对水位发生影响，因此水位不可避免地会发生较大的变化。由于单冲量调节系统存在这些缺点，对于"虚假水位"现象严重及水位反应速度快的锅炉，（目前一般是较大型的锅炉），为了改善调节品质，满足运行要求，需采用三冲量给水调节系统。

2. 三冲量给水调节系统

以水位为主信号，以蒸汽流量和给水量作为补充信号的三参数，称为三冲量给水调节系统（相当于前馈加串级的调节系统）。

三冲量给水调节系统采用蒸汽流量信号对给水流量进行前馈调节，克服外扰影响；用给水流量信号作为反馈信号，克服内扰影响，从而使给水调节质量大大提高。

在三冲量给水调节系统中，调节器接受 3 个输入信号：主信号汽包水位 H、前馈信号蒸汽流量 D 和反馈信号给水流量 W。其中，蒸汽流量和给水流量是引起汽包水位变化的主要原因。引起汽包水位变化的扰动一经发生，调节系统立即动作，能及时有效地控制水位的变化。图 6-32 为三冲量给水调节系统示意图。

装有三冲量调节装置的锅炉在运行时，若蒸汽负荷突然发生变化，则蒸汽流量信号使给水调节阀一开始就向正确的方向移动。如蒸汽流量增加，给水调节阀开大，抵消了由于虚假水位引起的反向动作，因而减小了给水流量的波动幅度；而当给水压力干扰导致给水流量改变时，调节器将迅速克服扰动，例如给水流量减少，则调节器立即根据给水流量减少的信号开大汽水调节阀，使给水流量维持不变，汽包水位很少受到影响。

此外，给水流量信号也是调节器动作后的反馈信号，使调节器及早知道调节的效果。而在单冲量给水调节系统中，调节器要等水位变化后才知道调节效果。所以，三冲量给水调节系统的调节器可以较快地动作，避免超调，减少被调参数的波动与系统的失调。

蒸汽流量信号和给水流量信号的大小应当正确选择，通常取两者相等。这样在调节结束后这两个信号恰好抵消，被调量水位必然等于给定值。在三冲量给水调节系统中由于引进了蒸汽流量与给水流量的调节信号，调节系统动作及时，所以它有较强的抗干扰能力。在较大的阶跃扰动时，也能有效地控制水位的变化，显著地改善了调节系统的调节品质。

三冲量给水调节系统有两种典型的调节方案：

(1) 三冲量给水单级调节系统，其系统如图 6-33 所示。调节装置由电动单元组合仪表组成，调节器实现比例积分调节规律。它接受锅炉汽包水位 H，蒸汽流量 D 和给水流量 W 三个信号，形成两个闭合回路。因此，这是一个三参数双回路系统。由水位变送器、调节器、汽包对象与给水调节阀门所构成的闭合回路，其作用是维持汽包水位恒定，在整个系统中起主要作用，称为水位回路。由给水流量变送器、调节器及给水调节阀门等所构成的闭合回路，用来稳定给水流量，在整个系统中起辅助作用，称为给水流量回路。

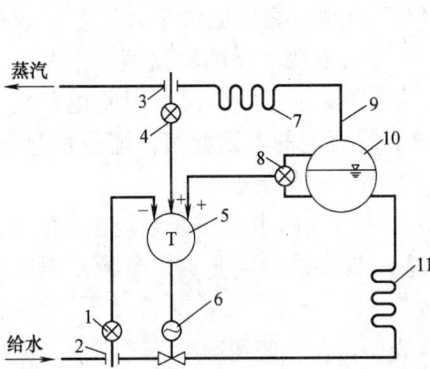

图 6-32 三冲量给水调节系统示意图
1、4—流量变送器；2、3—孔板流量计；5—调节器；
6—给水调节阀；7—蒸汽过滤器；8—水位变送器；
9—蒸汽干管；10—汽包；11—省煤器

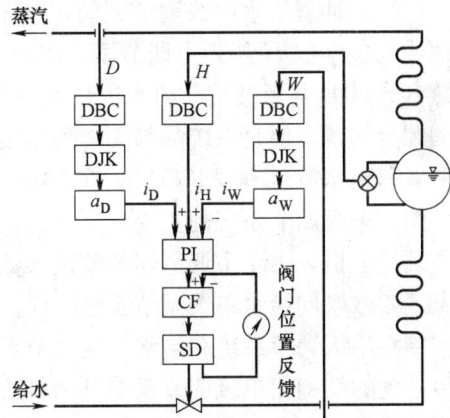

图 6-33 三冲量给水单级调节系统示意图
DBC—差压变送器；DJK—开方器；a_D—分流器；
PI—调节器；CF—间歇放大器；SD—执行机构；
D—蒸汽流量信号；H—汽包水位信号；
W—给水流量信号

两个差压变送器 DBC 分别将反映蒸汽流量 D、给水流量 W 的两个压差信号转变成电动单元组合仪表的标准直流电流信号。

由于流量和压差之间是平方根关系，即流量＝系数×压差$^{1/2}$，所以要把从差压变送

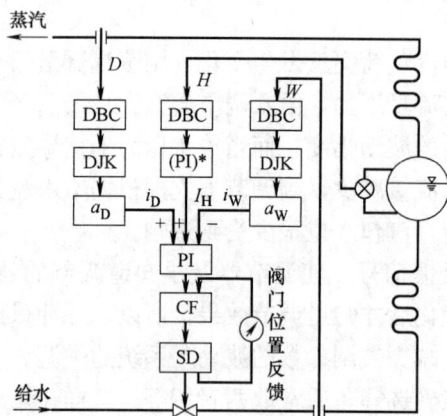

图 6-34 三冲量给水串级调节系统示意图

(PI)* —主调节器；PI—副调节器

器输出的电流送进开方器 DJK 中去开方，再把开方器的输出接入分流器 a_D 和 a_W 中。分流器的输出电流 i_D 和 i_W 同时送入 PI 调节器中。两分流器可以用来改变其输出电流 i_D 和 i_W 之间的比例关系。蒸汽、给水、水位以及水位的给定值 i_G 4 个信号在 PI 调节器的输入回路中进行比较，在平衡状态下，这 4 个信号的关系如下式所示：

$$i_H - i_G + i_D - i_W = 0$$

如果在设定时，保证稳态条件下的 $i_D = i_W$，就可以达到 $i_H = i_G$，即水位无静态偏差。若 4 个信号中有一个（或一个以上）发生变化，平衡便被破坏，PI 调节器输入电动执行器的伺服放大器 CF 的信号改变，经放大后操纵执行机构 SD 去改变调节阀的开度，实现 P、PI 调节。由于执行器上设有位置反馈，可以增强执行器工作的稳定性。

三冲量给水单极自动调节系统能保持水位稳定，且给水流量调节的动作平稳。在一般情况下，其调节性能完全能满足运行要求。实现这一方案的调节系统所用的设备少、结构简单，其整定方法易于掌握，可作为一般中、小型汽包锅炉的给水调节系统的调节方案。

当 $i_D \neq i_W$ 时，调节系统还是有静差的，而且蒸汽流量变化越大，水位偏差（$i_H - i_G$）也越大，为了克服这个缺点，常采用三冲量串级调节系统。

(2) 三冲量给水串级调节系统，其系统如图 6-34 所示。它由电动单元组合仪表组成主信号汽包水位 H 接入主调节器（PI）*。副调节器输入主调节器的输出信号以及前馈信号蒸汽流量 D 与反馈信号给水流量 W。由于副调节器接受了 3 个信号，因此也存在信号间的配合问题。但是系统的静态特性主要是由主调节器决定的，因此蒸汽流量信号 i_D 并不需要和给水流量 i_W 相等，i_D 可以根据"虚假水位"的具体情况来定。

给水串级调节系统的主要特点是汽包水位偏差 ΔH 可以由主调节器来校正（使 $\Delta H = 0$）。理论上讲，由于主调节器的整定参数 δ 和 T_i 是调节系统的主要整定参数，副调节器的整定参数则同给水单级调节系统一样。

给水串级调节系统和给水单级调节系统的调节效果，在一般情况下相差不多，但串级调节系统的结构比单级调节系统复杂，故应尽量选用简单的单级调节系统。然而，由于串级调节系统可实现无差调节及较好地克服"虚假水位"现象，故可用在对汽包水位要求严格或负荷变化频繁，"虚假水位"较为严重的锅炉给水调节中。

(二) 燃烧控制

燃烧自动控制的任务是通过燃料和空气在炉膛内燃烧提供必要的发热量以满足蒸汽负荷的需要。它首先应保持蒸气压力的稳定，以提高蒸汽质量。这就要求在蒸汽负荷改变时相应地改变燃料和空气量，保证锅炉有相应的蒸发量。因此，保证蒸气压力恒定是衡量燃烧调节好坏的一个主要标志。燃烧需要空气，但过量的空气将带走热量，降低炉温，使蒸发量下降。空气不足，燃烧就不充分，既浪费燃料又使锅炉的热效率降低，不符合经济性要求，而且如果没有完全燃烧的有害物质全部通过烟囱排出将污染空气。因此控制燃烧过程和降低燃料消耗的主要方法是利用烟道检测仪器监控烟道温度和烟气成分。另外，为保证锅炉的安全及经济燃烧，炉膛必须维持一定的负压。如果压力偏高，烟气将从炉膛往外喷射；如果压力偏低，炉膛漏风增大，势必要增加引风量的负荷和排烟的热损耗。炉膛负压的稳定，通常是靠调节排气量来达到的。这就要求一定的送风量必须配以一定的引风量。

综上所述，燃烧系统受到炉膛负压、煤层厚度、送煤速度、引风机挡板开度、风煤比、烟道湿度、烟气成分等因素的制约。

1. 燃料—空气自动调节

这是最简单的燃烧过程自动调节系统，可用标准的液压式或电气机械式调节装置来实现。它的特点就是用给煤调节机构的位置（或速度）来代表给煤量（燃料量 B）。这种系统的方框图如图 6-35 所示。其中燃料调节装置执行调节气压的任务，而送风量调节装置执行燃烧经济性调节的任务，负压调节装置（即引风量、调节装置）执行负压（ST）调节任务。

在燃料—空气调节系统中，压力信号输入燃料调节器，直接带动给煤调节机构调节给煤量，同时送出与调节燃料的执行机构的位置（代表给煤量的多少）成比例的信号，与送风量信号一起输入风量调节器调节送风量。在这一系统中，负压调节是作为独立的调节任务来完成的，但实际上负压的扰动主要是由于风量调节系统的动作而引起的。

这种调节系统虽然最简单，但有较大缺点，即燃料调节器以给煤调节机构的位置作为反馈信号，虽然能够对燃料调节过程起有效的稳定作用，但不能消除燃料内部的扰动。如当给煤机发生故障（内部扰动）时，只有等到这个扰动影响到汽包蒸汽出口压力时，才能使燃料调节器动作。另外，燃料与空气的比例关系也不能保证。当燃料侧经常发生扰动时（数量、质量），这种调节系统不能自动地保持正常工作。

燃料—空气系统虽然在燃煤锅炉上工作得不够好，但完全可以应用于有稳定成分的气体或液体燃料的燃烧调节。在这种系统中可以根据压差信号来直接测定燃料的流量，并不需要依靠执行机构的位置来估计燃料量。因而消除了系统应用在燃煤炉上时所发生的许多缺点。图 6-36 为相应的调节系统方框图。

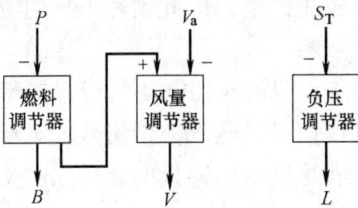

图 6-35 "燃料—空气"系统调节方框图
P—汽包蒸气压力信号；V_a—送风量信号；S_T—炉膛负压信号；B—燃料量；V—送风量；L—引风量；"+"表示信号增大时，使流量增加；"一"表示信号增大时，使流量减少

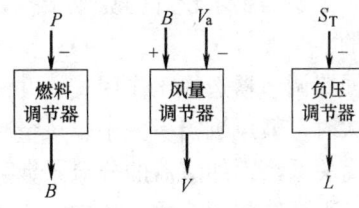

图 6-36 适用于气体或液体燃料的"燃料—空气"燃烧过程调节系统方框图

2. 热负荷自动调节系统

影响蒸气压力的主要因素是热负荷的变化。鉴于工业锅炉本身热惯性大，煤块进入炉

膛后并不是马上燃烧的，而是随着炉排的往前推进缓慢烧尽的，炉膛状态的瞬时变化在很大程度上取决于送风量的大小。因此，把锅筒压力作为系统的被调量，而把送风量作为稳定气压的直接调节量是可取的。这样可以克服把给煤量作为主要调节参数而带来的系统延迟，能提高系统的动态响应。

根据蒸气压力变化及蒸汽流量变化控制送风量和给煤量，用蒸气压力作主控信号，蒸汽流量作副信号，来控制风量和煤量。在蒸汽流量已经变化而蒸气压力尚未明显响应时，调节器输出相应信号，驱动送风调节挡板，达到鼓风量超前调节。当蒸气压力与给定值产生偏差时，调节器按比例积分（PI）调节方式，控制送风调节挡板的开度来调节送风量的大小。

图 6-37 所示的热负荷调节系统实质上是个带蒸汽流量静态前馈，副环比例度为 100%的串级复合调节系统。由于引入蒸汽流量前馈，它能有效地克服负荷干扰对气压的影响，同样可以用来改变加法器分流系数来改变干扰对气压的影响。

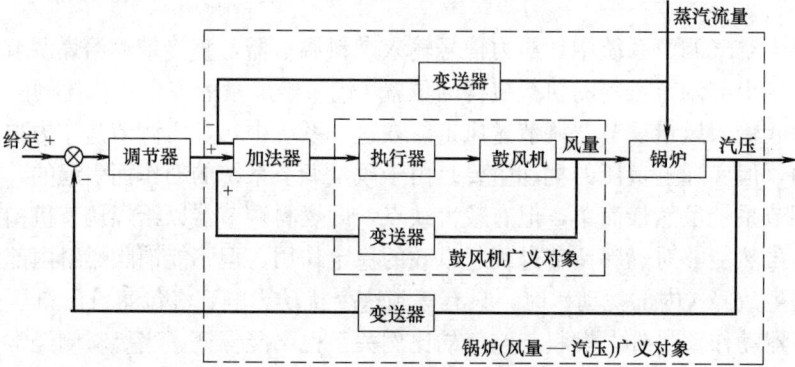

图 6-37 热负荷调节系统框图

由于系统引入了副环，风量信号通过加法器形成反馈闭合回路，亦能及时克服风量信号变化引起的干扰，使其不影响主回路的气压，从而提高了气压的调节精度。而且主回路是按偏差用 PI 调节器来讲行调节的，这样既消除了余差，又能满足调节质量的要求。对于副环，主要是要求较好的克服干扰，使其较小地波及主回路，因此副环不采用调节器亦是可行的。

主回路调节器选择正作用式，并配"气关"执行器。即输入到电动角行程执行器上的信号加大时，鼓风机挡板关小、风量减小，以配合气压信号、蒸汽流量信号、风量信号三者的平衡关系。而加法器的分流系数可以调整，使之满足这三个冲量的合适比例关系。这样考虑使得系统较为简单，整定也比较容易。

如上所述，热负荷调节系统虽然是个三冲量调节系统，但从主冲量来看，仍属单回路调节系统，可按单回路调节系统来整定参数，还可以采用全负反馈的形式简化系统。

3. 燃料经济性自动调节系统

燃料经济性的目的是在一定比例的煤风比组合下，煤块充分燃烧，产生最大的发热量。

一定的煤必须有一定的空气（风）才能保证正常的燃烧，它们具有一定的理论空燃比。为保证完全燃烧，这个比值一般大于 1（称为过量空气燃烧控制）。图 6-38 是空气过剩率与热损耗的关系曲线。由图 6-38 可知，空燃比最宜在 $1.02\sim1.10$ 之间。当然，不同的燃料其空燃比是不尽相同的。

目前要精确测定燃煤量还有相当的困难，但对链条炉，当煤层厚度一定时，可以认为煤量正比于炉排的线速度，也就是和调速电机的转速成正比。如上所述，由于煤的燃烧过程比较缓慢，空气量和煤量的瞬时比值变化对燃烧经济性的影响并不明显，起关键作用的还是它们在一段时间里的平均值，其系统方框图如图 6-39 所示。

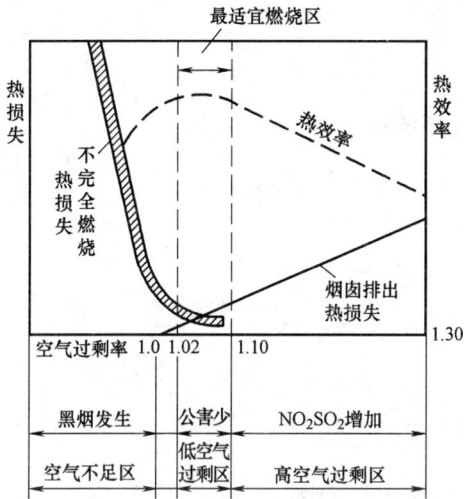

图 6-38　空气过剩率与热效应的关系

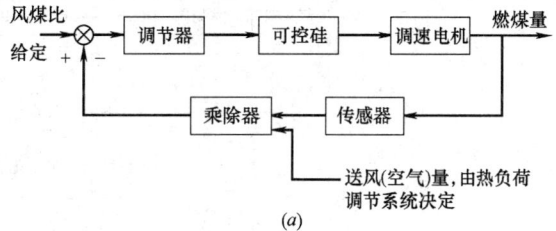

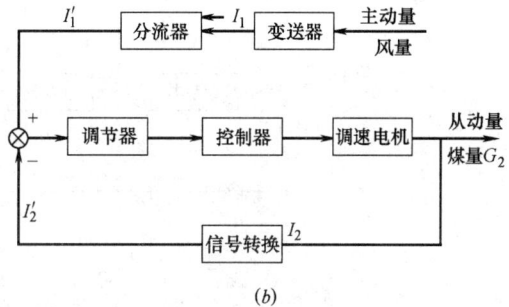

图 6-39　燃烧经济型调节系统
(a) 给煤量调节系统；(b) 改进型系统

图 6-39 中用一台调节器来控制给煤量，使给煤量跟随风量变化而按比例增减，以保证合理的风煤比，使锅炉正常燃烧。结合热负荷调节系统，当蒸气压力与给定值的偏差产生的信号经 PI 调节送入驱动炉排运动的滑差电动机的控制器，改变炉排转速以控制给煤量，实现风煤比例调节。这样的控制系统可满足蒸汽负荷波动较大的用户。蒸汽流量变化 $\pm20\%$ 时，其蒸气压力的偏差可保持在 $\pm0.05\mathrm{MPa}$ 的范围内，见图 6-39 (a)。

在此调节系统中，风量信号是主动量，煤量信号是从动量（在比值调节系统中，应选取对系统影响大的信号为主动信号）。当风量信号变化时，经分流器运算后作为比例积分调节器的给定值，并与煤量信号在调节器内进行比较，按偏差发生控制信号，经控制器（操作器），调速电机减速箱，改变炉排速度，从而改变了进煤量。反馈后的煤量信号和风量给定信号相比较，当偏差为零时，PI 调节器仍有一定的输出，使得调速电机有一固定转速，这时系统达到新的平衡，见图 6-39 (b)。

若主动量（风量）不变，链条速度的改变使煤量受到干扰，则通过闭合的负反馈回路能迅速克服这一干扰，从而保证给定的风煤比。若煤量、风量（挡板开度）同时受到干扰，则通过调节器，一方面可克服煤量干扰，另一方面可根据风量信号的新的给定值，调整电机转速，使煤量、风量信号在新的流量数值下维持原有的比值关系。

4. 炉膛负压自动调节系统

燃烧过程自动调节的任务之一是维持炉膛负压 S_T 在一定范围内。炉膛负压的变化反映了引风量与送风量不相适应。通常要求炉膛顶部维持 $2\sim4mm\ H_2O$ 的负压。这对燃烧工况、锅炉房工作条件、炉子的维护及安全运行最为有利。

炉膛负压自控系统以炉膛负压为主控信号、送风量为副信号输入引风机调节器，按比例调节的方式改变引风机风量调节挡板开度来控制引风量，实现炉膛负压自动控制，其系统方框图如图 6-40 和图 6-41 所示。

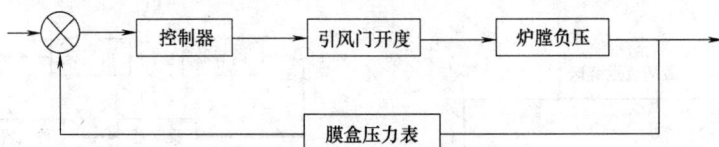

图 6-40　炉膛负压调节系统图

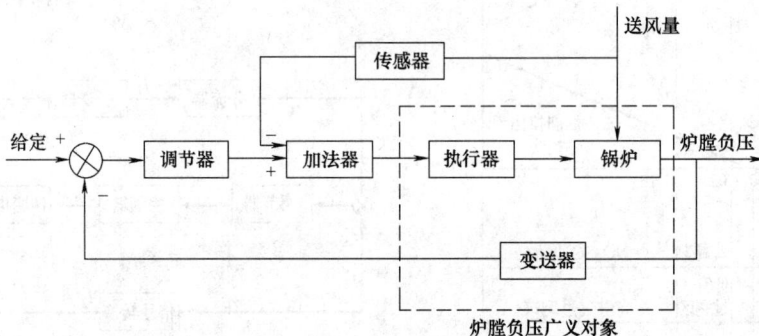

图 6-41　另一种炉膛负压调节系统图

（三）热网回水总管补给水量的自动调节

锅炉在运行中由于取样、排污、泄漏等，要损失掉一部分水，同时生产回水被污染不能回收利用，或无蒸汽凝结水，这时就应补充一部分符合水质要求的水。当补给水不能直接补入热网时，应设热网补水泵，备用水泵应能自动投入。为了严格控制用水（或生活水）的补给量，热网系统上应装设自动控制装置。

（四）锅炉辅机的控制

锅炉辅机主要有引风机、鼓风机、运煤机械和除渣机、给水泵、热力除氧器等。

1. 各辅机的控制与显示

各辅机电动机容量大于 14kW 应采用（Y－Δ）降压启动，容量大于 22kW 应采用自耦减压启动器。

运煤、除渣系统应逆物料输送方向依次启动各传送带电动机（顺序启动），并能顺物料输送方向依次停止各传送带电动机（顺序停车），并设事故停车控制、过载停车保护。

鼓风机、引风机、链条炉排、给水泵电动机均应设有手动/自动切换开关。除链条炉排外，以上各辅机均应设有就地启、停的按钮开关，以便于安装调试。

辅机运行显示仪表应包括引风机电动机电流表、鼓风机电动机电流表、给水泵电动机电流表、引风鼓风挡板开度指示表、给水阀门开度指示表以及给煤机转速指示表等，以便操作人员及时了解各辅机的运行情况。

2. 各辅机的电气连锁

172

停炉时，其顺序为：先停炉排，再停鼓风机，延时 30s 后停引风机。

开炉时，其顺序为：先开引风机，过 10～20s 后再启动鼓风机和链条炉排。

引风机、鼓风机与链条炉排应设有自动连锁。当引风机停转时，应立即将鼓风机及链条炉排电动机的供电控制回路切断；当引风机未启动时，鼓风机及链条炉排电动机不能运行。

手动（或遥控）操作与自动（调节仪表投入运行）操作应连锁，当锅炉处在手动（或遥控）时，调节仪表应切离系统，不能投入运行，以防止误操作。

3. 热力除氧器控制

要保证除氧器的可靠运行，只有对除氧器的蒸气压力、水温及水位进行完善的自动调节。如果用手动人工调节，不可能及时根据水温、气压和水位的变化进行连续的调节。

当供气量和供水量之间的适应性被破坏时，就不可避免地会使气体进入水中，从而使除氧效果变化。除氧器的压力和水位是衡量除氧效果的重要参数。因此，在热力除氧器运行中必须设水位和蒸气压力自动调节装置。只有投入自动调节装置，才能使热力除氧器的压力（即水温）保持在规定的范围内。

热力除氧器产品一般配有自动调节阀（浮球自力式），基本上能满足运行要求，但由于浮球的破损，容易失误。装设蒸气压力自动调节器对控制除氧器工作压力，特别是在负荷波动的情况下，借以使残余含氧达到水质标准是很需要的。对大容量、要求高的除氧器亦可采用电动（气动）水位自动调节器。

由于热力除氧器均为高位布置在独立的除氧间内或室外露天布置，故采用自动调节以实现无人操作。

图 6-42 为除氧器压力自动调节系统图。

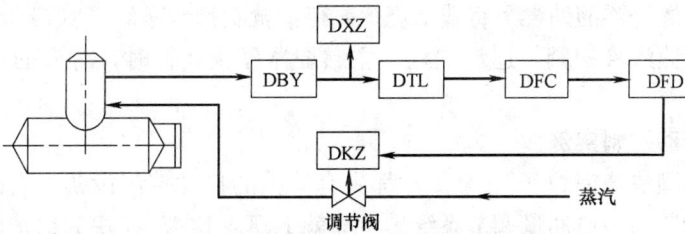

图 6-42　除氧器压力自动调节系统图
DBY—压力变送器；DFC—伺服放大器；DFD—操作器；
DTL—调节器；DXZ—单针指示仪；DKZ—执行器

图 6-43 为除氧水箱水位自动调节系统图。

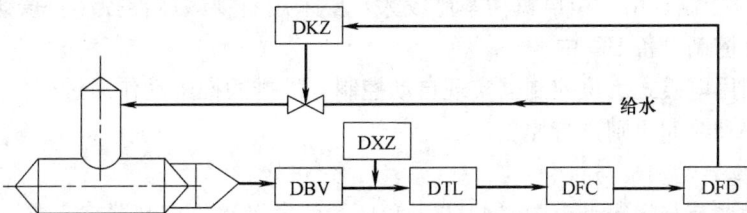

图 6-43　除氧水箱水位自动调节系统图
DBV—液位变送器；DFC—伺服放大器；DFD—操作器；DKZ—执行器；
DTL—调节器；DXZ—单针指示仪

173

4. 锅炉程序控制

锅炉程序控制使锅炉的启动、停止以及正常运行等一系列操作自动化。程序是根据操作顺序和操作条件编制的。

锅炉用的燃料有煤、油、天然气等，燃料种类不同，锅炉燃烧的启、停操作程序也不同，这里介绍油燃烧的程序控制。

(1) 点火程序控制

每一个主燃烧器附近都有一个点火燃烧器，只有点火燃烧器点燃的条件下，主燃烧器才能投入。点火燃烧器的启动程序为：投入点火变压器电源，使电火花点火器打火花，同时打开点火煤气阀，通入点火煤气。点火煤气是否点燃，由点火器的差压装置检测，差压装置的检测元件为膜盒，当点火器点燃后，差压值发生变化，膜片便向一方移动并用接点输出反映点火器的灭、燃状态。点火燃烧器启动15s内，当差压装置显示有火焰时，可认为点火燃烧器启动成功。点火器停电，停打火花，点火燃烧器燃烧，操作台上指示灯亮，并自动投入主燃烧器。

(2) 主燃烧器的启动程序

点火燃烧器燃烧后，依次插入油枪，打开回油阀，打开油阀，待主燃烧器燃烧后，点火燃烧器停止运行。主燃烧器启动时间为80s。在规定时间内，紫外线火焰检测装置显示有火焰，则认为燃烧器启动成功。燃烧器启动的同时，对应的一次风挡板自动打开。

(3) 主燃烧器停止运行程序

主燃烧器停运时，首先关闭燃料油进油阀和回油阀，停止进油，然后按点火程序启动点火燃烧器，待点火燃烧器显示有火焰时，打开蒸汽吹扫阀，用蒸汽将主燃烧器的残油吹出油枪，在点火燃烧器的助燃下将残油烧掉，待油枪吹扫干净后（吹扫3min），即停止点火燃烧器，关闭蒸汽吹扫阀，退出油枪。主燃烧器停止运行时，对应的一次风挡板自动关闭。

四、锅炉自动控制实例

目前各种小型快装锅炉（2~4t/h）都具有单独的自动控制设备。它们的控制原理大同小异，给水调节均为单冲量调节系统。下面就 KZL4-13 型 4t 快装锅炉的自动控制过程加以介绍。图6-44 为 KZL4-13 型锅炉电气控制原理图，其所用器件的名称、型号如表6-4所示。

KZL4-13 型 4t 快装锅炉中的引风机、出渣电动机、鼓风机均利用按钮进行手动控制。出渣电动机由按钮 2TA、2QA 和磁力启动器 2QC 控制；鼓风机由按钮 3TA、3QA 和磁力启动器 3QC 控制；由于引风机功率比较大，要采用自藕减压器控制，按钮 4TA，4QA 装在它的成套控制设备 BQ 中。

给水泵利用电极式水位控制器实现自动控制。炉排的推进动作通过行程开关和时间继电器，按行程和时间原则进行控制。

（一）水位自动调节与报警

水位自动调节与报警是由图 6-44 右下角所示的电极水位控制器来完成。

1. 水位的自动调节

水位的自动调节由电极水位控制器中晶体管 1BG，灵敏继电器 1LJ 和水位电极Ⅱ、Ⅲ来完成。水位电极Ⅱ、Ⅲ下端的间距就是水位允许波动的范围。

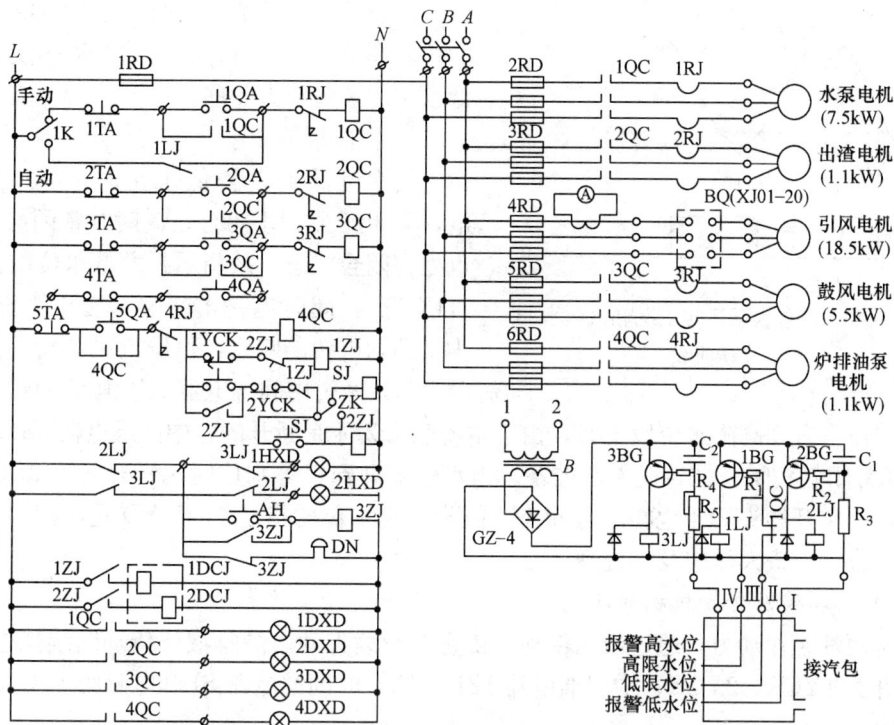

图 6-44　KZL4-13 型 4t 快装锅炉电气控制原理图

仪器名称型号 表 6-4

代　号	名　　称	型　　号	代　号	名　　称	型　　号
BQ	启动箱	XJ01-20	KB	变压器	5VA 220V/18V
GK	隔离开关		DN	电铃	HA11.3V~220V
KH$_{1-2}$	行程开关		KA	按钮	LA19-11 黑
JX$_1$	接线端子	X5-1005	QA	按钮	LA19-11 绿
D$_{1-2}$,GZ$_{1-4}$	硅二极管	2CP12	TA	按钮	LA19-11 红
BG$_{1-3}$	晶体三极管	3AX31C	LH	互感器	LQG-0.5.50/5
LJ$_{1-x}$	高灵敏继电器	121 型 2KΩ8mA	ZJ	通用继电器	JTX-2C~220V
QK$_1$	旋钮开关	KN3A 2X2	QC	交流接触器	CJ10-10~220V
MA,XA	按钮	LA18-22	RJ	热继电器	JRO-20/3,J-22A

当锅炉水位低于低限水位时,灵敏继电器 1LJ 释放,常闭触头 1LJ 闭合。通过转换开关 1K(处于虚线位置),使磁力启动器 1QC 线圈有电,水泵启动,水位逐渐上升。水泵启动后常闭触头 1QC 断开,水泵继续运转,直到水位上升到高限水位时,1LJ 线圈有电,使常闭触头 1LJ 断开,水泵停止运转。与此同时,常闭触头 1QC 闭合,可使水位由高限水位降到低限水位,常闭触头 1LJ 一直保持断开状态,水泵不运转。这样既能满足水位波动的要求,又可减少水泵的启动次数。

当水位下降到低限水位以下时,重新启动水泵。就这样按照双位调节规律保持汽包水位在一定的波动范围之内。汽包水位的波动曲线和水泵的启停运转工况,如图 6-45 所示。

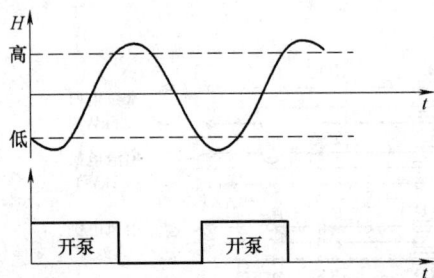

图 6-45　汽包水泵运转工况和汽包水
位波动曲线

由于锅炉的汽包调节对象是一个带有滞后时间的积分环节，所以汽包水位的波动幅度值比高低水位的差值要大一些。

2. 水位报警

当水位低到报警低水位时，2LJ 线圈失电，常闭触头 2LJ 闭合。此时，常闭触头 3LJ 也处在闭合状态，故指示报警低水位的指示灯 1HXD 亮，同时电铃 DN 响，通知值班人员。为了消除电铃的响声，值班人员可按下按钮开关 AH，通过中间继电器 3ZJ 消除铃响。

当水位上升到高限水位以上时，由于常闭触头 2LJ 是断开的，中间继电器 3ZJ 线圈失电，3ZJ 常闭触头闭合，为报警作准备。当水位上升到报警水位时，常开触头 3LJ 闭合，电铃响，因常开触头 2LJ 也在闭合状态，故指示高水位的指示灯 2HXD 亮，指示已达到报警高水位，值班人员应及时处理。

（二）炉排液压传动机构的控制

炉排用油泵作动力，通过液压传动，使它作断续移动。炉排液压传动断续推进动作，由行程开关 1YCK、2YCK，中间继电器 1ZJ、2ZJ，时间继电器 SJ 和电磁阀 1DCJ、2DCJ 等组织完成。

当按下 T5QA 按钮后，4QC 磁力启动器使油泵电动机启动，同时中间继电器 1ZJ 线圈有电，电磁阀 1DCJ 通电，活塞开始动作，作推动炉排的准备工作。当到达一定位置时，行程开关 1YCK 常闭触头断开，常开触头闭合，使中间继电器 1ZJ 断电。与此同时，2YCK 常闭触头处在闭合状态，使时间继电器 SJ 线圈有电，使它的常开触点延时闭合（延时的时间事先调整好），中间继电器 2ZJ 线圈断电，电磁阀 2DCJ 断电，炉排停止推进。与此同时，1YCK 常闭触头闭合，由于 2ZJ 线圈断电，使常闭触头 2ZJ 闭合，1ZJ 线圈重新通电，炉排又重复推进前的准备工作。

第七章　空调水输配系统控制

冷热源是空调系统的重要组成部分，担负着向空调房间提供冷量和热量的任务，这种冷量和热量的提供大多数是通过水循环系统完成的。空调的冷热负荷在一天中是变化的，一年之中也是变化的，如何使空调冷热源的产冷、产热量，随着空调房间冷、热负荷的变化而变化，如何使水循环系统按照负荷的要求，把产冷、产热量传送到空调系统的末端设备，是空调水输配系统控制的重要任务。

第一节　空调水输配系统简介

一个完整的空调系统由 3 大部分组成，即冷热源、冷热水输配管网和用户末端设备，它们之间的关系如图 7-1 所示。

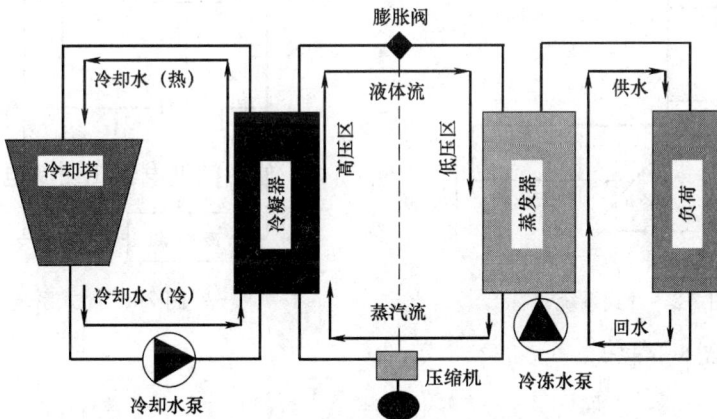

图 7-1　空调系统的组成

一、冷源

目前绝大多数大、中型空调系统所使用的冷源是冷水机组，按压缩机形式分有活塞式冷水机组、螺杆式冷水机组和离心式冷水机组。按驱动方式分有电动冷水机组和热驱动的吸收式冷水机组。一般情况下把冷水机组、冷冻水泵、冷却水泵等冷源和附属设备安装在一起，组成制冷机房，用来完成制造冷冻水的任务。

二、热源

空调系统的热源有局部锅炉房、区域锅炉房、热电厂和热泵机组等。一般情况下都是把锅炉房、热电厂及城市供热管网来的蒸汽或高温热水等热源引入冷热机房（或换热站），通过冷热机房内的换热器转换成温度较低的热水送给空调末端设备使用。也有的直接把蒸汽或热水供给空调末端设备进行加湿或加热用。

近年来广泛使用的溴化锂吸收式冷热水机组，夏季可以供冷冻水，冬季可以供热水，省掉了专用锅炉房或热力站，一机两用，甚至一机三用（供冷、供热和供生活热水）。

三、冷热水输配管路

冷热水输配管路按形式不同可分成不同的类型：

（一）开式系统和闭式系统

1. 开式系统

开式系统的特点是冷冻水储存在一个大水池内，系统运行时，冷冻水泵把冷冻水输给用户，回水流回冷冻水池，冷冻水池的水面与大气相通。当系统不工作时，用户末端设备内的水会流回冷冻水池，出现倒流现象。开式系统因为管道易锈蚀、系统所需水泵扬程大等缺点已很少使用。开式系统如图 7-2 所示。

2. 闭式系统

闭式系统的水管组成一个封闭的环路，管内任何部分都不与大气相通，无论水泵运行或停止，管路内部都充满水。因此，闭式系统都设有膨胀水箱或定压气罐（定压水泵）。闭式系统由于管道不宜锈蚀、所需水泵扬程低等优点得到了广泛的应用。闭式系统如图 7-3 所示。

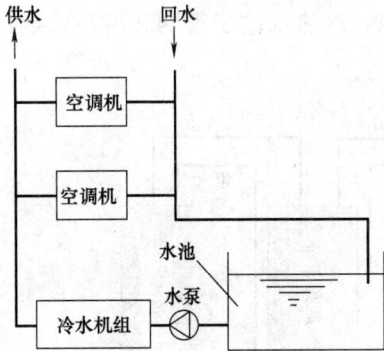

图 7-2　开式系统

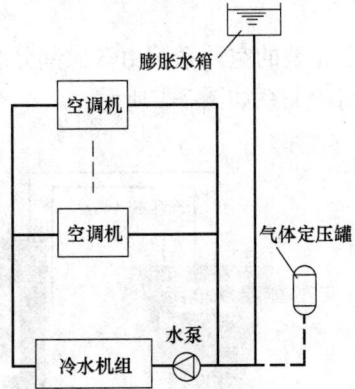

图 7-3　闭式系统

（二）同程式和异程式

1. 同程式

同程式管网的连接形式如图 7-4 所示。在同程式连接的管路中，水流过各末端设备时的路程基本相同，如各末端设备的阻力相近，则这种连接方式可以保证水流过各末端设备的流量接近相等，也即各环路易实现平衡，这给环路的调节与控制带来了好处。

2. 异程式

异程式管网的连接形式如图 7-5 所示。在异程连接的管路中，水流过各末端设备时的路程不相同，离冷热机房越远的用户阻力越大。这种连接形式中各环路的阻力不易实现平衡，对环路的调节与控制也增加了一定的难度。

（三）定水量系统和变水量系统

1. 定水量系统

定水量系统形式如图 7-6 所示。

在定水量系统中，没有任何自动控制水量的措施，系统水量的变化基本上由水泵的运行台数决定。因此，通过各末端的水量通常也是一个定值，或随水泵运行台数呈阶梯性变化，而不能对水量进行无级调节。这带来的一个缺点是，当末端负荷减少时，无法控制

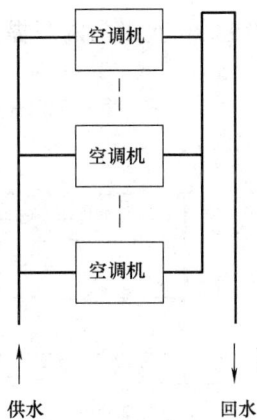

图 7-4　同程式

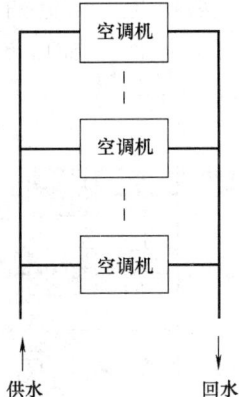

图 7-5　异程式

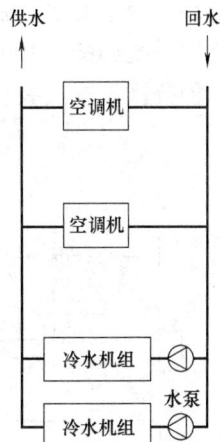

图 7-6　定水量系统

温、湿度等参数，造成区域过冷或过热。

为了解决末端控制问题，也有的工程在末端设三通自动调节阀，如图 7-7 所示。当负荷变化时，通过控制三通阀开度，调整旁流支路与直流支路的水流量比例，从而控制通过末端设备的水量，达到控制温度的目的。

定水量系统简单，控制方便或者不需控制，因此，在我国目前仍在一些标准较低的民用建筑中采用。

2. 变水量系统

变水量系统分为一级泵变水量系统、二级泵变水量系统，也有些工程使用三级泵变水量系统的。

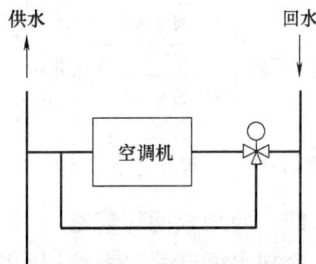

图 7-7　末端设三通自动调节阀

（1）一级泵变水量系统

这种系统如图 7-8 和图 7-9 所示，它的主要特点是在用户端设置二通电动调节阀，使流过用户的水量随负荷发生变化。

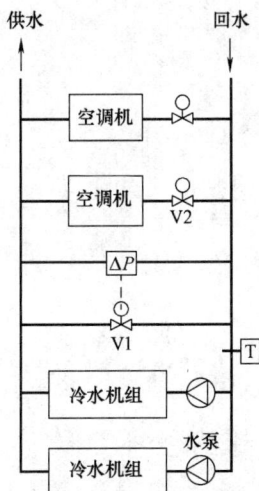

图 7-8　一级泵变水量系统（先串后并）

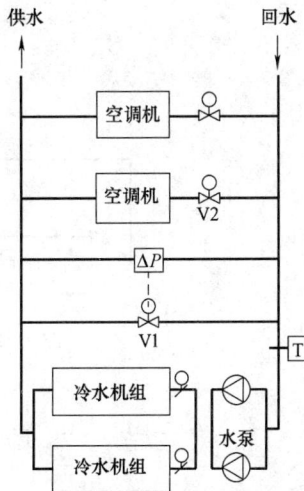

图 7-9　一级泵变水量系统（先并后串）

（2）二级泵变水量系统

这种系统如图 7-10 所示，它的主要特点是水环路的动力由初级泵和次级泵两级提供。还有一种分区设置次级泵的二级泵变水量系统，如图 7-11 所示。

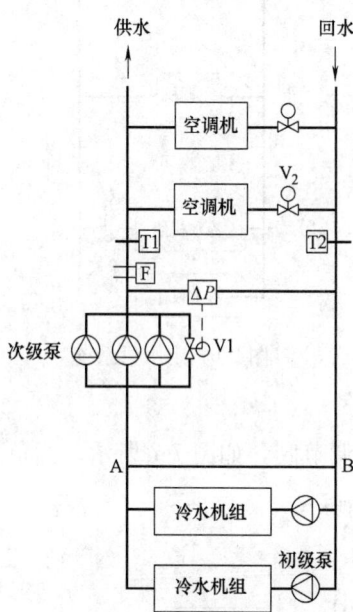

图 7-10　二级泵变水量系统

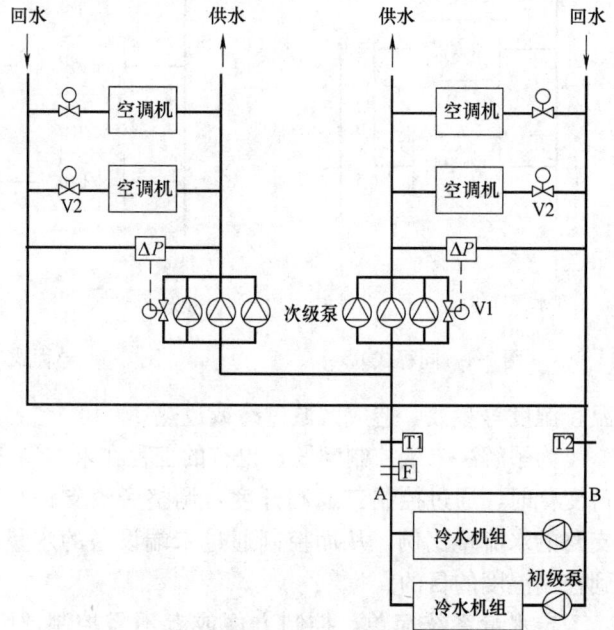

图 7-11　分区设置次级泵的二级泵系统

四、冷却水循环管路

冷却水循环管路把冷却水泵、冷却塔和冷凝器连接起来，完成给冷水机组的冷凝器排热的任务，如图 7-12 所示。

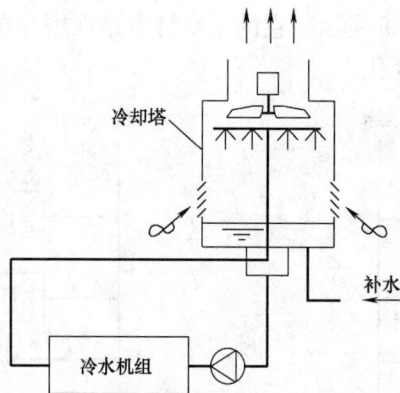

图 7-12　冷却水循环管路

第二节　空调水输配系统控制的任务

空调水输配系统控制的任务可以从以下三个方面来讨论：

一、空调水输配系统的控制是设备及系统安全运行的必要条件

在第六章已经讨论了水泵、风机和冷水机组的控制问题。我们已经知道，冷水机组安全运行的重要条件是必须保证与冷水机组相连的水系统（冷冻水系统和冷却水系统）、油系统出现问题时能及时地切断冷水机组的供电，以保护冷水机组的安全。在空调系统中，冷热源、输配水管网和用户末端装置组成了一个有机的整体，在这个整体中任何一环出现了问题都有可能给设备造成损坏，例如冷却水泵的损坏会使冷却水断流，使得冷凝器的温度和压力升高，如不采取措施会使压缩机过载而损坏。冷冻水泵损坏会使冷冻水断流，使蒸发器的温度和压力下降，当冷冻水温度低于0℃时会使蒸发器冻裂损坏。冷热源和水系统装设了控制装置就可以让流过冷水机组的冷冻水和冷却水流量、压力等保持在合适的范围内，为冷水机组提供合适的工作条件，而且冷冻水或冷却水一旦出现问题，安全保护装置能够立即做出反应，采取相应的措施，如切断冷水机组的供电回路，从而避免冷水机组的损坏。

二、根据空调房间负荷的变化，及时准确地提供相应的冷量或热量

空调系统设备的选择，包括冷热源机组和设备的选择都是按设计工况（即最不利工况）的条件下选定的，但在大多数情况下，空调系统的负荷只有设计负荷的一部分，有时只是很少一部分，这就要求冷热源能够及时准确地根据负荷的变化调整自己的产冷、产热量以适应空调负荷的变化。冷热水输配系统应根据负荷的要求，及时准确地把相应的冷热量传送到用户末端。不管是冷热源不能及时改变产冷、产热量，还是冷热水输配系统不能及时准确地传送冷热量到末端设备，都会影响到空调房间的温度、湿度值，特别是对空调精度要求高的工艺性空调，甚至会造成控制精度的超限以至影响生产过程的正常进行。图7-13为某商业大楼一年中负荷布示意图，从中可以清楚地看到，大部分时间系统是在低负荷下工作的。

三、尽可能让冷热源设备和冷冻水泵、冷却水泵在高效率下工作，最大限度地节省能源

通过制冷课程和泵与风机课程的学习，我们已知道无论是冷水机组还是冷冻水泵都存在一个工作效率问题。只有在一定参数下工作，这些设备才能达到高的效率，如果工作参数变化了，就会使设备的工作效率大大降低。图7-14为某型号水泵的工作曲线。可以清楚地看到，当工作点从1变到2后，水泵的效率有了很大的下降。这种情况下，水泵的流

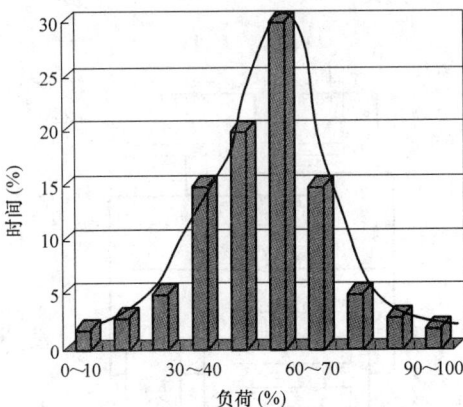

图 7-13　某商业大楼一年中负荷分布示意图

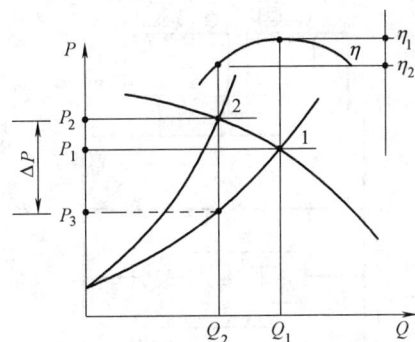

图 7-14　某型号水泵的工作曲线

量减少了很多，但水泵的功率并没有减少太多，从而造成了很大的浪费。对冷水机组也是一样，当需要的制冷量减少时，冷水机组就会转入低负荷状态下运行，一般情况下，冷水机组在低负荷状态下运行比满负荷状态下运行的效率要低，同样造成能量的浪费。

对冷水机组和冷冻水泵、冷却水泵等进行控制，就是对它们采取一些必要的措施，如变频调速或容量的重新组合等，使这些设备始终处于高效下工作，从而节省宝贵的能源，提高运行的经济性。

第三节　冷却水系统的控制

一、不同的连接方式

独立冷水机组、冷却塔和冷却水泵组成的冷却水系统如图 7-15 所示。

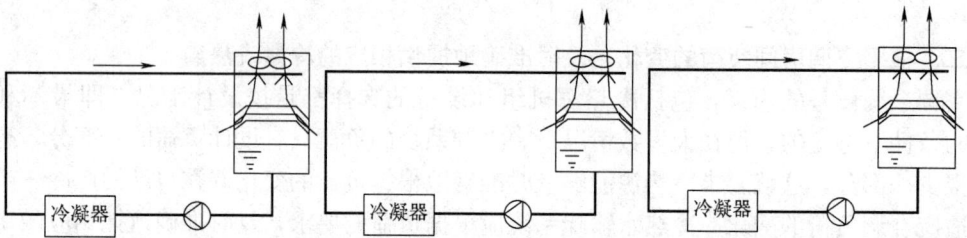

图 7-15　独立冷水机组、冷却塔和冷却水泵组成的冷却水系统

这种连接方法的最大优点是各自完全独立，吸入管路各自分开，可以简化平衡和控制问题。特别是冷水机组容量不同时，是一种比较好的连接方法，缺点是会多出许多配管，增加初投资。

实际工程中往往是多台冷水机组一起工作，这时可以有多种不同的组合方式。图7-16 为冷却水泵与冷水机组一一对应连接的组合形式；图 7-17 为冷却水泵与冷水机组独立并联后通过总管线连接的方式，考虑到冷却塔通常远离冷冻机房，因而一般是冷却塔全部并联后通过冷却水总管接至冷冻机房。

这种连接方法的优点是管道比较少，较低的成本就可达到相互备用的功能，缺点是如果机组容量相差较大，则不宜平衡。

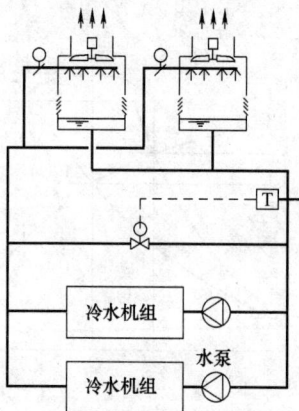

图 7-16　冷却水泵与冷水机组串联　　　　图 7-17　冷却水泵与冷水机组独立并联后再串联

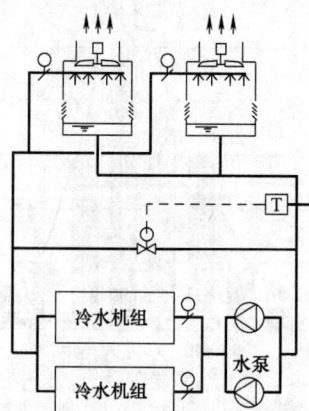

为了防止冷水机组停止工作时（相应的冷却塔也停止工作）冷却塔底池水位下降，造成水泵吸入空气的现象发生，应在各冷却塔底池间连接一根连通管，以保证各底池水位相等。图 7-18 为冷却塔与干管（连通管）连接的方式。

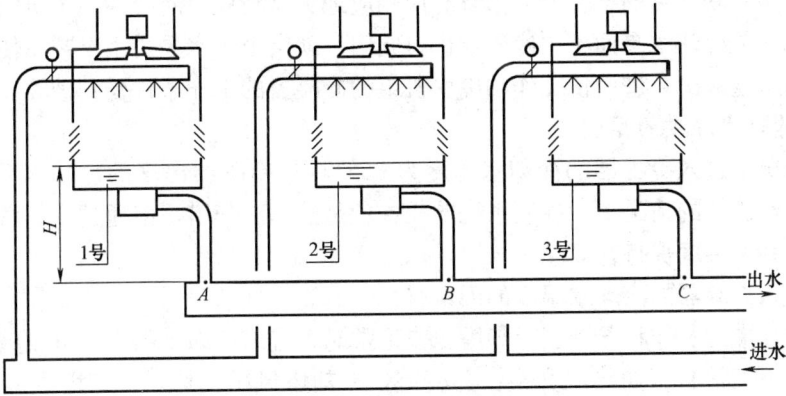

图 7-18　冷却塔与干管（连通管）连接的方式

冷却塔下面的出水干管实际上就有连通管的作用，如果冷却塔底距出水干管的距离比较高，而且干管的管径又比较大，也可以不设连通管。

二、对冷却水系统监控的要求

冷却水控制系统主要有以下 4 个方面的任务。

（1）保证冷水机组、冷却塔风机、冷却水泵安全运行。

（2）确保冷水机组冷凝器侧有足够的冷却水通过。

（3）根据室外气候及冷负荷变化情况调节冷却水运行工况，使冷却水温度在要求的范围内。

（4）根据冷水机组的运行台数，自动调整冷却水泵和冷却塔的运行台数，控制相关管路阀门的关闭，达到各设备之间的匹配运行，最大限度地节省输送能耗。

三、控制方法

（一）冷水机组、冷却塔风机和冷却水泵的安全保护控制

冷水机组的安全保护控制已在第六章进行了详细的讨论，这里不再赘述。冷却塔风机和冷却水泵的安全保护与一般风机、水泵的保护措施一样，系统在电器设计时已做了考虑，可参考电器设计的有关说明。

（二）冷水机组冷凝器水量的控制

冷凝器中流过充足的冷却水是冷水机组安全工作的基本保证，为了做到这一点，在控制系统采取的方法有：

（1）在冷凝器的出水管道上装设水流开关，水流开关的接点与冷水机组压缩机的控制回路连锁。只有管道中有足够的水流过时才能启动压缩机工作，当管道中没有水或水流不足时，压缩机不能启动。

（2）冷却水泵与冷水机组压缩机连锁，冷却水泵启动在前，压缩机启动在后，冷却水泵没有启动，压缩机不能启动。

这里要特别注意水流开关的安装位置，特别是在冷水机组并联连接的系统中，水流开关应分别装在各台冷水机组冷凝器出口的支管道上，而不能装在并联后的主管道上，因为主管道水流开关动作只能表明主管道上有水流过，而不能保证待启动的某台冷水机组的支管道中有水流过。

（3）关闭并联环路的某台冷却水泵时应相应地关闭与此泵对应的冷水机组冷凝器进口阀门。如果只关冷却水泵而不关冷凝器进口阀门，就会由于水泵总水量减少使分配到各台冷凝器中的水量减少，进而使工作的冷水机组的冷凝器的工作条件受到破坏。

（三）冷却水温度的控制

一般情况下进入冷凝器的冷却水温度为32℃，从冷凝器出来的冷却水温度为37℃。在保证冷却水流量的情况下，控制系统的任务就是控制冷却塔，使通过冷却塔以后进入冷凝器前的冷却水温度保持在32℃。

影响进入冷凝器的冷却水温度的因素有：

（1）冷却塔的工作状况。当冷却塔工作正常时，流出冷却塔的水温可以满足要求，当冷却塔工作不正常时（如热湿交换性能变差，冷却塔风机损坏，冷却塔进出口风被遮挡等），都会使出水温度达不到要求。

（2）工作时的气象条件，也就是室外空气的湿球温度。当室外空气的湿球温度低时，出水温度可以达到要求；当室外空气湿球温度高时，有可能达不到要求。

（3）冷水机组负荷的变化。当空调的需冷量减少时，冷水机组的能量调节系统会自动调节冷水机组的能量输出，能量输出的减少必然带来冷凝器产热量的减少，如果冷却水循环水量不变，则进入冷却塔的水温降低，冷却塔的出水温度也必然降低。

因此，冷却水水温控制系统的控制方法应该为：根据冷却塔出水温度（冷凝器进口温度）与设定值的偏差，控制冷却塔的风机或其他装置动作，使冷却水温度控制在32℃左右。

冷却塔风机的控制方法有两种，一是风机启停控制，当冷却水温度偏高时开启风机，当水温下降到设定值以下时关闭风机，冷却水温度在设定值附近波动；二是风机采用变频调速控制装置，根据冷却水实际温度与设定温度之间的偏差，自动调节风机的转速，使冷却水温度在设定值附近波动，实现水温的连续调节。

有的系统在冷却塔进出口之间装设了一个二通电动调节阀，如图7-17所示。当冷却水温度偏低时，相应地使旁通阀打开一定的开度，使一部分37℃的水不经冷却塔冷却，直接和经过冷却塔冷却的水温较低的水混合，使混合后的水温在32℃左右。这种调节方法，有可能造成水泵的超流量，致使水泵电机的损坏，使用中应给予充分的注意。

（四）其他控制

除了以上3项控制任务外，有的冷却水控制系统还应包括冷却塔底池水位控制、冷凝器出口温度控制、冷凝器进出口压力控制等，读者可参见相关资料。

第四节　冷冻水系统的控制

一、冷冻水系统的几种连接方式

冷冻水系统有定流量一级泵系统、定流量二级泵系统、变流量一级泵系统、变流量二级泵系统等多种方式，详见本章第一节。

二、冷冻水系统监控的任务

冷冻水控制系统主要有以下五个方面的任务。

(1) 保证冷冻水机组的蒸发器通过足够的水量，以使蒸发器正常工作，防止出现冻结现象。

(2) 向用户提供充足的冷冻水量，以满足用户的要求。

(3) 当用户负荷减少时，自动调整冷水机组的供冷量，适当减少供给用户的冷冻水量。

(4) 保证用户端一定的供水压力，在任何情况下都保证用户正常工作。

(5) 在满足使用要求的前提下，尽可能减少循环水泵的电耗。

三、控制方法

（一）定流量一级泵冷冻水系统的控制

定流量一级泵冷冻水系统的控制方法如图 7-19 所示。

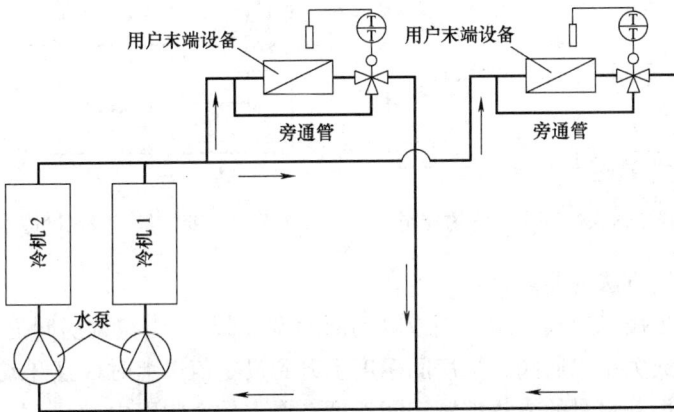

图 7-19　定流量一级泵冷冻水系统的控制方法

这种系统的控制方法是在用户末端设备处装三通阀，根据用户房间的温度调节冷冻水进入末端设备和进入旁通管的比例。温度高时加大进入盘管的比例，温度低时加大进入旁通管的比例，使室温维持在允许范围内。系统的总水量在冷机侧不变，在用户侧（进入末端设备和旁通水量之和）也不变，当用户负荷减少到一定程度时（回水温度下降到某一数值），关闭一台冷水机组，冷冻水泵不关，总循环水量不变，实现能量的自动调节。由于总冷量的减少，进入用户末端设备的冷量减少，室温会上升，升高的室温会通过三通调节阀调节冷冻水进入末端设备和旁通管的比例（减少进入旁通管的比例），使室温回到设定值附近。

（二）定流量二级泵冷冻水系统的控制方法

这种系统的控制方法如图 7-20 所示。

在这种系统中，用户端的控制方法与一级泵系统完全相同，冷水机组侧的控制也与一级泵系统完全一样。当用户侧的负荷减少到一定程度时，关闭一台冷水机组，一级泵、二级泵照常运行。

在定流量的一级泵和二级泵系统中，负荷的减少只是关闭部分冷水机组，产冷量得到调节，但冷冻水泵（一级、二级）均不关闭，造成了水循环输送动力能量的浪费，这是这种系统的缺点之一。

另外，用户侧的能量调节是通过三通阀进行的，如三通阀的旁通支路上不装设平衡阀，则三通阀开到中间位置时的总阻力会变小，使得通过三通阀时总水量增加。如果用户分布不均匀，则可能造成远端用户的水量减少，破坏整个系统的水力平衡。鉴于定流量系统的以上缺点，目前定流量系统已减少使用。

（三）变流量一级泵冷冻水系统的控制方法

这种系统的控制方法如图 7-21 所示。

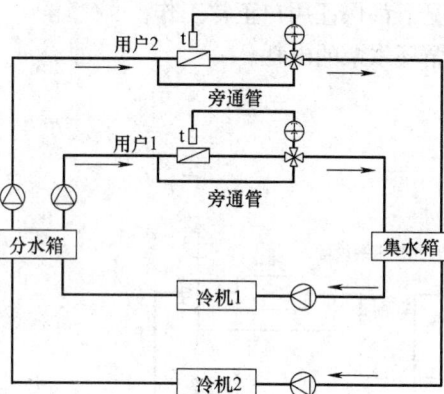

图 7-20　定流量二级泵冷冻水系统的控制　　　图 7-21　变流量一级泵冷冻水系统的控制方法

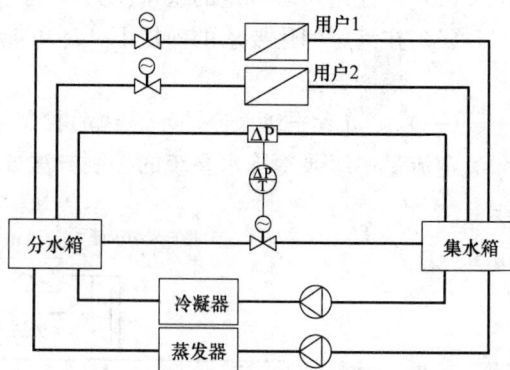

这种系统控制方法的要点是：

（1）用户侧采用二通阀（双位阀或电动两通调节阀）。当空调房间的温度下降到设定值以下时，关闭或关小二通阀，当房间温度上升到设定值以上时，打开或开大二通阀，通过改变用户末端设备水量的方法控制房间温度在要求的范围以内。

（2）由于用户采用二通阀调节水量，将使系统总水量发生变化。如大多数用户将二通阀关小（负荷减少）时，则系统总水量减少，通过蒸发器的水量减少，减小到一定程度会破坏蒸发器的工作条件，因此必须采取措施。

（3）用户端二通阀在调节水量的同时，必然也引起压差的变化，如大多数用户将二通阀关小，必然引起分水箱与集水箱之间压差的增大。为此，这种系统的控制方法是在分水箱和集水箱之间设置一个二通调节阀，这个二通调节阀的开度受分水箱与集水箱之间压差的控制。设计工况时，二通阀全部关闭，供回水之间维持设计压差。当用户端的二通阀关小时，随着供回水之间压差的增大，通过压力调节器调节分水箱、集水箱之间二通阀的开度，使一部分冷冻水不经过用户而直接流回集水箱，这样就解决了用户需水量减少而冷水机组蒸发器水量要求不变之间的矛盾。既满足了用户的实际需求，又保证了蒸发器的工作条件。与此同时，分水箱与集水箱之间二通阀的适当开启减少了它们之间由于用户关小阀门引起的压差的增高，使供回水压差维持在一个定值。

（4）在工程实践中也有采用采集蒸发器两端压差来控制分水箱与集水箱之间压差的做法。当用户的用水量减少时，流过蒸发器的水量也减少，蒸发器两端的压差减少，用这个减少的压差信号去控制分水箱与集水箱之间的二通调节阀的开度，同样可以起到保护蒸发器和维持供回水压差恒定的作用。

（5）在设计上，选择二通调节阀全开时的流量为一台冷水机组冷冻水的流量。控制时，当二通调节阀全部打开压差还偏大时，表明已经有相当于一台冷水机组的流量从旁通管返回集水箱，这时就可以关闭一台冷水机组，同时关闭与之对应的冷冻水泵。

在实际工程中也有采用其他方法来控制冷水机组启停的，如回水温度控制。这种方法的基本思想是：当用户端负荷减少时，因为供水温度不变，回水温度必然降低，可以通过回水温度与负荷变化之间的关系，间接地知道负荷变化的情况，从而根据回水温度的情况来控制冷水机组的启停。

（四）变水量二级泵系统的控制方法

变水量二级泵系统的控制方法如图 7-22 所示。

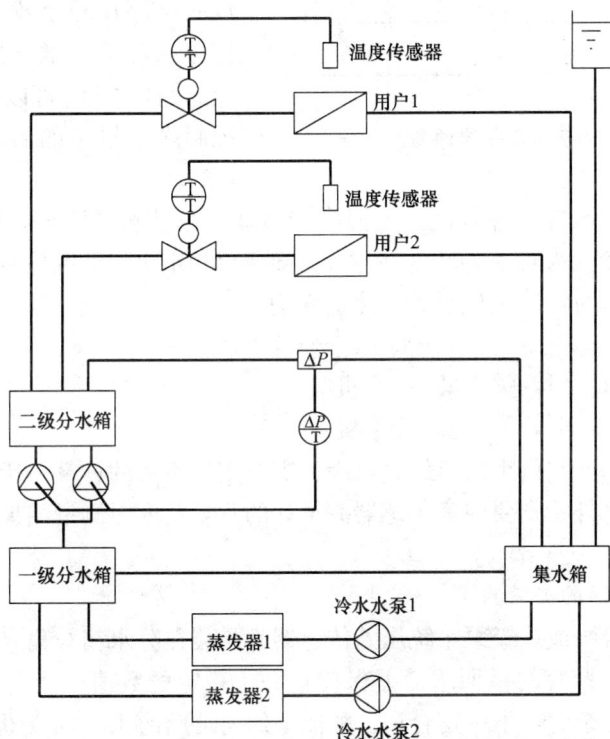

图 7-22　变水量二级泵系统的控制方法

这种系统控制方法的要点是：

（1）在一级分水箱与集水箱之间用连通管连接起来。当在满负荷工作时，一级泵回路和二级泵回路中的流量相等。冷水机组的产冷量全部输送给用户端。一级泵和二级泵回路水量和冷量"供需平衡"，此时连通管中没有冷冻水流过。

（2）当用户端负荷减少时，与一级泵变流量系统一样，用户将关闭或关小用户端二通阀的开度，减少进入用户侧的水量，二级分水箱与集水箱之间的压差会增大。在这种系统中，这个增大的压差会用来调节二级泵的启停或转速，通过并联二级泵运行台数的变化或水泵转速的变化，使二级分水箱与集水箱之间的压差（即用户的供回水压差）维持在要求的范围内。

（3）二级泵回路水量的减少将造成一、二级泵回路水量的不平衡，即"供大于求"。这时一级泵回路的水量将有一部分通过旁通管，这样就解决了用户端需要减少流量，蒸发

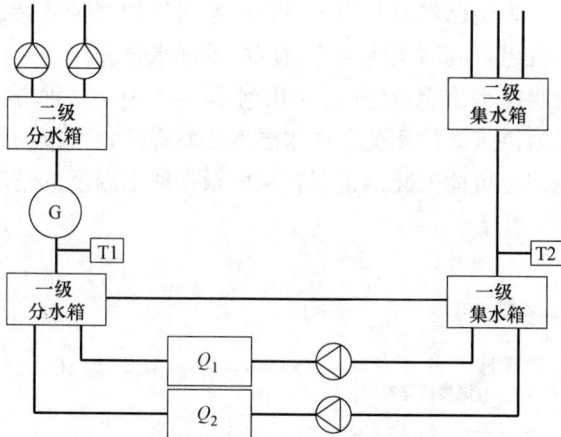

图 7-23　热量控制原理图

器需要流量恒定之间的矛盾。

（4）与一级泵系统一样，可以在旁通管之间装设一流量计，当测得流过旁通管之间的流量超过一台水泵的流量时，关闭一台冷水机组，同时关闭相应的冷冻水泵。

在二级泵系统中，由于旁通管的作用，用测量回水温度来控制冷水机组的启停比较困难（因为回水中有一部分未经换热的冷冻水通过旁通管直接返回）。此时可以采用热量控制方法控制冷水机组的启停，控制原理见图7-23。

在用户侧的供回水管上各装设一个温度传感器，在供水或回水管路上装设流量传感器，则用户所用的冷量为 $Q_0 = Gc(t_2 - t_1)$，已知两台冷水机组的制冷量分别为 Q_1 和 Q_2。

系统满负荷运行时，冷水机组的产冷量为 Q：

$$Q = Q_1 + Q_2 = Q_0$$

当 $Q_0 \leqslant Q = 0.9Q_1$ 时，关闭 Q_2 冷水机组

当 $Q_0 \geqslant Q = 1.1Q_1$ 时，关闭 Q_2 冷水机组

在用热量法控制冷水机组的启停时，因为需要用到冷量的计算，所以应使用带计算功能的智能控制器。另外特别要注意传感器流量计的测量精度对测量结果的影响。

四、压差控制

（一）压差传感器的安装位置

前面介绍的一级泵或二级泵系统压差传感器都是装在分水箱与集水箱之间的，这种安装形式可以保证整个系统的供回水压差保持在一个稳定的数值。但当用户较多、距离较远、分布情况又较复杂时，不一定合适。如图7-24示的系统用户3为最不利环路，用户3的压差得到保证，用户2、用户1的压差均能得到保证。但也可能在用户3满足的条件下，用户1的压差出现过高的现象，此时可以在用户3和用户1处分别装压差传感器，根据二者变化的平均值来控制二级泵的运转。

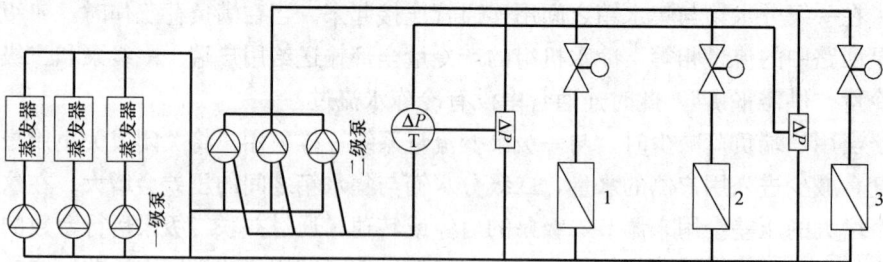

图 7-24　压差传感器安装的位置

压差传感器的位置不仅对系统的运行有影响，而且对系统的能耗有很大的影响。当压差传感器安装在总供回水干管之间时，水泵任何时候都要提供固定的扬程。当负荷减少

时，大部分能量都消耗在调节阀上，其定性分析如图 7-25 所示。当压差传感器装在末端设备（含调节阀）附近时，水泵的扬程随着系统用水量的减少可以有较大的降低，消耗在调节阀上的能耗也大大减少，从而可以有效地节能。

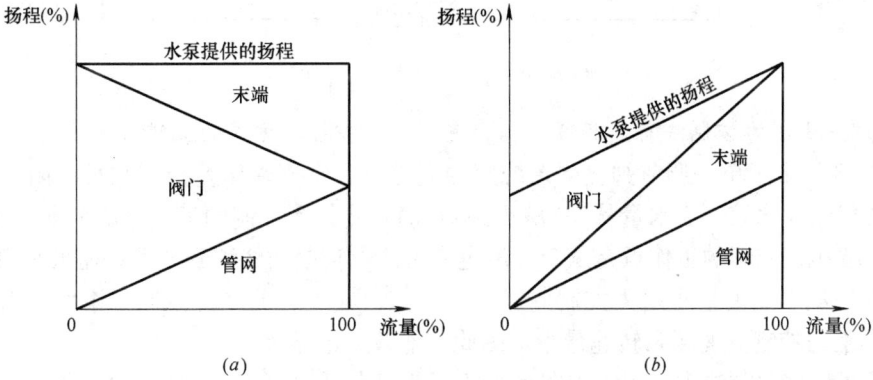

图 7-25　压差传感器的位置对能耗的影响

(a) 压差传感器装在供回水干管之间；(b) 压差传感器装在末端设备

对于分区域设置二级泵的水系统，可以在每个区域设置一套压差控制系统，如图 7-26 所示。

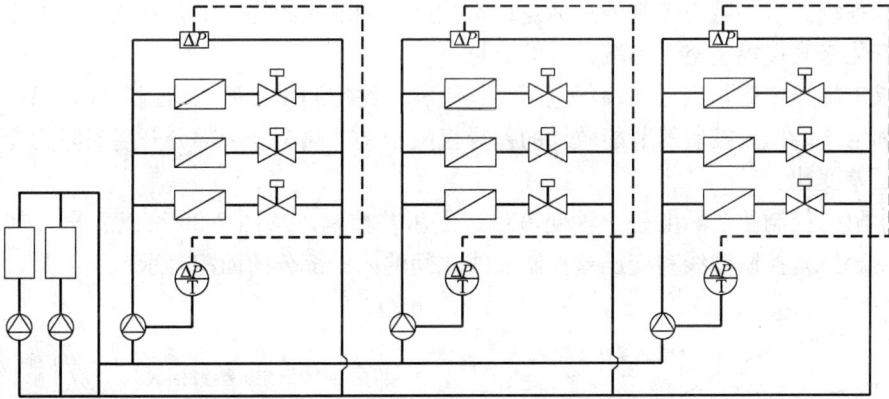

图 7-26　每个区域设置一套压差控制系统

（二）最小阻力控制法

由图 7-25 可以看出，不管是压差传感器装在供回水干管之间还是装在末端设备处，都有很大一部分水泵扬程要消耗在阀门上，能否把这部分能量节省下来呢？最小阻力法正是针对这一问题提出来的。

最小阻力控制由室温控制和阀门开度控制两个控制环路组成，阀门开度控制环路如图 7-27 所示，其原理如下：当空调房间的温度降低时，室温控制器使冷冻水调节阀关小，进入房间的冷量减少以适应室温的变化；阀门开度的变化又被阀门控制系统的阀门检测器检测到，通过与阀门设定值（最大值）比较，再通过变频控制器调节水泵的转速以减少进入室内的冷量，使得室温上升；室温控制器检测到室温上升就会开大调节阀的开度。如此不仅满足空调用户负荷变化的要求，而且使调节阀始终处于最大开度，降低了扬程在调节阀上的阻力损耗，节省了水泵的输送能耗。

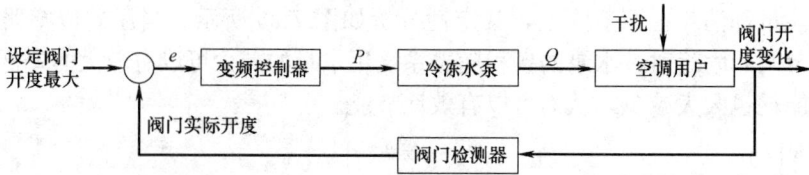

图 7-27　最小阻力控制方框图

（三）最小阻力控制法与定扬程控制、定末端压差控制方式的比较

图 7-28 给出了单一调节阀空调系统定扬程控制、定末端压差控制和最小阻力控制的流量和扬程曲线比较。当水量从 Q_0 减小到 Q_1 时，定扬程控制的工作点从 1 点定扬程到 2 点；定末端压差控制的工作点是从 1 点沿定末端压差控制曲线移到 3 点；而最小阻力控制的工作点是从 1 点沿最小阻力控制曲线移到 4 点。在上述的 3 种控制方案中，对于流量 Q_1，最小阻力控制的变频泵转速最小，因此节能效果最显著。

上述 3 种控制方法中，水管管路系统的压差损失是相同的。对于定扬程控制，因为要保持变频泵的扬程不变，必须关小调节阀开度来增加调节阀阻力，以弥补由于流量减小而使整个管路系统阻力损失减小（点 2、4 间的扬程差）。对于定末端压差控制，因为要保持最不利环路空调设备前后的压差不变，也必须关小调节阀开度来增加调节阀阻力，以弥补由于流量减小而使末端设备的管路系统阻力损失的减小（点 3、4 间的扬程差）。单一调节阀空调水系统的最小阻力控制的目标是尽量让这个调节阀始终处于全开状态，即用变频泵的转速变化来直接控制空调末端设备的流量。

如果末端压差测量点之间仅仅包括了最不利环路空调设备的二通调节阀，那么最小阻力控制和定末端压差控制的节能效果的差异仅限于调节阀全开和部分开启时阻力变化引起的末端压差变化。

最小阻力控制法实际上是一种变流量、变压差控制，从图 7-29 可以看出，其节能的大小可用定压差控制曲线和变压差控制曲线之间的阴影部分的面积表示。

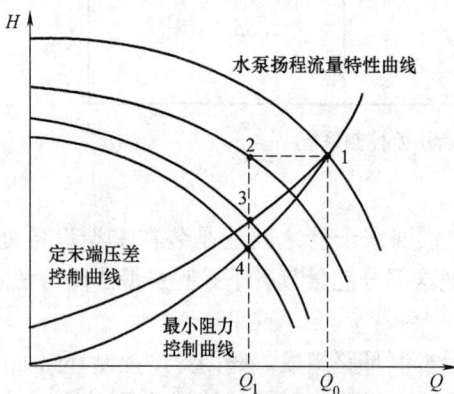

图 7-28　最小阻力控制和定末端压
　　　　差控制、定扬程控制的比较

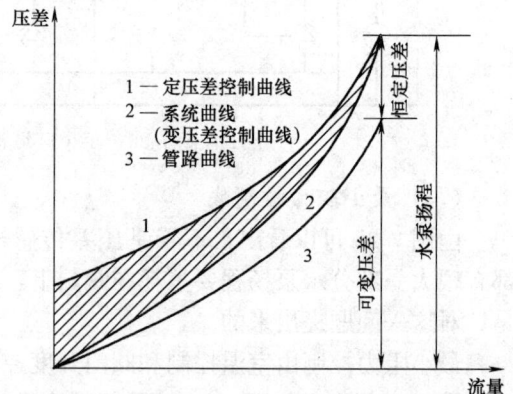

图 7-29　定压差控制和变压差控制节能比较

值得注意的是，最小阻力控制需要使用比例（连续）调节阀，因为最小阻力控制法是根据调节阀开启度进行的，如果使用电磁阀或双位调节阀则无法进行控制。

其次，在空调用户调节的过程中，始终保持阀门的开度最大，可能造成空调用户的供回水温差变小，这样就可能出现小温差、大流量的现象。这样可能会降低末端装置的运行效率。为了解决这样的问题，可以在空调用户的供回水管上安装一个温差传感器来检测空调用户的供回水温差，并与其阀门的开度进行比较分析，适当减小阀门的开度。这样就可以使得供回水的温差不至于过小，即保证了末端空调装置的运行效率，同时满足了最小阻力控制的要求。

最后，通过对最小阻力控制的分析可知，原则上是要对空调系统末端的每个调节阀的开度进行控制，这样势必造成初投资增加。为了合理利用最小阻力控制，应该针对系统的末端进行科学的分析，选择一些最不利的也最有代表性的阀门进行最小阻力控制，这样既能简化分散控制系统的规模，也降低了控制系统的初投资。

第五节 冬夏转换与热水系统控制

一、冬、夏工况的转换控制

空调水系统冬、夏工况的转换通常是通过在冷、热供、回水总管上设置阀门来实现，自控设备的使用方式决定了冷、热水总管的接口位置及切换方式。

（一）冷、热计量分开，压差控制分开

这种情况下，冷、热水总管可接入分、集水箱（见图 7-30）。从切换阀的使用要求来看，当使用标准不高时，可采用手动阀。如果使用的自动化程度要求较高，尤其是在过渡季有可能要求来回多次切换的系统，为保证切换及时并减少人员操作的工作量，这时应采用电动阀切换。

图 7-30 的一个主要优点是冷、热水旁通阀各自独立，因此各控制设备均能根据冷、热水系统的不同特点来选择、设置和控制，因此，压差控制及测量精度都比较高。这一系统的主要缺点是由于分别计量及控制，使投资相对较大。

（二）冷、热计量及压差控制冬夏合用

这种方式的优缺点正好与上一种方式相反（见图 7-31）。此时冷、热量计量及测量元件和压差旁通阀通常按夏季来选择。当用于热水时，由于流量测量仪表及旁通阀的选择偏

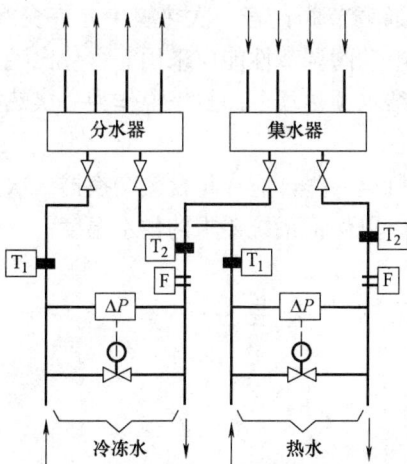

图 7-30 冷、热水分别控制和计量   图 7-31 冷、热水合用控制和计量

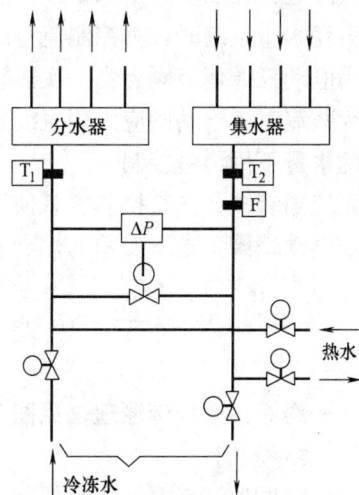

大，将使其对热水系统的控制和测量精度下降。

在这时，冷、热水切换不应放在分、集水箱上，而应设在分、集水箱之前的供、回水总管上（见图7-31），以保证前面所述的冷、热量计算的精度。从实际情况来看，总管通常位于机房上部较高的位置，手动切换是比较困难的。因此常采用电动阀切换（双位式阀门，如电动蝶阀等）。同时，压差控制器应设于管理人员方便操作处，以使其可以较容易的进行冬、夏压差控制值的设定及修改（冬季运行时的控制压差通常小于夏季）。

在按夏季工况选择旁通阀后，为了尽可能使其在冬季时的控制较好，这里有必要研究冬季供热时对热水系统的设计要求。

假定夏季及冬季的设计控制压差分别为 ΔP_s、ΔP_d（Pa），最大旁通流量分别为 W_s、W_d（m^3/h），则按夏季选择时，阀的流通能力为：

$$c_s = \frac{316 w_s}{\sqrt{\Delta P_s}} \tag{7-1}$$

按冬季理想控制来选择，则阀的流通能力为：

$$c_d = \frac{316 w_d}{\sqrt{\Delta P_d}} \tag{7-2}$$

由于采用同一旁通阀，因此，同时满足夏季与冬季控制要求的阀门应是 $C_s = C_d$，则由上两式得：

$$\frac{\Delta P_s}{\Delta P_d} = \left(\frac{W_s}{W_d}\right)^2 \tag{7-3}$$

与夏季压差旁通控制相同的是：冬季最大旁通量也为一台二级热水泵的水量。因此，当 ΔP_s、ΔP_d 及 W_s 都已计算出的情况下，可计算出 W_d，这就是二级热水泵的水量，这一水量即是以控制来说最为理想的对二级热水泵的流量要求，由 W_d 并根据总热负荷及热水供、回水温差即可反过来确定出热交换器及二级热水泵的台数（一一对应）。

二、热交换器的控制

空调热水系统与冷水系统相似，通常是以定供水温度来设计的。因此，热交换器控制的常见做法是：在二次水出水口设温度传感器，由此控制一次热媒的流量。当一次热媒的水系统为变水量系统时，其控制流量应采用电动二通调节阀；若一次热媒不允许变水量，则应采用电动三通调节阀。当一次热媒为热水时，电动阀调节性能应采用等百分比型；一次热媒为蒸汽时，电动阀应采用直线型。如果有凝结水预热器，一般来说作为一次热媒的凝结水的水量不用再做控制。

当系统内有多台热交换器并联使用时，与冷水机组一样，应在每台热交换器二次热水进口处加电动蝶阀，把不使用的热交换器水路切除，以保证系统要求的供水温度。

第六节 空调水输配系统的中央监控[8]

一、一级泵系统控制原理（见图7-32）

（一）启停控制

（1）连锁顺序：水泵→电动蝶阀→冷却塔控制环路→压差控制环路→冷水机组。停车时顺序相反。

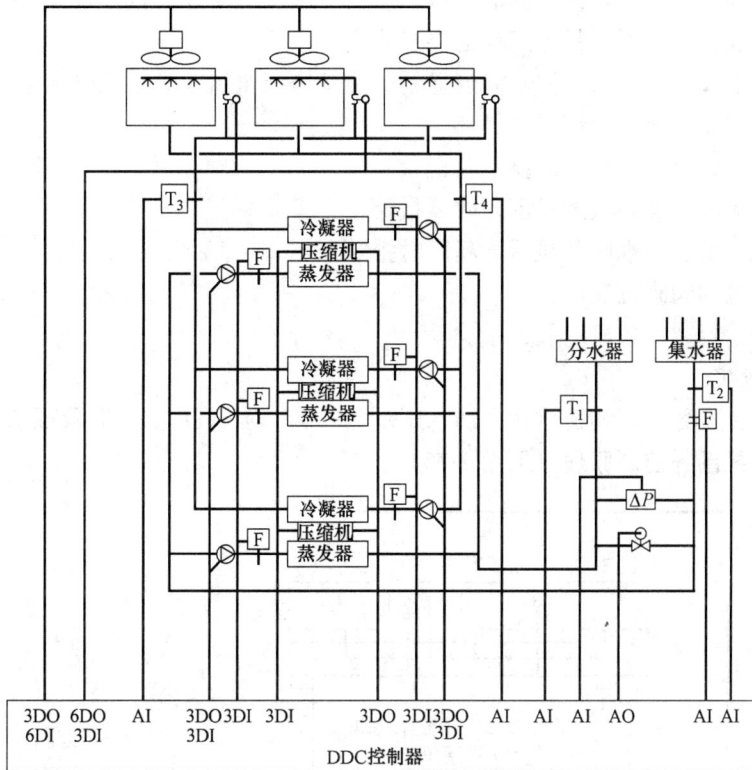

图 7-32　一级泵系统控制原理图

（2）系统设有中央控制室键盘远距离启停及现场手动启停，如果控制设备有充分可靠的保证，也可以考虑自动启停。

（3）自动记录各机组的运行小时数，优先启动运行小时数少的机组及相关设备。

（二）运行台数控制

（1）系统初启动时根据室内、外空气的状态及运行管理的经验，由管理人员人工启动一套系统。

（2）冷量控制根据所测冷冻水供、回水温度 T_1、T_2 及流量 F，计算实际耗冷量，并根据单台机组制冷量情况，自动决定机组运行台数并发出相应信号，由人工完成启停操作。

（3）设置时间延迟或冷量控制的上、下限范围，防止机组的频繁启停。

（4）根据冷却水回水温度 T_4，决定冷却塔风机的运行台数并自动启停冷却塔风机。

（三）压差控制

按设计及调试要求设定冷冻水系统供、回水压差，并根据压差传感器的测量值来决定旁通电动阀的开度。

（四）显示、报警

（1）设备运行状态（启、停）显示，故障报警。

（2）冷水机组主要运行参数显示及高、低限报警，此功能要求冷水机组自配的电脑控制器必须向 DDC 系统进行通信协议开放，同时应在图 7-29 的基础上在 DDC 系统中增加相应的输入功能点。关于具体监测的参数，应由冷水机组生产厂商、DDC 系统供货厂商、使用单位以及设计人员根据具体工程的要求确定。

（3）冷冻水及冷却水供、回水温度显示，冷却塔回水温度高、低限报警。

（4）冷冻水流量显示及记录。

（5）瞬时冷量及累计冷量的显示及记录。

（6）冷却塔电动蝶阀状态显示，故障报警。

（7）冷冻水供、回水压差显示，高限时报警。

（8）旁通电动阀阀位显示。

（9）设备运行小时数显示及记录。

（五）再设定

冷却塔回水温度 T_4、冷冻水供、回水压差 ΔP 等，均可在中央电脑及现场进行再设定。

二、二级泵系统控制原理（见图 7-33）

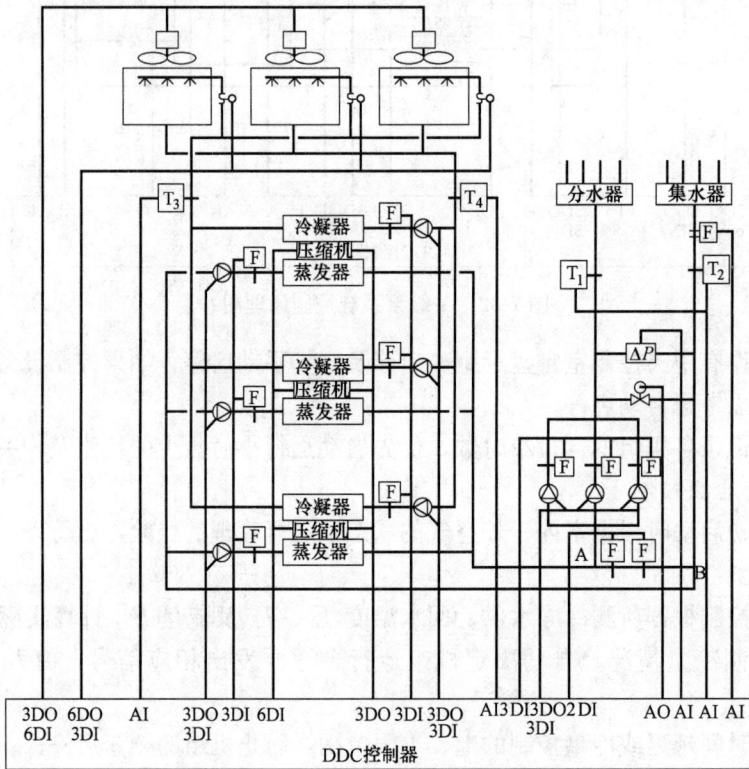

图 7-33　二级泵系统控制原理图

（一）系统启停

（1）根据室内外气象条件及实际情况，人工选择运行小时数最少的一台次级泵启动，同时，压差旁通阀控制环路投入工作。

（2）冷水机组及其他设备的连锁启停顺序与一级泵系统相同。

（二）设备运行台数控制

（1）根据计算冷量，自动决定冷水机组及相关设备的运行台数，优先启动运行小时数

194

最少的系统及设备。

(2) 根据所测流量及次级泵设计参数，自动决定次级泵运行台数，优先启动运行小时数较少的次级泵（可自动启停）。

(3) 冷水机组的启停应设有时间延迟或冷量控制的上、下限，避免机组频繁启停。

(4) 冷却塔风机的运行台数由回水温度来控制。

（三）压差控制

根据要求设定冷冻水供、回水控制压差，当实测压差大于设定值时，开大旁通电动阀；反之，则关小旁通电动阀。

（四）显示、报警

(1) 设备运行状态（启、停）显示，故障报警。

(2) 冷水机组运行参数显示及报警（同一次泵系统）。

(3) 冷冻水及冷却水供、回水温度 $T_1 \sim T_4$ 显示，T_4 高限报警。

(4) 冷冻水流量显示及记录。

(5) 瞬时冷量和累计冷量显示及记录。

(6) 冷却塔电动蝶阀状态显示，故障报警。

(7) 冷冻水供、回水压差显示，高限时报警。

(8) 旁通阀阀位显示。

(9) 平衡臂 AB 的管内水流方向显示。当有冷水机组运行时，此管内反向流动（从 B 点流向 A 点为反向流动）时报警，如果仅是次级泵运行而无冷水机组运行，则不报警。

(10) 设备运行小时数显示及记录。

（五）再设定与一次泵系统相同

三、空调热水系统控制原理（见图 7-34）

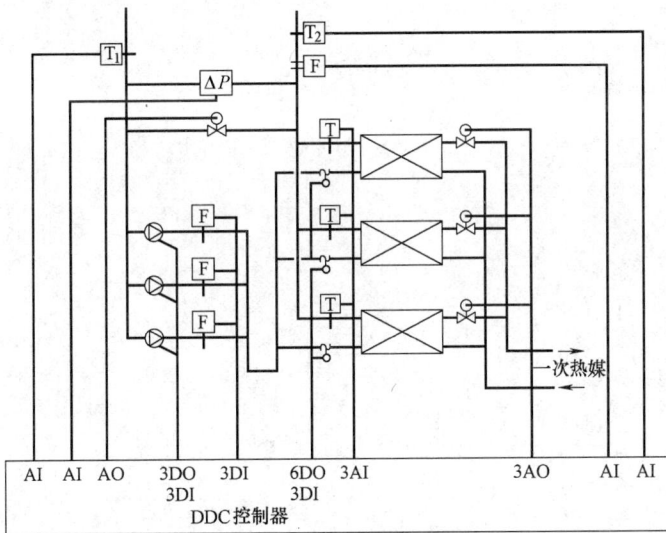

图 7-34 空调热水系统控制原理图

（一）启停控制

(1) 根据室内、外条件，由中央电脑键盘启动或现场手动启动第一台热交换器组成的热水系统（包括相应的设备）。

（2）连锁顺序：启动时先启动热水泵，再开启热交换器电动蝶阀。

（二）水温控制

根据各台热交换器二次水出水温度，控制一次热媒侧电动调节阀。

（三）台数控制

根据热水供、回水温度及流量，计算用户侧的实际耗热量，自动启停及决定热交换器和热水泵的运行台数。

（四）压差控制

根据设计要求或调试结果所得到的热水供、回水总管压差，控制电动旁通阀开度。

（五）显示及报警

（1）热水泵运行状态显示，故障报警。

（2）热交换器电动蝶阀状态显示，故障报警。

（3）热交换器一次热媒电动调节阀的阀位显示。

（4）电动旁通阀阀位显示。

（5）热水供、回水压差显示，高限报警。

（6）热交换器二次水出水温度显示，高、低限报警。

（7）热水总供、回水温度和流量的显示及记录。

（8）瞬时热量及累计热量显示及记录。

（9）设备运行小时数显示及记录。

（六）再设定

各热交换器二次水出水温度及供、回水压差等，均可在中央电脑及现场进行再设定。

第八章　采暖与通风系统的调节与控制

第一节　采暖系统调节与控制的依据

一、室外温度变化产生的运行调节需求

采暖热负荷随室外温度的变化而变化，而室外温度的变化规律又随地区、年代的不同而不同。对于某一个地区来说，可以把长期观测到的气象参数进行统计分析，得到该地区的室外温度的变化规律。以天津地区为例，表 8-1 给出天津地区采暖期不同室外温度出现时间的累计值资料，该资料是由气象部门提供的 30 年（1951～1980 年）统计资料的平均值。

等于或低于某一温度的累计小时数（1951～1980 年）　　表 8-1

室外温度(℃)	+5	+3	0	−1.2	−2	−4	−6	−8	≤−9	天津采暖天数按
低于某一温度的累计小时数(h)	2928	2465	1833	1474	1235	700	330	127	69	122 天计算

另一方面，可以根据采暖热负荷 q_w 和建筑耗热量指标 q_{pj} 之间的关系计算出不同室外温度下的热负荷，其中天津地区居住按第二期节能标准 $q_{pj} = 20.5 \text{W/m}^2$，计算结果见表 8-2。

不同室外温度条件下的热负荷　　表 8-2

室外温度(℃)	+5	+3	0	−1.2	−2	−4	−6	−8	≤−9
热负荷	13.11	15.49	19.07	20.5	21.46	23.84	26.22	28.61	29.80

根据表 8-1、表 8-2 给出的数据，可以画出采暖期热负荷连续时间变化图，如图 8-1 所示。该图左半部分表示热负荷（单位面积）随室外温度的变化图，右半部表示热负荷随累计时间的变化图。每一矩形面积即代表相对于该负荷下的室外温度、累计时间段内的总热负荷。例如：图形 $ABB'A'$ 代表采暖期出现室外温度 $t_w \leqslant -9℃$ 的累计时间内，单位采暖面积的平均热负荷值。天津地区 $\leqslant -9℃$ 的时间为 69h，图形 $ABB'A'$ 则代表采暖期出现等于或低于 $-9℃$ 时间（69h）内的单位采暖面积总热负荷。图形 $ABCDA'$ 代表整个采暖期内单位面积的总热负荷值。图中 A'（$-9℃$）为采暖室外设计温度，t_{pj} 为采暖期室外平均温度，图形 $ABCDA'$ 也等于 $q_{pj}N$，即建筑耗热量指标 q_{pj} 与采暖期的累积小时数 N 的乘积。

由图 8-1 不难看出，采暖期的负荷变化很大。表 8-3 给出天津地区在采暖期某一室外温度范围内的小时数及所占采暖期的百分数。由该表中数据可知，天津地区冬季等于或低于 $-4℃$ 的时间占采暖期的 23.9% 左右，而等于或低于 $-6℃$ 的时间，只占采暖期的 11.3%。因此，在整个采暖期根据室外温度的变化对采暖系统进行调节与控制是非常

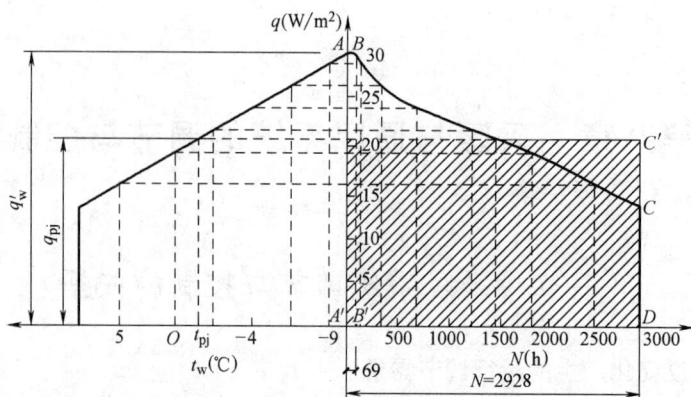

图 8-1 采暖期热负荷连续时间变化图

天津地区采暖期在某一温度范围内的时间所占百分数　　　　表 8-3

温度范围(℃)	0~5	−2~0	−4~−2	−6~−4	−8~−6	−8~−9	≤−9
小时数(h)	1095	598	535	370	203	58	69
占采暖期的百分数(%)	37.4	20.4	18.3	12.6	6.9	2.0	2.4
累积(%)	100	62.6	42.2	23.9	11.3	4.4	2.4

必要的。

二、用户自主调控产生的运行调节需求

随着分户热计量系统的推广应用，用户逐渐成为用热的主体，可以通过温控阀根据自己的需要调节散热设备的流量，进而改变散热量，以有效地控制室温。这种调节使得用户的用热需求直接影响到供热系统的水力工况。然而，各用户的用热行为根据个人的作息习惯及舒适性需求的差异而有所不同，所有热用户的用热调节作用在热网系统上会造成难以预知的热水流量变化。

分户温控调节导致分散的众多热用户成为主动的调节者，而供热系统的调节则由主动转变为被动的适从者。这种转变，使得计量供热系统与传统供热系统相比，其运行调节更加复杂，考虑的因素也更多。

第一，用户的自主调控对整个系统热力工况的影响。用户的调节行为首先改变散热设备的热媒流量，其流量的改变又影响到散热设备的热力工况，进而导致回水温度的变化。对于整个系统而言，一定程度的循环流量和回水温度的变化会影响到热力站设备乃至热源的热力工况。因此，热源和热力站的调节方式，除了考虑室外温度对热负荷需求造成的影响外，还应该适应用户用热行为产生的影响。

第二，某用户的调节对其他用户热力工况的影响。当某用户流量调节后，由于阀门阻力发生变化，使得整个管网的流量分配比例发生变化，此时有可能使得其他用户的流量过大或过小，影响散热设备的散热效果，进而影响到室温。为了避免某用户的调控行为影响整个系统及其他用户的水力稳定性，需要采取相应的水力平衡措施，保证系统调节过程中的水力稳定。

第三，节能潜力的开发。由于用户自主调控会导致供热系统被动地变流量运行，这种变流量运行如果结合循环水泵的变频调节，能够产生显著的节能效果。

三、采暖系统的运行调节

根据上述分析，采暖热负荷除了随室外温度的变化而变化外，对于分户热计量采暖系统，还会由于用户自主改变室内设定温度及相邻户温度变化等因素导致热负荷需求发生变化。采暖调节的目的就在于使采暖用户散热设备的散热量与用户需要的热负荷变化规律相适应，使室内温度保持在某个要求的范围之内，以满足生产过程或人体舒适的需要。即以采暖用户所需热负荷的变化规律，作为采暖系统运行调节的依据。

根据供热调节地点不同，供热调节可分为集中调节、局部调节和个体调节三种调节方法。集中调节在热源处进行，该调节方法实施容易，运行管理方便。但是由于各采暖热用户的负荷需求或系统形式不同，往往需要对热力站或用户进行局部调节。而对于安装散热设备调节阀的用户，还可以根据各房间需要，直接在散热设备处进行个体调节。

综上所述，采暖系统的运行调节是一个综合性调节过程，包括热源调节、热网调节、局部调节以及散热设备调节等。热源（供热锅炉）的调节与控制在第六章已有论述，在这里不再赘述。

需要指出的是这里所说的调节不包括采暖系统的初调节，而是指在采暖系统已经完成了初调节，系统的水力工况和热力工况已经达到了系统设计要求的前提下，系统在运行过程中因为受到外界干扰（如室外气温的变化、室内人员改变了阀门的开度、自力式温控阀开度的改变等）而必须进行的调节。采暖系统的初调节方法可以参考有关资料。

第二节 散热设备的热力工况调节

一、散热设备运行调节的基本公式

在采暖系统稳定运行的条件下，散热设备的放热量等于采暖管路的供热量，同时也等于采暖热用户的热负荷。在运行调节时，若相应室外温度下的采暖热负荷与采暖设计热负荷之比，以相对采暖热负荷比 $\overline{Q}$ 表示，其流量之比以相对流量比 $\overline{G}$ 表示，传热系数之比以相对传热系数比 $\overline{K}$ 表示，则可以得出如式（8-1）所示的散热设备运行调节的基本公式。

$$\overline{Q}=\frac{t_n-t_w}{t_n'-t_w'}=\overline{K}\frac{\Delta t_s}{\Delta t_s'}=\overline{G}\frac{t_g-t_h}{t_g'-t_h'} \tag{8-1}$$

式中　t_w'，t_w——设计工况和运行调节工况下采暖室外温度，℃；

t_n'，t_n——设计工况和运行调节工况下采暖室内温度，℃；

t_g'，t_g——设计工况和运行调节工况下采暖热用户的供水温度，℃；

t_h'，t_h——设计工况和运行调节工况下采暖热用户的回水温度，℃；

$\Delta t_s'$，Δt_s——设计工况和运行调节工况下散热设备与室内空气的平均温度差，℃。

散热设备属于换热器的范畴，其平均温度差从严格意义上讲，应该按照对数平均温差来表示。

$$\Delta t_s=\frac{t_g-t_h}{\ln(t_g-t_n)-\ln(t_h-t_n)} \tag{8-2}$$

考虑到不同散热设备的传热性能存在一定的差异，下面分别针对散热器、暖风机和低温热水地板辐射采暖3种采暖末端装置进行个体调节工况分析。

二、散热器的个体调节

散热器比较常见的个体调节方法为量调节，即随着室外温度或室内设定温度的变化，通过调整进入散热器的流量而改变散热量。

散热器的传热系数可由式（8-3）计算：

$$K = a\Delta t_s^{(1+b)} \tag{8-3}$$

式中　K——散热器的传热系数，$W/(m^2 \cdot \text{℃})$；

　　　Δt_s——散热器内热媒平均温度与室内温度的温差，℃；

　　a, b——由实验确定的系数。

由于算术平均温差计算简便，在两种换热流体的温差较大端温差与温差较小端温差比不大于 2 时，通常可以采用算术平均温差计算：

$$\Delta t_s = \frac{t_g + t_h}{2} - t_n \tag{8-4}$$

对于传统的无法自主调节流量的热水采暖系统，通常可以采用算术平均温差来计算散热器平均温度差。此时，得出散热器的量调节公式：

$$\overline{G} = \frac{t'_g - t'_h}{t_g - t_h} \cdot \frac{t_n - t_w}{t'_n - t'_w} \tag{8-5}$$

式中

$$t_h = 2t_n - t_g + (t'_g + t'_h - 2t'_n)\left(\frac{t_n - t_w}{t'_n - t'_w}\right)^{1/1+b} \tag{8-6}$$

但是，传统采暖系统通常不具有调节性能，因此这种系统形式的个体运行调节很少运用。

对于分户热计量采暖系统，由于用户可通过散热器恒温阀调节流量以达到对室温自主调控的目的，这时散热器的温差较大端温差与温差较小端温差比经常会出现小于 2 的情况，因此，对于用户可以自主调节散热器流量的情况，散热器平均温度差宜按照对数平均温差计算。由此，可以得出对应的散热器量调节公式：

$$\overline{G} = \frac{t'_g - t'_h}{t_g - t_h} \cdot \frac{t_n - t_w}{t'_n - t'_w} \tag{8-7}$$

式中　$t_h = t_g - \left(\dfrac{t_n - t_w}{t'_n - t'_w}\right)^{\frac{1}{1+b}} \dfrac{t'_g - t'_h}{\ln(t'_g - t'_n) - \ln(t'_h - t'_n)}\left[\ln(t_g - t_n) - \ln(t_h - t_n)\right]$　(8-8)

要注意的是散热器的相对流量与相对散热量之间并不是直线关系，如图 8-2 所示。图

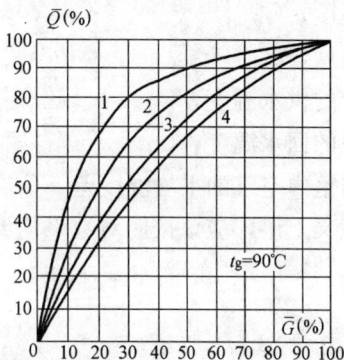

图 8-2　散热器相对流量与相对散热
量之间关系曲线

8-2 的绘制条件为：横坐标 $\overline{G}$ 为以设计流量为准的相对流量，纵坐标 $\overline{Q}$ 为以设计散热量（在设计供、回水温差下）为准的相对散热量。供水温度 $t_g = 90\text{℃}$，曲线 1，2，3，4 分别表示设计供、回水温差为 10℃，20℃，30℃，40℃。

分析图 8-2，对于曲线 1，即供、回水设计温差为 10℃，当流量下降为设计流量的 70% 时，散热量与设计散热量相比只减少了 5%；当流量减小 50% 时，散热量只减少 10%；流量减少到 20% 时，散热量减少 30%；流量减小到 10% 时，散热量减少50%。说明流量有大幅度减少时，散热量才有明显

下降。比较曲线 1，2，3，4 会发现：流量减小相同的数值，供回水设计温差不同，对散热量的影响也不同。当流量减小 50% 时，曲线 1，2，3，4 的散热量分别下降 10%，18%，25%，33%；当流量减小到 20% 时，散热量分别下降为 69%，50%，40% 和 32%，亦即散热量分别减少了 31%，50%，60% 和 68%。说明供、回水设计温差愈小，亦即设计流量愈大时，流量的变化对散热量的影响愈小；反之亦然。

通过上述分析，可以了解散热器的散热特性：当系统供水温度一定，散热器的散热量将随流量的增加而增加。这是因为散热器回水温度的提高进而提高了散热器平均温度 t_p 的结果。但是，散热器平均温度 t_p 的提高是有限度的，即不能超过供水温度 t_g。当流量 G 无穷大时，散热器的回水温度 $t_h = t_g$，此时 $t_p = t_g$。因此，随着流量的增加，散热量亦趋于由 t_g 决定的某一最大极限值。这就意味着在大流量下，散热器的散热能力接近饱和，散热能力变差。

了解散热器的上述热特性，对了解采暖系统的热力工况与水力工况之间的关系至关重要，而且也是掌握采暖系统运行调节的基础。

三、暖风机的个体调节

暖风机通常采用量调节改变设备的供热量，以适应室内负荷变化的需求。

若暖风机利用再循环空气采暖，则由实验得知，当循环风量始终维持设计风量时，可近似认为暖风机的传热系数为常数，即，$\overline{K} = 1$。

暖风机的平均温差以算术平均温差表示时，量调节公式如式（8-9）和式（8-10）所示。

$$\overline{G} = \frac{t'_g - t'_h}{t_g - t_h} \cdot \frac{t_n - t_w}{t'_n - t'_w} \tag{8-9}$$

式中，

$$t_h = 2t_n - t_g + (t'_g + t'_h - 2t'_n)\left(\frac{t_n - t_w}{t'_n - t'_w}\right) \tag{8-10}$$

暖风机的平均温差以对数平均温差表示时，量调节公式如式（8-11）和式（8-12）所示。

$$\overline{G} = \frac{t'_g - t'_h}{t_g - t_h} \cdot \frac{t_n - t_w}{t'_n - t'_w} \tag{8-11}$$

式中，

$$t_h = t_g - \left(\frac{t_n - t_w}{t'_n - t'_w}\right)\frac{t'_g - t'_h}{\ln(t'_g - t'_n) - \ln(t'_h - t'_n)}\left[\ln(t_g - t_n) - \ln(t_h - t_n)\right] \tag{8-12}$$

四、低温热水地板辐射采暖系统的个体调节

热水地板辐射采暖系统的运行调节可以采用量调节和间歇调节两种方式。与散热器和暖风机采暖相比，由于地板覆盖层具有较大的蓄热性能，供水温度及流量的变化反映到地板散热量上，存在很大的滞后性。因此，实际运行中，考虑到地板辐射采暖系统的热惰性，通常采用间歇调节的方式对散热量进行调控。

最简单的间歇调节是以室内温度或地板温度为控制参数进行双位启停控制，以室内空气温度为基准的启停控制较为常用。实际运行时，在保持供水温度和流量不变的情况下，当控制参数升到设定温度的上限值时，控制装置关断流量；当控制参数降到设定温度下限值时，控制装置打开管路，进行供热。由于地板辐射采暖系统的热惰性较大，导致这种控制方式并不能够真正将室内温度控制在设定上下限内，较大的温度波动会造成室内的不舒适以及能量的浪费。

为了减少地板辐射采暖系统热延迟性的影响，提高控制精度，宜采用预期控制的方式进行间歇调节。

预期控制方法是充分考虑到不同地板覆盖层的蓄、放热性能，在室温尚未达到设定值上下限时预先控制阀门动作。预先动作的时间以及启停的时间可以采用两种方法计算：第一种方法是利用非稳态导热计算房间围护结构在各时刻的蓄放热量，根据房间空气热平衡方程建立房间间歇运行采暖室内热过程控制方程，最后采用数值解法求解；第二种方法是采用人工神经网络系统对控制区域加以分析，以室内温度、室外温度、室内温度变化率、室外温度变化率为输入参数，对人工神经网路系统加以训练，得出该区域适宜的预期控制策略。

预期启停控制方法控制精度高、能耗低，是地板辐射采暖系统个体运行调节的发展方向。

第三节　局部运行调节与控制

由于各用户的系统形式、散热设备热力特性以及个体调控需求的差异，需要在用户入口处或热力站对某些用户进行局部调节和控制。

一、水力稳定性要求的热用户入口控制

对于计量供热系统，由于用户的自主调节会导致整个管网的流量分配比例发生变化，进而影响其他用户的热力工况。因此，为了避免某用户的调控行为影响整个系统及其他用户的水力稳定性，需要采取相应的水力平衡措施保证系统运行调节过程中的水力稳定。

常见的动态水力平衡控制方式有恒压差控制和恒流量控制两种。恒压差控制是在环路入口处装设自力式压差控制阀；恒流量控制是在环路入口处装设自力式流量控制阀。

（一）自力式流量控制阀

自力式流量控制阀也称流量限制器，可以在一定的工作压差范围内，保持流经阀门的流量稳定不变，其系统示意图如图 8-3 (d) 所示。

在系统压差突变的情况下，即系统压差并非由于系统改变运行工况而改变时，利用这种阀门能够很好地起到稳定流量的作用。但是对于分户热计量系统，由于用户的自主调控使得系统末端所需的负荷与流量均发生变化，而目前计量供热系统从调节性角度出发以双管系统居多，此时系统运行工况是变流量，但是通过自力式流量控制阀的作用仍保持环路流量不变，显然不能满足用户要求。而且，这种调节在保证有利环路保持设计流量的同时，还会导致即使不利环路的自力式流量控制阀全开，流量仍达不到要求。

由于上述两个原因，自力式流量控制阀不适用于变流量系统。

（二）自力式压差控制阀

自力式压差控制阀也可称为差压控制器，根据设置位置的不同，自力式压差控制阀可以分为供水式、回水式和旁通式三种，分别如图 8-3 (a)、(b) (c) 所示。

自力式压差控制阀具有自动恒定被控环路压差的功能，即当被控环路以外的管路压力发生变化时，该平衡阀通过调节自身的开度，吸收外界压力变化，改变流体通过阀门的压

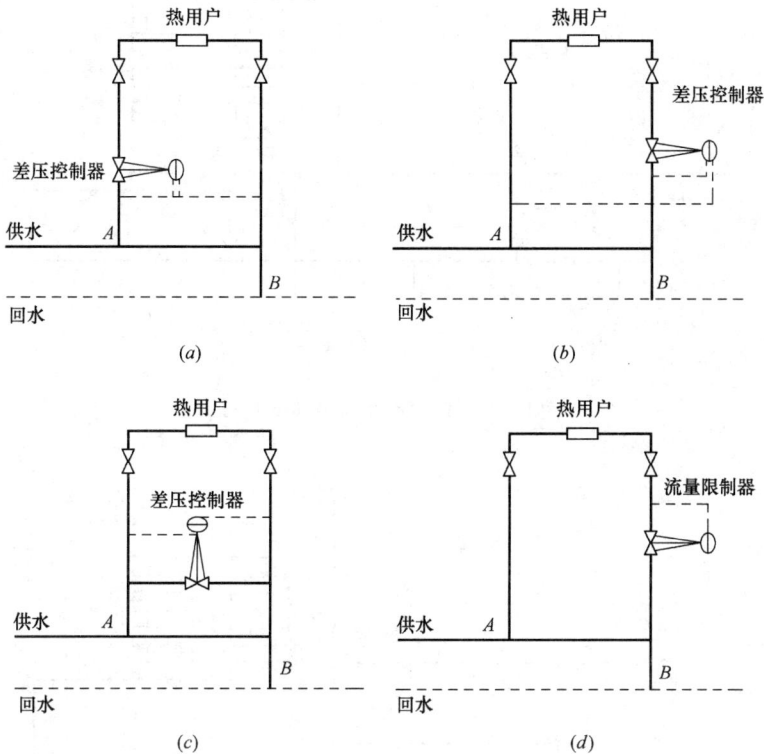

图 8-3　用户入口控制方式

（a）压差控制阀装在供水管；（b）压差控制阀装在回水管；
（c）压差控制阀装在旁通管；（d）流量控制阀装在回水管

差以维持被控环路上的压差恒定，从而隔离被控环路以外的压力变化对被控环路造成的影响。同时，被控环路内部进行相应的水力调节时，该阀门通过调节自身开度，削弱内部各个用户之间的干扰。

综上所述，对于计量供热系统，热力入口设置自力式压差控制阀是保证系统稳定性的有效装置。

二、无混水装置的热力入口局部调节

由于无混水装置，这种形式只能采取局部量调节，流量调控可以通过在回水管上设置二通阀或三通阀进行。

图 8-4 所示的形式是一种典型的利用二通阀进行量调节的系统，它将温度敏感元件设置在一个或两个有代表性的房间内，由温度敏感元件发出信号，经比较后作用到调节器上，调节器再发出控制信号，控制回水总管上电动二通阀的开度大小，改变系统的循环水量，适应建筑物热负荷的变化。这种调节方法除解决室内温度调节外，还可解决大的区域供热管网中，各建筑物由于距离热源远近不同而造成的供热不匀现象。

图 8-5 所示是采用三通阀进行量调节的示意图。这时，系统中的一部分热水通过供水管，另一部分多余的热水则通过旁通管进入回水管。它也是通过改变系统的循环水量来匹配建筑物热负荷变化的。这种调节方法的特点是保持了外管网的总水量不变，使管网的水

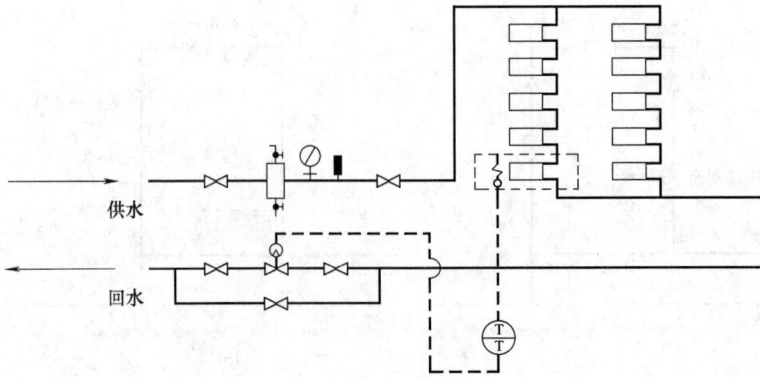

图 8-4　设置二通阀的局部量调节

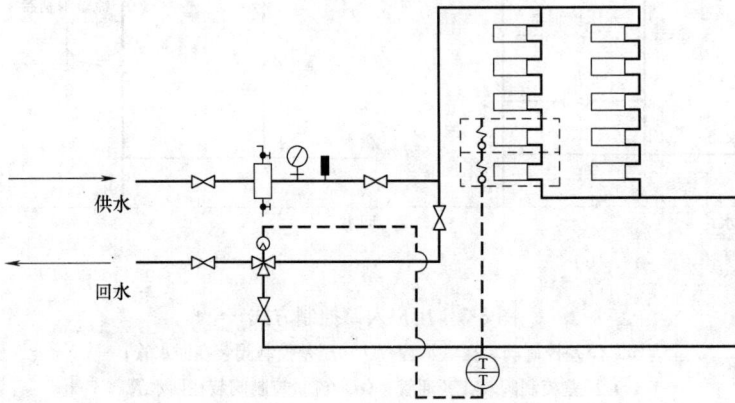

图 8-5　设置三通阀的局部量调节

力工况稳定。

　　采暖系统较大时,可以采用南北分环调节的方式,如图 8-6 所示。采暖系统的分环路调节有利于克服由于朝向不同而引起的温度不均匀现象,并达到节能的目的。

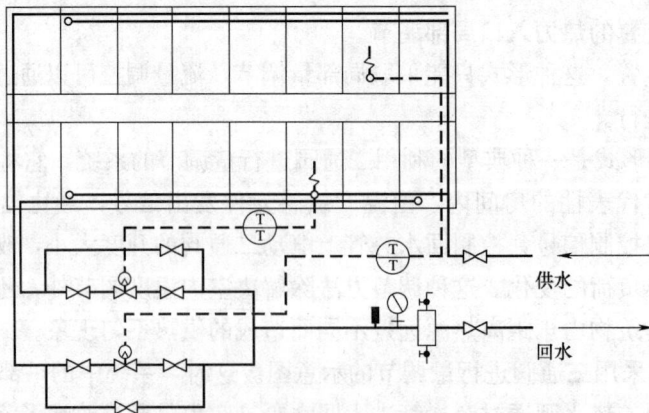

图 8-6　采暖系统的分环路调节

采暖系统的量调节，可采用位式调节，也可采用比例调节或比例积分调节或比例积分微分调节，在工程中可根据具体条件选择不同的控制方法。

三、带混水装置的直接连接热水采暖系统的局部调节

为了保证系统运行的稳定性，要求混水后的供水温度 t_g 仅随室外温度变化而不随用户的调节而变化。

为了满足采暖用户供水温度的需求，一级网路相应地需要调节其供水温度和流量，即进行集中供热调节。但是，对于带混水装置的直接连接热水采暖系统（图 8-7），混水后的供水温度 t_g 还与混水比有关，当某一用户调节其流量后，混合后的出水温度即发生变化，此时需要调节混水泵的转速，使出水温度 t_g 达到要求。

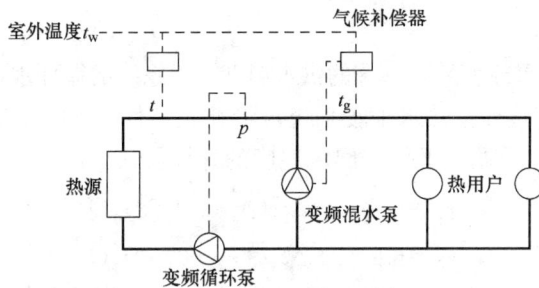

图 8-7 带混水的直接连接热水采暖系统定压力控制示意图

由上述分析可知，为了满足供水温度的要求，带混水装置的直接连接实质上进行的是质量—流量并调的局部调节方法。

四、间接连接热水采暖系统的局部调节

如果把换热站看成一个热源，换热站后的二次网就相当于一个独立的直接连接热水采暖系统，其采用的调节方法与直接连接热水采暖系统集中运行调节的对应方法相同。

为了达到二次管网所需的参数值（供水温度和流量），在热力站必须进行相应的控制。

二次管网所需要的供水温度控制可以通过一次管网进行质调节或质量—流量调节来实现，调控方法参看本章第四节。

第四节　集中运行调节与控制

根据本章第二节的分析，不同散热设备的热工调节性能存在一定的差异。从目前我国散热设备的应用来看，以散热器供热为主。因此，本节讨论的集中运行调节仅针对室内末端散热装置采用散热器的情况。

一、直接连接热水采暖系统的运行调节与控制

在采暖系统稳定运行的条件下，散热器的放热量等于热源的供热量，同时也等于采暖热用户的热负荷。如果散热器的平均温度以算术平均值表示，则可以得出如式（8-13）所示的集中运行调节的基本公式。

$$\overline{Q}=\frac{t_n-t_w}{t_n-t_w'}=\frac{(t_g+t_h-2t_n)^{1+b}}{(t_g'+t_h'-2t_n)^{1+b}}=\overline{G}\frac{\tau_1-\tau_2}{\tau_1'-\tau_2'} \tag{8-13}$$

式中　τ_1'，τ_1——设计工况和运行调节工况下网路的供水温度，℃；

　　　τ_2'，τ_2——设计工况和运行调节工况下网路的回水温度，℃。

为了保证采暖用户散热器的散热量与用户需要的热负荷变化规律相适应，传统采暖系统集中运行调节可以采用以下四种方法。

1）质调节：改变网路的供水温度；

2）量调节：改变网路流量；

3）质量—流量调节：同时改变网路的供水温度和流量；

4）间歇调节：改变每天采暖小时数。

对于分户热计量采暖系统，由于散热器的个体调控必然导致供热系统的变流量运行，因此，这种系统只能采用质量—流量调节方式。

（一）质调节

在进行质调节时，只改变采暖系统的供水温度，而系统的循环水量保持不变，即 $\overline{G}=1$。

对无混合装置的直接连接热水采暖系统，将补充条件 $\overline{G}=1$ 代入集中运行调节的基本公式（8-13），可以求出质调节下供、回水温度的计算公式。

$$\tau_1=t_g=t_n+\Delta t_s'\overline{Q}^{\frac{1}{1+b}}+0.5\Delta t_j'\overline{Q} \tag{8-14}$$

$$\tau_2=t_h=t_n+\Delta t_s'\overline{Q}^{\frac{1}{1+b}}-0.5\Delta t_j'\overline{Q} \tag{8-15}$$

式中　$\Delta t_s'$——用户散热器的设计平均计算温差，$\Delta t_s'=0.5(t_g'+t_h'-2t_n)$，℃；

　　　$\Delta t_j'$——用户的设计供、回水温度差，$\Delta t_j'=t_g'-t_h'$，℃。

对带混合装置的直接连接热水采暖系统（图 8-8），由于热用户的供水温度 t_g 是混水后进入采暖用户的供水温度，因此网路的供水温度 τ_1 需要再增加一个混合比的补充方程进行计算。

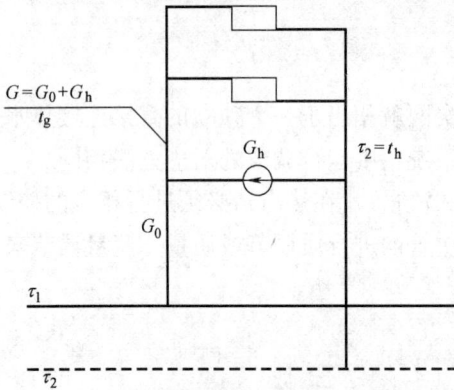

图 8-8　带混水装置的直接连接采暖系统
与热水网路连接示意图

在任意室外温度下，只要没有改变管网的总阻力，则混合比不会改变，仍与设计工况下的混合比相同，则可得出带混合装置的直接连接热水采暖系统的网路供、回水温度计算式。

$$\tau_1=t_n+\Delta t_s'\overline{Q}^{\frac{1}{1+b}}+(\Delta t_w'+0.5\Delta t_j')\overline{Q} \tag{8-16}$$

$$\tau_2=t_h=t_n+\Delta t_s'\overline{Q}^{\frac{1}{1+b}}-0.5\Delta t_j'\overline{Q} \tag{8-17}$$

式中　$\Delta t_w'$——网路与用户系统的设计供水温度差，$\Delta t_w'=\tau_1'-t_g'$，℃。

集中质调节只需在热源处调节供热系统供水温度，运行管理简便。而且，由于供热系统在运行期间循环水量保持不变，因而水力工况稳定。但是其循环水量始终保持设计值，消耗电能较多，因此，从节能角度出发，集中调节供水温度的同时宜辅以适当控制方式的流量调节。

（二）分阶段改变流量的质调节

分阶段改变流量的质调节，是在采暖期中按室外温度高低分成几个阶段，在室外温度较低的阶段中，保持设计最大流量，而在室外温度较高的阶段中，保持较小的流量。在每一阶段内，网路的循环水量始终保持不变，按改变网路供水温度的质调节进行供热调节，即令 $\varphi = \overline{G} = \text{const}$，则可求出无混水装置采暖系统网路供、回水温度的计算公式。

$$\tau_1 = t_g = t_n + \Delta t'_s \overline{Q}^{\frac{1}{1+b}} + 0.5 \frac{\Delta t'_j}{\varphi} \overline{Q} \tag{8-18}$$

$$\tau_2 = t_h = t_n + \Delta t'_s \overline{Q}^{\frac{1}{1+b}} - 0.5 \frac{\Delta t'_j}{\varphi} \overline{Q} \tag{8-19}$$

带混水装置的采暖系统网路供、回水温度计算公式如式（8-20）和式（8-21）所示。

$$\tau_1 = t_n + \Delta t'_s \overline{Q}^{\frac{1}{1+b}} + \left(\Delta t'_w + 0.5 \frac{\Delta t'_j}{\varphi}\right) \overline{Q} \tag{8-20}$$

$$\tau_2 = t_n + \Delta t'_s \overline{Q}^{\frac{1}{1+b}} - 0.5 \frac{\Delta t'_j}{\varphi} \overline{Q} \tag{8-21}$$

对于供热规模较大的供热系统，一般分 3 个阶段改变循环流量，各阶段的相对流量比通常采用 100%、80% 和 60%。此时相应的循环水泵电耗与设计工况电耗之比为 100%、51.2% 和 21.6%。而供热规模较小的供热系统，一般分两个阶段改变循环流量，各阶段的相对流量比通常采用 100% 和 75%，相应的循环水泵电耗与设计工况电耗之比为 100% 和 42%。

通过上述分析可见，采用分阶段改变流量的质调节后，由于水泵的电功率 N 与流量的立方成正比，与纯质调节相对比，具有显著的节能效应。因此，分阶段改变流量的质调节方式在传统供热系统的实际运行中应用较多。

（三）间歇调节

当室外温度升高时，不改变网路的循环水量和供水温度，而只减少每天采暖小时数，这种运行调节方式称为间歇调节。

间歇调节可以在室外温度较高的采暖初期和末期，作为一种辅助的调节措施。采用间歇调节时网路每天工作总小时数 n 随室外温度的升高而减少，工作小时数可以按式（8-22）计算。

$$n = 24 \frac{t_n - t_w}{t_n - t''_w} \tag{8-22}$$

式中 t''_w——开始间歇调节时的室外温度，℃。

（四）质量—流量调节

以上调节方法仅以室外温度作为调节依据进行控制，不能很好地与热用户的个体调控需求相对应。鉴于此，可以采取根据室外温度的变化来调节网路的供水温度，而以网路上某处的压力或压差作为控制参数进行流量调节的运行方式。

1. 供水温度调节

供水温度调节与传统质调节相同，采取根据室外温度的变化来调节网路的供水温度。对无混合装置的直接连接热水采暖系统，网路供、回水温度随室外温度的变化规律如式（8-14）和式（8-15）所示。带混合装置的直接连接热水采暖系统的网路供、回水温度按照式（8-16）和式（8-17）计算。

2. 流量调节

流量调节可以采用定压力控制和定压差控制两种方法。

定压力控制是把热网供水管路上的某一点选作压力控制点，在运行时使该点的压力保持不变。例如，当用户调节导致热网流量增大后，压力控制点的压力必然下降，这时调高热网循环水泵的转速，使该点的压力又恢复到原来的设定值，从而保持压力控制点的压力不变。

定压差控制是把供热网某一处管路上的供回水压差作为压差控制点，保持该点的供回水压差始终保持不变。例如，当用户调节导致热网流量增大后，压差控制点的压差必然下降，调高热网循环水泵的转速，使该点的压差又恢复到原来的设定值，从而保持控制点的压差不变。

无论哪种控制方法，都要涉及以下几个问题：控制点选在什么位置；控制点的设定值取多大；如何综合地调节供水温度和控制点的设定值，以尽量节省运行成本。

控制点位置及设定值大小的选择主要是考虑降低运行能耗和保证热网稳定性的综合效果。在设定值大小相同的条件下，控制点位置离热网循环泵出口越近，调节能力越强，但越不利于节约运行费用；离热网循环泵出口越远，情况正好相反。在控制点位置确定的条件下，控制点的压力（压差）设定值取得越大，越能保证用户在任何工况下都有足够的资用压头，但运行能耗及费用也就越大；反之如取值过低，运行能耗及费用虽然较低，但有可能在某些工况下保证不了用户的要求。

（1）定压力流量控制

无混水的直接连接热水采暖系统定压力控制示意图如图8-9所示。

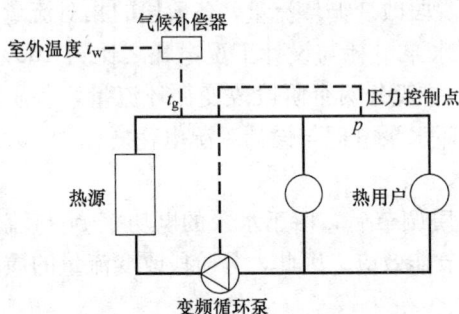

图8-9　无混水的直接连接热水采暖系统定压力控制示意图

采用供水压力控制流量时，压力控制点位置需要根据各用户要求的资用压头是否相同来选定。下面以无混水的直接连接热水采暖系统定压力控制为例进行说明。

1）各个用户所要求的资用压头相同

为保证在任何时候都能满足所有用户的调节要求，把压力控制点确定在最远用户的供水入口处，该用户供水入口处的压力设定值 p_n 为：

$$p_n = p_0 + \Delta p_r + \Delta p_y \tag{8-23}$$

式中　p_0——热源恒压点的压力值，设恒压点在循环泵的入口；

Δp_r——设计工况下从用户到热源恒压点的回水干管压降；

Δp_y——用户的资用压头。

2）各用户所要求的资用压头不同

此时压力控制点的选择比较复杂一些，原则上应根据式（8-23）计算出所有用户的 p_n，然后选其中具有最大 p_n 的用户供水入口处作为压力控制点。但在实际情况中，比较难以确定哪一个用户的 p_n 最大。从设计数据中可以知道各用户的设计流量、热网管径及长度，从而算出各用户的 p_n，但由于热网施工安装、阀门开度大小等实际因素的影响，管路的实际阻力系数并不等于设计值，因此计算所求出的最大 p_n 并非实际上最大。一般来讲，如果最远用户所要求的资用压头最大，则把最远用户供水入口处作为压力控制点；否则可以把压力控制点设置在主干管上离循环泵出口约2/3处的用户供水入口处，其设定值大小为设计工况下该点的供水压力值，这是一种经验性质的确定方法。

（2）定压差流量控制

根据压差控制点的位置不同，定压差流量控制可分为近端控制和远端控制两种方式。

1）近端控制

近端控制是使用变频器改变水泵的转速来保持水泵进出口压差恒定，定压值设定为满足最不利用户需要时的水泵扬程。

由于各用户的压差等于水泵的扬程与连接水泵和用户的管路上压降之差。若采用近端控制，当部分用户调节时，系统流量减小，管路上的压降也相应降低，此时各用户所得到的资用压头均增大，能够保证所有用户在各种工况下都能得到足够的资用压头。因此，近端控制方式的管网稳定性较好，能够保证所有用户都能得到足够的供热量。同时，近端控制的控制点位置位于热源，便于安装和信号传输，控制方便。

但是，采用近端控制方式时，水泵的扬程始终是定值，因此其控制曲线为一条水平直线，节能效果较差。

2）远端控制

远端控制的定压差点设置在最不利用户（通常为最远端用户）的热力入口处，水泵的扬程和其他用户的压差都是随系统流量而变化的，这种控制方法的原理如图 8-10 所示。

远端控制的水泵扬程等于水泵与压

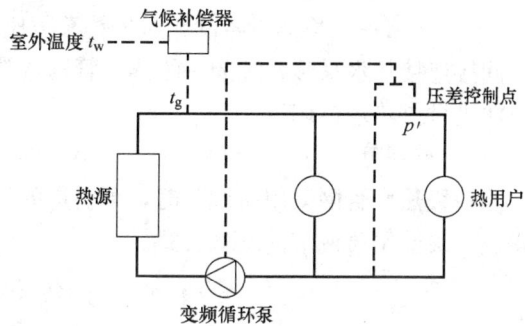

图 8-10　直接连接热水采暖系统定压差控制示意图

差控制点之间干管管路压降与压差控制点压差值之和。干管的阻力通常不发生变化，当由于调节等因素造成管网流量减小时，干管管路压降减小，则所需水泵扬程随之减小，水泵转速降低，系统的节能效果明显优于近端控制。

但是，采用远端控制时，由于用户的自主调节，有可能导致某些用户在调节工况下得不到足够的资用压头，系统的稳定性较差，而且远端控制的信号传输和管理不便。因此，从实际应用看，采用近端控制方式的较多。

二、间接连接热水采暖系统的集中运行调节

间接连接热水采暖系统与热水管网的连接方式如图 8-11 所示，热水管网供水管的热水进入设置在建筑物用户引入口或热力站的表面式水—水换热器内，通过换热器的表面将热能传递给采暖系统热用户的循环水，放热冷却后的回水返回热网回水管。采暖系统的循环水由热用户系统的循环水泵驱动，循环流动。

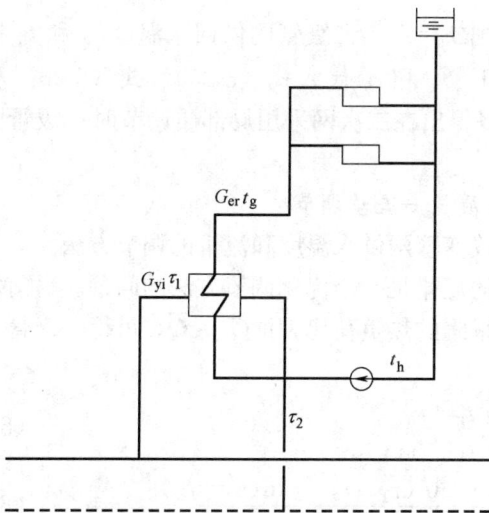

图 8-11　间接连接采暖系统与热水管网连接示意图

采暖用户系统与热水管网间接连接时，随室外温度 t_w 或室内设定温度 t_n 的变化，需同时对一级热水管网和采暖用户的二级热水管网进行供热调节。

在采暖系统稳定运行的条件下，换热设备的换热量等于一级管网的供热量，同时也等于二级管网的得热量。根据管网供给热量的热平衡方程，则可以得出如式（8-24）所示的间接连接热水采暖系统集中运行调节的基本公式。

$$\overline{Q}=\overline{G}_{er} \cdot \frac{t_g-t_h}{t_g'-t_h'}=\overline{K} \cdot \frac{(\tau_1-t_g)-(\tau_2-t_h)}{(\tau_1'-t_g')-(\tau_2'-t_h')} \cdot \frac{\ln(\tau_1'-t_g')-\ln(\tau_2'-t_h')}{\ln(\tau_1-t_g)-\ln(\tau_2-t_h)}$$

$$=\overline{G}_{yi} \cdot \frac{\tau_1-\tau_2}{\tau_1'-\tau_2'} \tag{8-24}$$

式中　$\overline{G}_{yi}$ 和 $\overline{G}_{er}$——分别为一次管网和二次管网的运行工况与设计工况的相对流量比；

　　　　$\overline{K}$——换热设备的相对传热系数比。

间接连接热水采暖系统的一级热水管网通常可以采用集中质调节或质量—流量调节两种方法进行供热运行调节。

（一）质调节

当一级热水管网采用质调节时，可引进的补充条件为一次网相对流量比 $\overline{G}_{yi}=1$。此时可得出一级管网质调节的基本公式。

$$\overline{Q}=\overline{G}_{er} \frac{t_g-t_h}{t_g'-t_h'} \tag{8-25}$$

$$\overline{Q}=\overline{K} \cdot \frac{(\tau_1-t_g)-(\tau_2-t_h)}{(\tau_1'-t_g')-(\tau_2'-t_h')} \cdot \frac{\ln(\tau_1'-t_g')-\ln(\tau_2'-t_h')}{\ln(\tau_1-t_g)-\ln(\tau_2-t_h)} \tag{8-26}$$

$$\overline{Q}=\frac{\tau_1-\tau_2}{\tau_1'-\tau_2'} \tag{8-27}$$

其中，水—水换热器的相对传热系数比 $\overline{K}$ 值取决于选用的换热器传热特性，由实验数据整理得出。二级管网或采暖用户系统的供回水温度 t_g、t_h 和二次网的相对流量比 $\overline{G}_{er}$ 根据二次管网的局部运行调节方式来确定。

二次管网如果采用局部质调节的方式，则 $\overline{G}_{er}=1$，二级管网供回水温度 t_g 和 t_h 按照式（8-14）和式（8-15）确定，将 $\overline{K}$、$\overline{G}_{er}=1$、t_g 和 t_h 代入式（8-25）、式（8-26）和式（8-27）的一级管网质调节基本公式求解，可以得出在二次网采用局部质调节时一级管网质调节的供、回水温度计算公式。

（二）仅以室外温度变化作为控制依据的质量—流量调节

热水管网的质量—流量调节指的是同时改变管网供水温度和流量的调节方法。

随室外温度的变化，如何选定流量变化的规律是一个优化调节方法的问题。目前常用的方法是使一级热水管网的相对流量比等于采暖的热负荷比，即 $\overline{G}_{yi}=\overline{Q}$，可得一级管网采用质量—流量调节的基本公式。

$$\overline{Q}=\overline{G}_{er} \frac{t_g-t_h}{t_g'-t_h'} \tag{8-28}$$

$$\overline{Q}=\overline{K} \cdot \frac{(\tau_1-t_g)-(\tau_2-t_h)}{(\tau_1'-t_g')-(\tau_2'-t_h')} \cdot \frac{\ln(\tau_1'-t_g')-\ln(\tau_2'-t_h')}{\ln(\tau_1-t_g)-\ln(\tau_2-t_h)} \tag{8-29}$$

$$\tau_1-\tau_2=\tau_1'-\tau_2' \tag{8-30}$$

在保持一级热水管网的相对流量比等于采暖热负荷比的前提下，根据二级管网局部运行调节方法所确定的供、回水温度 t_g、t_h 和二次网的相对流量比 $\overline{G_{er}}$，以及换热器的相对传热系数比 $\overline{K}$，可以求出一级管网采用质量与流量并调时的供、回水温度。

（三）同时根据室外温度补偿和用户个体调控需求作为控制依据的质量—流量调节

对于计量供热系统，用户会根据自身需要进行个体流量调节。当换热站所带的其中一个用户调节流量后，换热器的二次侧流量就要发生变化，二次网的供水温度随之变化，这时，没有进行调节的用户，由于供水温度的变化也会导致室温波动，进行被动调节，这是不希望出现的情况。鉴于此，二次网供水温度只能与室外温度有关，而不应当随用户调节流量而改变。这样，换热站二次网的供水温度 t_g 需要由该站的一次网调节阀 V_1（见图 8-12）控制。调节该站一次管网调节阀 V_1，使二次网的供水温度 t_g 保持在所需值。因此，计量供热系统的一级管网由于用户的自主调控必然成为变流量系统，而且不能仅根据室外温度的变化进行流量调节，必须采取措施以适应用户调控的需求。

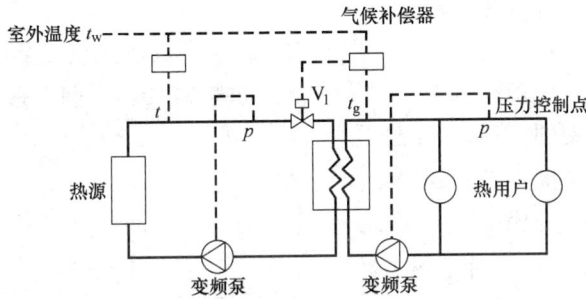

图 8-12　间接连接热水采暖系统定压力控制示意图

如果把间接连接热水采暖系统的换热站看做一级管网的一个热用户，则其质量—流量调节方法与无混水装置的直接连接热水采暖系统的质量—流量调节方法相同，即根据室外温度的变化调节一次网供水温度，以管网中某处的压力或压差作为控制参数，进行流量调节。只是由于间接联网的一次、二次网在水力工况上是相互独立的，因此需要分别在一次、二次网上设置压力或压差控制点和变频泵，以便分别进行调节控制。

下面以定压力控制为例来说明流量调节过程，一次、二次网上分别设置压力控制点的示意图如图 8-12 所示。其调节过程为：当室外温度升高，导致二次网所需的供水温度降低时，温度传感器测试的供水温度 t_g 会高于需要值，此时，一次网阀门 V_1 关小，一次网运行流量随之减少，由于干管阻力不变，则干管压降降低，而循环水泵所需扬程为定压力控制点的压力与干管压降之和，此时为了保证控制点压力不变，相应地需要降低循环水泵转速以减小水泵扬程。

第五节　集中供热系统的监测与控制

集中供热系统监测与控制的总任务是保证供热系统安全经济运行，将供热介质参数控制在设计范围内，并为热网生产和管理提供依据。供热量的调节包括两方面的内容，即水力工况调节和热力工况调节。水力工况调节的任务是保证具有输送热量的能力，热力工况调节的任务是保证供出的热量既不多也不少，正好满足用户的需要，即保证供需平衡。

为了完成这些任务，首先必须全面掌握整个供热系统的运行情况，及时发现问题，然后对出现的问题进行准确的分析和判断，及时对供热系统做出相应的调整，保证供热系统安全、经济地运行。

集中供热系统的主要特点是：

（1）热惯性较大，滞后很大，系统的调节不仅与当前的数据有关，而且与历史的数据有关。

（2）集中供热系统涉及的区域较广，分散性较大。系统各组成部分之间相距较远，信号的传输受到限制。

（3）供热管网是一闭式系统，系统的各个部分是相互关联的，某一部位参数的变化，会引起整个管网参数的变化。

（4）系统的扰动因素较多，如室外温度、风力、阴晴、雨雪、日照、负荷的变化以及建筑物的散热能力等。

集中供热系统的特点决定了供热工况和水力工况的调节比较复杂。仅使用常规仪表进行局部的孤立的调节，很难达到控制要求和满足供热需要。目前一般采用 DCS 微机监控管理系统对热网实行集中管理、分级控制。

一、集中供热系统监测与控制的功能

集中供热系统监测与控制应该实现如下五个方面的功能：

（一）实时检测参数，及时了解工况

实现计算机自动检测，可及时测量各换热站（热用户）的温度、压力、流量、热量等参数。热网运行人员就可以及时掌握系统的水力工况（水压图）、流量分配和温度分布，了解各换热站的运行工况。

（二）按需分配流量，消除冷热不均

对于大型而复杂的供热系统，消除每个换热站和二次网水力失调的工作，不能单靠系统投运前的一次性调节来完成。供热系统在运行过程中，供热量随室外温度而变化，温度和流量调节是经常性的，因此手动调节无法保证精度。计算机监测与控制管理系统实时测量热力站或热用户的供、回水温度，按照预先设定的程序，使温度和流量达到按需分配的调节要求，进而消除冷热不均的现象。

（三）合理匹配工况，保证按需供热

热源的供热量与热用户的耗热量不匹配时，会造成全网平均室温偏高或偏低。当供大于需时，供热量浪费；当需大于供时，影响供热效果。

计算机监测与控制管理系统可以通过软件，根据实测的室外温度变化，预测当天热负荷，制定最佳运行工况，达到节能的目的。

（四）及时诊断故障，确保安全运行

计算机监测与控制管理系统可以配置故障诊断专家系统，通过对系统的运行参数进行分析，即可对管网、换热站（热用户）中发生的泄漏、堵塞等故障进行及时诊断，并指出可能发生的故障设备和位置，以便及时检修并采取相应的保护措施，防止事故进一步扩大，保证系统安全运行。

（五）健全运行档案，实现量化管理

由于计算机监测与控制管理系统可以建立各种信息数据库，能够对运行过程中的各种信息进行分析，根据需要打印出运行日志、水压图、水耗、电耗、供热量等运行数据和控制指标，实现量化管理。

二、集中供热监测与控制系统的体系结构

按纵向分，供热监测与控制系统由调度监控中心、现场控制机、通信网络和与监控有关的仪表和执行器等部分组成。

按横向分，供热监测与控制系统由热源（首站）监控系统、热力站监控系统、中继泵站监控系统和节点监测系统（某些供热网还在管道的某些重要部分设置节点，采集其温度、压力和流量参数）组成。

供热监测与控制系统一般采用分布式计算机控制系统结构，如图 8-13 所示。

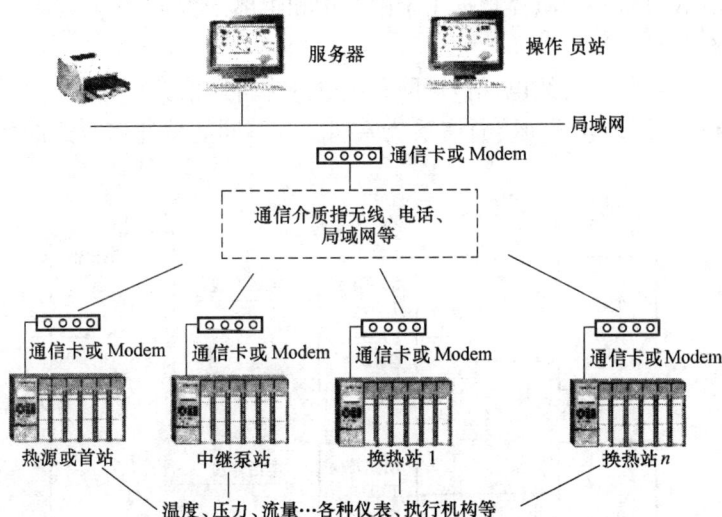

图 8-13　供热监测与控制系统体系结构

三、集中供热检测与控制系统的通信

通信是整个供热监测与控制系统联络的枢纽，各个换热站、热源、管道监控点和给水泵站通过通信系统形成一个统一的整体。为了实现运行数据的集中监测、控制、调度，必需监测连接所有监控点的通信网络。

由于供热网在城市中分布面广，控制系统一定会涉及城域网数据通信的问题。要实现城域网通信，常用的方法有以下几种：

（一）专线通信

即在敷设供热管道时，同时敷设专用通信线路（光纤或普通双绞线），既可用于专线数据通信，又可用于内部电话。

1. 电流环通信

该通信方式采用普通双绞线作为通信介质，利用线路中电流的有无传递信息，由于电流环路中传输的是通断信号，因而其抗干扰能力比较强；该通信方式在 10km 以内的速率为 300～1200bps。图 8-14 所示为电流环通信系统原理图。

站点 OUT IN　站点 OUT IN　站点 OUT IN　……　中控室 OUT IN　电源 OUT IN

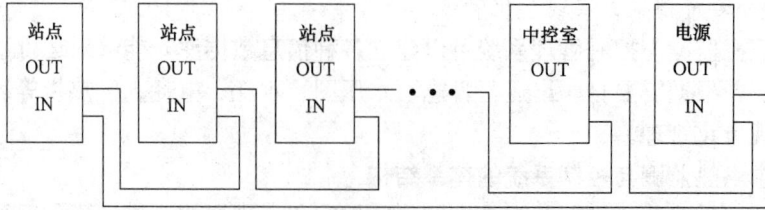

图 8-14　电流环通信系统原理图

2. 光纤局域网

该种通信方式对于新建项目较为适用，在一次管网敷设期间，沿主干线布好光纤，建立企业自己的通信网络，利用光纤可直接进行基带式数据通信，可以达到高速、实时的控制效果。这种通信方式传输稳定、抗干扰能力极强，适合高速网络和骨干网，基本上没有运行费用，但初投资较高，具体根据主干网结构和距离分析。

（二）间接通信

利用现有电信网络、有线电视传输网和供电网进行通信。

图 8-15 所示为公共电信间接通信系统原理图，不同间接通信方式的特点比较列在表 8-4 中。

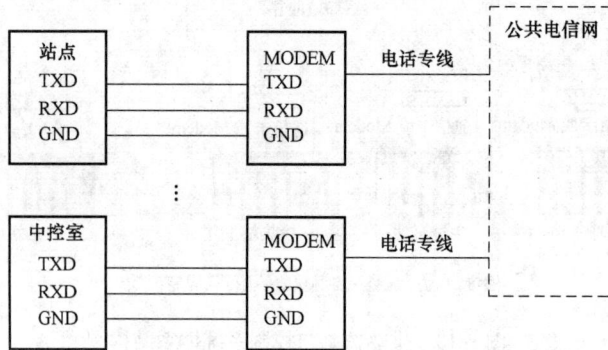

站点 TXD RXD GND —— MODEM TXD RXD GND　电话专线　公共电信网

中控室 TXD RXD GND —— MODEM TXD RXD GND　电话专线

图 8-15　公共电信间接通信系统原理图

不同间接通信方式的特点比较　　　　　　　　　　　　　　　　　表 8-4

序号	间接通信方式	特　　点
1	普通市话系统	采用电话网，因市话是在物理线路上通过模拟信号传数据的，故涉及电话拨号，巡检一次约半个小时或更长，使检测周期过长
2	X.25分组数据网	各站通过 MODEM 与中央站实现通信。MODEM 数据是经 PAD(X.3X.28X.29) 转换为 K.25 协议接口，然后由 X.25 网再经同样过程与上位机的 MODEM 通信。当采用异步通信(SVC)时，用轮教轮询方式完成数据通信。该通信方式涉及呼叫冲突问题，速度可能受影响，但在通信信息量不大，且上网用户不太多时，这种影响很小；当采用同步通信(PVC)时，用户租用的是永久性虚拟电路，则不需呼叫即可进行通信，信号传输速率几乎可达到 K.25 的选定速度
3	ISDN(综合业务数据网)通信	连接成网方便，只要在主机和各站装 PXB(2B+D)盒经 MODEM 就可实现通信。如租用专用带宽，则不需拨号，传输速度快。因利用高层网络协议，容错能力强，出错率低

序号	间接通信方式	特　点
4	DDN 通信	点对点数据专线通信,不需呼叫建立过程,通信速度快、可靠。其速率为 64kbps～2Mbps。但是此种通信月租费用过高,至少 1000 元/月
5	ADSL	ADSL 是这两年电信运营商推广力度最大的一种通信解决方案,主要面向个人或企业用户实现高速上网的要求。它的特点是能在现有的普通电话线上提供下行 8Mbps 和上行 1Mbps 的通信速率,其通信传输距离为 3～5km。其优势在于可以不需要重新布线,充分利用现有电话网络,只需在线路两端加装 ADSL 设备就可为用户提供高速宽带接入服务。完全可满足供热管网实时在线监控系统要求。对于众多的热力站来说,每个热力站申请一条 ADSL,监控中心必须申请一条同定 IP 地址的 ADSL(以利于数据的网上发布及远程浏览)。运行、开通费用需同当地电信部门联系
6	利用有线电视网进行通信	目前的有线电视节目传输所占用的带宽一般在 50～550MHz 范围内,其余的频带资源都没有利用,因此可以利用有线电视网络传输供热管网监控系统的数据及信息
7	电力线载波通信	低压电力线载波是指在国家规定的低压(380/220V)载波频率范围内进行载波通信。电力线既作为能量传输的介质,又作为载波通信的介质

(三) 无线通信

应用于热网监控系统的无线通信的方式有短波和 GPRS。

无线电短波通信需要考虑的重要问题是电磁波频率的范围（频谱）是相当有限的,使用一个受管制的频率必须向无线电委员会（简称无委会）申请许可,如果使用未经管制的频率,则功率必须在 1W 以下。

GPRS 无线传输是一种新的移动数据通信方式,最大的特点是方便,没有线路的烦扰,并且时时在线。此种通信方式作为重点介绍。

GPRS 是通用分组无线业务（GeneralPacketRadioService）的英文简称,是在现有 GSM 系统上发展出来的一种新的承载业务,目的是为 GSM 用户提供分组形式的数据业务。GPRS 采用与 GSM 同样的无线调制标准、同样的频带、同样的突发结构、同样的跳频规则以及同样的 TDMA 帧结构,这种新的分组数据信道与当前的电路交换的语音业务信道极其相似。因此,现有的基站子系统（BSS）从一开始就可提供全面的 GPRS 覆盖。GPRS 允许用户在端到端分组转移模式下发送和接收数据,而不需要利用电路交换模式的网络资源。从而提供了一种高效、低成本的无线分组数据业务。特别适用于间断的、突发性的和频繁的、少量的数据传输,也适用于偶尔的大量数据传输。GPRS 理论带宽可达 171.2kbps,实际应用带宽大约在 10～70kbps,在此信道上提供 TCP/IP 连接,可以用于 INTERNET 连接、数据传输等应用。

GPRS 是一种新的移动数据通信业务,在移动用户和数据网络之间提供一种连接,给移动用户提供高速无线 IP。GPRS 采用分组交换技术,每个用户可同时占用多个无线信道,同一无线信道又可以由多个用户共享,资源被有效地利用,数据传输速率高达 160kbps。使用 GPRS 技术实现数据分组发送和接收,用户永远在线且按流量计费,迅速降低了服务成本。图 8-16 所示为 GPRS 监控通信系统原理图。

GPRS 与有线数据通信方式的比较见表 8-5。

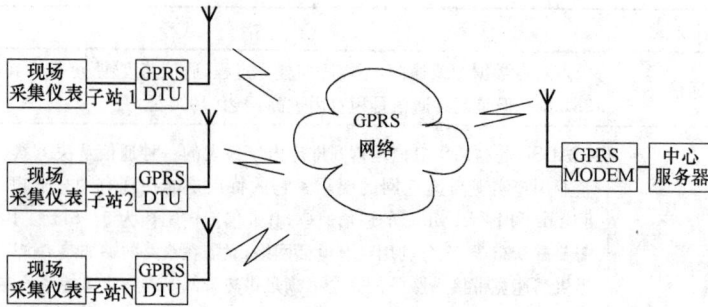

图 8-16　GPRS 监控通信系统原理图

GPRS 与有线数据通信方式的比较　　　　　　　　　　　　表 8-5

比较内容 ＼ 传输方式	GPRS	有线拨号方式	有线专线方式	光纤	无线数传电台
覆盖范围	全国	全国	区域	区域	不大于 20km
建设费用	一般	较低	较高	极高	高
施工难度	较低	一般	较高	极高	高
施工周期	较短	一般	较长	很长	长
计费方式	流量计费	时间—次数	租赁	租赁	占频费
运行费用	较低	高	较高	极高	一般
通信速率	较高	一般	较高	极高	1.2kbps
误码率	较低	高	较低	低	高
可靠性	较高	一般	较高	较高	低
实时性	较高	极低	较高	较高	较高
维护成本	较低	一般	较高	较高	较高
应用场合	分散、实时数据传输	对实时性要求不高的场合	较大数据实时传输	较大数据实时传输	分散

说明：1. 与光纤和有线专线相比，建设费用、运行费用和维护费用都很低，并且几乎近于免维护，因为 GPRS 网络的维护完全由中国移动来完成，企业不需支付任何费用，完全享受中国移动技术进步带来的效率。

2. 在分散数据采集中，要求对各采集子站实时检测，有线拨号是做不到的。对多个子站轮回召测，周期太长，没有实时性可比。

3. 与各种无线数据传输的手段相比，GPRS 网络覆盖范围大、维护成本低。超短波无线通信受通信体制和传输方式的制约，传输距离受限制；在开阔地 20W 的电台有效通信距离约为 20km，如果在城市，通信距离大大缩短。

4. 使用超短波通信电台，不仅要向当地申请频点，而且每年要向无委会交纳一定的占频费；超短波通信的维护量相当大，建设要求苛刻，不仅要考虑周围建筑的影响，而且避雷措施不当容易引起电台和连接设备的损坏。

第六节　通风与防排烟系统的自动控制

通风和防火排烟是暖通空调系统的重要组成部分，在平时担负着排除室内污染物，改善室内空气环境的作用，在火灾和事故时担负着救助生命的作用。通风和防排烟系统在关键时刻是否能立刻发挥作用，不只在于系统设计的好坏，还在于其自动控制系统作用发挥得如何，本节对通风和防排烟系统的自动控制作简要的介绍。

一、一般通风系统的自动控制

一般通风系统是指民用建筑中除了防火排烟控制之外的通风系统，如建筑物室内通风换气、厨房通风、地下室通风、汽车库通风、桑拿浴室通风等。

（一）一般通风系统的作用

一般通风系统的作用主要是排除室内空气中的污染物，用室外较干净的空气置换室内被污染的或质量较差的空气，达到改善室内空气环境，提高工作和生活条件的目的。

（二）一般通风系统的组成

一般通风系统按是否使用机械装置可分为自然通风和机械通风两类；按被处理的污染物颗粒大小可以把通风分为通风和除尘两类；按通风规模可以分为局部排风和全面通风；按被通风的对象可以分为厨房通风、地下室通风、汽车库通风、桑拿浴室通风等。

1. 自然通风

自然通风是利用自然能源而不依靠空调设备来维持适宜的室内环境的一种方式。自然通风主要是利用室内外温度差所造成的热压或室外风力所造成的风压来实现通风换气的。它是一种可以管理的，有组织的全面通风方式，并且可用来冲淡工作区有害物的浓度。

自然通风可以提供大量的室外新鲜空气，提高室内舒适程度，减少建筑物冷负荷。在许多居住建筑和非居住建筑（如工业厂房、体育场馆等）中得到广泛的应用。自然通风的设备主要是进风装置和排风装置，进风装置主要是各类窗户，排风装置在工业厂房常采用天窗和不带动力的屋顶通风器，靠室内外热压推动通风器旋转达到通风效果。

2. 局部排风

局部排风是利用在粉尘或污染物发生处设置侧吸罩、伞形罩、通风柜等排风装置，就地把污染物排出的通风方法。局部排风装置需要动力，故需要消耗一定的能量。

3. 全面通风

散发热、湿及有害气体的房间，当发生源分散或不固定而无法采用局部排风，或者设置局部排风仍难以达到卫生要求时，应采用或辅以全面通风。全面通风包括自然进风，自然排风；自然进风，机械排风；机械进风，自然排风；机械进风，机械排风几种方式。

4. 人防地下室通风

人防地下室的通风应考虑平战结合，确保战时及平时所需的工作、生活条件。平时通风可考虑自然通风、机械通风及空气调节。战时通风设防护通风系统，防护通风系统包括进风系统和排风系统，其功能包括清洁通风、滤毒通风和隔绝通风。

5. 厨房通风

公共建筑的厨房一般设机械送排风系统，产生油烟的设备设有带机械排烟和油烟过滤器的排气罩，并对油烟进行过滤处理。

6. 车库通风

当汽车库设有开敞的车辆出、入口时，可采用机械排风、自然进风的通风方式。当不具备自然进风条件时，应同时设机械进、排风系统。

机械进、排风系统的进风量应小于排风量，一般为排风量的 $80\%\sim85\%$。汽车库机械通风的排风量，可按体积换气次数或每辆车所需排风量进行计算。

当采用接风管的机械进、排风系统时，应注意气流分布的均匀，减少通风死角。通风机宜采用多台并联或采用变频风机，以达到通风量可调节的目的。当车库层高较低，不易布置风管时，为了防止气流不畅，杜绝死角，也可采用诱导式通风系统。

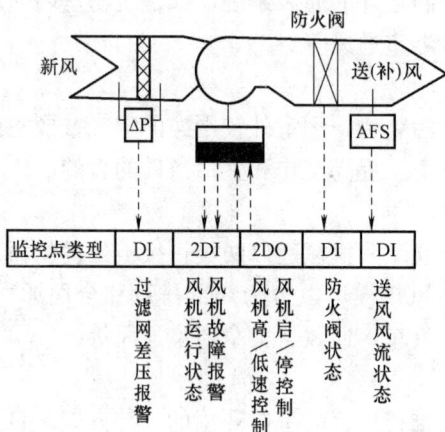

图 8-17　简单的通风机监控系统图

（三）一般通风系统的自动控制方法

一般通风系统通常采用手动控制的方法就可以满足要求，有条件时可以在室内适当地点设置有害气体浓度传感器或者其他污染物传感器来控制通风机的运行。一个用数字控制器控制的简单的通风机监控系统如图 8-17 所示。

二、防排烟系统的自动控制

（一）建筑火灾烟气控制的必要性

建筑火灾烟气是造成人员伤亡的主要原因，因为烟气中的有害成分或缺氧使人直接中毒或窒息死亡；烟气的遮光作用又使人逃生困难被困于火灾区。日本相关的统计表明，1968～1975 年间火灾死亡 10667 人，其中因中毒和窒息死亡的 5208 人，占 48.8%，火烧致死的 4936 人，占 46.3%。在烧死的人中多数也因 CO 中毒晕倒后被烧致死的。烟气不仅造成人员伤亡，也给消防队员扑救带来困难。因此，火灾发生时及时对烟气进行控制，并在建筑物内创造无烟（或烟气含量极低）的水平和垂直的疏散通道或安全区，以保证建筑物内人员安全疏散或临时避难和消防人员及时到达火灾区扑救是非常必要的。在高层建筑中，疏散通道的距离长，人员逃生更困难，对人生命威胁更大，因此在高层建筑物中烟气的控制更为重要。

（二）火灾烟气的流动规律

建筑物发生火灾后，烟气在建筑物内不断流动传播，不仅导致火灾蔓延，也引起人员恐慌，影响疏散与扑救。引起烟气流动的因素有：扩散、烟囱效应、浮力、热膨胀、风力、通风空调系统等。由于扩散引起的烟粒子或其他有害气体的迁移比其他因素弱，故导致烟气流动的主要因素是烟囱效应、浮力、热膨胀、风力、通风空调系统。

1. 烟囱效应引起的烟气流动

当建筑物内外有温度差时，在空气的密度差作用下引起垂直通道内（楼梯间、电梯间）的空气向上（或向下）流动，从而携带烟气向上（或向下）传播。

2. 浮力引起的烟气流动

着火房间温度升高，空气和烟气的混合物密度减小，与相邻的走廊、房间或室外的空气形成密度差，引起烟气流动。实质上着火房间与走廊、邻室或室外形成热压差，导致着火房间内的烟气与邻室或室外的空气相互流动，中和面的上部烟气向走廊、邻室或室外流动，而走廊、邻室或室外的空气从中和面以下进入。这是烟气在室内水平方向流动的原因之一。

3. 热膨胀引起的烟气流动

火灾燃烧过程中，从体积流量来说，因膨胀而产生大量烟气。对于门窗开启的房间，体积膨胀而产生的压力可以忽略不计。但对于门窗关闭的房间，将可产生很大的压力，从而使烟气向非着火区流动。

4. 风力作用下的烟气流动

建筑物在风力作用下，迎风侧产生正风压，而在建筑侧部或背风侧，将产生负风压。当着火房间在正压侧时，将引导烟气向负压侧的房间流动。反之，当着火房间在负压侧时，风压将引导烟气向室外流动。

5. 通风空调系统引起的烟气流动

通风空调系统的管道是烟气流动的通道。当系统运行时，空气流动方向也是烟气可能流动的方向，条件是烟气可能进入系统，例如从回风口、新风口等处进入。当系统不工作时，由于烟囱效应、浮力、热膨胀和风压的作用，各房间的压力不同，烟气可通过房间的风口、风道传播，也将使火势蔓延。

建筑物内火灾的烟气是在上述多因素共同作用下流动和传播的，各种作用有时互相叠加，有时互相抵消，而且随着火灾的发展，各种因素都在变化着。另外，火灾的燃烧过程也各有差异，但是了解这些因素作用的规律，有助于正确地采取防烟、防火措施。

(三) 火灾烟气控制原则

烟气控制的主要目的是在建筑物内创造无烟或烟气含量极低的疏散通道或安全区。烟气控制的实质是控制烟气合理流动，也就是使烟气不流向疏散通道、安全区和非着火区，而向室外流动。主要方法有：隔断或阻挡、疏导排烟、加压防烟。

1. 隔断或阻挡

墙、楼板、门等都具有隔断烟气传播的作用。为了防止火势蔓延和烟气传播，对建筑内部间隔进行划分，规定建筑中必须划分防火分区和防烟分区。所谓防火分区是指用防火墙、楼板、防火门或防火卷帘等分隔的区域，可以将火灾限制在一定的局部区域内，不使火势蔓延。所谓防烟分区是指在设置排烟措施的过道、房间中，用隔墙或其他措施（可以阻挡和限制烟气流动的物体，如顶棚下凸不小于 500mm 的梁、挡烟垂壁和吹吸式空气幕等）分隔的区域。

2. 疏导排烟

利用自然或机械作用力，将烟气排到室外。利用自然作用力的排烟称为自然排烟，利用机械（风机）作用力的排烟称机械排烟。排烟的部位有两类：着火区和疏散通道。着火区排烟的目的是将火灾发生的烟气（包括空气受热膨胀的体积）排到室外，降低着火区的压力，不使烟气流向非着火区，以利于着火区的人员疏散及救火人员的扑救。对于疏散通道的排烟是为了排除可能侵入的烟气，以保证疏散通道无烟或少烟，以利于人员安全疏散及救火人员通行。

3. 加压防烟

加压防烟是用风机把一定量的室外空气送入某一房间或通道内，使这个房间或通道内保持一定压力或门洞处有一定流速，以避免烟气侵入。图 8-18 是加压防烟两种情况，其中图 8-18 (a) 是当门关闭时，房间内保持一定正压值，空气从门缝或其他缝隙处流出，防止了烟气的侵入；图 8-18 (b) 是当门开启时，送入加压区的空气以一定风速从门洞流出，阻止烟气流入。当流速较低时，烟气可能从上部流入室内。由上述分析可以看到，为了阻止烟气流入被加压的房间，必须达到在门开启时，门洞有一定向外的风速；在门关闭

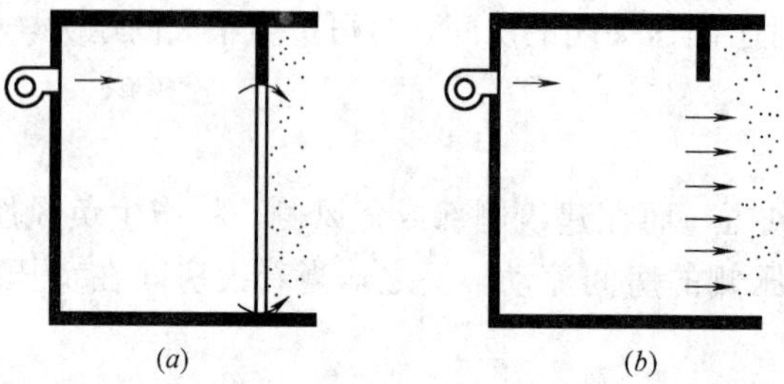

图 8-18 加压防烟示意图

(a) 门关闭时；(b) 门开启时

时，房间内有一定正压值。

（四）机械防排烟及通风空调系统火灾控制程序[6]

当发生火灾时，包括排烟风机、加压风机、挡烟垂壁等在内的防排烟装置要立即动作，同时要对正在运行的通风空调系统发出停止工作命令，还要向消防控制室发出火灾报警信号，还要接受消防控制室的命令，让有关设备协调一致的动作。这一系列的动作都是按事先安排好的一定程序自动进行的，机械防排烟及通风空调系统火灾控制程序是保证火灾控制系统能否有效工作和减少火灾造成的人员财产损失的重要组成部分。下面给出不设消防控制室和设置消防控制室两种情况下的机械防排烟和通风空调系统防火控制程序。

1. 不设消防控制室的机械防排烟和通风空调系统防火控制程序

（1）只考虑排烟口和排烟风机联锁，靠手动开启的基本排烟控制程序如图 8-19 所示。

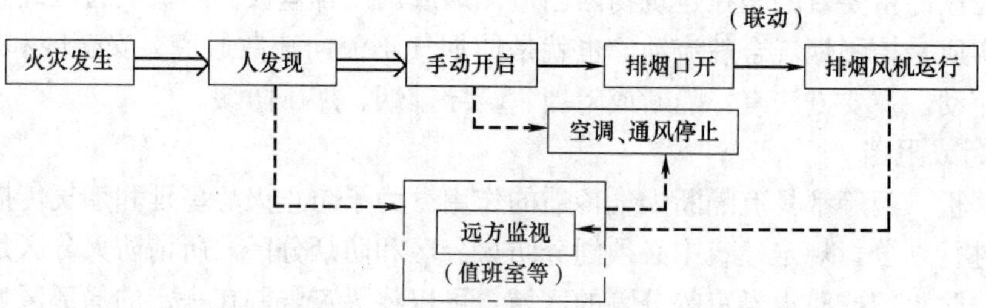

图 8-19 手动开启的基本排烟程序

（2）利用烟感器联动挡烟垂壁、排烟口及排烟机启动，并有信号到值班室，遥控空调、通风机停止，其控制程序如图 8-20 所示。

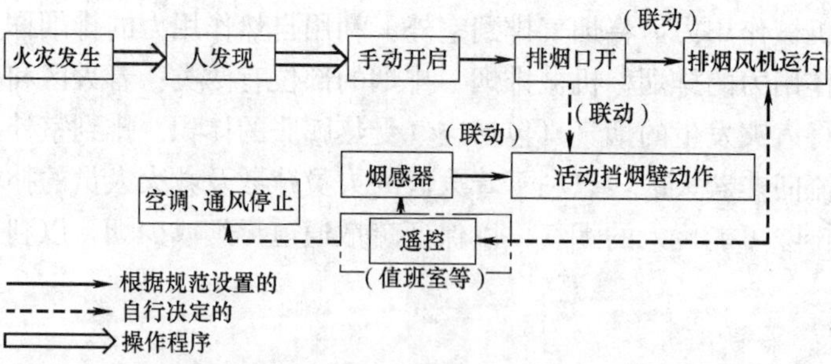

图 8-20 具有烟感器和联动方法的排烟程序

（3）火灾报警器动作后，风管内的防火阀在 70℃ 易熔片熔化后关闭，切断火源，空调、通风机停止，其控制程序如图 8-21 所示。

（4）火灾报警器通过控制线路，关闭风管内防火阀，并在值班室遥控空调、通风机等停止运行，该控制程序如图 8-22 所示。

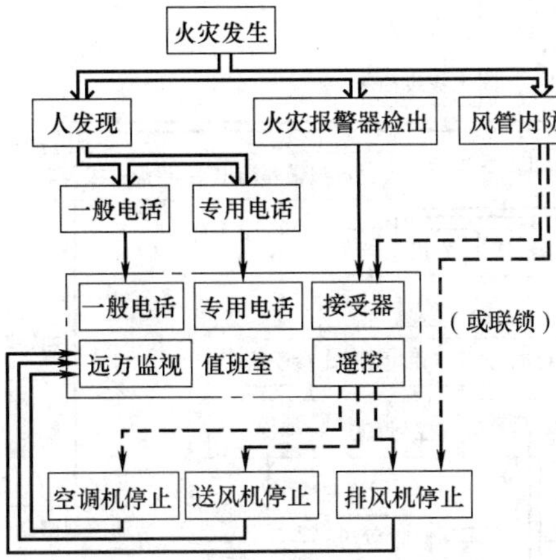

图 8-21 采用烟感器且风管内设有易熔片防火阀的控制程序

注：风管内设防火阀时，也可由火灾报警器控制线路关闭防烟防火阀，在值班室遥控空调、通风机等停止运行。

2. 设有消防控制室的机械防排烟和通风空调系统防火控制程序

（1）发生火灾时，火灾报警器动作，房间排烟口、排烟机、通风及空调系统的通风机均由消防控制室集中控制，其控制程序如图 8-23 所示。

（2）发生火灾时，火灾报警器动作后，消防控制室遥控房间排烟口开启，由排烟口微动开关输出电信号，联动排烟风机、通风及空调风机停开，其控制程序如图 8-24 所示。

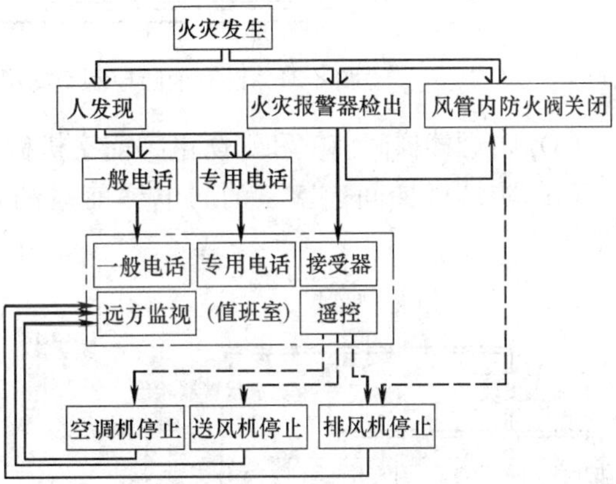

图 8-22 采用烟（温）感器直接控制防火阀的程序

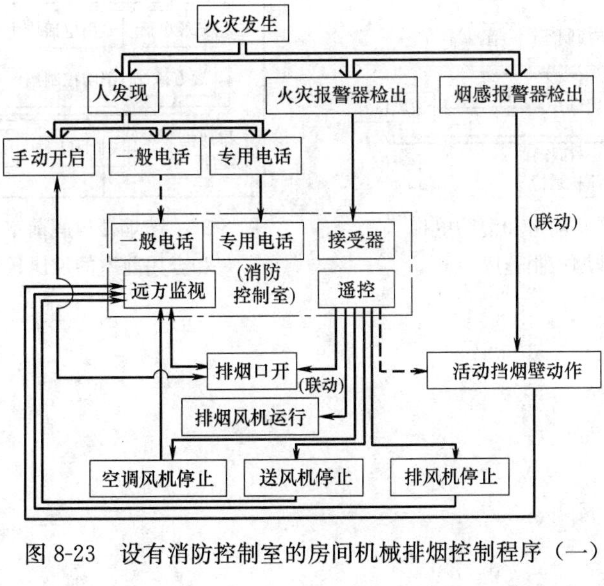

图 8-23 设有消防控制室的房间机械排烟控制程序（一）

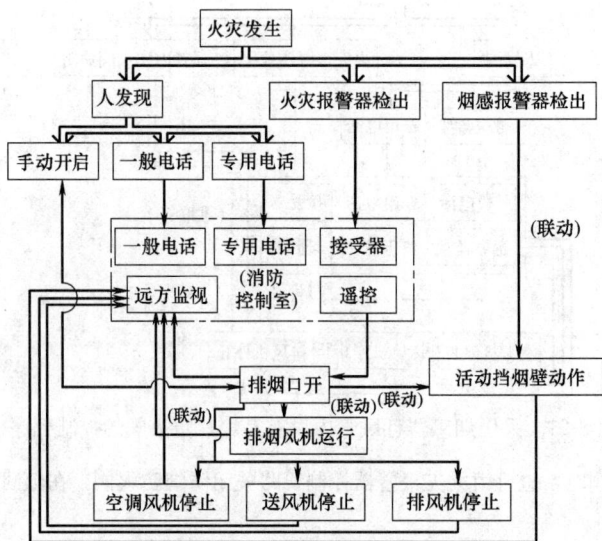

图 8-24 设有消防控制室的房间机械排烟控制程序（二）

（3）防烟楼梯间前室和消防电梯前室机械排烟控制程序，如图 8-25 所示。

（4）防烟楼梯间前室、消防电梯前室和合用前室的加压送风控制程序，如图 8-26 所示。

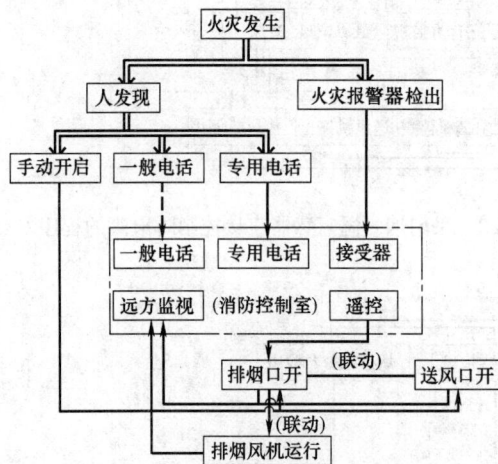

图 8-25 防烟楼梯间前室和消防电梯前室机械排烟控制程序

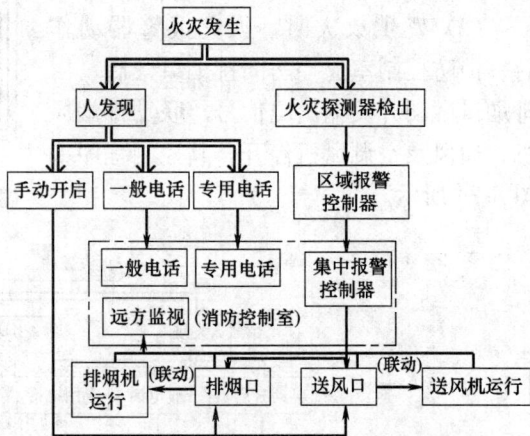

图 8-26 防烟楼梯间前室、消防电梯前室和合用前室的加压送风控制程序

第九章　中央空调系统的自动控制

第一节　中央空调系统自动控制概述

中央空调系统的空气处理方案和处理设备的容量是在室外空气处于冬、夏设计参数以及室内负荷为最不利时确定的。尽管空调系统在投入使用前已经过调试，在当时特定的室外参数和室内负荷条件下满足了预定的设计要求，但是，从全年来看，室外空气参数在绝大多数时间内是处于冬、夏设计参数之间的。而且，室内热（冷）湿负荷也是经常变化的。在这种情况下，如果空调系统的运行不作相应的调节，室内参数将会发生变化或波动，这样就不能满足设计要求，而且浪费了空调冷量和热量。因此，中央空调系统的运行必须根据室外气象条件和室内热湿负荷变化及时进行调节，才能在全年（不保证时间除外）内，既能满足室内温湿度要求，又能达到经济运行的目的。中央空调系统的运行调节方法有两种：一是依靠管理人员手动控制；二是由计算机自动控制。前一种方法需要较多的运行管理人员，调节质量依赖于管理人员的专业水平、经验和责任心，但在实际的运行中，由于空调负荷不断变化，系统设备多而分散，运行操作频繁而复杂、设备维护的不确定性很多，运行管理效果不佳。而自动控制可以实现空调系统按预定最佳方案运行，保证室内环境达到设计要求，并使系统运行安全、可靠。因此，对于系统复杂、控制精度要求高的空调系统，采用自动控制是非常必要的。

空调自动控制的任务就是当室内温湿度偏离设定值时，根据偏差自动地控制各种空调设备的实际输出量，使室内温湿度保持在一定范围内，以满足空调的要求。在设计空调自动控制系统时，首先应对空气处理过程的特性、规律进行认真的研究，并根据各种气候条件、工艺要求和空气处理过程来选用不同的空调控制方案，配置相应的自动化装置，只有这样才能实现自动控制系统的经济效益与价值。本章正是从以上角度出发，分别对新风系统、全空气定风量系统、风机盘管系统、变风量系统及 VRV 系统的自动控制进行详细论述，从而使读者对中央空调系统的控制有一个全面、深入、具体的认识。

一、中央空调系统自动控制的目的

（一）创造适宜的生活与工作环境

通过空调自动控制系统，对室内温度、相对湿度、空气流速及清洁度等加以控制，为人们创造良好、舒适的生活与工作环境，从而大大提高人们的生活质量和工作效率。对工艺性空调而言，可提供生产工艺所需要的空气的温度、湿度、清洁度的条件，从而保证产品的质量。

（二）节约能源

空调系统能耗通常占整个建筑能耗的 35%，甚至高达 45% 以上，因此对空调系统进行节能控制具有极大的潜力和巨大的经济效益，一个进行了综合节能控制的空调系统可节能 30％以上。空调系统的节能控制包括空气、水输送系统节能控制、空调处理过程的节能控制及运行时间控制等多个方面。

（三）保证空调系统安全、可靠运行

通过自动控制系统对空调系统各设备的运行进行监测，可以及时发现系统故障，自动关闭相关设备，并报警通知人们进行事故处理。从而保证了系统的安全、可靠运行。

二、中央空调系统的控制特点

从控制角度分析，空调系统的被控对象（空调房间），具有以下特点：

（一）干扰因素众多

影响房间温湿度的干扰因素很多，例如，通过窗进入室内的太阳辐射，它随季节变化，同时受气象条件影响；室外空气温度通过围护结构对室内空气温度的影响；通过门、窗、缝隙等侵入室内的室外空气；引入室内的新风状态对房间空气状态的影响；由于室内人员的变动，照明、电器设备、工艺设备的开停所产生的余热余湿变化。

（二）运行的多工况性

中央空调系统对空气的处理过程具有很强的季节性。一年中，至少要分为冬季、过渡季和夏季。同时由于空调运行的多样性，使运行管理和自动控制设备趋于复杂。

（三）温、湿度相关性（耦合）

空气状态的两个主要参数温度和湿度，并不是完全独立的两个变量。当相对湿度发生变化时，若通过开启加热器或表冷器进行加湿或减湿，则将引起室温波动；而当室温变化时，室内空气的饱和水蒸气分压力会变化，在绝对含湿量不变的情况下，室内空气的相对湿度就会发生变化（温度升高，相对湿度减少；温度降低，相对湿度增加）。这种参数之间相互关联的性质称为耦合。显然，在温、湿度都有要求的空调系统中，进行自动控制时应充分注意这一特性。

三、中央空调系统自动控制的内容

（一）空气处理过程控制

依据室内温湿度实测值与设定值偏差，用比例（P）、比例积分（PI）或比例积分微分（PID）算法控制空调系统，自动调节加热、冷却、加湿、除湿、空调系统风量等调节装置，以满足空调要求。

（二）设备间歇运行

通过空调动力设备的间歇运行，来减少设备开启时间，从而减少能耗。

（三）焓差控制

按新、回风的焓值比较，充分、合理地利用新风能量及回收回风能量，控制新风量，调节新风阀门、回风阀门和排风阀门的开度。

（四）设定值的再设控制

根据新风温度，重新设定给定值，通过在夏季减少室内外温差，冬季提高室内温度设定值，来提高人们的舒适性，同时节约能量消耗。

（五）夜间（值班）运行

在下班时间，降低室内空调要求，使设备低负荷运行，节约能耗。

（六）通风预冷、净化

夏秋季在凌晨时，通过程序启动空气处理机（或新风机），利用室外凉爽空气对室内全面换气预冷，既节约新风能耗又提高了室内空气品质。

（七）最佳开关机时间控制

在人员进入前，为使房间温湿度达到适宜值而稍微提前启动空调系统，以保证开始使用时，房间温湿度恰好达到要求，减少不必要的能量消耗；在人员离开之前的适当时刻关机，既能使房间维持舒适的水平，又能尽早地关闭设备以节约能量。

（八）工况切换控制

把室外空气状态分成若干空调工况区，自动控制空调系统在各工况区的转换。

（九）特别时间计划

为特殊日期（诸如节假日），提供日期和时间安排计划。

（十）设备运行监测

监视空调机组各设备的运行状态，发现故障执行应急程序，保护设备并报警。

上述控制功能对于某一具体工程来说，一般并不一定全部采用，可依据工程的实际需要及投资额度等因素来选定。

第二节　中央空调系统的运行调节

中央空调系统的空气处理方案和空气处理设备的容量是按照冬、夏季室外空气处于设计参数、室内负荷在最不利条件下时进行选择的。但实际上，在全年的大部分时间里，室外空气参数是在冬、夏季设计参数间作季节性变化的，同时室内负荷也经常发生变化和波动。如果空调系统不作相应调节，则在室外空气参数及室内负荷变化的情况下，就不能满足设计要求，而且浪费了空调的冷量和热量。因此，必须对空调系统的运行进行调节，才能在全年内既满足室内温湿度要求，又达到经济运行的目的。这种运行调节通常是靠自动控制设备来完成的，为了达到以上控制目标，首先就要对空调系统的运行调节进行分析研究，从而为系统的自动控制提供依据。

一、中央空调系统运行调节的原则

（1）保持系统内各房间的温、湿度等参数在要求的范围内。

（2）力求系统运行经济。

（3）使系统的控制、调节环节少，调节方法简单可靠，从而简化自动控制系统，减少一次投资并便于系统维护。

二、中央空调系统的全年运行调节

室外空气状态的变化可以引起送风状态的变化和建筑外围护结构传热量的变化。这两种变化均会影响空调房间的空气状态。那么当室外空气状态变化时，为保证室内温湿度要求，如何对空调系统进行调节呢？下面就以采用蒸汽加湿的冷水表面冷却器的一次回风空调系统为例，说明空调系统的全年运行调节方法。对于使用喷水室的空调系统由于现在实际应用较少，故在这里不作叙述，如有需要可参阅中国建筑工业出版社出版的《空气调节》（第三版）中"一次回风空调系统全年运行调节"的相关内容。

由于蒸汽加湿接近于等温过程，加热和干式冷却（在冷水水温较高或冷水量较少时，一般为干式冷却）为等湿过程，所以其分区调节应以室外新风温度和含湿量大小划分。划分的原则是在保证室内温湿度要求的前提下，使运行经济、调节方便。同时，还应考虑室

225

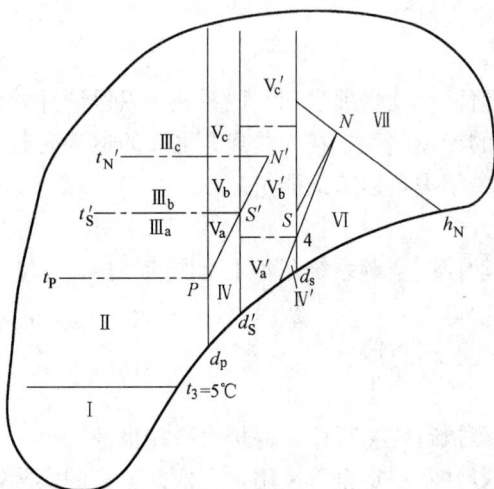

图 9-1　一次回风系统的全年运行分区

外空气参数在某个区域内出现的频率，如果频率很低，则可将该区域合并到其他邻区，以减少空调系统的调节环节。每一个空调分区均应使空气处理按最经济的运行方式进行，在相邻的空调分区之间都能自动切换。图 9-1 为一次回风系统的全年运行分区，各区的处理方法见表 9-1。图 9-1 中的 N'、N 分别为冬、夏室内设计状态点，P 点是延长线 $N'S'$ 上的一点，且线段 $N'S'$ 与 $N'P$ 之比等于最小新风比。点 4 是二次加热后的参数点，点 4 至点 S 为风机和风管温升。

（1）Ⅰ、Ⅱ区属冬季寒冷季节，这时应将新风阀开到最小，采用最小新风比。由于 $t_w < 5℃$，故需要用一次加热器对新风进行预热，将其加热到 5℃。随着 t_w 的升高，当室外新风温度等于 5℃ 时，一次加热关闭，转入Ⅱ区。Ⅰ、Ⅱ区的区别就是Ⅰ区有预热，Ⅱ区不用预热。两个区均是在室外新风和室内空气混合再热以后用等温加湿的方法将其处理到送风状态点 S' 的。

（2）当室外空气状态到达Ⅲ区（Ⅲa、Ⅲb、Ⅲc）时，如仍按最小新风比混合新风，由于 $t_w > t_P$，则混合点的温度必然高于送风温度 $t_{S'}$，如果要维持送风状态，就要启动制冷设备，用低温水将混合空气等湿处理到 $t_{S'}$ 等温线上，这显然是不经济的。对于Ⅲa区，如果改变新回风混合比（开大新风阀，关小回风阀），可使混合状态点仍然落在 $t_{S'}$ 线上，然后再用喷蒸汽等方法将混合后的空气等温加湿到 S' 点送入室内。显然，此方法不但符合卫生要求，而且由于充分利用新风冷量，推迟了启动制冷设备的时间，从而达到节约能量的目的。当 $t_w > t_{S'}$ 时，转入Ⅲb。这时如果利用室内回风将会使混合点的温度值高于送风状态点，显然是不合理的，所以为了节省冷量，应全部关掉回风，采用 100% 新风。而且从这一阶段开始要启动冷源，冷水供水温度通过控制表冷器冷水阀的开度进行调节，但要保证表冷器在干工况下工作。当 $t_w > t_{N'}$ 时，转入Ⅲc区。由于此时室外空气温度已经高于室内温度，如继续使用全新风，将增加冷量的消耗，因此用回风更经济，可采用最小新风比，将新风阀关到最小，回风阀开到最大，同时使用表冷器进行干式冷却。

（3）在Ⅳ区和Ⅴ区均采用改变新回风混合比的方法调节混合空气的含湿量使之到达 $d_{S'}$ 等湿线上，Ⅳ区用二次加热将混合后的空气等湿加热到送风状态点 S'，Ⅴa、Ⅴb、Ⅴc 区的处理方法分别同Ⅲa、Ⅲb、Ⅲc。当室外空气含湿量 d_w 大于送风含湿量 $d_{S'}$ 时，室内参数整定值改为夏季整定值，所出现的Ⅳ′区和Ⅴ″区按Ⅳ和Ⅴ区的处理方法处理。

（4）当 $d_w > d_S$，$h_w < h_N$ 时为Ⅵ区；$d_w > d_S$，$h_w > h_N$ 为Ⅶ区。在Ⅵ区采用全新风最经济，用表冷器将室外新风处理到"机器露点 L"（即 d_S 等湿线与 90% 相对湿度线交点），再用二次加热将其等湿加热到送风状态点 S'。Ⅶ区和Ⅵ区的不同之处为：采用最小新风比更经济，因此，采用最小新风比，用表冷器将混合后的空气处理到"露点"，再二次加热到 S' 点送入室内。

在室外相对湿度较大的地区（例如我国南方），Ⅲc、Vc区的参数每年出现次数很少，可以不用Ⅲc、Vc区的调节方法，Ⅲc、Vc区亦采用Ⅲb、Vb区的调节方法。采用此法时，其冬季加湿量应按Ⅲc区的不利参数全新风的情形进行加湿计算。

综上所述，按以上分区的一次回风空调系统的全年运行调节可以归纳为表9-1。

总之，在进行空调系统的全年分区及运行方案设计时，应把当地可能出现的室外空气变化范围全部编入各个分区中，同时要保证各区都有与之相对应的最佳运行工况，以达到既满足温湿度要求又能最大限度节约能量的目的。

带表冷器的一次回风系统的调节方法　　　　　　表 9-1

分区	室内参数范围		房间相对湿度的控制	房间温度的控制	各空调对象的工作状态						转换方法
	含湿量	温度			一次加热	二次加热	加湿	新风	回风	表冷器	
I		$t_w<5℃$	加湿	二次加热	加热到5℃	$t_{N'}$升高，加热量减少	$\phi_{N'}$升高，加湿量减少	最小	最大	停	一次加热器全关后转到Ⅱ区
Ⅱ	$d_w≤d_p$	$t_p<t_w≥5℃$	加湿	二次加热	停	$t_{N'}$升高，加热量减少	$\phi_{N'}$升高，加湿量减少	最小	最大	停	一次加热后<5℃转到Ⅰ区；二次加热停止后转到Ⅲa区；加湿停止后转Ⅳ区
Ⅲa、Va	$d_w>d_{S'}$	$t_{S'}≥t_w>t_p$且位于$S'P$线以左	加湿	新、回风比例	停	停	$\phi_{N'}$升高，加湿量减少	$t_{N'}$升高，新风量增大	$t_{N'}$升高，回风量减少	停	新风阀关到最小后转到Ⅱ区；新风全开转到Ⅲb区；$t_w>t_{N'}$转到Ⅲc区；停止加湿时转入Ⅳ区
Ⅲb、Vb	$d_w≤d_{S'}$	$t_{N'}≥t_w>t_s$且位于$S'P$线以左	加湿	冷却	停	停	$\phi_{N'}$升高，加湿量减少	全开	全关	$t_{N'}$升高，表冷器水阀开大	表冷器并闭后转入Ⅲa、Va区；加湿停止后转入Ⅳ区；$t_w>t_{N'}$转到Ⅲc区
Ⅲc	$d_w≤d_p$	$t_w>t_{N'}$	加湿	冷却	停	停	$\phi_{N'}$升高，加湿量减少	最小	最大	$t_{N'}$升高，表冷器水阀开大	加湿停止后转入Vc区；$t_w<t_{N'}$转入Ⅲb区
Vc	$d_p<d_w≤d_{s'}$	$t_w>t_{N'}$	新、回风混合比	冷却	停	停	$\phi_{N'}$升高，加湿量减少	$\phi_{N'}$升高，新风量增加	$\phi_{N'}$升高，回风量减少	$t_{N'}$升高，表冷器水阀开大	加湿停止后转入Ⅶ区；$t_w<t_{N'}$转入Vb区；新风最小时转入Ⅲc区
Ⅳ	$d_p<d_w≤d_{s'}$	位于$S'P$线以下	新、回风混合比	二次加热	停	$t_{N'}$升高，加热量减少	停	$\phi_{N'}$升高，新风量减少	$\phi_{N'}$升高，回风量减少	停	新风阀全开时转入Ⅵ区；新风最小时转入Ⅱ区；二次加热停止后转入Ⅲb、Vb区

分区	室内参数范围		房间相对湿度的控制	房间温度的控制	各空调对象的工作状态						转换方法
	含湿量	温度			一次加热	二次加热	加湿	新风	回风	表冷器	
VI	$d_w > d_s$	$h_w \leqslant h_N$	冷却	二次加热	停	t_N 升高，加热量减少	停	全开	全关	φ_N 升高，表冷器水阀开大	按 $h_w \leqslant h_N$ 或 $h_w > h_N$ 两区相互转换；表冷器停转入 IV 区；二次加热停转入 III$_b$、V$_b$ 区
VII	$d_w > d_s$	$h_w \leqslant h_N$	冷却	二次加热	停	t_N 升高，加热量减少	停	最小	最大	φ_N 升高，表冷器水阀开大	

注：1. t_N（$t_{N'}$）、φ_N（$\varphi_{N'}$）为房间温度和相对湿度的设定值；

2. 当室外空气含湿量 $d_w > d_S$ 时，t_N、φ_N 采用夏季设定值。

三、空调系统在室内负荷变化时的运行调节

室内热湿负荷随时都可能发生变化。例如，由于室内外温度差和太阳辐射强度的改变，而使通过围护结构的传热量发生变化；人体、照明以及室内设备的散热量和散湿量也会随着生产过程和人员的出入而变化。因此，不但要根据室外空气状态的变化情况，而且还要根据室内热湿负荷变化的情况，对空调系统进行相应的调节来适应室内负荷的这种变化，以保证室内的温湿度处在给定的允许波动范围内。当室内热湿负荷变化时，对于最常见的一次回风系统其运行调节方法一般有以下两种情形。

（一）室内余热量变化，余湿量几乎不变

这种情况发生在室内热负荷随室内工艺条件或室外气象条件不同而变化，而室内产湿量却比较稳定时。图 9-2 为一次回风系统的夏季空气处理工况（为简单起见，以下分析均不考虑风机和管道的温升，并以最大的送风温差送风）。在设计工况时，空气从机器露点 L 送入室内，并沿室内 ε 线到达 N 点。由于在进行空调设计时，是按房间的最大（冷/热）负荷计算的。因此，在夏季当室外空气偏离了设计状态，即室外气温下降时，由于围护结构的得热量减少，室内显热冷负荷也相应减少，热湿比 ε 将逐渐变小（图中

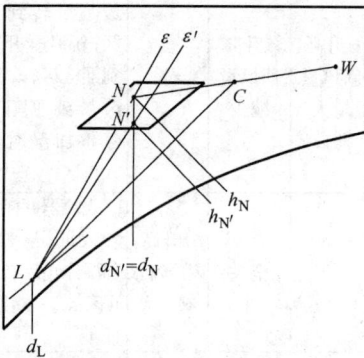

图 9-2 一次回风系统的夏季处理过程

从 $\varepsilon \to \varepsilon'$），亦即在夏季 ε 是从大到小变化的；而冬季则是从小到大变化。

若空调系统送风量 G 和室内产湿量 W 不变，且仍以原送风状态点 L 送风，则

$$d_{n'} - d_L = 1000 W/G = d_n - d_L$$

由于 d_L、W、G 均未变化，所以虽然 Q 和 ε 有变化，d_n 却不会变化，新的状态点必然仍在 d_n 线上。因此，过 L 点作 ε' 线与 d_n 线相交，就可以很容易确定出新的室内状态点 N'。这时 $h_{n'} = h_L + \dfrac{Q'}{G}$，由于 $Q' < Q$，所以 $h_{n'} < h_n$，故 N' 点低于 N 点。若 N' 点仍在室内温湿度允许范围内，则不必进行调节。如果室内显热负荷减少得很多，使 N' 点落在 N 点允许波动范围之外，或者室内调节精度要求很高，允许的波动范围很小，则可以用定露点调节再热量的办法，使送风状态点由 L 变为 O，再沿 ε' 线将风送入室内，使室内状态点

N 保持不变或在给定的温湿度允许范围内（N''），如图 9-3 所示。

综上所述，要维持室内空气参数的恒定，调节的关键在于控制机器露点温度的恒定。保持机器露点温度恒定的方法是：在夏季调节冷冻水与表冷器回水混合比，控制表冷器的进水温度，以此来恒定露点温度。在冬季，则改变新风与回风的比例，改变一次加热量来恒定露点温度。

（二）室内余热量和余湿量都变化

室内余热量和余温量的变化，都会使室内热湿比 ε 发生变化。而根据余热量 Q 和余湿量 W 减少程度的不同，ε 可能减小（$\varepsilon' < \varepsilon$），也可能增大（$\varepsilon'' > \varepsilon$）。如果送风状态不变，则送风参数将沿着 ε'、ε'' 线方向而变化，最后得室内状态点 N' 和 N''，偏离了原来的状态点 N，如图 9-3 所示。

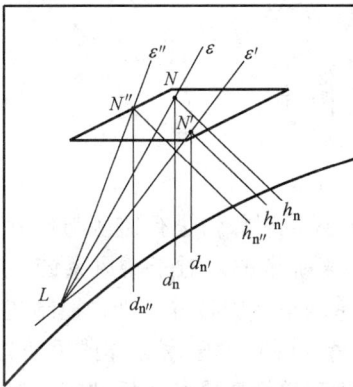

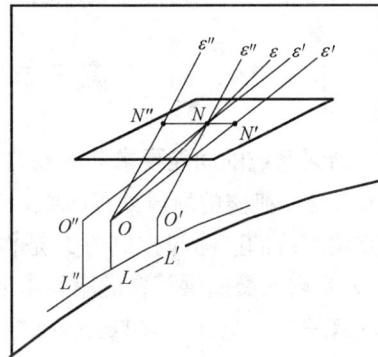

图 9-3　室内余热、余湿变化　　　　图 9-4　定露点和变露点调节再热量
　　　　时室内状态点

在设计工况下：
$$d_n - d_L = 1000W/G,$$
$$h_n - h_L = Q/G。$$
而当 $\varepsilon' < \varepsilon$ 时，有：
$$d_{n'} - d_L = 1000W'/G,$$
$$h_{n'} - h_L = Q'/G。$$
因为 $W' < W$，$Q' < Q$，
所以 $d_n - d_L > d_{n'} - d_L$，$h_n - h_L > h_{n'} - h_L$，
得　$d_{n'} < d_n$，$h_{n'} < h_n$。
同理，当 $\varepsilon'' > \varepsilon$ 时，也可以证明 $d_{n''} < d_n$，$h_{n''} < h_n$。

对此，可有以下几种运行调节方法：

（1）调节再热量：如果热湿负荷变化不大，或室内调节精度要求不高，若 N' 和 N'' 点仍然在允许范围内，则不必进行调节；但当 N'、N'' 点落在了允许精度范围之外时，可用定露点调再热量的办法，将送风点由 L 变为 O，再沿 ε' 或 ε'' 线送风到达 N' 或 N'' 点（图 9-4 中 $L \to O \to N'$ 和 $L \to O \to N''$）；当室内精度要求特别高，而湿负荷又变化比较大时，则可用变露点调节再热量的办法，将露点由 L 变为 L' 或 L''，然后再热，使送风点变至 O' 或 O''，再沿 ε' 或 ε'' 线送风到达 N 点（图 9-4 中 $L' \to O' \to N$ 和 $L'' \to O'' \to N$）。

（2）变露点调节预热器加热量：冬季，当新风比不变时，可调节预热器加热量，将新、回风混合点 C 的空气由原来加热到 M 点变为 M' 点，即加热到新机器露点 L' 的等 $h_{L'}$ 线上，然后等温加湿到与等 $d_{L'}$ 线相交的 E 点。

（3）变露点调新、回风混合比：在不需要预热（室外空气温度比较高）时，可调节新、回风混合比，使混合点的位置由原来的 C 变为位于过新机器露点 L' 的等 $h_{L'}$ 线上，然后等温加湿到与等 $d_{L'}$ 线相交的 E 点。

（4）调节表冷器的进水温度：在空气处理过程中，可调节表冷器进水温度，将空气处理到所要求的新露点状态。

利用调节再热量补充室内减少的显热，这种调节方法虽然能保持室内参数达到规定值，但由于冷、热量相互抵消，必然造成能源上的浪费。所以在以舒适性空调为主的场合，应尽量不使用调节再热量的方法。

第三节　新风系统控制

一、新风系统的功能要求与控制方案

图 9-5 是一典型的新风处理机组，对于这样一台新风机组如何进行监测与控制呢？事实上，空调系统的监测与控制方案是根据其功能要求来确定的。对于新风系统，其功能是：1）为室内人员提供符合健康要求的新风；2）将室内空气中各种污染物控制在规定浓度以下（有关室内空气品质的安全指标及新风量标准请参阅有关国家标准或手册）。因此控制系统的目标就是控制新风机组将一定量的新风处理到符合要求的送风状态。对于一般的舒适性空调来说，新风机组以温度控制为主，送风湿度可以允许在较大范围内波动（30%～70%），一般只是在冬季进行加湿量的控制。

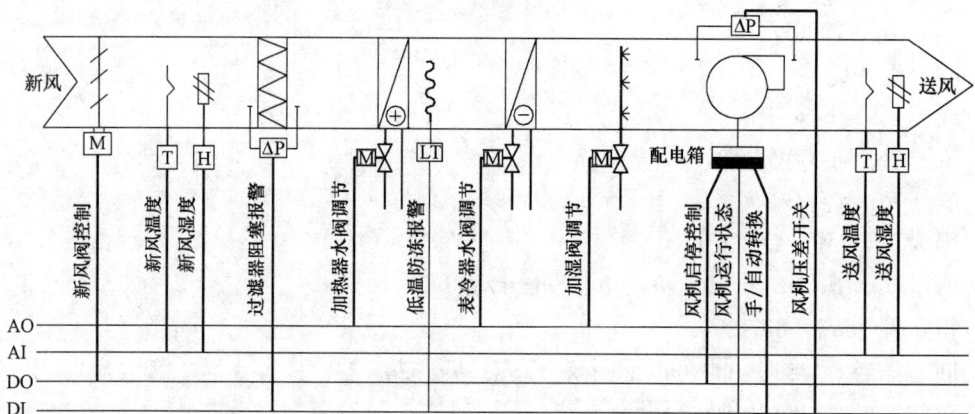

图 9-5　新风机组控制原理图

在进行控制方案设计时，不仅要考虑满足系统功能的需求，还应该考虑系统的安全稳定运行及节能问题。因此，通常新风机组的现场控制器需要完成如下功能：

（一）监测功能

（1）检查风机电机的工作状态，确定是处于"开"还是"关"；

（2）测量新风温湿度，以了解室外气候状况，进行室外温度补偿及工况转换；

（3）测量风机出口空气温湿度参数，以了解机组是否将新风处理到要求的状态；

（4）测量新风过滤器两侧压差，以及时检测过滤器是否需要清洗或更换；

（5）检测手/自动转换状态。

（二）控制功能

（1）启/停风机；

（2）调节表冷/加热器水阀开度，进行送风温、湿度控制；

（3）调节加湿阀，进行送风湿度控制；

（4）季节自动切换。

（三）防冻保护功能

冬季运行时，因某种故障使换热盘管温度过低，为防止冻裂换热盘管，能自动停止风机，关闭新风阀门，同时发出声光报警。当故障排除热水恢复供应后，能重新启动风机，打开新风阀，恢复机组的正常工作。

（四）设备启/停连锁

为保护机组，各设备启动顺序为：开水阀→开风阀→开风机；各设备停止顺序为：关风机→关风阀→开水阀（开度 100%，有利于盘管内存水与水系统间的对流）。各设备启停的时间间隔以设备平稳运行或关闭完全为准。

二、新风系统的控制点表与硬件配置

（一）监控点表

控制方案确定后，便可以定义系统各设备的监控点。根据上述控制方案，各控制监测点定义见表 9-2。

新风机组监控点表

表 9-2

AI	AO	DI	DO
新风温度	表冷器水阀调节	过滤器阻塞报警	新风阀开闭控制
新风湿度	加热器水阀调节	低温防冻报警	风机启停控制
送风温度	加湿器阀门调节	风机运行状态	
送风湿度		风机压差开关	
		风机手/自动转换	

表 9-2 中的各监控点与图 9-5 相对应。

（二）硬件配置

根据监控点表选择合适的传感器、阀门及执行器，并配置具有相应输入输出通道的现场控制器（控制器的输入输出通道应留有一定的裕度）。各种传感器、阀门及执行器的选择已在前述章节中详细说明，这里仅就各类硬件的使用作补充说明。

（1）温、湿度传感器：为准确地了解新风机组的工作状况，温度传感器的测温精度应小于±0.5℃，湿度传感器测量相对湿度的精度应小于±0.5%。温、湿度的信号可以是 4～20mA 电流信号或 0～10V 电压信号，具体应依据控制器 AI 输入通道的信号要求选择。

（2）风阀及执行器：由于新风阀不用来调节风量，仅在冬季停机时为防止盘管冻结关闭用，因此可选择通断式风阀及执行器。为了解风阀实际的状态，此时还可以将风阀执行器中的全开限位开关和全关限位开关通过两个 DI 输入通道接入控制器。

(3) 水阀及执行器：水阀应为连续可调的电动调节阀，以控制盘管水流量或进水水温。安装方式有如图 9-6 所示的 3 种。图 9-6 (a) 是使用直通调节阀调节进入盘管的水量（供水温度不变），但这样会导致干管流量发生变化，为避免同一水系统的相互干扰，必须在供水管路上加装恒压控制装置，使系统复杂化；图 9-6 (b) 是改变流入盘管的水流量，而保持进水水温不变，这种控制方法被广泛采用；图 9-6 (c) 是通过调节与回水混合的比例改变进水水温，由于出口装有水泵，则能保持流入盘管水流量恒定，这种方法调节性能好，但每台盘管要增加一台水泵，投资较大，一般用于需要精确控制的场合。

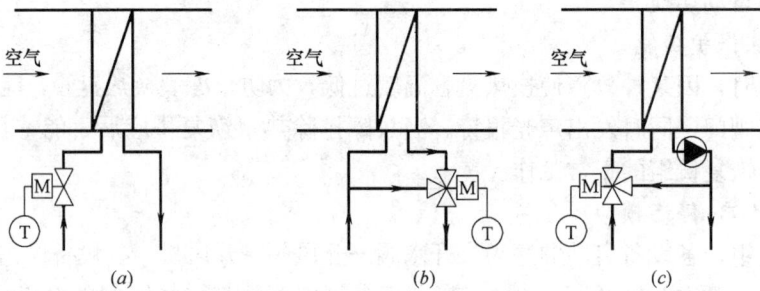

图 9-6　电动调节阀的安装形式
(a) 二通调节阀控制；(b) 定水温，变流量控制；(c) 定流量，变水温控制

(4) 加湿阀：根据加湿器选择适当的加湿阀，有调节型和通断型两种。

(5) 压差开关：压差开关可监视新风过滤器两侧的压差和风机运行状态。当过滤器阻力增大到设定值或风机正常运转时，压差开关吸合，从而产生"通"的开关信号。过滤器压差开关要根据机组中所采用的过滤器类型来选用。根据国家标准《组合式空调机组》（GB/T 14294—93）对各类过滤器初阻力的规定，可以确定各类过滤器的终阻力（一般为初阻力的两倍），见表 9-3。根据表 9-3 选择合适量程的压差开关。风机故障报警是通过风机压差开关与风机运行状态两个反馈信号共同完成的，即当二者的反馈信号不一致时（说明风机没有正常启/停），则由控制器发出报警信号。

各类过滤器的终阻力　　　　　　　　　　　　　　　　　　表 9-3

过滤器	粗效	中效	亚高效	高效(99.9%)
初阻力(Pa)	≤50	≤80	≤120	≤190
终阻力(Pa)	100	160	240	380

(6) 低温防冻报警：对于防冻保护应进行具体分析。冬季水盘管冻裂有 3 种情况：1) 热水循环泵停，热水不流动，继续开风机，使盘管冻结；2) 热源停止（如使用蒸汽—水换热器产生热水，蒸汽停供）水温降低，继续开风机使盘管冻结；3) 无热水供应，新风机停止，但新风阀未关闭，使盘管冻结。对于 1)、2) 两种情况，可在紧靠加热盘管的下风向一侧（即图中所示位置）安装低温防冻开关，并设定当检测送风温度低于 5℃时，全开热水阀，停止风机，关闭风阀，同时发出报警信号；而对于第三种情况，则不能通过温度来判断，只能设定为关风机时必须关风阀。这里应该指出的是，这种保护判断程序不论在系统处于自动还是手动状态时，都应有效。

(7) 风机运行状态：信号采自风机配电箱中，控制风机电机启停的交流接触器的辅助触点（开关逻辑与主触点相同）。

三、新风系统的控制算法

（一）送风参数的控制

上面控制方案中提到通过水阀、加湿阀来控制送风参数，那么具体怎样控制呢？我们在第一篇中已经学习了自动控制原理，经过对上述的系统进行分析，我们可以知道，系统实际上可以分为两个控制过程，即送风的温度控制和湿度控制。对于这两个参数的控制可以采用两套控制器（即温度控制器和湿度控制器）分别进行控制，也可以用一个控制器对系统进行集中控制。

（1）送风温度的控制：依据安装在送风道上的温度传感器信号，并通过一定的控制算法来控制加热器水阀或表冷器水阀的动作。可采用 PI 控制算法，离散化的 PI 控制的增量型算式为：

$$U(k)=U(k-1)+K_P\left\{\frac{T_0}{T_I}e(k)+[e(k)-e(k-1)]\right\} \tag{9-1}$$

式中　　　　T_0——采样周期，s；

　　　　　　T_I——积分时间；

　　　　　　K_p——比例系数；

　　　　　　$U(k)$——输出的阀门开度；

$e(k)$、$e(k-1)$——分别表示第 k 次、第 $k-1$ 次采样的送风温度与设定值的偏差，具体取值为：$e(k)=t_{set}-t_s$（冬季），$e(k)=t_s-t_{set}$（夏季），t_s 为测量的送风温度，t_{set} 为送风温度的设定值。

比例系数 K_p、积分时间 T_I 及采样周期 T_0 需要经过现场的调试后确定，它们的整定方法可以参见自动控制原理的有关内容。

（2）送风湿度的控制：依据送风湿度与设定值的偏差，来控制加湿阀的动作，夏季一般不进行湿度控制。可以采用式（9-1）的 PI 调节算法，但要特别注意的是湿度控制与温度控制所采用的 PI 控制参数是不同的。

（二）工况切换控制

若系统设有温度控制和湿度控制两套控制器，则可以在恒温控制器上安装供冷/供热运行模式的转换开关，手动进行季节切换。这里讲述的是依据室外新风温度进行自动切换。控制切换条件如下：

（1）当新风送风口高度低于 5m 时：

$t_{out}>t_{set}$，采用夏季调节算法；

$15℃<t_{out}<t_{set}$，新风不经处理直接送入室内；

$t_{out}<15℃$，采用冬季调节算法。

（2）当新风送风口高度大于或等于 5m 时：

$t_{out}>t_{set}$，采用夏季调节算法；

$10℃<t_{out}<t_{set}$，新风不经处理直接送入室内；

$t_{out}<10℃$，采用冬季调节算法。

四、新风系统的控制程序流程图

图 9-7 为新风系统的控制主程序流程图。

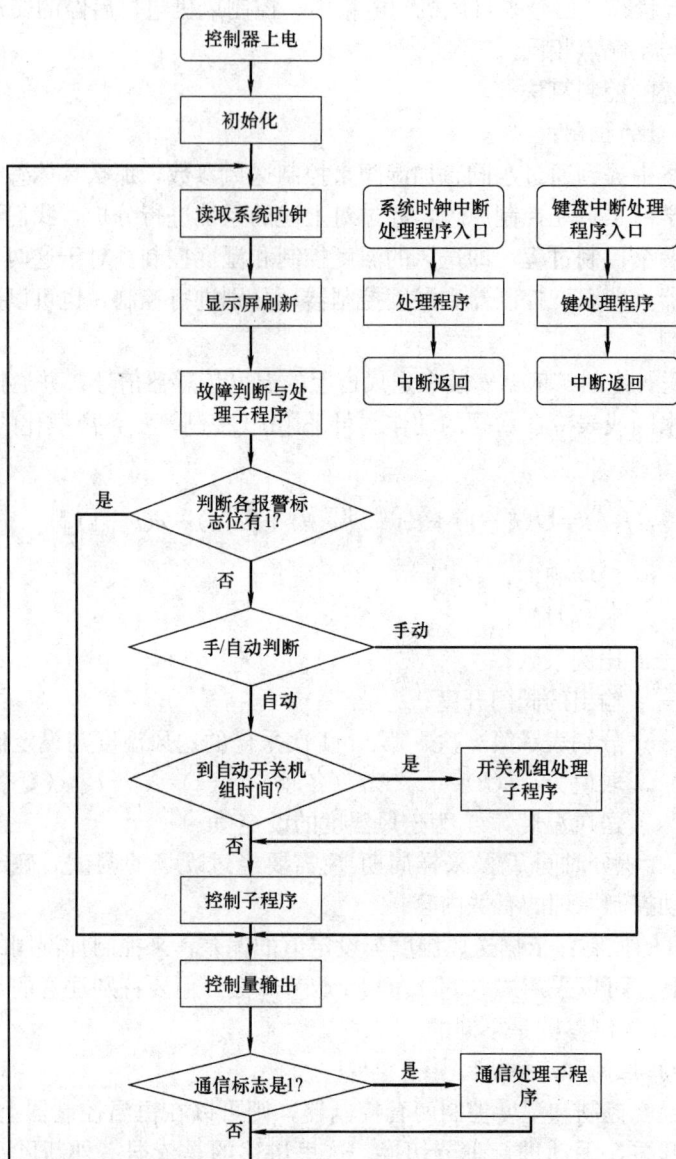

图 9-7　新风系统控制主程序流程图

第四节　全空气定风量系统的控制

本节讨论的是新回风混合的定风量空调系统的控制调节，主要讲述夏季采用露点送风的空调系统和用于恒温恒湿控制的再热式空调系统的自动控制。与上一节的新风系统控制相比，带回风的空调系统的控制有如下不同点：

（1）控制调节对象是房间内的温度、湿度，而不是送风参数；

（2）被控房间温湿度要求全年处于舒适区范围内，在夏季也要考虑湿度控制；

（3）要控制新回风混合的比例，尽量利用新风进行调节，实现系统节能运行。

一、露点送风（舒适性）空调系统控制

露点送风空调系统是指将空气冷却处理到接近饱和的状态点（机器露点），不经再加热而直接送入室内的空调系统，这种系统只能保证室内的温度在一定范围，而难于同时保证室内的相对湿度，因此仅用于对温湿度要求不高的舒适性空调系统，而对于室内温湿度有严格要求的场所，则不能采用。

（一）系统的控制方案

图 9-8 即为露点送风空调系统，与上一节的新风系统相比，由于有回风回到空调机组，系统控制更加复杂，其主要的控制目标为：

（1）保证空调房间的温、湿度全年处于舒适区范围内；

（2）保证空调房间的空气品质（满足人员健康要求及房间的新风需求）；

（3）实现系统节能运行。

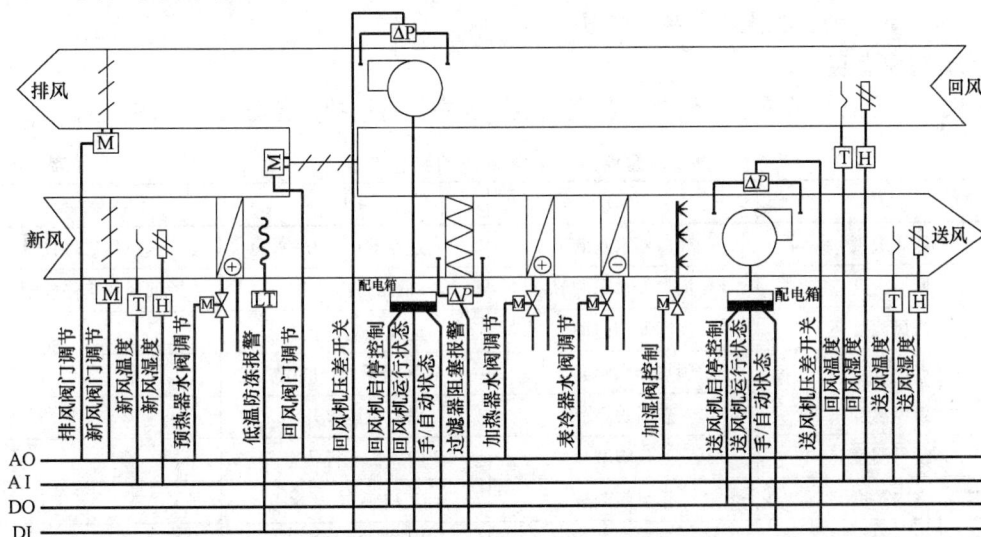

图 9-8　露点送风空调系统控制原理图

依据上述的控制调节目标，确定系统的控制方案如下：

1. 监测功能

（1）检查风机电机的工作状态，确定是处于"开"还是"关"；

（2）测量新风温湿度，以了解室外气候状况，进行室外温度补偿；

（3）测量送风温湿度参数，以了解机组处理空气的终（送风）状态；

（4）测量过滤器两侧压差，以及时检测过滤器是否需要清洗或更换；

（5）检测手/自动转换状态。

2. 控制功能

（1）启/停风机；

（2）依据温湿度偏差，调节预热器、表冷器、加热器水阀开度；

（3）调节加湿阀，控制加湿量；

（4）室外温度补偿控制；

（5）季节自动切换。

3. 防冻保护功能

冬季运行时，检测预热器盘管出口空气温度，当温度过低时，能自动停止风机，关闭新风及排风阀门，同时发出声光报警。当故障排除后，重新启动风机，打开新风和排风阀，恢复机组的正常工作。

4. 设备启/停连锁

为保护机组，各设备启动顺序为：开水阀→开送风机→开回风机→开风阀；各设备停止顺序为：关回风机→关送风机→关风阀→开水阀（开度100%，有利于盘管内存水与水系统间的对流）。各设备启停的时间间隔以设备平稳运行或关闭完全为准。

5. 节能运行

(1) 控制新回风比例，充分利用新风调节室内温湿度，使系统节能运行；

(2) 节假日设定或按时间表控制。

（二）系统的监控点表与硬件配置

1. 监控点表

表9-4为露点送风空调系统的监控点表，表中的各监控点位置可参见图9-8。

露点送风空调系统的监控点表　　　　　　　　　　　　表 9-4

AI	AO	DI	DO
回风温度	表冷器水阀调节	过滤器压差开关	送风机启停控制
回风湿度	加热器水阀调节	低温防冻开并	回风机启停控制
送风温度	加湿器阀门调节	送风机运行状态	
送风湿度	预热器水阀调节	送风机手/自动状态	
新风温度	新风阀调节	送风机压差开关	
新风湿度	回风阀调节	回风机运行状态	
室内湿度	排风阀调节	回风机手/自动状态	
室内湿度		回风机压差开关	

2. 硬件配置

根据表9-4选择的传感器、阀门及执行器等硬件如下：

(1) 温湿度传感器：与新风系统相比，需要增加被控房间或被控区域内温湿度传感器。如果被控房间较大，或是由几个房间构成一个区域作为调控对象，则可安装几组温湿度测点，以这些测点温湿度的平均值或其中重要位置的温湿度作为控制调节参照值。回风的温、湿度参数是供确定空气处理方案时参考的。由于回风管存在较大的惯性，且有些系统还采用走廊回风等方式，这都使得回风空气状态不完全等同于室内空气状态，因此不宜直接用回风参数作为被控房间的空气参数（除非系统直接从室内引回风至机组）。其他温湿度测点位置可按图9-8所示就近安装在机组内。

(2) 调节风阀及角执行器：为了调节新回风比，对新风、排风、混风3个风阀都要进行单独的连续调节，因此要选择调节式风阀及风阀执行器（角执行器）。

(3) 水阀及执行器：水阀应为连续可调的电动调节阀，一般采用图9-6（b）的安装形式。

(4) 加湿阀：根据加湿器选择适当的加湿阀。

（5）压差开关：压差开关监视过滤器两侧压差和风机运行状态。

（6）低温防冻报警：在紧靠预热盘管的下风向一侧（即图9-8中所示位置）安装低温防冻开关，并设定当检测风温度低于5℃时，停止风机，关闭风阀，同时发出报警信号。

（7）风机运行状态：同新风系统。

如果经费允许，系统还可以选用其他的一些监控设备，例如：风速开关、压差传感器、CO/CO$_2$/VOC传感器等。

（8）风速开关：在风机出口风管上安装风速开关，可以确认风机是否工作正常。当风机电机由于某种故障停止而风机开启的反馈信号仍指示风机开通时，如果风速开关指示出风速过低，则可以判断风机出现故障。

（9）压差传感器：压差传感器可直接测出压差，并输出连续信号（AI），可用于测量风量，但价格昂贵。

（10）CO/CO$_2$/VOC传感器：监测室内CO、CO$_2$及挥发性有机化合物浓度，为新风量控制提供依据。CO和CO$_2$传感器，应谨慎采用。CO传感器应用于地下车库的排风系统，用于驱动通风机动作。由于CO传感器长期处于污染环境中，其敏感元件受汽车尾气的毒害，有效寿命通常在2年左右。当灵敏度下降到一定程度后即不能正确指示污染物浓度，因此在停车库的通风系统中如采用CO传感器，仍需以日程表启停控制方式作为必要的补充手段，在确定空调控制方案时应避免系统对这类传感器的过度依赖。在室内采用CO$_2$传感器也有类似的问题。ASHARE研究表明，随着人均建筑面积的增大，在类似办公室这样的场合，人工合成材料正在取代CO$_2$成为首要污染物。在允许吸烟的场所，烟气应是首要污染物。除非证明采用后确能产生很好的节能效益（如人员密度波动很大的商场、展厅），一般不应大量采用CO$_2$传感器作为调节新风量的主要依据，否则在传感器性能劣化后，对空调系统的影响将是长期的，且很难发现问题症结所在。

（三）系统的控制策略与算法

1. 室内温、湿度设定值的确定

对于舒适性空调，并非要求室内空气状态恒定于一点，而是允许在较大范围内浮动，例如温度为20～28℃，相对湿度在40%～70%，均满足舒适性要求。这样，当室外状态偏低时，室内可以靠近区域的下限；室外状态偏高时，室内则可以靠近区域的上限。当室外处于区域附近时，则尽可能多用新风，使室内状态随外界空气状态变化。这样既可最大限度地节能，又可提高室内空气品质和舒适程度。但若室内温湿度要求全年固定设定值，则显然要消耗更多的能量。国外研究表明，夏季室温设定值从26℃提高到28℃，冷负荷可减少21%～23%；露点温度设定值从10℃提高到12℃，除湿负荷可减少17%；冬季室温从22℃降到20℃，热负荷可减少26%～31%；露点温度设定值从10℃降低到8℃，加湿负荷可减少5%。因此，对于室内温湿度设定值不需要全年固定不变的大部分工业空调及几乎全部的舒适性空调，可以采用变设定值控制或按设定区控制。

（1）温度的设定：我国《采暖通风与空气调节设计规范》（以下简称《规范》）规定夏季室内设定温度为24～28℃；冬季为18～22℃。《规范》中只是规定了室内温度的变化范围，但实际上，人们生活既有室内活动也有室外活动，对人体舒适感既要考虑室内条件，也要兼顾室内外温差对人体舒适的影响。因此在以室内温度为主确定设定值的同时应进行室外温度补偿，图9-9表示了室内温度随室外温度进行补偿的曲线。

由图 9-9 的曲线，可得室外温度补偿的计算式：

$$t_{set} = -\frac{1}{10}t_{out} + 19, \ t_{out} < 10℃;$$

$$t_{set} = 18℃, \ 10 \leqslant t_{out} < 20℃;$$

$$t_{set} = \frac{5}{8}t_{out} + 5.5, \ 20 \leqslant t_{out} < 36℃;$$

$$t_{set} = 28℃, \ t_{out} \geqslant 36℃。$$

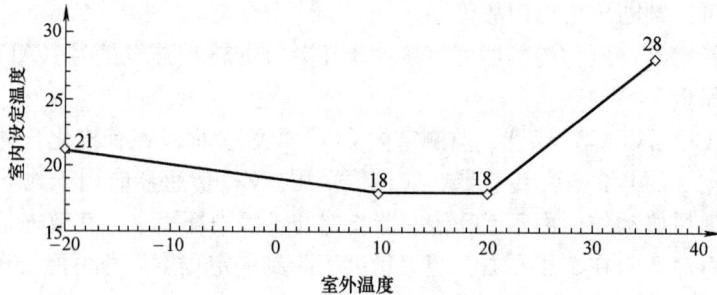

图 9-9　室外温度补偿曲线

（2）湿度的设定：ASHRAE 推荐的范围是：夏季，不超过 70%；冬季，不低于 30%。我国《采暖通风与空气调节设计规范》规定：夏季相对湿度在 40%～65%；冬季相对湿度在 40%～60%。对于舒适性空调来说，由于人体对湿度不像温度那么敏感，因此湿度不必考虑室外参数的补偿。

2. 新风量的确定

系统新风量的一般需要满足以下三项要求，取三者中最大值作为系统的最小新风量：

（1）ANSI/ASHRAE 标准 62—1989 规定每个工作人员的最小新风量不少于 7.5～10L/（s·人），即 27～36m³/（h·人）。

（2）送入空调区域的新风量要稍大于同一空调区域所有排风量与渗透出风量之和，以保持空调区域一定数值的正压（5～10Pa），提供从围护结构缝隙，特别是从电梯门及楼梯间门缝隙中渗出的风量。根据 ASHRAE 手册中的资料，按照建筑漏风程度，应保证每小时换气次数约为 0.15～0.4。

（3）冲谈建筑材料、家具散发的有害气体所需的新风量，一般不超过保持一定正压所需新风。但新建建筑或发现有害气体（如氡气）时，则必须严格检查测定，必要时设置专用的送风和排风系统，降低室内有害气体浓度。在主要是因为人体散发有害气体的空调区域，应按照 CO_2 浓度控制新风量，美国 ANSI/ASHRAE 标准 62—1989 中明确规定，空调区域 CO_2 的浓度不得超过 $1000 \times 10^{-6} mg/m^3$。

3. 室内温、湿度的控制

对于露点送风系统，在冷却去湿工况下无法同时对温度和湿度进行严格控制，因此采用的控制方案是优先对温度进行控制，适当兼顾对湿度的控制。这里以表冷器采用变水量调节（进表冷器的冷冻水温度保持不变），加湿器为干蒸汽加湿器（等温加湿）的露点送风系统为例讲述各设备的控制方法。

通常各设备是根据房间温湿度与设定值之间的偏差按照比例积分微分（PID）算法来控制的。首先采集房间温、湿度测量值，并与温湿度设定值进行比较判断，当 $t>t_{set}$ 时，则需要降温，以 $t-t_{set}$ 为偏差，采用表冷器温度调节的 PID 算式计算表冷器水阀开度；当 $\varphi>\varphi_{set}$ 时，则需要除湿（表冷器为湿工况，要求冷冻水供水温度低于被处理空气的露点温度），以 $\varphi-\varphi_{set}$ 为偏差，采用表冷器湿度调节的 PID 算式计算表冷器水阀开度；若 $t>t_{set}$ 且 $\varphi>\varphi_{set}$ 时，则分别用表冷器温度调节和湿度调节的两套 PID 算式计算出各自的依据温度偏差和湿度偏差的阀门开度值，以较大者作为控制表冷器水阀的输出值。当 $t<t_{set}$ 时，则需要加热，以 $t_{set}-t$ 为偏差，采用加热器调节的 PID 算式计算加热器水阀开度并输出；当 $\varphi<\varphi_{set}$ 时，需要加湿，以 $\varphi_{set}-\varphi$ 为偏差，采用加湿器调节的 PID 算式计算加湿阀的开度。其中的 t 为实测的房间温度，t_{set} 为房间温度的设定值，φ 为实测的房间相对湿度，φ_{set} 为房间相对湿度的设定值。这里要注意的是各设备温、湿度的 PID 控制参数（K_p、T_I、T_d）是不同的，各参数值的确定请参考自动控制原理的有关内容。在实际应用中，可以根据实际需要采用许多改进的 PID 算法，例如带死区的 PID 控制，积分分离的 PID 控制等。图 9-10 给出了采用温湿度选择控制的空调系统控制方块图。

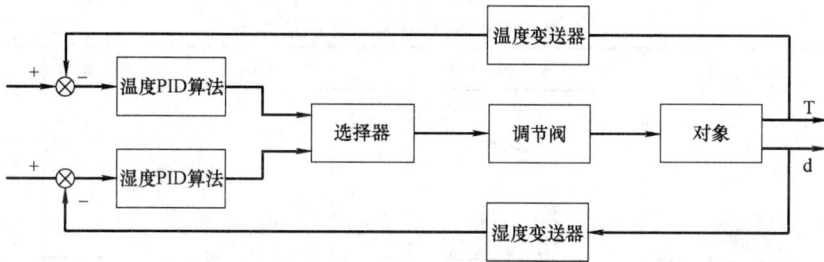

图 9-10　空调系统的温湿度选择控制方块图

4. 全年运行工况切换控制

工况切换与空调运行的全年分区有关。图 9-11 给出了露点送风空调系统按照定露点控制的全年运行空调分区情况，图中共分 Ⅰ、Ⅱ、Ⅲ、Ⅳ、Ⅴ 五个区域，N_1、N_2 分别为冬、夏室内设定状态点，近似菱形的区域（N）为室内状态允许波动范围，t_4 为采用最小新风量时对应的温度。表 9-5 给出了各区的运行调节方案与切换条件，表中的 h_O 为室外空气焓值，h_N 为室内空气焓值。

第 Ⅰ 区为制冷工况区，在该区域新风阀处于最小新风量位置，通过调节表冷器水阀开度控制室内温湿度。

第 Ⅱ 区仍然为制冷工况区，由于室外空气焓值小于室内空气焓值，因此该区内可以考虑利用室外新风进行降温除湿，新

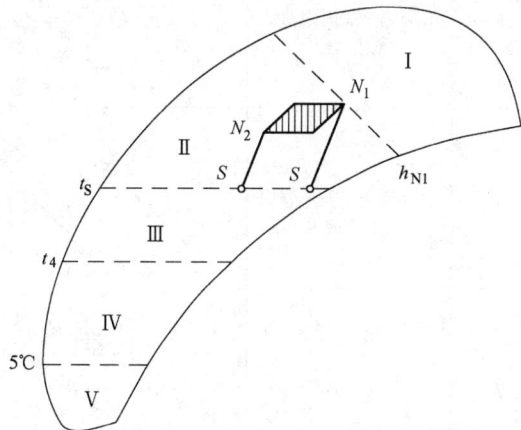

图 9-11　露点送风空调系统全年空调工况分区

风阀、回风阀和排风阀依据室内外湿度偏差进行控制，可采用 PI（比例积分）调节算法，其中新风阀、排风阀应同向同步调节，回风阀按相反方向调节。新风与排风阀的开度 K_r 可按下式计算：

$$K_r(k)=K_r(k-1)+K\left[\frac{T_0}{T_I}e_d(k)+e_d(k)-e_d(k-1)\right] \tag{9-2}$$

式中　　$e_d(k)$，$e_d(k-1)$——分别为第 k 次和第 $k-1$ 次采样时的湿度偏差，即 $d_{set}-d$（新风湿度大于房间空气湿度）或 $-(d_{set}-d)$（新风湿度小于房间空气湿度）；

　　　　$K_r(k)$，$K_r(k-1)$——分别为第 k 次和第 $k-1$ 次输出的阀门开度值。

回风阀的开度为 $1-K_r$。该区表冷器仍需要进行控制以维持室内温度在舒适区内。

第Ⅲ区为过渡季，室外空气温度进一步降低，这时可以关闭表冷器，通过调节新、回风阀门控制房间的温度，各风阀的开度控制与Ⅱ区相同，只是偏差为室内温度与设定值的偏差。室内湿度通过控制喷蒸汽量来保证。

第Ⅳ区为加热工况区，当新风阀关到最小新风量时进入该区，需要开加热器，通过调节二次加热器水阀来保证室内温度，调节加湿阀控制室内湿度。

各区的运行调节方案与切换条件　　　　表 9-5

工况区	切换条件	空气处理过程	室内温度调节	室内湿度调节	新风量
Ⅰ	$h_0>h_{N1}$		调节表冷器的水流量		最小新风量
Ⅱ	$h_0\leqslant h_{N1}$，$t_0>t_s$（t_s 为露点送风温度）		调节表冷器的水流量	新回风混合比	全新风或大于最小新风量
Ⅲ	$t_4<t_0\leqslant t_s$（当加热器水阀完全关闭时进入该区域）		调节新回风的混合比	调节喷蒸汽量	大于最小新风量
Ⅳ	$5℃<t_0\leqslant t_4$（当新风阀调解到最小新风量时进入该区域）		调节加热器的热水流量	调节喷蒸汽量	最小新风量
Ⅴ	$t_0\leqslant 5℃$		调节预热器及二次加热器的热水流量	调节喷蒸汽量	最小新风量

第Ⅴ区为冬季寒冷季节，需要启动新风预热器，采用最小新风量，预热器将新风预热到5℃后，与回风混合，再经二次加热器及加湿器处理后送入室内。预热器可依据新风温度与5℃的偏差进行PID调节。

工程中常采用的另一种工况转换方法是依据室外空气温度来进行系统工况的转换。控制过程分为夏季、春秋、冬季3个标准工况，当室外温度高于28℃时，系统工作于夏季工况（制冷状态），将新风阀开为室内送风量的30%，回风阀开为室内送风量的70%，系统通过检测室内温、湿度参数，控制表冷和加湿调节阀来调节空调系统的送风参数，系统在保证室内清洁度的情况下，充分利用室内回风，以减少系统的能耗。当室外温度在16～28℃之间时，系统工作于春秋工况，将新风阀开到室内送风量的70%，回风阀开为室内送风量的30%，充分利用新风以提高室内清洁度，当新风湿度偏低时，为不增加加湿负荷，可以采用如上面第Ⅱ区的方法控制新、回风阀的开度，以充分利用回风；当室外温度低于16℃时，系统工作于冬季工况（制热状态），将新风阀开为室内送风量的30%，回风阀开为室内送风量的70%，系统通过检测回风温、湿度参数，控制加热和加湿调节阀来调节空调系统的送风参数，以保证空调房间处于设定的温湿度。系统的排风可以通过室内CO_2浓度控制的，当室内CO_2浓度升高时，增加空调房间的排风量，反之，减少空调房间的排风量。同时可充分利用季节因素，在夏季时，充分利用晚上温度较低的空气进行房间换气，在冬季时，充分利用中午温度较高的空气进行房间换气，以降低系统正常工作时间的新风量，提高系统的节能效率。

需要作出补充说明的是，图9-12中在新风阀后及新回风混合前设置了预热器，这是因为在寒冷地区室外温度很低，新风预热负荷很大，所以有必要将新风预热到某一温度（如5℃）后，再与回风混合，进行加热和加湿。这样既能满足实际的加热需要，又能防止新回风混合点可能落入雾区而使空气中水汽凝结析出。对于那些冬季室外气温较高且新回风混合不会发生水汽凝结的地区，则可以不设置新风预热器，但要在紧靠混风后的加热器盘管的下风向侧安装防冻开关。

二、恒温恒湿空调系统

通常把对室内温、湿度波动有严格要求的空调称为恒温恒湿空调，恒温恒湿空调的控制指标有两组，即温、湿度基数和空调精度。温、湿度基数是指在空调区域内所需保持的空气基准温度与基准相对湿度；空调精度是指被控的空调区域在要求的持续时间内，空气温度或相对湿度偏离室内温、湿度基数的最大值。例如，$t_n＝20±0.5℃$和$\varphi_n＝50±5\%$。对于舒适性空调一般不提空调精度要求；而工艺性空调则对温湿度基数和空调精度都有特殊要求。以冷冻水作冷却介质的定风量全空气系统的恒温恒湿空调都采用如图9-12所示的再热式系统。由图9-12可以看出，与露点送风空调系统相比，再热空调系统在加湿器后增设了再热器，可以通过调整再热器的加热量来保证送风温差，其优点是：调节性能好，可实现对温、湿度较严格的控制；送风温差较小，送风量大，房间温度的均匀性和稳定性较好；空气冷却处理所达到的露点较高，制冷系统的性能系数较高。缺点是冷热量相互抵消，能耗较高。

（一）系统的控制方案

由于再热式空调系统的被控对象一般对温湿度的控制精度有严格要求，因此控制调节方案与露点送风系统有很大的不同，以下是恒温恒湿的再热空调系统的控制方案。

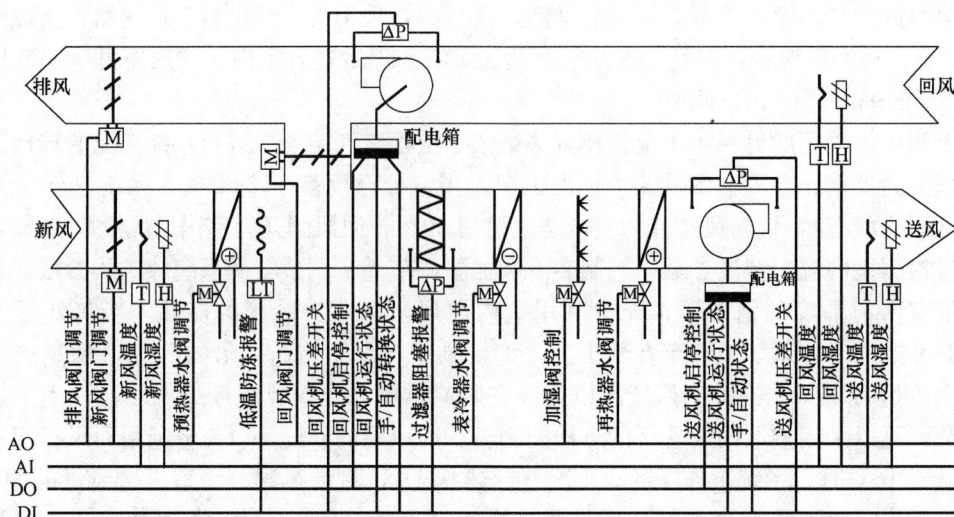

排风 配电箱 回风

新风 配电箱 送风

排风阀门调节　新风阀门调节　新风温湿度　预热器水阀调节　低温防冻报警　回风阀门调节　回风温湿度　回风机启停控制　回风机运行状态　手/自动转换状态　过滤器阻塞报警　表冷器水阀调节　加湿阀控制　再热器水阀调节　送风机启停控制　送风机运行状态　手/自动状态　送风机压差开关　回风温湿度　送风温度　送风温湿度

AO
AI
DO
DI

图 9-12　再热空调系统的控制原理图

1. 监测功能

（1）检查各风机运行状态；

（2）测量室内及新风温湿度参数，以计算送风参数整定值，作为控制机组空气处理过程依据；

（3）测量送风温湿度参数，以计算送风温湿度偏差，用于控制各空气处理设备；

（4）测量过滤器两侧压差，以及时检测过滤器是否需要清洗或更换；

（5）检测手/自动转换状态。

2. 控制功能

（1）启/停风机；

（2）系统采用串级调节，即系统采用主、副两个控制环路，主环根据室内温度变化来调整送风温湿度设定值，作为副环调节的给定值，副环根据送风温湿度实测值与给定值偏差来控制各电动阀门的动作；

（3）季节自动切换。

3. 防冻保护功能

冬季运行时，检测预热器盘管出口的空气温度，当温度过低时，能自动停止风机，关闭新风及排风阀门，同时发出声光报警。当故障排除后，重新启动风机，打开新风和排风阀，恢复机组的正常工作。

4. 设备启/停连锁

为保护机组，各设备启动顺序为：开水阀→开送风机→开回风机→开风阀；各设备停止顺序为：关回风机→关送风机→关风阀→开水阀（开度100%，有利于盘管内存水与水系统间的对流）。各设备启停的时间间隔以设备平稳运行或关闭完全为准。

以上控制方案适用于被控房间或区域的温湿度要求相同且负荷变化相似的场合，对于被控各房间或区域有不同温度要求或负荷变化不同的场合，则需要每个房间或区域根据各自温湿度要求或负荷变化自行调节送风温度，再热器也相应布置在各房间、区域的送风支管道处（图 9-13），而不是图 9-12 所示的将再加热盘管放于机组内。

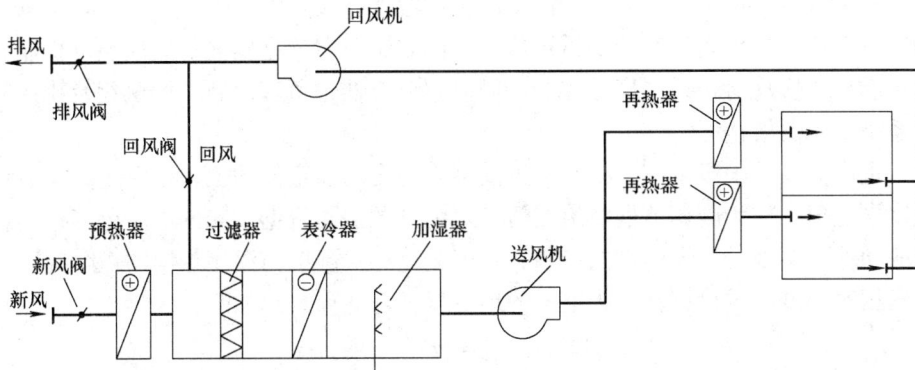

图 9-13　再热器分散布置的定风量再热式空调系统图

（二）系统的监控点表

表 9-6 为再热空调系统的监控点表。

再热空调系统的监控点表

表 9-6

AI	AO	DI	DO
新风温度	预热器水阀调节	过滤器阻塞报警	送风机启停控制
新风温度	表冷器水阀调节	低温防冻报警	回风机启停控制
送风温度	再热器水阀调节	送风机运行状态	
送风温度	加湿阀调节	送风机压差开关	
室内温度	新风阀调节	送内机的/自动转换	
室内湿度	回风阀调节	回风机运行状态	
	排风阀调节	回风机压差开关	
		回风机手/自动转换	

（三）系统的控制策略与算法

1. 室内温、湿度控制

由于被控房间一般有较大的热惯性，同时冷却盘管、加热盘管也有一定的热惰性，如果直接根据室内温度对各设备的电动调节阀进行调节，则滞后较大，延迟时间较长，这样会使系统超调量加大，室温波动大，若系统还有较长的送风管道，这种情形会更加严重。因此，在空调的高精度调节中，常采用串级调节来改善控制品质。图 9-14 为串级控制系统方块图。可以看出，系统由两个反馈控制环组成，一个控制环在里侧，称为副环或副回

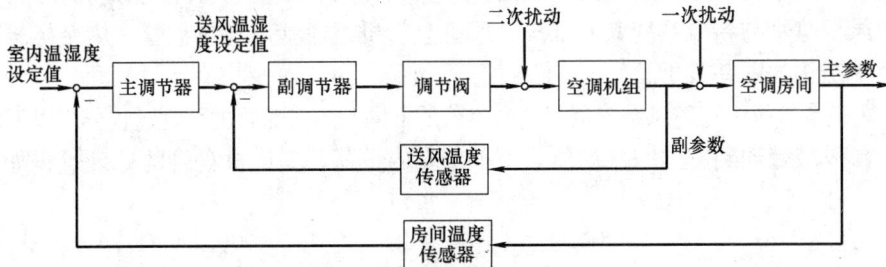

图 9-14　采用串级控制的空调系统方块图

路；另一个环在外面，称主环或主控制回路。

（1）室内温度的串级调节：根据测得的室内温度与设定值的偏差，由主调节器计算出送风温度设定值，作为副调节器的给定值，再由副调节器依据实测的送风温度控制各电动调节阀的动作，实现对送风温度的控制。同时副调节器也负责对新、回风阀及排风阀进行控制及系统的工况转换。

（2）室内温度的串级调节：根据测得的室内湿度与设定值的偏差，由主调节器计算出送风湿度设定值，作为副调节器的给定值，再由副调节器依据实测的送风湿度控制各电动调节阀的动作，实现对送风湿度的控制。为了避免相对湿度与温度控制的耦合问题，通常是将空气相对湿度通过计算转化为空气的绝对湿度，计算公式如下：

$$\left.\begin{aligned} P_{q,b} &= e^{\left[\frac{c_1}{T}+c_2+c_3T+c_4T^2+c_5T^3+c_6\ln(T)\right]} \\ d &= 0.622\frac{\varphi P_{q,b}}{B-\varphi P_{q,b}} \end{aligned}\right\} \tag{9-3}$$

式中　d——空气的绝对湿度，$kg/(kg \cdot 干)$；

　　　φ——空气的相对湿度，%；

　　　B——当地的大气压力，Pa；

　　　T——$T=273.15+t$，t 为空气的温度，℃；

　　$P_{q,b}$——温度为 t℃时的饱和湿空气的水蒸气压力，Pa。

　　　$c_1=-5800.2206$，$c_2=1.3914993$，$c_3=-0.04860239$，$c_4=0.41764768\times10^{-4}$，$c_5=-0.14452093\times10^{-7}$，$c_6=6.5459673$。

这样依据式（9-2）便可以对温湿度分别进行控制了。

2. 季节切换控制

为了保证再热式空调系统对温湿度的精确控制，同时使运行经济、调节方便，需要对系统的全年运行进行更细致的分区。可以采用图 9-1 的分区方法，具体的各区处理方法及切换条件可以参考表 9-1 的内容。但对于全年要求温、湿度设定值固定不变的系统则不能采用表 9-1 的分区方法，而应依据本章第二节的有关分区原则重新进行分区设计。

第五节　风机盘管系统的控制

一、风机盘管系统的简介

风机盘管系统是空气－水空调系统的一种形式，通常与新风系统联合使用构成所谓的风机盘管加新风系统，是目前应用广泛的一种空调方式。系统的特点是房间的冷热负荷及湿负荷由风机盘管与新风系统共同承担。风机盘管机组通常由换热盘管（热交换器）和风机组成，其结构如图 9-15 所示。

依据风机盘管机组与新风系统负担室内负荷的不同，风机盘管的处理过程分为以下两种：

（1）新风被处理到室内空气焓值，不承担室内负荷，其风机盘管的处理过程如图9-16所示。

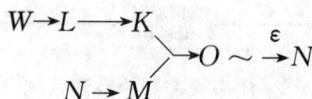

$$
\begin{array}{c}
W \rightarrow L \longrightarrow K \\
\searrow O \sim \xrightarrow{\varepsilon} N \\
N \rightarrow M
\end{array}
$$

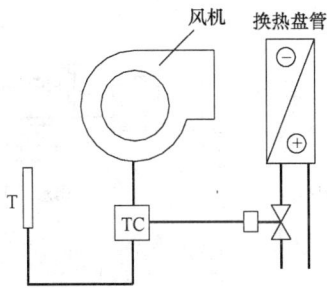

图 9-15　风机盘管机组

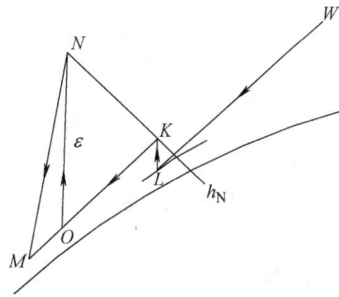

图 9-16　新风不承担室内负荷

即风机盘管将室内空气从 N 点处理到 M 点，再与新风机组的送风（K 状态的空气）混合后送入室内，实际上由于风机盘管和新风机组的送风口是各自独立出风的，因此这一过程是在送入室内后完成的，所以为了使新风与风机盘管出风较好的混合，应使新风送风口紧靠风机盘管的出风口。

（2）新风处理后的焓值低于室内焓值，承担室内负荷，风机盘管的处理过程如图9-17所示。

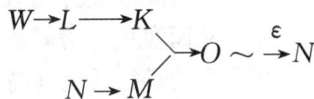

$$W \to L \longrightarrow K \atop N \to M \searrow O \sim \xrightarrow{\varepsilon} N$$

由于新风系统需要较低温度的冷冻水，而风机盘管却需要较高温度的冷冻水，故此种处理形式水系统较复杂，同时盘管的制冷除湿能力也降低了，因此采用较少。

二、风机盘管系统的调节

风机盘管系统的运行调节分两大部分：设在房间内的风机盘管机组的调节和新风系统的调节。新风系统的运行调节已在本章第三节中详细讲述，这里仅讨论风机盘管机组的调节。

（一）风机盘管的水系统调节

风机盘管水系统主要采用水量调节。目前风机盘管常用的水量调解方法有两种：一是在冷冻水管路上设置电动二通阀［见图 9-18（a）］，恒温控制器根据室内空气温度控制阀门的启闭；二是在冷冻水管路上设置电动三通阀［见图 9-18（b）和图 9-18（c）］，恒温控制器根据室内空气温度控制电动三通阀的启闭，使冷冻水全部通过风机盘管或全部旁通流入回水管。

（二）风机盘管的风系统调节

风机盘管通常都设有三档风速调节开关（高、中、低三档），用户可根据需要手动选择三速开关的档位。风机盘管恒温控制器一般与三速开关组合在一起，并设有供冷/供热转换开关，可以同时进行风量和水量调节。近年来还研制出了依据室温变化直接控制风机三档风速或风机无级变速的恒温控制器，可实现冷热量的无级调节。

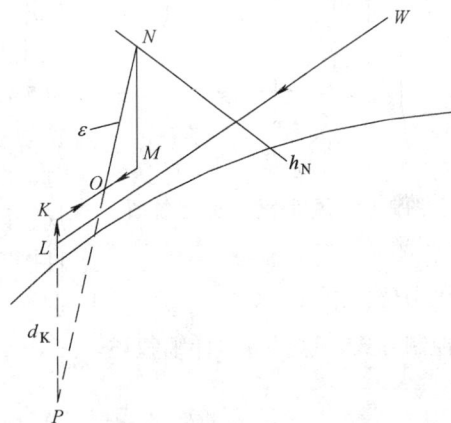

图 9-17　新风承担室内负荷

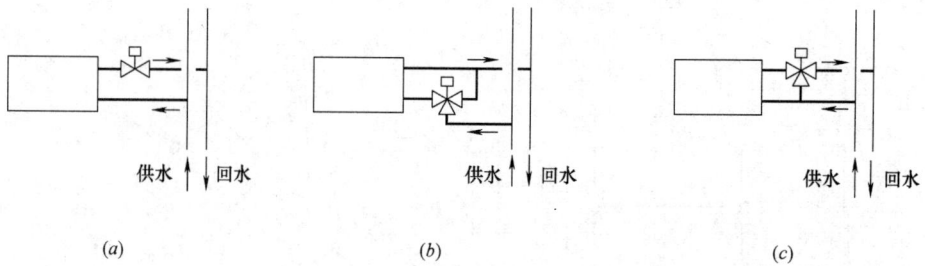

图 9-18 风机盘管的水阀安装形式

(a) 二通阀调节；(b) 三通阀调节（供水）；(c) 三通阀调节（回水）

三、风机盘管的控制

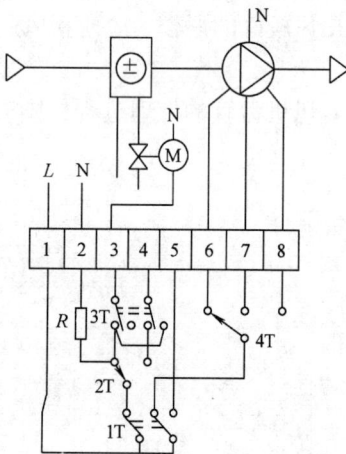

图 9-19 风机盘管控制系统图

图 9-19 是风机盘管（冷/热共用一个盘管）的控制系统原理图，1T 为电源开关，2T 为温控开关。图中带三速开关（4T）的恒温控制器装有温度传感器，它测量房间温度并与设定值比较，控制电动阀的开或关，从而实现对房间温度的调节。由用户自己手动选择风机的运行转速（高、中、低三速）。室温给定值也由用户根据自己的意愿手动调整。由于电动阀随温度变化的动作在供冷和供热工况时是相反的，因此在恒温控制器上还设有供热/供冷的转换开关 3T（图中位置为冬季工况）。供冷工况下，室内温度高于给定值时，电动阀开启，反之关闭；供热工况下，室内温度低于设定值时，电动阀开启，反之关闭。恒温控制器直接安装于房间内墙壁上，由于内部装有温度传感器，应避免接近出风口和阳光直射。上述控制系统是目前常用的，当然还有直接控制风机转速的控制方式，这里不做详细叙述。

第六节　变风量空调系统的控制

变风量（Variable Air Volume，VAV）空调系统起源于高速送风空调系统，是利用改变送入室内的送风量来实现对室内温湿度调节的全空气空调系统，它的送风状态是保持不变的。由于变风量系统运行时，风机输送的空气量是随室内负荷大小而不断变化的，输送空气所消耗的能量比定风量系统少，因此节能效果较好。

一、变风量空调系统介绍

图 9-20 是一典型的变风量空调系统。从图中可以看出，变风量空调系统就是在每个房间的送风入口处装了一个变风量末端装置，该末端装置实际上是一个风阀。通过调整该风阀的开度可以增大或减少送入房间的风量，从而实现对各个房间温度的单独调节。当全空气空调系统所带各房间的负荷变化情况彼此不同时，或各房间的温度设定值彼此不同

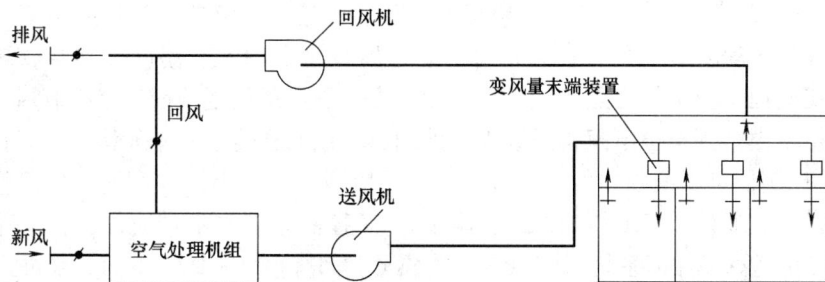

图 9-20 变风量空调系统

时，VAV 系统显然是一种解决问题的有效方式。

在变风量空调系统中，依据所采用的末端装置的不同，可分为两类，即节流型和旁通型。节流型变风量末端装置主要是通过改变空气的流道截面积来改变通过变风量末端装置的空气量。由这种末端装置构成的变风量空调系统称为节流型变风量空调系统。旁通型变风量末端装置是当房间内负荷减少时，只将一部分风量送入室内，而其余部分则由旁通管路直接进入回风管道，这样就会有部分经热、湿处理过的空气随排风而排到室外，没被利用，浪费了冷、热量。因此，旁通型的变风量空调系统不是具有节能特点的真正意义的变风量空调系统，这里不对其控制进行介绍。

变风量末端装置的风量调节方式也有两种：压力有关型和压力无关型。压力有关型是由室内恒温控制器直接控制 VAV 末端装置风门开启的角度，VAV 末端的送风量会随系统总风道静压的变化波动。压力无关型 VAV 末端的风门角度根据风量的设定值（有上、下限）来调节，这种末端装置需要在其入口处设风量传感器，并由风量控制器根据实测风量值与风量设定值的差来控制风门的开度，而恒温控制器依据室温变化修正风量控制器的风量设定值。这样 VAV 末端装置的送风量就不会因系统的静压变化而变化。压力有关型和压力无关型末端装置的风量调节原理如图 9-21 所示。

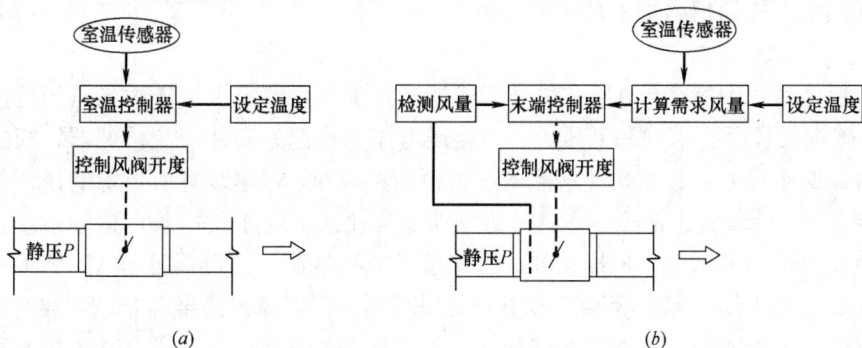

图 9-21 压力有关型和压力无关型末端装置的风量调节原理
(a) 压力有关型；(b) 压力无关型

二、变风量空调系统的控制

变风量空调系统的空气处理机组的控制过程与定风量系统类似，这里不再讲述。本节只讨论与变风量有关的控制。由前面的讲述知道，VAV 系统末端装置都需要一套控制器，VAV 末端控制器是与 VAV 末端装置配套的产品，它包括挂在室内墙壁上的温度设定器及安装在末端装置上的控制器两部分。温度设定器内装有温度传感器以测量房间温度，温度实测值与设定值之差被送到控制器中去修正风量设定值或直接控制风阀。这种末端控制器可以由常规模拟电路构成或以微处理器为核心智能控制单元构成。以计算机为核心的 DDC 控制器可以是独立的，也可以通过通信网相互联接，与空气处理机组的控制器协调工作。带有通信、各 DDC 相互协调的 VAV 控制系统与不带通信、各末端装置控制器独立工作的 VAV 控制系统工作原理及系统设置都有很大不同，下面分别进行讨论。

（一）变风量系统在各末端控制器无通信功能时的控制方法。

1. 送风参数设定

对于变风量系统，由于每个房间的风量都根据实测温度调节，因此房间内的温度高低并不能说明送风温度偏高还是偏低。只有将各房间温度、风量及风阀位置全测出来进行分析，才能确定送风温度需调高或降低，这必须靠与各房间变风量末端装置的通信来实现。对于各变风量末端间无通信功能的控制系统，送风参数很难根据反馈来修正，只能根据设计计算或总结运行经验，根据建筑物使用特点、室内发热量变化情况及室外温度确定送风温度设定值。为了满足各房间温度要求，这样确定的送风温度设定值一般总是偏保守，即夏天偏低，冬天偏高，从而使经过末端装置调节风量后，各房间温度都能满足要求。但有时各 VAV 末端装置都关得很小，增加了噪声。此外还减少了过渡期利用新风直接送风降温的时间，多消耗了冷量。

2. 新风量的控制

当新、排、混风阀处于最小新风位置时，降低风机转速，使总风量减小，新风入口处的压力就会升高，从而使吸入的新风百分比不变，但绝对量减少。对于舒适性空调，这使各房间新风量的绝对量减少，空气质量变差。为避免这一点，在空气处理机组的结构上可采取许多措施。就控制系统来说，可在送风机转速降低时适当开大新风和排风阀，转速增加时再将它们适当关小。更好的办法是在新风管道上安装风速传感器，调节新风和排风阀，使新风量在任何情况都不低于要求值。

3. 送、回风机的控制

为了保证系统中每个 VAV 末端装置都能正常工作，要求主风道内各点的静压都不低于 VAV 末端装置所要求的最低压力。在主风道压力最低处安装静压传感器，根据此点测出的压力，调整送风机转速，使该点的压力恒定在 VAV 末端装置所要求的压力值，即可保证各 VAV 末端装置正常工作。这种方法叫定静压法。对于仅一条风道的系统，将压力传感器装在风道的最远处，根据它的压力调节送风机转速，即可保证各 VAV 末端装置都在足够的压力下工作。但在实际工程中会出现问题：当主风道前半部分风速较高，尾部风速较低时，最远处的静压比近处某些位置的静压还高，导致近处一些 VAV 装置不能正常工作，而当主风道有多个分支时，出现这种情况的几率会更大。因此，应在风道中可能出现最高风速的风道处安装压力传感器，使这些压力中的最小者不低于 VAV 末端装置要求的最低压力。当然，在保证可基本了解风道内压力分布的前提下，应尽可能减少压力测点，以减少投资。

回风机的转速也需要调节，以使回风量与变化了的送风量相匹配，从而保证各房间不会出现太大的负压或正压。由于不可能直接测量每个房间的室内压力，因此不能直接按照室内压力对回风机进行控制。由于送风机在维持送风道中的静压时，其工作点随转速变化而变化，因此送风量并非与转速成正比。而回风管中如果没有可随时调整的风阀，回风量基本上与回风机转速成正比。因此，也不能简单地使回风机与送风机同步地改变转速。实际工程中可行的方法是同时测量总送风量和总回风量，调整回风机转速使总回风量总是略低于总送风量，即可维持各房间稍有正压。再一种方式就是测量总送风量和总回风道接近回风机入口处的静压，此静压应与总送风量的平方成正比，由测出的总送风量即可计算出回风机入口静压的设定值，调整回风机转速使回风机入口静压达到该设定值，即可保证各房间内基本处于微压状态。

（二）各个末端控制器均有通信功能时的控制方法

当各个末端控制器均有通信功能，空气处理机组的现场控制器可以与各末端控制器通信时，前面讨论的那些 VAV 控制调节中的问题就较容易解决了。此时可以充分利用计算机的计算分析能力，尽可能少使用各种压力和风量/风速传感器，通过计算机使各末端装置相互协调，解决上述问题。此时的控制策略取决于采用"压力无关"型末端装置还是"压力有关"型的装置。下面分别进行讨论。

1. 使用"压力无关型"末端装置的变风量系统控制

空气处理机组的现场控制器可得到各末端装置风量实测值、风量设定值、对应的房间温度和房间温度设定值。末端装置控制器调节的速度很快，一般情况下风量实测值应接近风量设定值。如果某个末端装置在连续一段时间内（1～2min）实测的风量低于风量设定值较多，则说明风管内压力偏低，因此可增加送风机转速。各末端装置风量设定值之和与风机转速有对应关系。如果风机转速高于各风量设定值之和所对应的转速，则说明风机转速偏高，各变风量末端装置的风阀可能都关得较小，因此需降低转速。总风量和转速的关系可在初调节时通过实测得到：将几个最末端的变风量装置的风量设定到最大值（或将房间温度设定值调到很低）。近端的变风量装置设定到最小值，调节风机转速，使这些风量设定值基本上得到满足。记下此时实测风量之和及风机转速，再增加几个设定风量为最大值的末端装置，再次调整转速。这样即可得到一组最不利条件下总风量与转速的关系，作为控制风机转速的依据。此关系可通过同样的思路根据风管阻力情况预先计算得到。当末端装置的风阀阀位信息也可向空气处理室的现场控制器提供时，可以根据是否有阀位开到90％以上来确定风机转速。使任何时候，系统中至少有一个 VAV 末端装置的风阀阀位大于90％。

由各变风量装置实测的风量之和即可确定回风机转速。只要使转速与总风量成正比，房间内基本上可保证正常的压力范围。比例系数可在调节时实测确定。

最适合的送风参数亦可由各末端装置的风量设定值确定：当各末端装置的风量设定值都低于各自的最大风量，说明送风温差过大，应升温（夏季）或降温（冬季），以减小送风温差。若有的装置风量设定值大于或等于其最大风量，则说明送风温差偏小，应降温（夏季）或升温（冬季）。这种控制的结果是系统内至少应有一个末端装置的风量设定值高于90％的最大风量。这种用房间控制信息反馈来确定送风参数的方法比没有通信时的前馈方法要可靠、节能，亦可避免大量风阀关小引起的噪声。掌握了各房间风量的实测值，还可以更准确地保证各房间的新风量。每个房间都有事先定义的最小新风量要求（根据人员数量），由各房间实测风量与该房间额定最小新风量之比即得到此时要求的最小新风比。

新风阀、排风阀阀位开度近似于新风比，因此可简单地根据计算出的最小新风比检查和调整新风阀、排风阀。为使新风量更准确，也可以在新风管道上测量新风量，再用计算出的实测总风量乘以最小新风比作为最小新风量的设定值。

从上面的分析可以看到，采用各末端装置有通信功能的控制系统，可以使风管压力控制、室内压力控制、送风参数设定和新风控制这 4 个问题得到较妥善的解决，并且除VAV 末端装置内的风量测量外，不再需要其他测点，免去了无通信功能时需要对风管压力、总风量、回风机入口压力及新风量的测量。通信功能所需要增加的投资可以从省下的这些传感器投资中得到，而系统控制调节品质却会大大改善。

一种用 DDC 控制器控制的风机动力型末端装置控制原理如图 9-22 所示。

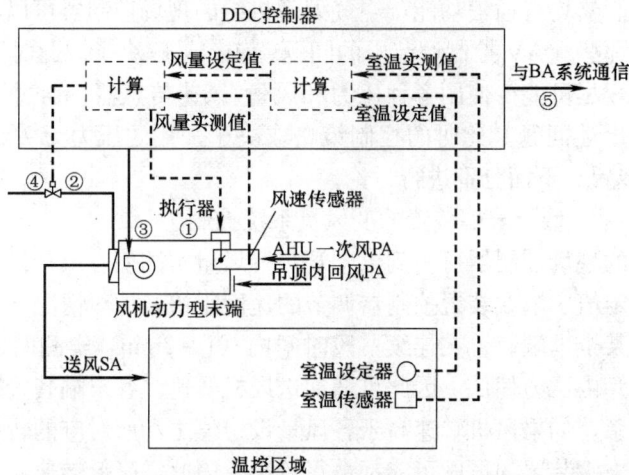

图 9-22　用 DDC 控制器控制的风机动力型末端装置控制原理图

其中：

1）根据室温设定值与实测值的偏差信号及风量设定值与实测值的偏差信号，比例积分调节送风量。

2）供热工况时，风机动力型末端维持最小送风量，比例或双位调节热水或电热加热器。

3）风机动力型末端连锁启停风机。

4）带再热装置的单风管末端维持一定风量，比例或双位调节热水或电热加热器。

5）与 BA 中央监控系统通信

2. 使用"压力有关型"末端装置的变风量系统控制

采用"压力有关型"末端装置的变风量系统，最简单的控制方式是根据房间温度实测值与设定值之差，直接调整末端装置中的风阀。这样做，当某个房间温度达到要求值时，由于其他房间风量的变化或总的送风机风量有所变化导致联接末端装置风道处的空气压力有变化，从而使这个房间的风量变化。由于房间热惯性较大，在此瞬间房间温度并不变化。待房间温度发生足够大的变化后，再对风阀进行调整，又会反过来影响其他房间的风量，并引起温度变化，这样各房间风阀不断调节，风量和温度不断变化，导致系统不稳定。当具有通信功能时，每个末端装置要对风阀进行调节时，同时将要调整的开度变化通知邻近的各末端装置。各邻近末端装置可根据预定的权系数对自己的风阀同时进行调整。

例如，某末端装置为使房间温度降低，要将风阀开大 10%，则最邻近的两个末端装置同时也将自己的风阀开大 3%～4%，次邻近者同时开大 1%～2%，这样就可避免在风量减小、引起温度变化后再进行调整了。送风机转速变化时，则所有的风阀都应自行进行相应的调整。这种调整量的权系数可通过"自学习"的方法逐渐修正。此种控制调节的效果可接近"压力无关"型末端装置。

对于这种末端装置，空调室的现场控制机应知道各末端装置的阀位，根据各末端装置的阀位状态确定送风机转速及空调机送风状态。当所有末端装置的阀位均小于 80%时，说明风管内静压偏高，应降低送风机转速。反之，若发现有开度大于 90%的末端装置，说明有风管内静压可能偏低，应加大送风机转速。这样可以用各末端装置中阀门开度最大值来控制送风机转速，使得在任何时候系统内至少有一个末端装置的风阀开度在 80%～90%之间，没有风阀开度超过 90%。

根据各末端装置风阀开度，同样也可确定适宜的送风温度：

若各风阀开度在 20%～90%之间，而送风机未达到最大转速，则应减小送风温差，这将导致各末端装置风阀相继开大。最大都超过 90%后，风机转速增加，最终的结果使各末端装置风阀开度范围在 40%～90%之间。当风机转速达到最大，各风阀开度仍较大时，就不能再调整。

若各风阀开度在 70%～90%之间，则可适当加大送风温差，各风阀就会相继关小，此时风机转速会降低，最终的结果也可使各末端装置风阀开度范围在 40%～90%之间。这样做还要注意送风温差的最大值，当送风温差设定值达到其最大值时，就不能再减小风机转速。

回风机转速可能控制为基本上与送风机转速同时按比例变化。由于风管内静压不是恒定的，而是随风量变化的，各末端装置的风阀开度范围基本不变，因此风管的阻力特性变化不大，送风机的工作点变化不大，因此送风机风量近似与转速成正比，于是回风机转速即可与送风机同步。

由于总风量近似正比于送风机转速，由此可估计出不同转速下所需要的最小新风比，以保证系统有足够的新风量，用这个最小新风量即可作为新、排风阀此时刻的开度下限。

由上述初步的定性分析与讨论可以看出，用计算机控制后，尤其是采用带有通信功能的计算机可以对整个系统工作情况进行全面分析，确定控制策略，可使 VAV 控制中的一些难题得以较好地解决，同时可以减少传感器使用数量。如果送、回风管设计恰当，变风量末端装置选择合适，可以获得较好的运行品质。

第七节　VRV 空调系统的控制

一、VRV 空调系统的介绍

VRV 空调系统全称为 Variable Refrigerant Volume 系统，即变制冷剂流量系统（图 9-23）。这种系统在结构上类似于分体式空调机组，采用一台室外机对应一组室内机（一般可达 16 台）。控制上采用压缩机变频技术，按室内机开启的数量控制室外机内的涡旋式压缩机转速，进行制冷剂流量的控制。VRV 空调系统与全空气系统、全水系统、空气—水系统相比，更能满足用户个性化的使用要求，设备占用的建筑空间比较小，而且更节

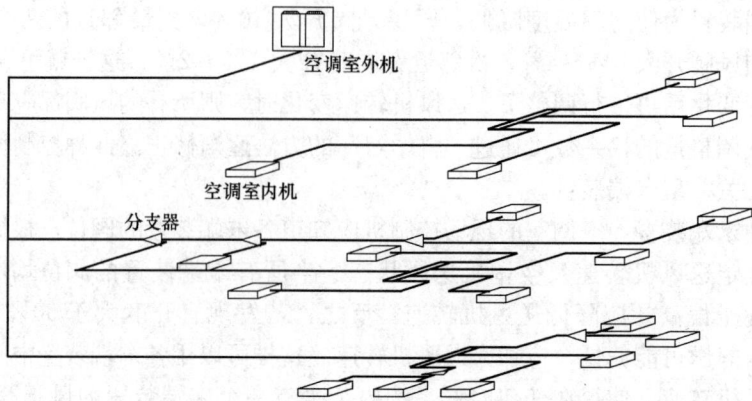

图 9-23 VRV空调系统

能。正是由于这些特点，其更适合那些需经常独立加班使用的办公楼建筑工程项目。

二、VRV 空调系统的控制方式

（一）VRV 空调系统的常规控制

此控制方式相对简单，每一台室外机对应若干台室内机（通常最大约为 16 台），各组 VRV 空调系统均独立运行。就地遥控器设置可按工程实际情况，采用一个遥控器对应一台室内机，或一个遥控器对应若干台室内机，是一种比较经济实用的控制方式。

尽管这种控制方式有其优点，但也有其不足之处，该控制方式均为末端就地控制，无集中监控管理环节，在实际使用过程中，室内机的温度值设定、开机时间、开机数量等随意性比较大，其使用上的灵活性、方便性常常是以牺牲能耗为代价，从纯节能角度讲效果并不明显。而且这种控制方式与建筑物内的其他弱电系统无功能关联，尤其在智能化建筑设计中，不利于弱电系统功能的综合集成。

（二）VRV 空调系统的集中控制

集中控制为目前 VRV 空调系统普遍采用的控制方式。图 9-24 所示为配置了集中控制管理 BMS 系统的 VRV 空调系统，与常规控制相比较，增加了集中监控设备，可以通过中央计算机对室内各组 VRV 空调系统进行监控管理，并实现以下功能：

(1) 室温监视；

(2) 温控器状态监视；

(3) 压缩机运转状态监视；

(4) 室内风扇运转状态；

(5) 空调机异常信息；

(6) ON/OFF 控制和监视；

(7) 温度设定和监视；

(8) 空调机模式设定和监视（制冷/制热/风扇/自动）；

(9) 遥控器模式设定和监视；

(10) 滤网信号监视和复位；

(11) 风向设定和监视；

(12) 额定风量设定和监视；

（13）强迫温控器关机设定和监视；

（14）能效设定和设定状态监视；

（15）集中/分散控制器操作拒绝和监视；

（16）系统强迫关闭设定和监视。

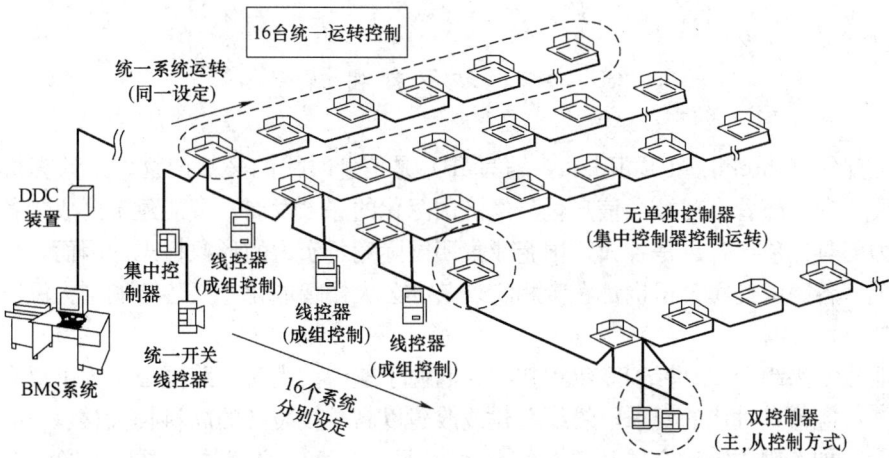

图 9-24　VRV 空调系统的集中控制

对图 9-24 中所示的控制方案，可以根据用户的使用规模、投资能力、管理要求进行组合配置。由于集中控制方式是建立在建筑物—体化智能控制管理平台上，可以与其他弱电系统实现联动控制功能，其优越性就更明显。如利用电子考勤及电子门锁系统实施 VRV 空调系统的启、停联动，便可以达到有效节能的目的，同时可以利用火灾报警信号，实施 VRV 空调系统的相应联动功能，满足消防要求。

第十章　智能建筑与建筑设备自动化系统

第一节　智能建筑概述

智能建筑（Intelligent BuiIding，缩写 IB）是信息时代的必然产物，是计算机系统应用的重要方向。随着全球社会信息化与经济国际化的深入发展，智能建筑已成为各国综合经济实力的具体象征，也是各大跨国企业集团国际竞争实力的形象标志。因而，各国政府的大机关、各跨国集团公司也都在竞相实现其办公大楼智能化。兴建智能型大厦已成为当今开发热点。

智能建筑兴起于 20 世纪 80 年代初期，起源于美国。当时，跨国公司为了提高国际竞争能力，适应信息时代的要求，纷纷兴建或改建以高科技装备的高科技大楼（Hi—TeCh-Building），如美国国家安全局和"五角大楼"。另一方面，高科技公司为了增强自身的竞争力和应变能力，对办公和研究环境积极进行创新和改进。1984 年 1 月，美国康涅狄格（Connecticut）州哈福德（Hartford）市，将一幢旧金融大厦进行改建，称之为都市大厦（City Place Building），可以说完成了传统建筑工程与新兴信息技术相结合的尝试。改建后的大楼主要增添了计算机、数字程控交换机等先进的办公设备以及高速通信线路等设施。大楼的客户不必购置设备便可进行语音通信、文字处理、电子邮件、市场行情查询、情报资料检索、科技计算等服务。此外，大楼内的暖通、给排水、防火、防盗系统、供配电系统、电梯系统等均为计算机控制，实现了自动化综合管理，使客户感到更加舒适、方便和安全，被称作世界上第一座智能建筑。

随后，智能建筑蓬勃兴起，在美国、日本兴建最多，法国、瑞典、英国、泰国、新加坡等国家和我国香港等地区也在不断兴起。近几年，我国在上海、广州、深圳、北京相继建成了一批具有一定智能化水平的智能大厦。近年来，智能建筑技术迅速向住宅小区延伸，已经成为智能建筑发展的主要市场。

一、智能建筑的定义

智能建筑已成为现代化城市的重要标志。然而，对于这个专有名词，国际上却还没有统一的定义。目前，不同国家有不同的解释。

美国智能建筑学会认为，智能建筑是对建筑物的结构、系统、服务和管理这四个基本要素进行最优化组合，为用户提供一个高效率并具有经济效益的环境。

日本智能建筑研究会认为，智能建筑应提供包括商业支持功能、通信支持功能等在内的高度通信服务，并能通过高度自动化的大楼管理体系保证舒适的环境和安全，以提高工作效率。

欧洲智能建筑集团认为，智能建筑是使其用户发挥最高效率，同时又以最低的保养成本、最有效地管理本身资源的建筑，能够提供一个反应快、效率高和有支持力的环境，以使用户达到其业务目标。

新加坡政府的公共事业部门，在其"智能大厦手册"内规定，智能建筑必须具备三个条件：一是具有先进的自动化控制系统，能对大厦内的温度、湿度、灯光等进行自动调节，并具有保安、消防功能，为用户提供舒适、安全的环境；二是具有良好的通信网络设施，以保证数据在大厦内流通；三是能够提供足够的对外通信设施。

这几种定义反映出各国对事物认识角度的不同。有的从智能建筑的功能描述，比较抽象，有的则从构成角度来认识智能建筑，较为具体明确，应该说这几个定义各有自己的特色。在我国的《智能建筑设计标准》中智能建筑的定义为：智能建筑是以建筑为平台，兼备建筑设备、办公自动化及通信网络系统，集结构、系统、服务、管理及它们之间的最优化组合，向人们提供一个安全、高效、舒适、便利的建筑环境。总的来说，智能建筑是信息技术与建筑技术相结合的产物，智能建筑是有智能化集成系统的建筑。

二、智能建筑的基本构成

智能建筑是信息时代的产物，是社会发展的必然。按其用途不同，智能建筑可分为专用办公大楼、出租型写字楼、综合型智能大楼以及智能住宅等。下面以综合型智能大楼为例，说明其基本构成，对于其他类型，只是侧重点不同而已。

综合型智能大楼由三大基本要素构成，这就是建筑设备自动化系统（Building Automation SyStem，BAS）、通信网络系统（Communication Nelwork System，CNS）和办公自动化系统（Office Automation System，OAS），以上三者有机结合，构筑于建筑物环境平台之上。

（一）建筑设备自动化系统（BAS）

建筑设备自动化系统用来对大厦内的各种机电设施进行自动控制，包括采暖、通风、空气调节、给水排水、供配电、照明、电梯、消防、保安等。通过信息通信网络组成分散控制、集中监视与管理的管控一体化系统，随时检测、显示其运行参数；监视、控制其运行状态；根据外界条件、环境因素、负载变化情况自动调节各种设备始终运行于最佳状态；自动实现对电力、供热、供水等能源的调节与管理；提供一个安全、舒适、高效而且节能的工作环境。

（二）通信网络系统（CNS）

通信网络系统用来保证大厦内、外各种通信联系畅通无阻，并提供网络支持能力。实现对语音、数据、文本、图像、电视及控制信号的收集、传输、控制、处理与利用。通信网络包括：以数字程控交换机（PABX）为核心的、以语音为主兼有数据与传真通信的电话网，连结各种高速数据处理设备的计算机局域网（LAN）、计算机广域网（WAN）、传真网、公用数据网、卫星通信网、无线电话网和综合业务数字网（ISDN）等。借助这些通信网络可以实现大厦内外、国内外的信息互通、资料查询和资源共享。

（三）办公自动化系统（OAS）

办公自动化系统是服务于具体办公业务的人机交互信息系统。办公自动化系统由多功能电话机、高性能传真机、各类终端、PC机、文字处理机、主计算机、声像存储装置等各种办公设备、信息传输与网络设备和相应配套的系统软件、工具软件、应用软件等组成。综合型智能大楼的 OA 系统，一般包括两大部分：一是服务于建筑物本身的 OA 系统，如物业管理、运营服务等公共管理、服务部分；二是用户业务领域的 OA 系统，如金融、外贸、政府部门等专用办公系统。

（四）综合布线系统（PDS）

综合布线系统（PDS）是一种集成化通用传输系统，利用双绞线或光缆来传输智能化建筑物内的信息。它是智能化建筑物连接"3A"系统各类信息必备的基础设施（Infra Strcture）。它采用积木式结构、模块化设计，实施统一标准，完全能满足智能化建筑高效、可靠、灵活性的要求。

（五）智能化建筑的系统集成中心（SIC）

智能化建筑的系统集成中心（SIC）具有各个智能化系统信息总汇集和各类信息的综合管理的功能，并要达到以下三方面的具体要求：

（1）汇集建筑物内外各类信息。接口界面要标准化、规范化，以实现各智能化系统之间的信息交换及通信协议；

（2）对建筑物各个智能化系统进行综合管理；

（3）对建筑物内的网络管理，必须具有很强的信息处理及信息通信能力。

智能建筑的系统组成和功能示意图如图 10-1 所示。

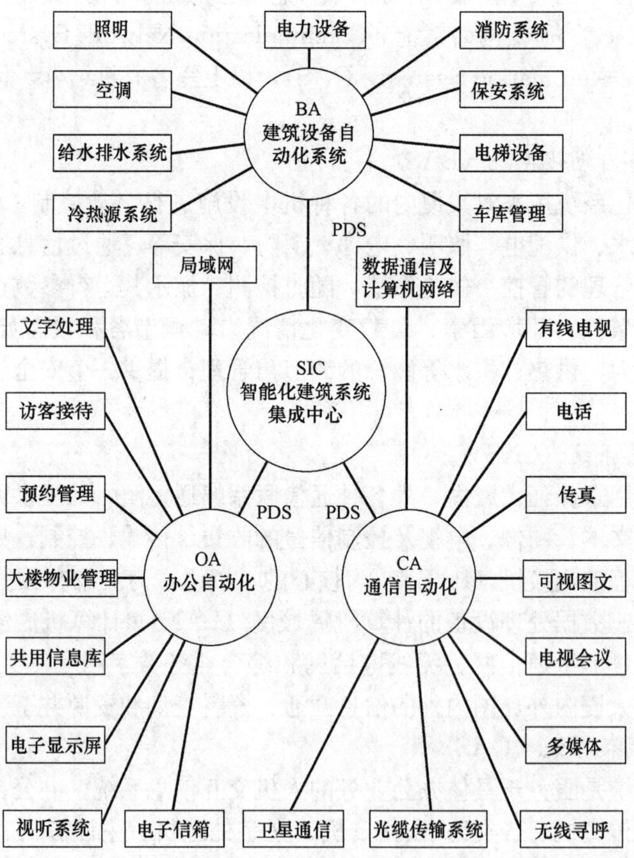

图 10-1　智能建筑的系统组成和功能示意图

256

三、我国智能建筑发展的现状和前景

（一）我国智能建筑发展的现状

我国智能建筑的发展大体可分为两个阶段，即初始阶段和发展阶段。

初始阶段（1990～1995 年）：我国在 20 世纪 80 年代末，由建设部编制的《民用建筑电气设计规范》中，实际上已开始涉及智能建筑的理念，提出了楼宇自动化和办公自动化。直到 20 世纪 90 年代初，随着国际智能建筑技术引入我国后，智能建筑这一概念才逐渐被越来越多的人所认识和接受。智能建筑在我国的出现，立即受到政府部门、高等院校、科研设计院所、企业厂商等的极大关注和支持，并在上海、广州、深圳和北京等相继建成了一批具有一定水平的智能大厦。为了适应智能建筑发展的需要，1995 年 3 月，中国工程建设标准化协会通信工程委员会发布了《建筑与建筑群综合布线系统和设计规范》。1995 年 7 月华东建筑设计研究院制定了上海地区《智能建筑设计标准》。其后，中国工程建设标准化协会通信工程委员会发布了《建筑结构化布线工程设计与验收规范》。这些标准规范的制定，为智能建筑的设计、施工提供了依据。这一阶段的特点：一是建筑智能化的对象主要是宾馆和商务楼；二是技术产品主要是采用国外产品；三是出现了片面追求高标准的现象。

发展阶段（1996 年至今）：自 1996 年以来，我国智能建筑取得了较大发展。智能建筑技术在全国范围内得到推广应用，其对象由宾馆、商务楼等，向银行、证券、办公、图书馆、博物馆、展览馆以及住宅（含住宅小区）等拓展。智能建筑队伍迅速成长，初步形成了一支具有一定规模的智能建筑设计、施工力量以及系统集成商和产品供应商。与此同时，建设部和上海、江苏、陕西、四川等省市先后成立智能建筑专业委员会及学术研究机构，对智能建筑的发展起到了积极的推动作用。1997 年 11 月，建设部颁布《1996～2010 年建筑技术政策》，智能建筑作为开发新技术领域的建筑产品纳入该文件的《建筑技术政策纲要》中。其后，国家经贸委发布《"九五"国家重点技术开发指南》，智能建筑技术被列入其中。为了加强对建筑智能化工程的设计管理，规范工程设计行为，保障工程设计质量，1997 年、1998 年，建设部发布《建筑智能化系统工程设计管理暂行规定》和《智能建筑设计及系统集成资质管理规定》。2000 年上半年，建设部颁布了《智能建筑设计标准》（现已上升为国家标准 GB/T 50314—2006）、信息产业部颁布了《建筑与建筑群综合布线系统工程设计规范》及《建筑与建筑群综合布线系统工程验收规范》。这些技术法规的制定，为我国智能建筑健康有序的发展奠定了技术基础。1999 年以来，我国智能建筑技术日趋成熟，各地积累了一定的工程经验，基本上适应了国内各类建筑对智能化的需求。人们对智能建筑开始注重理性化，对智能建筑有了更深入的理解，智能建筑的设计也较为注重切合实际，克服了过去贪大求全的做法。智能建筑技术产品也由过去的封闭状态向开放性、市场化、公平竞争方面转化，使智能建筑市场全面走向有序的发展轨道。近几年来，智能建筑技术迅速向住宅小区智能化延伸，已成为智能建筑发展的主要市场。

智能建筑的几项主要技术现状：

1. 智能大厦控制网技术

20 世纪 80 年代采用计算机集中控制和监视的方式，由于其可靠性差，20 世纪 90 年代以后已经很少使用。20 世纪 90 年代以来，计算机集散控制方式已占 90% 以上。目前，分布式是发展趋势，如 LonWorkS 控制网络。

2. 智能建筑通信网络技术

智能建筑中常用的通信网络包括局域网、双向有线电视网和电话网（包括 ISDN）等，前两者作为智能建筑宽带骨干网集中了几乎全部的信息应用和信息管理资源，连接了几乎全部的用户站点。近几年来以太局域网独占鳌头，目前的传输速率一般为 10M/100M/1GBPS。在双向有线电视网中也部分选用通信网络技术。智能建筑的电话网（包括 ISDN）目前常用语言通信及窄带数据通信。

3. 智能建筑的综合布线

它是智能建筑的通信网络和办公自动化系统设立的支撑平台。自国外一些知名品牌厂家将此技术引入中国以来，给国内的智能建筑市场带来了一种新概念、新技术，立即在建筑行业引起了巨大的反响，被智能大楼广为采用。为了适应网络传输宽带和速率的发展，综合布线新产品相继问世，从最初的 3 类线发展到 5 类线，甚至推出了超前于标准的超 5 类、6 类、7 类布线系统产品，以满足千兆网的需求。我国工程建设标准化协会在 2000 年制定了《城市住宅建筑综合布线系统工程设计规范》。

4. 接入网技术

该技术是智能建筑与外部网络相连的关键。智能建筑接入城域网或接入因特网（Internet），要求越来越高的接入带宽，以满足用户的需求。目前，智能建筑所使用的接入网有以下几种方式：基于传统电话系统的 XDSL 技术；基于有线电视网的 HFC 方式；基于光纤到区（楼）的局域网接入方式以及卫星直播网络接入方式。

5. 智能建筑的系统集成

我国智能建筑市场初期，有自发、盲目及片面追求智能化的现象，目前已逐渐克服，采取了比较讲究实效、务实的态度，体现了智能建筑正朝着健康的方向发展。如智能建筑的系统集成，主要内容是以 BA 系统为主的自动化系统的集成，使之达到环保和节能的目的，达到便于管理、方便快捷的结果。至于 BA 系统与智能建筑中的其他系统的联系，可以通过 TCP/IP 协议进行联系，实现信息资源的共享。近两年来，也有一些较成功的工程实现了信息共享，避免了硬件的重复建设，节省了人力，取得了较好的效果。

6. 住宅小区智能化的发展

20 世纪 90 年代初，受国外智能住宅及电子屋理念的影响，智能建筑技术逐步延伸到住宅小区，最初在我国沿海个别城市取得了成效。住宅小区智能化系统发展开始是由单一的安防系统发展为家庭与小区安防、通信与计算机网络、机电设备监控、三表（或四表）远传抄送和物业管理办公系统，为住宅小区提供了高度的安全性、便捷的通信方式、综合信息服务、现代化物业管理、现代化家庭管理和智能化的舒适居住生活环境。

（二）我国智能建筑发展的前景

今后，我国智能建筑市场主要是住宅小区、宾馆、写字楼及公共建筑等，尤其是住宅小区建设将继续成为主要市场。"十五"期间，全国城乡住宅累计竣工面积 57 亿 m^2，其中城镇住宅建筑竣工面积 27 亿 m^2，农村住宅竣工面积 30 亿 m^2。2005 年城镇居民人均住宅建筑面积增加到 9.2 m^2。2010 年城镇住宅竣工面积达到 55 亿 m^2，实现户均一套、人均一间、功能齐全、设备配套、居住环境良好、住宅科技贡献率达到 40%。如按"十五"期间城镇住宅竣工计划的半数实现智能化，以每平方米在 60 元计算，那么用于智能化系统的投资就达 810 亿元，其经济、社会、环境效益将是巨大的。同时，既有住宅建筑智能化的改造任务也将提到议事日程上来。

我国加入 WTO 后经济发展的国际化,必将对各种建筑,尤其是办公建筑的智能化水平提出新的更高要求,不仅对新建的办公楼,而且对量大面广的已有的办公建筑的改造也带来了智能化需求。

《建设事业"十五"计划纲要》中明确提出了用信息技术改造传统产业,带动产业优化升级的任务目标,并在《建设科技"十五"计划》中提出进一步加速智能建筑技术的发展,智能建筑用产品的国产化程度要有大幅度提高,系统集成软件国产化率争取达到90%,管理服务业器件产品和应用软件的国产化率达到 80%。这些计划的制订,不仅为我国智能建筑的发展指明了方向,也为智能建筑的发展提供了新的机遇。

城市信息化的建设将进一步推进智能建筑的发展。智能建筑可以看做是城市信息化的基本单元。智能建筑支撑城市信息化,城市信息化带动智能建筑的发展,未来的城市信息化必须依靠信息技术在城市的管理、环境保护、节省资源、降低能耗、改善人类生产和生活条件等方面发挥作用。而作为城市信息化基本单元的智能建筑恰恰在这些方面能发挥应有的作用。因此,采用高科技进一步发展智能建筑技术势在必行。

第二节　建筑设备自动化系统

一、建筑设备自动化系统的含义和整体功能

建筑设备自动化系统是将建筑物(或建筑群)内的电力、照明、空调、给水排水、防火、保安、运输等设备以集中监视和管理为目的,构成的一个综合系统,一般的是集散型系统,即分散控制与集中监视、管理的计算机局域网。

在一个建筑物内设置 BAS 的目的是使建筑物成为具有最佳工作与生活环境、设备高效运行、整体节能效果最佳、而且安全、舒适的场所,它的整体功能可以概括为以下四个方面:

(1) 对建筑设备实现以最优控制为中心的过程控制自动化;

(2) 以运行状态监视和计算为中心的设备管理自动化;

(3) 以安全状态监视和灾害控制为中心的防灾自动化;

(4) 以节能运行为中心的能量管理自动化。

BAS 的基本技术特征是具有分布式计算机监控与管理功能的、应用计算机局域网络(LAN)技术的集散系统(TDS)。自从 BAS 这一概念形成以来就是以应用计算机对设备实施集中监视和分散控制为基本设计思想的。最初,为了达到集中监控的目的只是在中央控制室设置一台计算机,以其为核心,辅以必要的外部设备,组成监控系统。随着建筑设备的增多,对运行可靠性要求的提高,就不得不在众多设备的附近(现场),设置带有CPU 的控制器,然后再把这许多称为"分站(Substation)"或"分散控制单元(DCU)"或"数字控制器(DDC)"的现场控制器以一定的网络结构形式连接起来,形成局域网。虽然目前已推出的局域网拓扑结构不尽相同,但是功能大体一致,而功能的实现是以网络化技术来支持的,网络标准化技术的发展和完善,形成了 BAS 的发展趋势,并且从需要与可能两方面共同决定形成了目前的现状:建筑设备的各个系统(如制冷机组、照明系统、电力供应系统、空调机组等)的控制都以计算机控制代替了继电接触控制和常规仪表

控制，并且形成了网络，真正地做到了集设备监控、设备管理、能量管理和安全状态监控自动化于一体。同时网络标准化技术的发展和完善也为包括 BAS 的局域网向广域网（WAN）方向发展提供了前提。

二、建筑设备自动化系统的组成与基本功能

建筑设备自动化系统通常包括暖通空调、给水排水、供配电、照明、电梯、消防、安全防范等子系统。根据我国行业标准，BAS 又可分为设备运行管理与监控子系统和消防与安全防范子系统，如图 10-2 所示。一般情况下，这两个子系统宜一同纳入 BAS 考虑，如将消防与安全防范系统独立设置，亦应与 BAS 监控中心建立通信联系，以便灾情发生时，能够按照约定实现操作权转移，进行一体化的协调控制。本节主要讨论设备运行管理与监控子系统，消防与安全防范子系统见后面的章节。

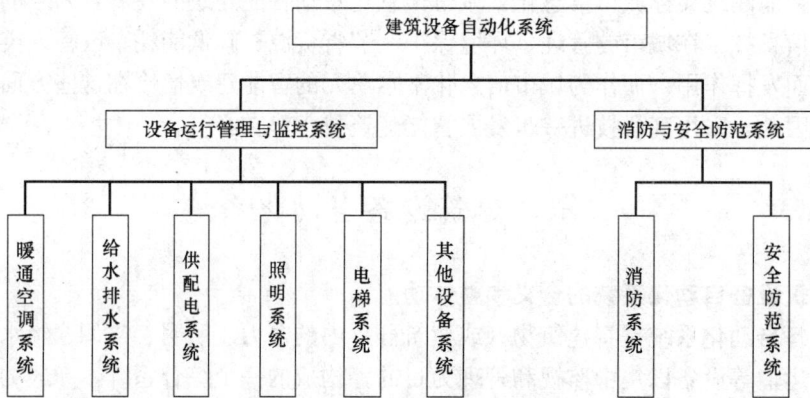

图 10-2　建筑设备自动化系统的组成

建筑设备自动化系统的基本功能可归纳如下：

（1）自动监视并控制各种机电设备的启停，显示或打印当前运转状态。如冷水机组正在运行，冷却水泵出现故障，备用泵自动投入等等。

（2）自动检测、显示、打印各种设备的运行参数及其变化趋势或历史数据。如温度、湿度、压差、流量、电压、电流、用电量等，当参数超过正常范围时，自动实现越限报警。

（3）根据外界条件、环境因素、负载变化情况自动调节，使各种设备始终运行于最佳状态。如空调设备可根据气候变化、室内人员多少自动调节，自动优化到既节约能源又感觉舒适的最佳状态。

（4）监测并及时处理各种意外、突发事件。如检测到停电、燃气泄漏等偶然事件时，可按预先编制的程序迅速进行处理，避免事态扩大。

（5）实现对大楼内各种机电设备的统一管理、协调控制。例如火灾发生时，不仅仅是消防系统立即自动启动、投入工作，而且整个大楼内所有有关系统都将自动转换方式、协同工作：供配电系统立即自动切断普通电源，确保消防电源；空调系统自动停止通风，启动排烟风机；电梯系统自动停止使用普通电梯并将其降至底层，自动启动消防电梯；照明系统自动接通事故照明、避难诱导灯；有线广播系统自动转入紧急广播、指挥安全疏散等，整个建筑设备自动化系统将自动实现一体化的协调运转，以使火灾损失减到最小。

（6）能源管理。自动对水、电、燃气等计量与收费，实现能源管理自动化。自动提供最佳能源控制方案，如白天使用燃气，夜晚使用电能，以错开用电高峰，达到合理、经济地使用能源。自动监测、控制设备用电量以实现节能，如下班后及节假日室内无人时，自动关闭空调及照明等等。

（7）设备管理。包括设备档案管理（设备配置及参数档案）、设备运行报表和设备维修管理等。

三、建筑设备自动化系统监控对象的确定

根据《智能建筑设计标准》的规定，智能建筑中各智能化系统应根据使用功能、管理要求和建设投资等划分为甲、乙、丙三级。对于甲级建筑，建筑设备自动化系统监控对象应包括的范围有：

1. 压缩式制冷系统应具有下列功能：

（1）启停控制和运行状态显示；

（2）冷冻水进出口温度、压力测量；

（3）冷却水进出口温度、压力测量；

（4）过载报警；

（5）水流量测量及冷量记录；

（6）运行时间和启动次数记录；

（7）制冷系统启停控制程序的设定；

（8）冷冻水旁通阀压差控制；

（9）冷冻水温度再设定；

（10）台数控制；

（11）制冷系统的控制系统应留有通信接口。

2. 吸收式制冷系统应具有下列功能：

（1）启停控制与运行状态显示；

（2）运行模式、设定值的显示；

（3）蒸发器、冷凝器进出口水温测量[①]；

（4）制冷剂、溶液蒸发器和冷凝器的温度及压力测量[①]；

（5）溶液温度压力、溶液浓度值及结晶温度测量[①]；

（6）启动次数、运行时间显示；

（7）水流、水温、结晶保护[①]；

（8）故障报警；

（9）台数控制；

（10）制冷系统的控制系统应留有通信接口[①]。

3. 蓄冰制冷系统应具有下列功能：

（1）运行模式（主机供冷、融冰供冷与优化控制）参数设置及运行模式的自动转换；

（2）蓄冰设备融冰速度控制，主机供冷量调节，主机与蓄冷设备供冷能力的协调控制；

---

① 仅限于制冷系统控制器能与 BA 系统以通信方式交换信息的实现。

（3）蓄冷设备蓄冰量显示，单个设备启停控制与顺序启停控制。

4．热力系统应具有下列功能：

（1）蒸汽、热水出口压力、温度、流量显示；

（2）锅炉气泡水位显示及报警；

（3）运行状态显示；

（4）顺序启停控制；

（5）油压、气压显示；

（6）安全保护信号显示；

（7）设备故障信号显示；

（8）燃料耗量统计记录；

（9）锅炉（运行）台数控制；

（10）锅炉房可燃物、有害物质浓度监测报警；

（11）烟气含氧量检测及燃烧系统自动调节；

（12）热交换器能按设定出水温度自动控制进汽和水量；

（13）热交换器进汽和水阀与热水循环泵连锁控制；

（14）热力系统的控制系统应留有通信接口。

5．冷冻水系统应具有下列功能：

（1）水流状态显示；

（2）水泵过载报警；

（3）水泵启停控制及运行控制显示。

6．冷却水系统应具有下列功能：

（1）水流状态显示；

（2）冷却水泵过载报警；

（3）冷却水泵启停控制及运行状态显示；

（4）冷却塔风机运行状态显示；

（5）进出口水温测量及控制；

（6）水温再设定；

（7）冷却塔风机启停控制；

（8）冷却塔风机过载报警。

7．空气处理系统应具有下列功能：

（1）风机状态显示；

（2）送回风温度测量；

（3）室内温、湿度测量；

（4）过滤器状态显示及报警；

（5）风道风压测量；

（6）启停控制；

（7）过载报警；

（8）冷热水流量调节；

（9）加湿控制；

（10）风门控制；

（11）风机转速控制；

（12）风机、风门、调节阀之间的连锁控制；

（13）室内 CO_2 浓度监测；

（14）寒冷地区换热器防冻控制；

（15）送回风机与消防系统的联动控制。

8. 变风量（VAV）系统应具有下列功能：

（1）系统总风量调节；

（2）最小风量控制；

（3）最小新风量控制；

（4）再加热控制；

（5）变风量（VAV）系统的控制装置应有通信接口。

9. 排风系统应具有下列功能：

（1）风机状态显示；

（2）启停控制；

（3）过载报警。

10. 风机盘管应具有下列控制功能：

（1）室内温度测量；

（2）冷热水阀开关控制；

（3）风机变速与启停控制。

11. 整体式空调机应具有下列功能：

（1）室内温、湿度测量；

（2）启停控制。

12. 给水系统应具有下列功能：

（1）水泵运行状态显示；

（2）水流状态显示；

（3）水泵启停控制；

（4）水泵过载报警；

（5）水箱高低液位显示及报警。

13. 供配电设备监视系统应具有下列功能：

（1）变配电设备各高低压主开关运行状况监视及故障报警；

（2）电源及主供电回路电流值显示；

（3）电源电压值显示；

（4）功率因数测量；

（5）电能计量；

（6）变压器超温报警；

（7）应急电源供电电流、电压及频率监视；

（8）电力系统计算机辅助监控系统应留有通信接口。

14. 照明系统应具有下列功能：

（1）庭院灯控制；

（2）泛光照明控制；

（3）门厅、楼梯及走道照明控制；

（4）停车场照明控制；

（5）航空障碍灯状态显示、故障报警；

（6）重要场所可设智能照明控制系统。

15. 对电梯、自动扶梯的运行状态进行监视。

16. 留有与火灾自动报警系统、公共安全防范系统和车库管理系统通信接口。

四、建筑设备自动化系统的硬件

建筑设备自动化系统是以计算机为核心的集散式控制与管理系统，其主要硬件包括：

（1）以计算机为核心的图形中心设备，目前多由微处理器配以高速缓冲存贮器、控制器和足够字节的 RAE、硬盘驱动器、软盘驱动器。图形卡和高分辨率的彩色监视器、键盘和鼠标以及 1 台至若干台打印机。

（2）具不同数量的 AI、DI（或 AI/DI 通用的输入）、累计输入和 AO、DO 的微处理器，可通过软件实现数字直接控制（DDC）、能量管理以及检测报警等功能，其结构为盘式或箱式（带有功能插件），其位置则是分布在单体机组附近的现场。各厂商所叫的名称多不相同，如分控器、控制器、DDC 盘、分散控制单元、现场控制器等。

（3）通信控制器是实现各种网络结构中的中央站与分站通信的、基于微处理器的接口，它以通信的"协议"为软件，以物理介质（如双绞线、同轴电缆以至光纤等）为硬件，形成网络，实现信息交换（即通讯或称通信），其形式有 PC 机内附式和墙装式，各厂商所叫的名称也多不相同，如信关、通信模块、通信控制器、智能通信卡、主控制器以及智能通信接口等。

（4）传感器与执行器。它们是设置在单体机组（或分区）适当部位的探测器和执行控制动作的机构。前面已作了详细的介绍，并且充分地强调了它们在系统中的作用，这里已无需再叙述。

五、建筑设备自动化系统的软件

建筑设备自动化系统的一切功能的实现都必须有软件的支持，系统充分发挥效益的关键在于合理地选用、开发和使用软件。

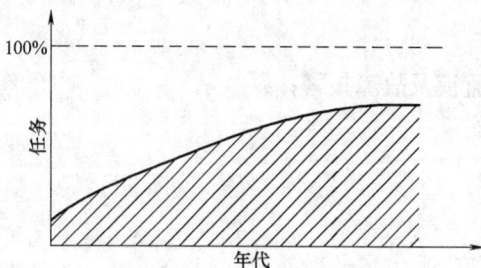

图 10-3 软件承担任务比率曲线

有统计资料表明，在具有一定可资利用的硬件的基础上，软件所承担的任务逐年提高（图 10-3）。

就通用的计算机系统而言，可以把软件分为三类：

（1）系统软件：它是由计算机设计者提供的，为了使用和管理计算机的软件。包括：1）各种语言的汇编或解释、编译程序；2）机器的监控管理程序、调试程序、故障检查和诊断程序；3）程序库（为了扩大计算机的功能，便于用户使用，机器中设置了各种标准子程序，这些子程序的总和就形成了程序库）；4）操作系统。

（2）应用软件：利用计算机以及它所提供的系统软件编制的，解决用户各种实际问题的程序，这些就称为应用软件。应用软件也可以逐步标准化、模块化，从而形成了解决各种典型问题的应用程序的组合，这就称为软件包。

（3）数据库及数据库管理系统：随着计算机硬件和软件的发展，计算机在信息处理、情报检索以及各种管理系统中的应用越来越普及。这样就需要大量地处理某些数据，建立和检索大量的各种表格。这些数据和表格应按一定的逻辑规律组织起来，使检索更迅速，处理更方便，也更便于用户使用，于是就建立了数据库。为了便于用户根据自己的需要建立数据库，查询、显示、修改数据库的内容，输出打印各种表格、图形等，于是就建立了数据库管理系统。

建筑设备自动化系统是一个形成网络的计算机系统，有的则是一个非网络化的计算机系统，当然它也必须有足够的软件支持，才能充分发挥其功能。就原则而言，它也包括上述的三类软件，但是，由于 BA 系统大多是由中央站（主控器）和分站（分控器）组成的网络化的多机系统，各类软件分别驻留在中央站（包括通信控制器）和分站，因为各自的任务不同，软件的差别很大，故应区分为中央软件和分站软件。

不论中央软件还是分站软件，都应有自己的操作系统等系统软件、与所负担任务相适应的应用软件（包）和必要的数据库。

六、建筑设备自动化系统信号传输与数据通信

这部分内容已经在第四章进行了比较详细的讨论，读者可以参见第四章的有关内容。

七、建筑设备自动化系统举例

图 10-4 为某分散式控制系统，可应用于建筑设备自动化系统、工业过程控制等领域。该系统率先采用"面向对象"的控制器结构新概念，具备诸多全新的特点，如：

（1）支持多种通信方式，DDC 之间以 HUB 相接；支持综合布线系统；通讯协议采用美国国家标准局和 ASHRAE 作为 BA 系统通讯标准的 BACnet 协议，可与任何符合此标准的控制系统和设备实现信息交换。

（2）以 WWW 浏览器和 HTML 界面描述语言通过 Internet 网实现 PC 间的通信和多媒体人机界面的标准，使得管理人员能像使用计算机一样实施建筑设备的控制管理，并可实现异地监控和远程维护。

（3）可采用自行研制的已通过国家检测的金融 IC 卡作为系统权限认证，使系统安全性问题有质的提高。

（一）模块化现场控制机

模块化控制机用多个单片机代替传统的 DDC 中的 CPU，在智能器件的设计上实现了功能分散、风险分散的多冗余、高可靠的设计思路。模块机由若干功能模块组成，内部由单片机、接口电路及相应软件支持。每个模块均有独立电源供电，控制模块中的 CPU 电路与内部总线和外部端子间均采用光电隔离技术，根据具体要求将相应模块拼装，依靠内部通信实现其连接，即可满足各种控制要求。由若干模块组成的基本单元，其硬件与软件都具有通用性。组成模块机的各类模块允许带电热插拔。

（1）电源：模块机采用低压交流供电方式。

（2）通信口硬连接：模块机的通信口采用 HUB 连接方式。

（3）模块分类：模块分为公共模块和一般模块，模块间采用横向拼接方式，一个公共模块最多可以横向拼接 8 个一般模块，公共模块最多可以拼接 2 个，即每台 DDC 最多支持 16 个模块和 100 个以上的 I/O 点。

1）一般模块。一般模块包括 I/O 模块、通信模块、计算模块、智能 I/O 接口模块。

① I/O 模块 I/O 模块直接与现场测控对象连接，前面板装有 10 段 LED 发光带、4 选 1 拨动开关，可依次显示任一路输入或输出值。I/O 模块允许不编程而进行读取和输出的操作。

② 通信模块 通信模块主要是将内部总线上的信息送到通信网，并截取通信网上的有用信息发送到内部总线上。不同种类的通信模块支持不同形式、不同速度的通信网（电流环，RS485，Modem 等），一个模块机上可安装若干个通信模块以完成不同层次的信息交换。

③ 计算模块 计算模块支持 BASIC 语言形式的编程，并提供准确的时钟，它由主进程、时钟中断和收到参数数值时的中断三类进程组成，每个进程可单独编程。

④ 智能 I/O 接口模块 智能 I/O 接口模块用于连接安装在控制柜外的 I/O 模块。

2）公共模块。公共模块由～220V/～24V，50VA 降压变压器、HUB 电路和键盘显示模块部分（可选件）组成。

（二）系统构成

该系统的构成如图 10-4 所示。

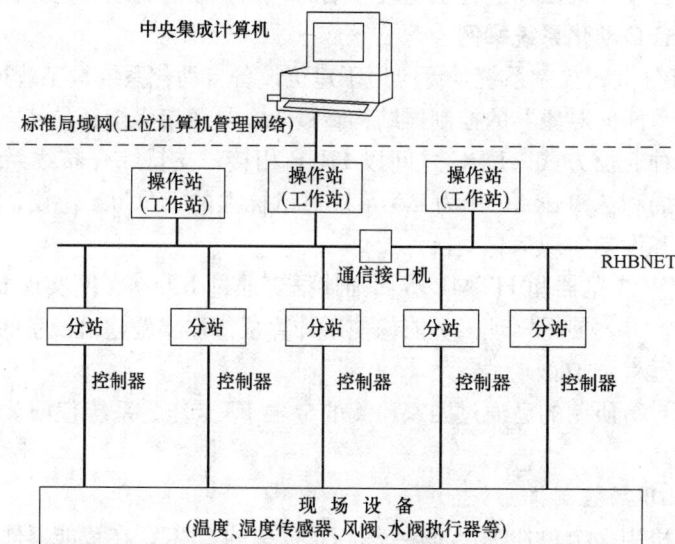

图 10-4 系统的构成

现场控制器结构体系如图 10-5 所示。

（三）系统中央管理工作站

1. 工作站软件

（1）使用 Windows95 平台、以 Microsoft ACCESS 为数据库开发的通信接口程序，实现通信与数据库的连接，各种应用分析软件，以分时多任务方式并行运行。

（2）系统中建有两个可不断扩充的信息库：

266

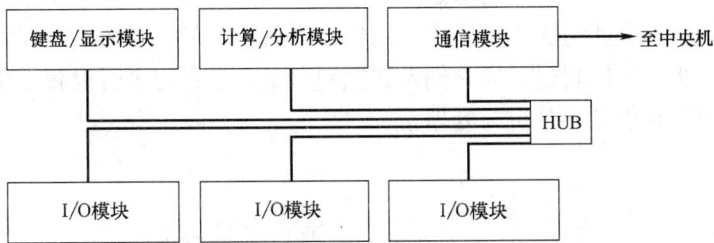

图 10-5　现场控制器结构体系

1）I/O 模块库，给出各种 I/O 模块性能、输入输出通道、参数处理方式及需要的初始化参数，以及 I/O 模块的图标。

2）常用被控设备图形及相应的控制算法，如各种组合式空调器，几种典型的冷热源、热力站等。

2. 工作站用户界面

工作站根据从网上收到的信息，自动整理出所连接的控制器一览表，在屏幕上给出此表，用鼠标选中一台后，即可显示出该控制器所连接的各 I/O 模块及其相应参数。这些数据可实时变化，并可以曲线形式显示。

用鼠标点入某一模块后，即可进行此模块相应的设定，其设定内容亦由 I/O 模块库中预先指定。

各控制器内有关参数与其位置间的关系可用图形显示，运行时使用者可根据要求随时更改、增添和删除。

用户界面还具有动画功能、音响功能。

模块化控制系统基本实现了硬件和软件的有机结合，无论是软件还是硬件，都可做到即插即用，给现场调试带来极大的方便。系统可与各种带有 PLC 控制器的机电设备进行通信和数据交换，并可与直接数字输出的智能化传感器、智能化执行器兼容，而且可以较自然地过渡到这种完全由智能化传感器、执行器构成的系统中去，为建筑全过程的信息化管理奠定基础。

第三节　安全防范系统

智能建筑的安全防范系统是为了保护楼宇内各种重要文件、技术资料、图纸等而设立的必不可少的智能化系统。它应提供外部侵入保护、区域保护、目标保护等三级保护。一般由出入口控制系统、防盗报警系统、闭路电视监视系统、访客对讲系统、电子巡更系统等组成。与人工安全防范系统相比，有很多不可替代的优点。

一、出入口控制系统

出入口控制系统的基本结构如图 10-6 所示。

它包括 3 个层次的设备。底层是直接与人员打交道的设备，有读卡机、电子门锁、出口按钮、报警传感器和报警喇叭等。它们用来接受人员输入的信息，再转换成电信号送到控制器中，同时根据来自控制器的信号，完成开锁、闭锁等工作。控制器接收底层设备发来的有关人员的信息，同自己存储的信息相比较以作出判断，然后再发出处理的信息。单个控制器就可以组成一个简单的门禁系统，用来管理一个或几个门。多个控制器通过通信网络同计算机连接起来就组成了整个建筑的门禁系统。计算机装有门禁系统的管理软件，它管理着系统中所有的控制器，向它们发送控制命令，对它们进行设置，接受其发来的信息，完成系统中所有信息的分析与处理。

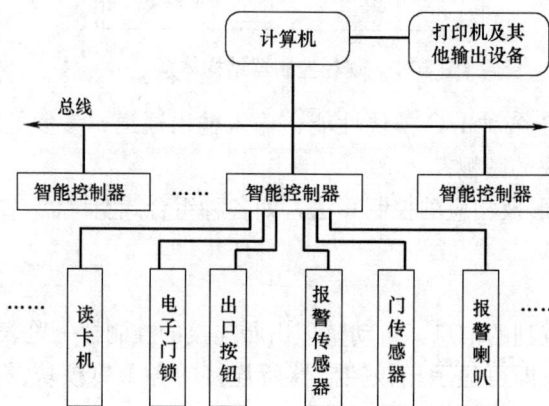

图 10-6　出入口控制系统的基本结构

个人识别技术包括以下内容：

1. 人体生物特征识别

（1）指纹识别

利用每个人的指纹差别做对比辨识，是比较复杂且安全性很高的识别技术，每个人的指纹各不相同，即使是双胞胎，两人的指纹相同的概率也少于十亿分之一。缺点是无指纹者无法识别。

（2）掌纹识别

利用人的掌型和掌纹特性做图形对比，类似于指纹识别，准确度比指纹识别低。

（3）视网膜辨识机

采用低强度红外线，经瞳孔直射眼底，用摄像机拍下视网膜花纹并与存储的花纹进行比较来识别。优点是准确率高、失误率低。缺点是如果被验者不配合，或者视网膜充血等病变、视网膜脱落时无法对比。

再者摄像光源对眼睛会有不同程度的伤害。

（4）声音辨识

利用每个人声音的差异以及所说的指令内容不同而加以比较，但由于声音可以被模仿，而且使用者如果感冒会引起声音变化，其安全性受到影响。

2. 智能卡识别

（1）接触式智能卡

智能卡技术是替代磁卡的一种先进的技术，已广泛地进入我们的社会生活，也是智能建筑中使用较多的一种智能化系统。

智能卡的英文名称有"Smart Card"与"Integrated Circuit Card"，后者的含意是集

268

成电路卡，简称为 IC 卡。它把集成电路芯片封装入塑料基片中，外形与普通磁卡做成的信用卡相似。智能卡外形尺寸如图 10-7 所示，厚度为 0.76～0.08mm。

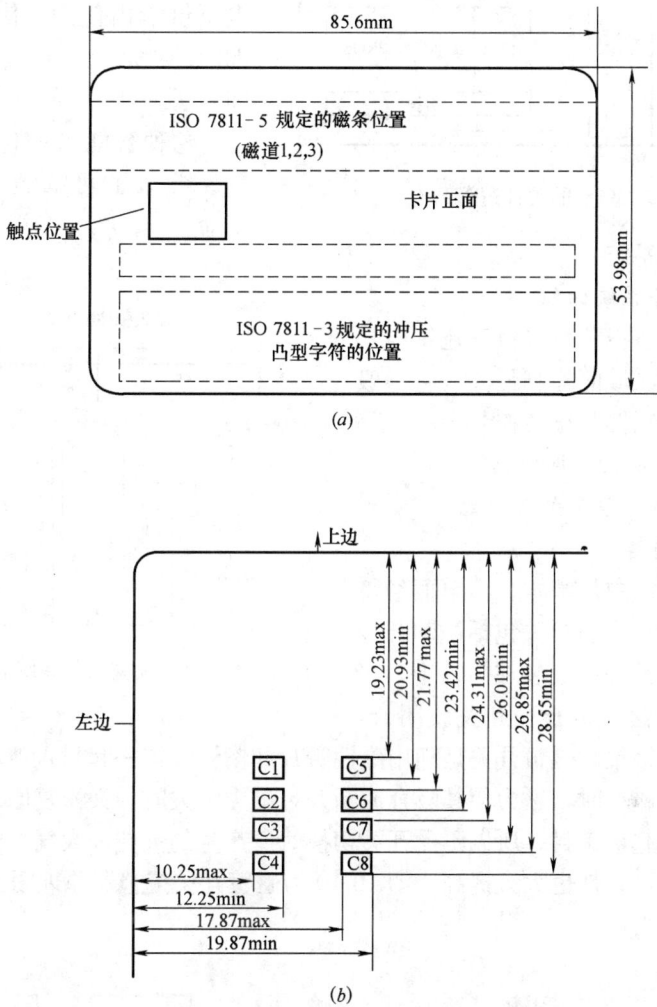

(a)

(b)

图 10-7 智能卡外形尺寸

(a) 卡尺寸；*(b)* 触点的位置

　　IC 卡上的硬件逻辑结构如图 10-8 所示。CPU 通过触点接收从读写器发送来的指令，经过固化在 IC 卡内 ROM 区中的操作系统 COS（Chip Operating System）的分析与执行，访问数据存储器，进行加密、解密等各种操作运算。IC 卡上的 CPU 通常采用 8 位字长。ROM、RAM 与 EEROM 的容量因其实际用途的不同，可有较大的差异。

　　身份确认常用的方法是通过验证用户个人识别号 PIN（Personal Identification Number）来确认持卡人是否为合法用户。持卡人在 IC 卡读写设备上输入 PIN，IC 卡将输入内容与已储存在卡内的 PIN 相比较，用来判断能否执行指令与访问存储器。如果在连续的次数内没有输入正确的 PIN，IC 卡即认定操作者是非法的持卡人，并自行锁定禁止以后的操作，同时发出警报。

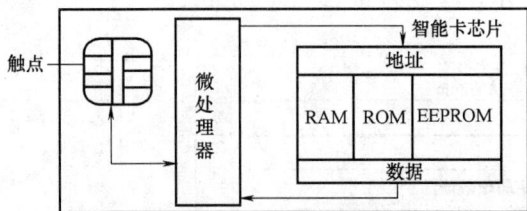

图 10-8　IC 卡的硬件逻辑结构

二、防盗报警系统

（一）防盗报警系统的结构

智能建筑的防盗报警系统负责建筑内外各个点、线、面和区域的检测任务，它一般由探测器、区域控制器和报警控制中心三部分组成，其结构如图 10-9 所示。

（二）防盗系统中使用的探测器

1. 开关式探测器

开关是防盗系统中最基本、简单而经济有效的探测器。最常用的开关包括微动开关和磁簧开关两种。开关一般装在门窗上，当有情况时（如门、窗被推开）开关就闭合，

（2）非接触式智能卡

这种智能卡所需的能源通过线圈从读卡机耦合过来，转换成直流电压供卡内使用，信息载波于发射能源的射频上，在读卡机和 IC 卡之间传送。

这种智能卡的优点是触点不暴露，增加了可靠性，延长了使用寿命。

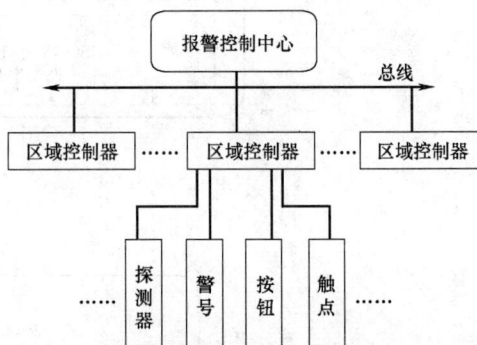

图 10-9　防盗报警系统的结构图

使电路导通，启动警报。磁簧开关是利用磁性簧片和惰性气体一起封入玻璃内，形成磁性驱动开关。当接近磁场时，磁力使其吸合或断开，磁力消失时，又恢复原来的状态。由于接点和惰性气体一起被密封，所以不受开关切换时所产生的火花和大气中的潮气、尘埃的影响，寿命较长，可靠性也大大提高。图 10-10 为磁簧开关报警器原理图。

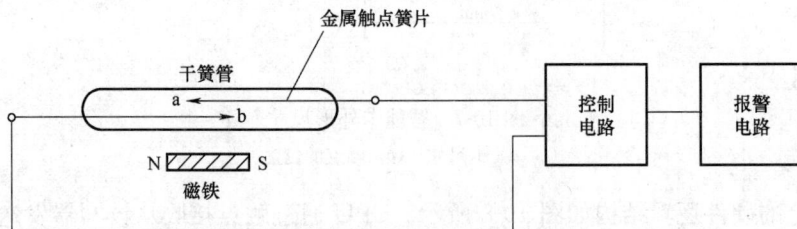

图 10-10　磁簧开关报警器原理图

2. 光束遮断式探测器

这是一类能够探测光束是否被遮断的探测器，目前用得最多的是红外线对射式。它由一个红外线发射器和一个接收器，以相对方式布置组成。当侵入者横跨门窗或其他防护区域时，挡住了不可见的红外光束，从而引发报警。

3. 热感式红外线探测器

热感式红外线探测器又称为被动式红外线探测器，它是利用人体的温度来进行探测

的，有时也称它为人体探测器。

红外线探测器根据探测的原理不同，又分量子型和热型两种。量子型探测器的灵敏度及响应速度均较热型好，但其灵敏度对波长十分敏感。热型探测器的灵敏度与波长关系不大，其中又以焦电式具有最佳的灵敏度和响应速度，是目前防盗系统中用得最多的。

4. 微波物体移动探测器

微波物体移动探测器是利用超高频的无线电波来进行探测的。探测器发出无线电波，同时接收反射波，当有物体在探测区域移动时，反射波的频率与发射波的频率有差异，二者的频率差称为多普勒频率。探测器就是根据多普勒频率来判定探测区域中是否有物体移动的。由于微波的辐射可以穿透水泥墙和玻璃，在使用时需考虑安放的位置与方向，通常适合于开放的空间或广场。

5. 超声波物体移动探测器

超声波物体移动探测器与微波物体移动探测器一样，都是采用多普勒效应的原理实现的，不同的是它们所采用的波长不一样。通常将 20kHz 以上频率的声波称为超声波。超声波物体移动探测器由于其采用频率的特点，容易受到振动和气流的影响。在使用时，不要放在松动的物体上，同时也要注意是否有其他超声波源存在，防止干扰。

此外还有侦光式移动探测器、视觉探测器、接近探测器、玻璃破碎探测器以及振动探测器等。

三、访客对讲系统和电子巡更系统

(一) 访客对讲系统

在住宅楼的每个单元首层大门处设有一个电子密码锁，每个住户使用自己家的密码开锁（此密码可根据需要随时修改），以保证密码不被盗用。来访者需进入时，按动大门上主机面板上对应房号，则被访者家分机发出振铃声，主人摘机与来访者通话确认身份后，按动分机上遥控大门电子锁开关，打开门允许来访者进入后闭门器使大门自动关闭，其系统组成如图 10-11 所示。

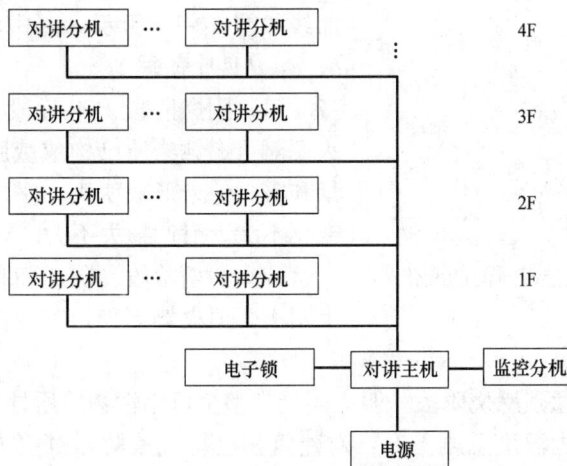

图 10-11 访客对讲系统框图

来访者如要与管理处的保安人员询问事情，也可通过按动大门主机上的保安键与之通话。

此系统还具有报警和求助功能，当住户家中遇到突发事情（如火灾）时，可通过对讲分机与保安人员取得联系，及时得到救助。

访客可视对讲系统的区别是在大门入口处增加了摄像机，各住户对讲分机处设有显示屏。当来访者按通被访者家可视分机号时，其摄像机就自动开启，被访者可通过分机上的显示屏识别来访者的身份。在确认无误后可遥控开启大门电子锁。

（二）电子巡更系统

电子巡更系统是保安人员在规定的巡逻路线上，在指定的时间和地点向中央监控站发回信号以表示正常。如果在指定的时间内，信号没有发到中央控制站，或不按规定的次序出现信号，系统将认为异常。有了电子巡更系统后，如果巡逻人员出现问题，如被困或被杀，会很快被发觉，从而增加了楼宇的安全性。

在指定的路线上安装按钮或读卡机，保安人员在巡逻时依次输入信息。控制中心的计算机上有巡更系统的管理程序，可以设定巡更路线和方式。

第四节　火灾报警系统

失去控制并对财产或人身造成损坏的燃烧现象称为火灾。智能建筑投资巨大，楼内人员密集，为了保障人员生命和财产的安全，必需根据国家有关消防规范设置火灾自动报警与消防控制设备。火灾自动报警与消防控制系统的功能是：通过火灾探测器自动探测、监视区域内火灾发生时产生的烟雾或热气、火光，发出声光报警信号，同时联动有关消防设备，控制自动灭火系统，接通紧急广播、事故照明等设施，实现监测报警、控制灭火的自动化。

一、火灾形成的基础知识

（一）火灾的发展过程

建筑空间内可燃性物质自阴性着火起至全部燃烧结束，其室内温度 Q 随时间 t 的变化曲线如图 10-12 所示，图中将这一过程划分 a，b，c，d 四个阶段。

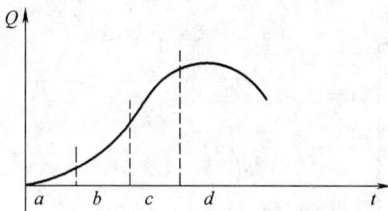

图 10-12　火灾时室温随时间的变化

（1）阴燃阶段。本阶段又称火源的潜伏期。火源对可燃性物质已构成威胁，逐步产生大量的烟和雾，但未形成明火，室内温度有所升高，但变化不大，财产损失不大。

（2）初期阶段。阴燃面积逐渐加大，局部产生明火，但火势不稳，室内温度明显增加，对财产已构成了一定的损失。

（3）全部着火，猛烈燃烧阶段。明火蔓延到整个可燃性物质所处空间或整个建筑平面空间。火势稳定，室内温度急剧上升，对建筑物已构成威胁，对室内财产已造成重大损失。本阶段持续到可燃性物质全部参与燃烧反应为止。

（4）火势衰减阶段。可燃性物质已全部烧尽，燃烧反应的余热使室内温度升高到最大值后逐渐衰减，对建筑已造成破坏或严重破坏，财产损失惨重。

不同的可燃性物质在各个发展阶段中有不同的表现。如木材、布匹、纸张或其他天然或合成纤维的阴燃阶段较长，烟雾浓重。某些化学物品、轻金属粉末等物质阴燃阶段极短或不存在。若图中的 $a \sim d$ 四个阶段在密闭空间内瞬间完成，便形成了爆炸。

在阴燃阶段即发出可靠的报警信息，在初期阶段及以前将火灾扑灭是消防工作的重点。

（二）火灾烟雾

多数燃烧现象均伴随着烟雾，火灾也不例外。烟雾是燃烧反应析出物的气态成分、固态微粒尘埃与被抽过"血"的空气的混合物。所谓"抽过血"是指空气因参与燃烧而损失了大量氧气与其他成分。

烟雾中除因氧气成分相对减少而对现场人员不利外，更重要的是，其中含有一定量的有毒成分。

凡含单质碳成分的各种可燃性物品（如木材，纸张等）燃烧不充分必然产生 CO。有资料指出，CO 与人体内红血球的结合能力为 CO_2 的 $900 \sim 300$ 倍，使人体血液中因得不到充足的 O_2，而 CO_2 又不能迅速排出，很快便窒息死亡。

据统计，火灾死亡人员中被火活活烧死者只是少数，因烟雾窒息而死亡者占到 70%～80%。因此，现代建筑特别是高层建筑，无论在建筑结构或设备配制上，防烟排烟设施已成为消防系统设计的重要内容。

二、火灾探测方法

火灾的探测，以物质燃烧过程中产生的各种现象为依据，以实现早期发现火灾为前提。所以，根据物质燃烧过程中发生的能量转换和物质转换所产生的不同火灾现象与特征，形成了不同时的火灾探测方法，如图 10-13 所示。

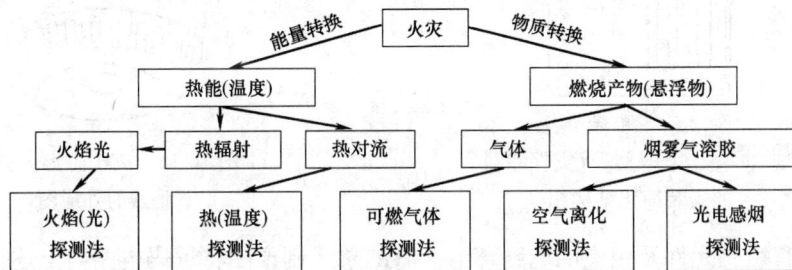

图 10-13　火灾探测方法

空气离化探测法是利用放射性同位素（如 Am^{241}）释放的 α 射线将空气电离，使腔室（电离室）内空气具有一定的导电性。当烟雾气溶胶进入电离室内，烟粒子将吸附其中的带电离子，产生离子电流变化。此电流变化与烟浓度有直接的关系，并可用电子线路加以检测，从而获得与烟浓度有直接关系的电信号，用于火灾确认和报警。

光电感烟探测法是根据光散射定律，在通气暗箱内用发光元件产生一定波长的探测光，当烟雾气溶胶进入暗箱时，其中粒径大于探测光波长的着色烟粒子产生散射光，通过与发光元件成一定夹角（90°～135°）的光电接受元件收到的散射光强度，可以得到与烟浓度成正比的信号电流或电压，用于判定火灾。

热（温度）探测法是根据物质燃烧释放出的热量所引起的环境温度升高或其变化率大小，通过热敏元件与电子线路来探测火灾现象。

火焰（光）探测法是根据物质燃烧所产生的火焰光辐射，其中主要是红外辐射和紫外辐射的大小，通过光敏元件与电子线路来探测火灾现象。

根据各类物质燃烧时的火灾探测要求和不同的火灾探测方法，可以构成各种形式的火灾探测器，主要有感烟式、感温式和感光式（火焰探测式）三大类。此外，对于物质燃烧产生的烟气或易燃场所泄漏的可燃气体，可利用各种气敏元件及其导电机理或三端电化学元件的特性变化来探测火灾与爆炸危险性，从而构成可燃气体探测器。在建筑中，大量使用的火灾探测器是感烟式和感温式火灾探测器，只有在部分配电室、大型展厅和厨房的可燃气瓶附近，才会少量使用感光式和可燃气体探测器。

三、离子感烟火灾探测器

离子式感烟探测器的安装简化结构图及感温探测器的外形图分别如图 10-14 与图 10-15 所示。探测器一般由底座与探头两组件组成。安装时，底座与安装部位的预埋接线盒用紧固件连接。接线完毕后，将探头插入底座，并利用探头底部的接触簧片接通探测线路。

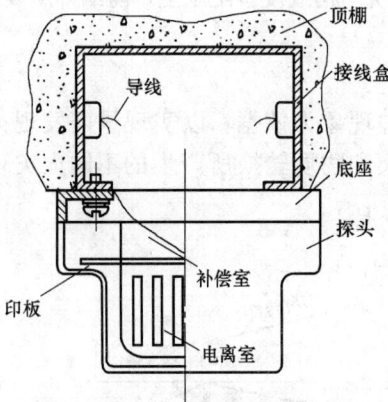

图 10-14　离子感烟火灾探测器
的安装简化结构图

图 10-15　离子感烟火灾探
测器的外形图

探头内有敏感元件及相应的电路环节。有的总线制产品将编码电路与上述探头电路环节安装在同一块印刷电路板上，有的则将编码电路安装在底座中。

底座的电气连接等效电路如图 10-16 所示。图中，设底座 A 为一段支线回路的最后一个，则将该回路上的所有探头旋上后，探头上的接触簧片将整个回路联通并通过终端电阻构成一闭合回路，同时，通过接触簧片将探头电路并联在该回路上。若该回路上的任何一个探头从底座上脱落，则终端电阻及其他探头将从回路上断开，由此断定回路上有断线故障。

对各种不同的产品，其底座大致如此。对开关量报警系统，由探头内敏感元件所形成的

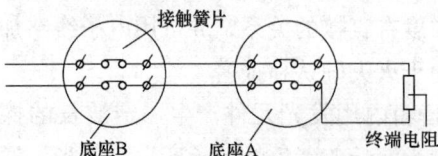

图 10-16　底座的电气连接等效电路

模拟信号改变到一定数值后，需由整形电路将其变换成开关量，而整形电路可由多种不同的电路环节予以实现。图 10-16 为某国外产品的探测器开关整形电路。探头 HD 旋上后将后级的"十"端电源线及自身电源接通。在正常情况下，设 HD 中的灵敏元件呈现高阻状态，流过的电流经 R4 旁路，电容 C 的电压 VC 不足以使齐纳二极管 ZD2 击穿，晶闸管 THR 不导通。报警状态下，流过 HD 的电流逐渐增大。除被 R4 旁路一部分外，尚通过 R5 对 C 充电，当 VC 增大到使 ZD2 击穿时，VC 通过 ZD2 的放电电流使 R3 上的压降突然增大，从而使 THR 导通，R1 上的电压降接近于电源电压。该电压除使探测器外露发光二极管 LED 发光报警外，尚通过二极管 D 在 S 端输出一正电平的报警信号。

由图 10-17 可见，该电路的特点是：
1) THR 一旦导通，S 端输出的是一个阶跃信号且不会中断，除非探头断电。因此 S 端输出的是一确认信号，确认过程由本电路实现；
2) 若所处环境遇有短暂的干扰，只要电压 VC 不超过 ZD2 的击穿电压，干扰排除后，VC 仍能通过 R1、R4、R5 放电到正常值，因此干扰信号无法积累；3) 遇有火警时，HD 的电流持续增大，VC 电压不断升高才有可能触发 THR，这实际是一确认过程。

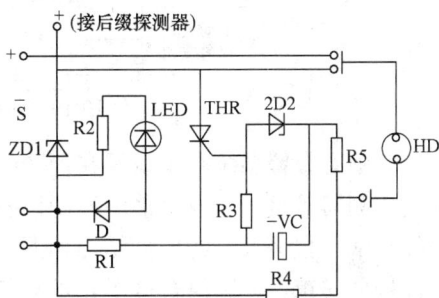

图 10-17　探测器开关整形电路

探测器的线路电压均为 24V 直流或脉冲，由报警器供给。内部工作电压一般取自线路电压的稳定值，一般为 15V。这是因探测线路较长而有一定的线路压降。按国家标准，电网断电后报警器需靠备用电池连续运行 24h。为减少备用电池的容量，探测器的工作电流应越小越好。一般探测器的正常监视电流在 1～2mA 左右，甚至在 1mA 以下。报警时，除另消耗一部分信号电流外，还要推动外露发光二极管，故一般在 5mA 左右。

四、火灾自动报警系统

火灾自动报警系统通常由火灾探测器、区域报警控制器、集中报警控制器以及联动模块与控制装置等组成。火灾探测器的选用及其与报警控制器的配合，是火灾自动报警系统设计的关键；探测器是对火灾有效探测的基础与核心；控制器是火灾信息处理和报警控制的核心，最终通过联动控制装置实施消防控制和灭火操作。

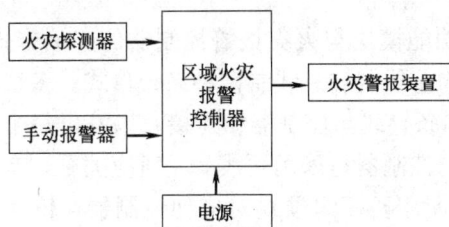

图 10-18　区域报警系统典型结构

《火灾自动报警系统设计规范》规定的火灾自动报警系统基本形式有三种：区域报警系统、集中报警系统和控制中心报警系统。

区域报警系统由火灾探测器、手动报警器、区域控制器或通用控制器、火灾警报装置等构成，如图 10-18 所示。这种系统形式适于小型建筑等对象单独使用，报警区域内最多不得超过 3 台区域控制器，若多于 3 台，应考虑使用集中报警系统。

集中报警系统由火灾探测器、区域控制器或通用控制器和集中控制器等组成。集中报警系统的典型结构如图 10-19 所示，适于高层的宾馆、写字楼等场合。

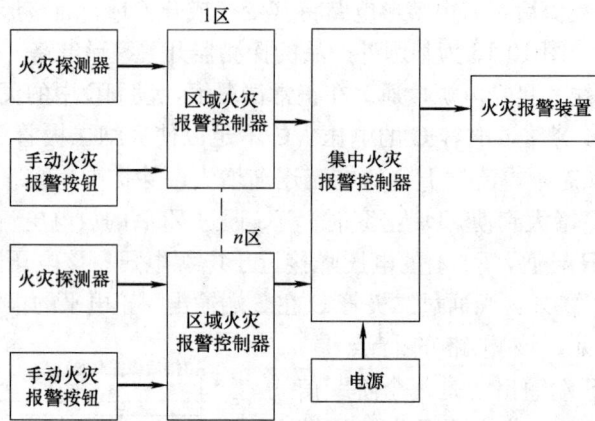

图 10-19　集中报警系统的典型结构

控制中心报警系统是由设置在消防控制室的消防控制设备、集中控制器、区域控制器和火灾探测器等组成，或由消防控制设备、环状布置的多台通用控制器和火灾探测器等组成。控制中心报警系统的典型结构如图 10-20 所示，适用于大型建筑群、高层及超高层建筑、商场、宾馆、公寓综合楼等，可对各类设在建筑中的消防设备实现联动控制和手动/自动转换。一般控制中心报警系统是智能型建筑中消防系统的主要类型，是楼宇自动化系统的重要组成部分。

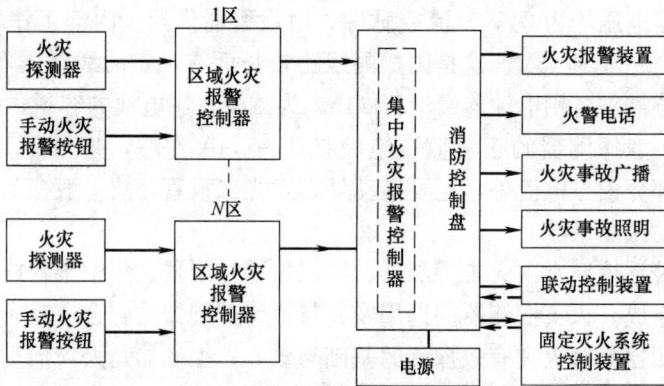

图 10-20　控制中心报警系统的典型结构

火灾自动报警系统按照其火灾探测器和各种功能模块与火灾报警控制器的连接方式，结合火灾探测器本身的结构和电子线路设计，分为多线制和总线制两种系统形式。多线制系统如图 10-21 所示，每个探测器需要两条或更多条导线与控制器相连接，以发出每个点的火灾报警信号。简言之，多线制系统的探测器与控制器是采用硬线一一对应关系，有一个探测点便需要一组硬线对应到控制器，依靠直流信号工作和检测。多线制系统的线制可表示为 $a.n+b$，其中 n 是探测器数，a 和 b 为定系数，$a=1$，2；$b=1$，2，4。可见，有 $2n+2$，$n+1$ 等线制。多线制系统设计、施工与维护复杂，已逐渐被淘汰。

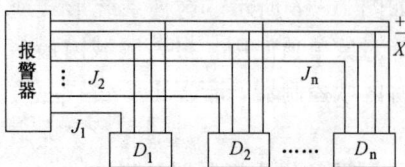

图 10-21　多线制火灾自动报警系统

总线制火灾自动报警系统如图 10-22 所示，它改变了以往多线制系统的直流巡检功能，代之以使用数字脉冲信号巡检和信息压缩传输，采用大量编码及译码逻辑电路来实现探测器与控制器的协议通信，大大减少了连线数量，带来了工程布线的灵活性，并形成支状和环状两种布线结构。总线制系统的线制也可表示为 $a \cdot n + b$，其中 n 是探测器数，a 和 b 为定系数，$a = 1$，2；$b = 2$，4，6 等；当前使用较多的是两总线和四总线系统两种形式。

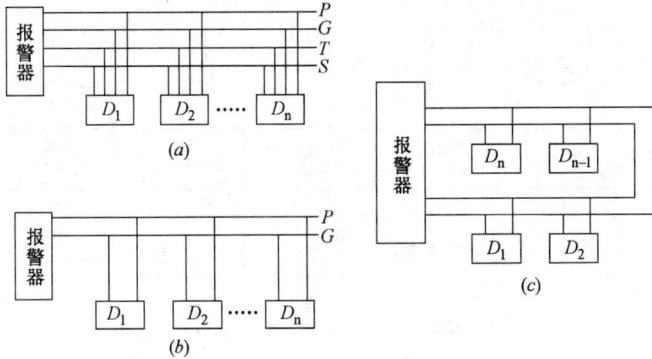

图 10-22　总线制火灾自动报警系统

第五节　卫星及有线电视系统

卫星通信与有线电视在我国发展很快，特别是有线电视已实现城市联网、地区联网，并有利用宽带综合信息传输通道的发展趋势。卫星通信和有线电视系统不但能够为智能建筑提供语音、信息交换的手段，而且还能为智能建筑提供丰富多彩的电视（包括图文电视）节目，活跃其文化生活。它也是智能建筑不可缺少的一个子系统。

一、卫星电视广播系统

（一）卫星电视广播的特点

卫星电视广播系统由上行发射站、星体和接收网三大部分组成，如图 10-23 所示。上行发射站的主要任务是把电视中心的节目送往广播电视卫星，同时接收卫星转发的广播电视信号，以监视节目质量。上行发射站可以是一个或多个，其中主发射站是固定的发射中心，其他发射站则可以是固定的或是移动的，移动的发射站一般用于现场实况转播。控制站一般与主发射站设置在一起，它的任务是使卫星在轨道上正常工作。控制站随时了解卫星在轨道上的位置和工作状态，必要时发出遥控指令，改变卫星姿态，调整天线状态或切换设备等。

星体是卫星电视广播的核心，也是技术难度最大的一环。星体对地面应当是静止的，即要求它的公转能精确地与地球的自转保持相同，且保持正确的姿态。卫星的星载设备包括天线、太阳能电源、控制系统和转发器。转发器是电视广播的专用设备，它把上行信号经过频率变换及放大后，由定向天线向地面发射，以供地面接收卫星信号。

卫星电视广播与其他电视广播相比，具有如下特点：

1. 覆盖面积大

由于卫星处于地球赤道上空约 36000km，如果卫星上的转发天线的波束宽度为 17°，

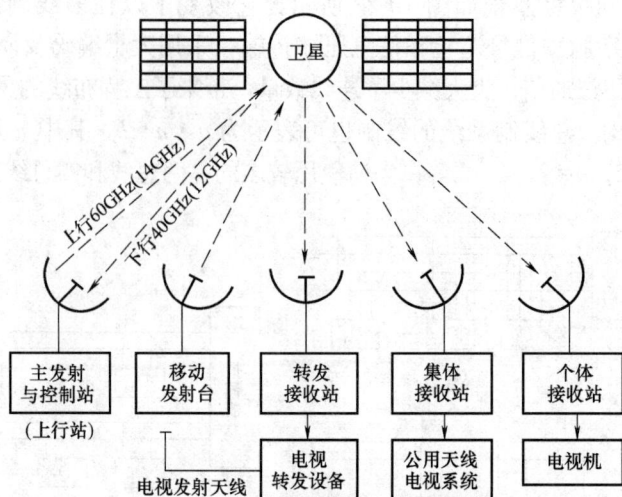

图 10-23　卫星电视广播系统的组成

就能覆盖地球表面的 1/3，即使天线波束宽度只有 1°，也可覆盖一大片地区，特别对于疆域辽阔、多山、多湖泊、多岛屿等地方更为有利。

2. 图像质量高

由于卫星电视是直线视线接收，可避免像地面电视那样的多路径效应所产生的重影，而且由于其工作频率高，一般的工业干扰、无线电干扰、汽车火花干扰均较小，因此图像质量高。

3. 电视频道多

目前，一个卫星电视接收站已能够接收上百套节目，随着环绕地球的通信卫星的增多，提供的电视频道可多达 600 路以上。将来，由于电视带宽压缩技术的采用，会为我们增加更多的电视频道。

4. 经济效益高

实践证明，通过卫星传送电视节目比用微波中继方法传送电视节目要经济得多。据报道，全美洲大陆只需一个卫星转发器就能将一路电视节目传送到任何一点，而每年的租金仅 100 万美元，不到全美三大电视网租用通信网费用的 1%。

(二) 卫星电视接收系统

卫星电视接收系统通常由接收天线、高频头和卫星接收机三大部分组成，如图 10-24

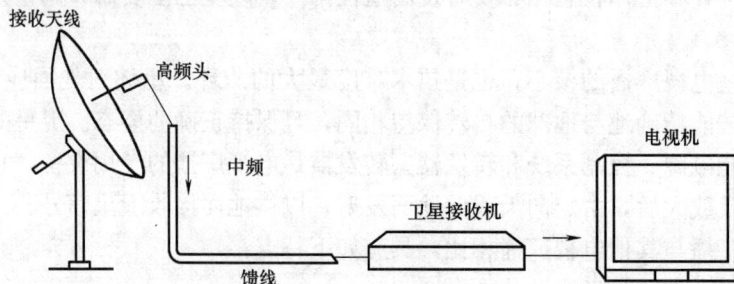

图 10-24　卫星电视接收系统的基本组成

278

所示。接收天线与天线馈源相连的高频头，通常放置在室外，所以又合称为室外单元设备。卫星接收机一般放置在室内，与电视机相接，所以又称为室内单元设备。室外单元设备与室内单元设备之间通过一根同轴电缆相连，将接收的信号由室外单元送给室内单元设备（即接收机）。

卫星电视的接收，按接收设备的组成形式分为家庭用的个体接收和 CATV 用的集体接收两种方式。家用个体接收方式一般为一碟（天线）一机，比较简单。用户电视机与接收电视信号的制式相同，或者使用了多制式电视机，则不必加制式转换器；若用户电视机制式与接收电视节目制式不同，可在接收机解调出信号之后加上电视制式转换器进行收看。

CATV 用的集体接收方式如图 10-25 所示，它是将接收机解调出来的图像和伴音信号，通过调制器进行 VHF 或 UHF 频段的再调制，然后经制式转换器再由混合器将多路节目送入 CATV 系统中去。这样在该系统内的用户不需增加任何设备就可以通过闭路系统的集体接收设备来收看卫星电视了。收看节目的数量，取决于集体接收设备送入闭路系统的节目数量。由于集体接收方式的信号要经过再调制以及中间传输环节才能送到用户电视机上，因此要求接收质量高，设备（特别是接收天线）要选用性能较好（口径大）的。此外，送入闭路电视系统的节目数越多，需要的接收机、制转器（如果需要制式转换）、调制器越多，即要求每一套节目，都需要用接收机、制转器和调制器设备。如要接收几颗广播卫星的多套电视节目，也就需要几副天线和多套接收设备。

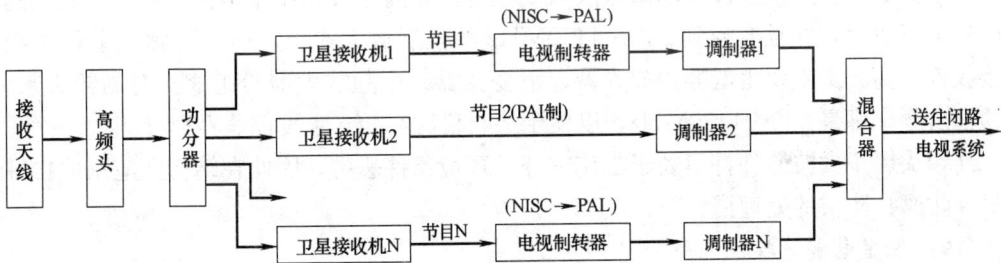

图 10-25　集体接收方式

（三）卫星接收天线

卫星天线是接收站的前端设备，它的作用是将反射面内收集到的经卫星转发的电磁波聚集到馈源口，形成适合于波导传输的电磁波，然后送给高频头进行处理。

天线是组成接收系统的最大部件，要求具有强方向性、高增益和阻抗匹配。按天线的用途来分，它可分为通信天线和接收天线两大类。接收天线，按其馈电方式不同，可分为前馈式抛物面天线（图 10-26）和卡塞格伦（后馈式）天线。

天线反射面的构成材料有铝合金、铸铝、玻璃钢、铁皮和铝合金网状四种。目前，铝合金板材加工成反射面的天线性能最好，使用寿命也长；铸铝反射面的天线，尽管成本有所降低，但反射面的光洁度不高，天线效率低，性能要低于铝合金反射面的天线；玻璃钢反射面的天线，成本也低，但反射面的镀层容易脱落，使用寿命不长；铁皮反射面天线，其成本最低，但容易生锈腐蚀，使用寿命最短；铝合金网状天线，其效率均不如前面的板状天线，但由于重量轻、价格低、风阻小及架设容易，较适合于多风、多雨雪等场所。

279

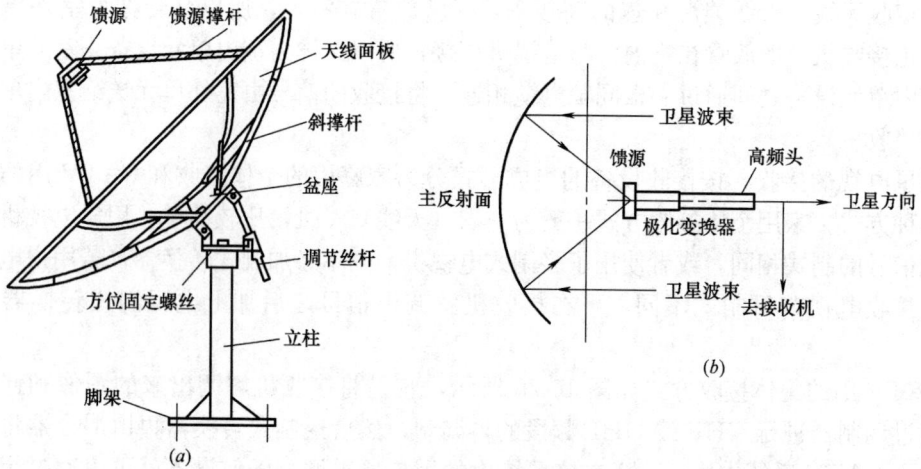

图 10-26 前馈式抛物面天线结构示意图

(a) 结构图；(b) 剖面图

馈源的作用是将被天线反射面收集聚焦的电磁波转换为适合于波导传输的某种单一模式的电磁波。由于馈源形如喇叭，又称为馈源喇叭。馈源喇叭本身具有辐射相位中心，当其相位中心与天线反射面焦点重合，方能使接收信号的功率全部转换到天线负载上去。

极化变换器的作用是将线极化波变为圆极化波或将圆极化波变为线极化波。

高频头是一种灵敏度极高的高频放大变频电路，高频头的作用是将卫星天线收到的微弱信号进行放大，并且变频到 950～1450MHz 频段后放大输出，通过同轴电缆传送到卫星接收机。高频头主要由低噪声放大器、下变频器、中频放大器等组成。对高频头来说，它的输出频率都是 950～1450MHz，以便于接收机对 C/Ku 频段都兼容。

高频头属于微波器件，但处于工作室外，环境条件恶劣，因此在结构上应采取良好的密封和防腐、防雷的处理措施。

（四）卫星电视接收机

卫星电视接收机如图 10-27 所示，它的主要功能是将来自高频头输出的微弱第一中频

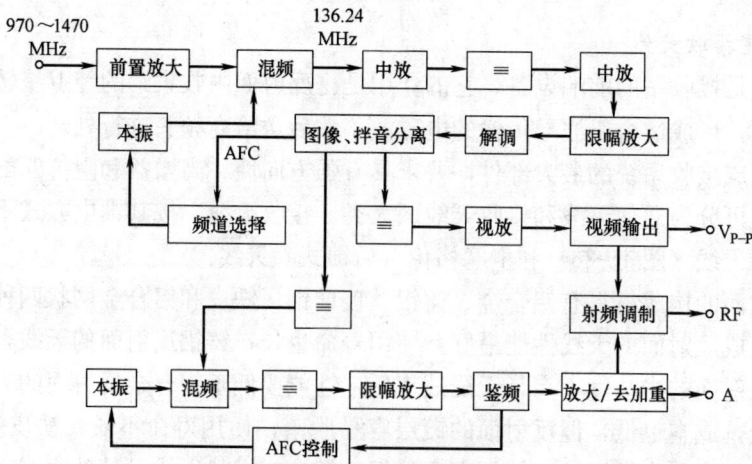

图 10-27 卫星电视接收机

（950～1450MHz）信号，经 20～30m 同轴电缆输入到卫星接收机进行低噪声放大、变频和解处理后，输出全电视基带信号。

二、卫星通信系统

早在 1945 年 10 月英国小说家克拉克（Arthur C.Clarke）就设想以 3 个间隔为 120° 的人造卫星等距离地放在赤道上空大约 3600km 的轨道上即可实现全球通信，这个划时代的构想直到 1957 年 10 月前苏联成功地发射了第一颗人造地球卫星才开始变为现实。

卫星通信是指利用人造地球卫星作中继站转发或反射无线电信号，在两个或多个地球站之间进行通信，如图 10-28 所示。

卫星通信分同步卫星通信和非同步卫星通信。同步卫星通信是卫星的位置相对于地球站来说静止不动，这是由于卫星绕地球一周的时间等于地球自转的周期。因而从地面上看，卫星和地球保持相对静止的状态，实际上卫星是与地球同步运行的。

图 10-29 为静止卫星与地球站位置示意图。由 3 颗同步卫星就能建立（除纬度 76° 以上地区）全球通信体系。由卫星向地球引两条切线，切线间夹角为 17.4°，离地面高度约为 35800km，目前国内外卫星通信系统中几乎都是同步卫星系统。

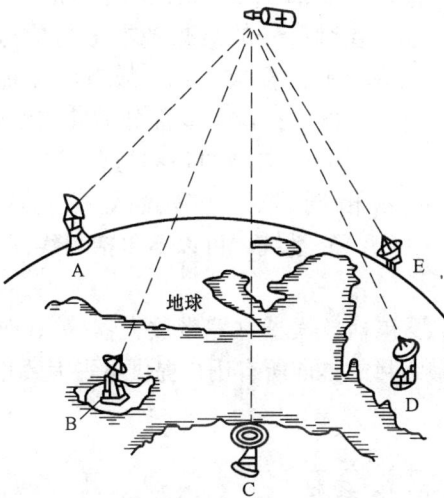

图 10-28 卫星通信的示意图

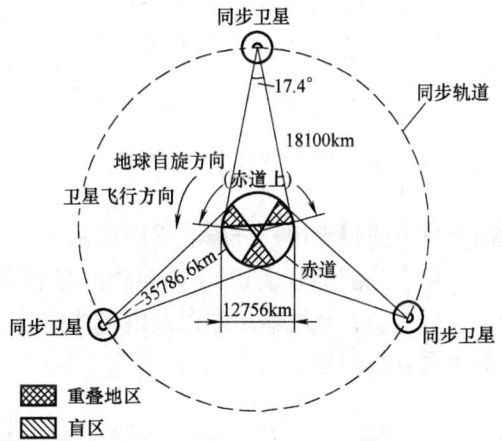

图 10-29 静止卫星配置几何关系图

三、有线电视系统

有线电视系统也叫共用天线电视（Commnunity Antenna Television）系统，缩写为 CATV 系统，系指共用一组天线接收电视台电视信号，并通过同轴电缆传输，分配给许多电视机用户的系统。随着社会的进步和技术的发展，人们对电视媒介提出了越来越高的要求，不仅要求接收电视台发送的节目，还要求接收卫星电视节目和自办节目，甚至利用电视进行信息交流等。传输电缆的含义也不再局限于同轴电缆，而是扩展到了光缆等。于是，将通过同轴电缆、光缆或其组合来传输、分配和交换声音和图像信号的电视系统，称之为电缆电视（Cable Television）系统，其英文缩写正好也是 CATV。现在，习惯上又常称为有线电视系统，这是因为它以有线闭路形式传送电视信号，不向外界辐射电磁波，以区别于电视台的开路无线电视广播。

CATV 系统一般由前端、干线传输和用户分配三个部分组成，如图 10-30 所示。前端部分主要包括电视接收天线、频道放大器、频率变换器、自播节目设备、卫星电视接收设备、导频信号发生器、调制器、混合器以及连接线缆等部件。

干线传输系统是把前端接收处理、混合后的电视信号，传输给用户分配系统的一系列传输设备。例如一个小区许多建筑物共用一个前端，自前端至各建筑物的传输部分称为干线。干线距离较长，为了保证末端信号有足够高的电平，需加入干线放大器以补偿电缆的衰减。电缆对信号的衰减基本上与信号频率的平方根成正比，故有时需加入均衡器以补偿干线部分的频谱特性，保证干线末端的各频道信号电平基本相同。对于单幢大楼或小型 CATV 系统，可以不包括干线部分，

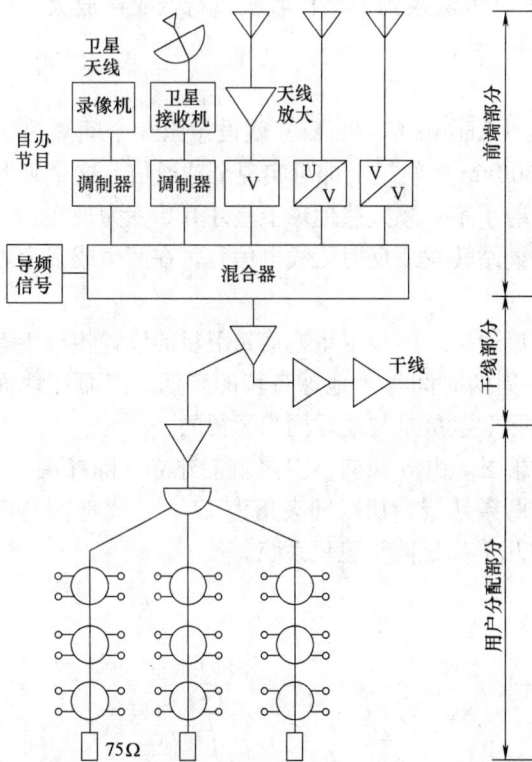

图 10-30 CATV 系统的组成

而直接由前端和用户分配网络组成。

用户分配部分是 CATV 系统的最后部分，主要包括放大器（宽带放大器等）、分配器、分支器、系统输出端以及电缆线路等，它的最终目的是向所有用户提供电平大致相等的优质电视信号。

第六节　办公自动化系统

一、办公自动化及其类型

（一）办公自动化的定义

到目前为止，办公自动化（Office Automation 简称 OA）还没有一个统一的定义。有人认为办公自动化就是用电子计算机系统来处理一些例行事务性工作；有人认为办公自动化是人们处理信息的一种现代化工具；还有人认为办公自动化的目标是充分利用个人计算机和文字处理机，实现无纸办公等等。

美国麻省理工学院 M. C. 季斯曼教授认为"办公自动化就是将计算机技术、通信技术、系统科学、行为科学应用于用传统的数据处理技术难以处理的、数量庞大而结构又不明确的业务上的一项综合技术。"

另外一些国外学者则认为："办公自动化是把基于不同技术的办公设备用联网的办法联成一体，将语音、数据、图像、文字处理等功能组合在一个系统中，使办公室具有综合

处理这些信息的功能"。

以上说法综合起来分析，有如下共同点：

(1) 办公自动化是综合性跨学科技术，其中以通信技术、计算机技术、系统科学、行为科学为四大支柱。它以行为科学为主导，系统科学为理论基础，综合运用通信技术及计算机技术完成各项办公业务。

(2) 办公自动化的目标是为了提高工作效率。

(3) 办公自动用于信息管理，包括处理与通信。

(4) 办公自动化的主要技术，从宏观上看主要是通信技术，即综合数字通信网技术，而各种办公自动化设备，诸如计算机、打印机、复印机、传真机、电话机、文字处理机、输入输出设备等，均作为通信系统的终端设备。计算机软件技术，则为通信系统的一个分支技术。

如果从微观上来分办公自动化的主要技术有两大技术：

(1) 通信技术。包括电话交换、数据交换、图像交换、传输、网络系统。其关键技术是构成办公室信息通信的计算机通信网络系统。

(2) 计算机技术。包括计算机硬件设备、软件的开发应用、数据处理、字处理等，为办公自动化提供了应用技术的基础，其中起最显著作用的是计算机信息处理设备。

我国关于办公自动化的一个较为流行的说法是"办公自动化是指利用先进的科学技术，不断使人的一部分办公业务活动物化于人以外的各种设备中，并由这些设备与办公室人员构成服务于某种目标的人机信息处理系统。其目的是尽可能充分地利用信息资源，提高生产率、工作效率和质量，辅助决策，求取更好的经济效果，以达到预定（即经济、政治、军事或其他方面）目标。在现阶段，办公自动化的支持理论是行为科学、管理科学、社会学、系统工程学、人机工程学等，其直接利用的技术是计算机技术、通信技术、自动化技术等。一般来说，一个比较完整的办公自动化系统，应当包括有信息采集、信息加工、信息传输、信息保存这四个基本环节，其核心任务是向它的主人（各领域、各层次的办公人员）提供所需的信息。所以，办公自动化系统综合体现了人、机器、信息资源三者的关系。信息是被加工的对象，机器是加工的手段（工具），人是加工过程的设计者、指挥者和成果的享用者。总之，办公自动化是一门综合的科学技术，它是信息化社会的历史产物，是在计算机、通信设备应用较普遍，信息业务空前繁忙的情况下产生的"。

(二) 办公自动化系统的类型

OA 这一术语，目前使用的范围很广，因此必须明确 OA 系统所指范围的大小。这个术语在不同的场合有不同的含义范围。这是因为同样称为系统，但是系统规模的大小、其中所包括的硬设备和软件的多少却可以有很大的差别。例如，有时候把办公自动化系统代表一个大型的集成化的，由各种计算机设备和软件，以及通信网络所构成的系统；有时候却指一个特定的产品，诸如一台文字处理机或一种办公信息处理用的计算机系统；有时候也用这个术语代表一个办公用的软件包，如财务软件包、字处理和电子表格处理程序等，它所指的 OA 系统完全是可在某种机器上运行的软件而不包括硬设备。

应该指出，广义上说关于宾馆、商场、银行的计算机经营管理系统，都是属于办公自动化系统。但是，不同性质、不同任务的组织机构或建筑物，其办公信息处理内容有着很大的差别。为此，根据面向不同办公业务的特点，结合我国国情，将办公自动化系统分成如下八种业务类别：

1. 政府型办公自动化系统

一个国家的政府机关具有宏观管理的职能，研究制定方针、政策，指导政治、经济、文化、建设等有关社会精神和物质生活的一切方面。

按照我国政府部门的四级管理体制，政府型办公自动化系统可以分为中央部委、省市、地市和县市各个级别。上级系统和下一级系统之间有紧密的纵向联系，如国务院办公厅和省、市办公厅之间，国家计委和省、市计委之间等；同级政府部门，如民政、公安、文教、卫生、工业、农业、粮食、气象等，又有相对松散的横向联系，并通过综合部门，如办公厅、计委等单位实现归口联系。同级政府机关的办公自动化系统以及同一层次的各个厅、局的系统之间有着许多共同性，可以为这些同一层次的办公自动化系统构造出机构设置模型或办公室自动化设备配置模型，供各有关政府机关实施办公室自动化系统时作为参考。

2. 企业型办公自动化系统

企业的办公管理职能可以分成生产管理和经营管理两个方面。企业型办公自动化系统应以生产管理为主，即办公室信息处理主要应围绕生产管理进行，具体的职能如生产计划、原料供应、生产组织、质量检验、控制、成品管理、成本核算、库存管理、财务管理等。经营管理则作为辅助手段，我国有相当一批无直接经营权的生产企业属于这类。

3. 经营型办公自动化系统

经营型办公自动化系统以经营管理为主，其具体职能包括市场需求、商品（或金融）流通、供销渠道、用户服务、市场信息反馈、预测决策等。一些商业性公司、服务业、银行、保险公司等属于这个类型。

4. 事务型办公自动化系统

突出以某项事务性处理（作为主要业务）和文字处理为主的办公自动化系统，如订单处理系统、民航订票系统、海关报关系统、（进出口商品的）商检系统、图书管理系统、编辑出版办公自动化系统等。

5. 案例型办公自动化系统

以案例为主要业务的办公自动化系统，如法院的诉讼裁决系统、公安局的案例分析系统、医院的病理分析系统，需要有数据库和辅助决策系统的支持。

6. 专业型办公自动化系统

指面向各种专业人员，如律师、会计师、经济师事务所用的办公自动化系统，以及一些专业性的机构，如工程设计院等以计算机辅助设计（CAD）系统为主的办公自动化系统。

7. 机房型办公自动化系统

如各类测试控制中心、电话局、计算中心、卫星发射中心等的办公自动化系统。

8. 事业型办公自动化系统

适合于如学校、培训中心、研究所、福利机构、公用事业等事业性团体用的办公自动化系统。

二、办公自动化系统的组成及主要功能

办公自动化系统是一种广义的信息系统，是由支持办公活动中范围广泛的多种技术集合而成的综合信息系统。实际上，可以认为办公自动化系统是计算机用于数据处理和信息管理的更高效的结合与发展。

办公自动化系统大体上由六种要素组成：组织机构、办公空间、办公人员、办公信息和知识、办公技术手段。其中主要的是：第一，办公人员，包括办公负责人及一般办公人员；第二，办公过程中涉及的各种数据，包括数字型及非数字型的数据；第三，办公活动的工作程序，也就是办公人员需遵守的规则和办公活动的规范；第四，办公设备和技术手段，即以计算机为主的各种数据处理设备。

在办公自动化的发展过程中，OA 系统由初级到高级，经历了单机、网络及综合系统各个阶段。根据不同类型的办公室和办公机构，可将 OA 系统大致分为三个层次，即事务型办公系统、管理型办公系统和决策型办公系统。三个层次的办公系统构成的 OA 系统逻辑模型如图 10-31 所示。

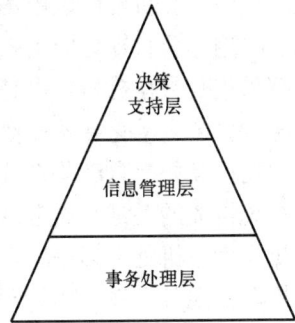

图 10-31 OA 系统逻辑模型

（一）事务型办公系统

事务型办公系统包括支持一个办公室业务处理的单机系统和基于网络系统支持一个机构中多个办公室的多机系统。这类办公系统通常具备如下功能：

（1）文字处理，包括各类报告、通知等文字材料的起草、编辑、输出等。

（2）行文办理，文件收发、登录、检索及自动提示。

（3）邮件管理，完成邮件、公文、信函的收发工作。

（4）文档管理，将各种文档资料分类存储、保管，并建立目录索引以备查阅。

（5）电子报表，以表格形式进行数据统计加工。

（6）排版印刷，编辑文稿以及快速制版印刷。

（7）日程安排，辅助安排日程计划，具有提示、警告等功能。

（8）其他数据处理，除上述功能外，进行必要的数据采集、计算加工，为高一层的管理信息系统服务。

事务型办公系统的组成大致包括如下的软硬件设备：

（1）计算机。以微机为主，包括各种工作站。常用功能软件包括字处理软件、电子报表软件、小型关系数据库管理系统软件等，专用软件以能够独立运行的支持基本办公功能的应用软件为主。

（2）办公设备。支持事务处理的办公设备通常包括轻印刷系统、复印机、缩微设备、邮件处理设备、录音录像及投影设备等。在单机系统中，一般不具备计算机通信能力，信息传输主要依靠人工、电话通信的形式；而在多机系统中，则以微机为基本结点，通过局域网、远程网或通信网交换信息的形式为主。

（3）数据库。包括小型办公事务处理数据库、文件库、基础数据库等。办公事务处理数据库主要存储人事、财务、机关内部文件、行政后勤事务数据等与办公事务相关的数据；基础数据库可以存储产品、原材料需求、市场营销状况等原始数据。

（二）管理型办公系统

管理型办公系统的主要任务是完成一个部门的信息管理，侧重于信息流的处理，如工业、农业、交通、能源等经济信息流以及人口、环境、教育、司法等社会信息流。在这类办公自动化系统中，信息处理基本上抽象为公文文件类型的信息流处理。

通常国内的某一级政府机关，既要管理经济、环境，又要管理人文政治，因而管理型办公系统应包括行政和企业组织的各项计算机管理。对政府机关来说，典型的系统如计划、统计子系统，财政、金融子系统，审计、税收子系统，物价、贸易子系统，公交、建设子系统，人事、环卫子系统等等。

管理型办公自动化系统建立在事务型系统之上，因此其设备复杂程度相对较高。

其中计算机硬件以中小型或微机网为主，配以多功能工作站。而软件除具备各种通用、专用办公自动化应用软件外，还要建立多种信息管理系统，它们应支持各专业领域的数据采集及数据分析，为高层领导的决策提供综合信息服务。对于其他办公设备的要求与事务型办公自动化系统基本相同。

在这类办公自动化系统中，特别注重各部门之间的信息传输，通信能力强弱是此类办公系统组成的关键。通常以主机、超级微机、工作站三级层次结构组成通信网络。中、小型机作为主机处于第一层，其上运行管理信息系统；超级微机处于中层，设置在各个职能机构，实现各子系统的管理及办公事务处理；工作站位置在最底层，主要承担数据采集任务。

管理型办公自动化系统要在事务型办公系统的基础上建立专业数据库，即要对基础数据库进行加工、组织、筛选，以备决策办公系统使用。

（三）决策型办公自动化系统

在一个完整的办公自动化系统中，除基本的事务处理和必要的信息管理功能之外，通常应包括相当的决策活动，而系统的辅助决策功能的强弱，则反映了系统的整体水平。虽然决策的最终阶段是以人的行为为主体，但系统提供的辅助功能也是不可缺少的。决策型办公系统正是以提供辅助决策功能为首要目的，建立在前两种办公系统基础上的最高一级办公自动化系统。

在国民经济的发展过程中，必然涉及计划综合平衡、发展效益预测、经济结构分析等，因此相关的办公机构都应建立决策支持系统。这种系统不同于一般的信息管理系统，它必须具备提供对策及择优的功能，这就需要建立各种决策分析参考模型，包括经验模型和数学模型。

常用的模型有计算模型、预测模型、评估模型、投入/产出模型、反馈模型、结构优化模型、经济控制模型、仿真模型、综合平衡模型等。决策处理的主要工作是：在收集原始资料、初步分类整理的基础上，明确当前状态，分析可能的发展，提供可行的对策，并选择出最有效的方案。这个过程自然是极其复杂的，所以在决策支持系统中，仅以数据库来管理信息是不够的，还要包含模型库、方法库，乃至一定范围的知识库、专家系统等。

决策型办公自动化系统对硬件设备的要求与前两者基本相同，只是应具备网络环境。在软件方面，为了提供辅助决策信息，此类系统要在事务办公系统的基础数据库及管理办公系统的专业数据库的基础上，建立综合数据库，并要建立模型库和方法库，构造某一业务领域的专家系统。应该说在这类办公自动化系统中，数据处理已由量的极大扩充飞跃到质的突破，包括人工智能在内的高新技术应用会在多方面表现出来。

三、远程会议系统

远程会议系统可分为电话会议系统、电视会议系统和计算机会议系统三种。

（一）电话会议系统

1. 普通电话会议系统

电话会议系统通常通过现有的程控用户交换机来完成。一般数字程控用户交换机均有提供 3～8 方会议电话功能，用户通过普通电话设备或多功能电话机进行多方电话会议。电话会议的用户还可以是从外线拨入的远程用户，但大部分是在局部范围内使用。其支持设备一般较为简单，只需要程控用户交换机中带有会议电话功能模块，会议电话用户只需要有一部电话机即可通过电话线路进行多方电话会议。

2. 电视电话会议

应该指出，这里所说的电视电话是指传输活动图像、速率为 64(56)kb/s 的电视电话；至于用模拟电话线路传输静止图像的设备，则称之为可视电话，将在后面提到。

电视电话的通信过程既包含通话的语音信号，又包含一定质量的图像信号，使人们的通话过程不再是单调的交谈，可以相互看到对方的图像，丰富了通信的内容。由于电视电话是面向公众的图像业务，因此要求其传输费用尽可能低（与普通电话几乎相同），对信息的压缩提出了很高的要求。而另一方面，通信过程中主要观察的是相互间的头肩像，图像内容简单，而且对细节的要求可以降低。近来由于利用数字压缩编码技术，使电视电话获得了很大的发展。

电视电话在办公自动化中具有极大的应用前景，尤其是桌面电视电话系统，其显示、摄像、通话部分已一体化，并具有显示文件及与 PC 机连接的多种功能，使用者可以像使用电话一样由拨号呼叫对方。一旦通信建立，通话者还可以同时由计算机等获取数据、文件等，丰富了信息交换的内容，这就是所谓的多媒体通信。

3. 可视电话

可视电话是指用一路模拟话路传输话音和静止黑白或彩色图像的设备。可视电话的连接简单，只要在可视电话机与话路中间串接一个附加的图像收发器即可，因此使用方便，对原电话的使用没有影响。

（二）电视会议系统

电视会议系统，又称视频会议系统，是利用电视在两地（或多个地点之间）进行会议的一种多媒体通信方式。它可以实时地传送声音、图像和文件，与会人员可以通过电视发表意见、观察对方形像和有关信息，并能出示实物、图纸、文件和实拍的电视图像，增加临场感。还可以通过传真、电子黑板等现代化的办公手段，传递文件、图表，用以讨论问题。在效果上可以替代现场会议，图像、语言和数据等信息可以通过一条信道进行传递。

（三）计算机会议系统

计算机会议系统是利用计算机系统之间通过电话网和数据通信网进行的一种电子邮件式会议系统。参加计算机会议的用户可以通过计算机进行相互之间的信息交流，与会发言者把发言通过计算机终端输入，形成发言信息文件发至规定的会议信箱中，使其他与会者也通过计算机终端阅读会议的内容，并发表自己的意见。总之，这种计算机会议系统适用于具有计算机通信能力，在时间上无严格要求，以会议记录为主，回答方式简单的会议。

计算机会议系统的支持设备包括计算机系统、终端设备、通信接口设备、通信传输设备和相应的软件等。选择通信媒体时，可租赁或自备通信线路，但一定要有完整的通信协议。

第七节 建筑物集成管理系统

一、概述

1. 智能建筑的演进和发展

智能建筑在初期各子系统规模小，控制对象简单，各子系统之间相互独立，因此实施分散管理、控制、信息传递汇集主要靠人工。

随着通信技术、网络技术的发展以及建筑物内部控制对象功能的不断提高。各子系统之间传递信息量大大增加，特别是通信技术的发展，不仅仅使内部传递的信息量大大增加，而且建筑物对外的信息量也大大增加。以前各子系统分开管理，形成一些相互脱节的独立的子系统单独运转，造成各子系统之间不能信息共享和联动控制，从而造成软、硬件设备大量重复，管理人员要熟悉和掌握不同厂家的技术，造成投资高、效率低的现象。这种各系统互相独立的局面已不适应智能建筑的发展。进入 20 世纪 90 年代以来，智能建筑领域对系统集成的要求愈来愈迫切。

1992 年，英国伦敦大学和米兰大学的智能建筑专家经过实际的调查和技术研讨并以"欧洲智能建筑组织"的名义发表了"智能建筑在欧洲"（The Intelligent Building in Europe）的实施概要咨询文件。在实施概要中以"智能建筑金字塔"十分形象地描述了智能大厦的演进过程和今后发展的方向。实施概要认为智能建筑发展有下列几个阶段：

（1）1980～1985 年为单一功能专用系统的时代，共分成 19 个子系统独立运转。

（2）1985～1990 年为多功能系统的时代，共分成 7 个子系统运转，这 7 个子系统为：SMS 综合保安系统、BAS 楼宇自控系统、停车场管理系统、FAS 火灾报警系统、文本与数据无线通信系统、有线通信系统。

（3）1990～1995 年为集成系统的时代，将上述 7 个子系统集成为 3 个子系统进行运转。这 3 个子系统为：

1）BMS 楼宇管理系统（Building Management System），使 BAS 楼宇自控系统和 FAS 火灾报警系统，SMS 综合保安系统集成在一起。

2）OAS 办公自动化系统（Office Automation System）。

3）CNS 通信与网络系统（Commnunication&Network System）。

（4）1995 年以后为一体化集成时代，将所有的系统集成到一个系统，这个系统为 CIB（Computer Integrated Building），称为计算机集成建筑系统。即把所有的系统集成在一起，在一个窗形操作界面上进行整个大厦的全面监视、控制和管理，提高大厦全局事件和物业管理的效率及综合服务的功能。这种大厦具有高生命力、低运营成本和高安全性。国内很多资料把 CIB 称为 IBMS（Intelliged BuiIding Management SyStm）智能建筑管理系统。

实施概要咨询文件是由欧洲的部分智能建筑专家提出并发表的，我们可以参考和借鉴，并结合我国国情促进我国智能建筑的发展。

2. 系统集成的必要性

（1）系统集成是高效物业管理的客观需求，可以提高工作效率，降低运行成本。

众所周知，在智能大厦中一般都有楼宇设备自动化系统、消防报警系统、安全防盗系统以及其他子系统。如果没有集成，都要设置自己的控制室，每个控制室都有值班人员，造成值班人员大量重复，管理效率低下，人力和物力的大量浪费。系统集成可以把建筑物内各个子系统采用同一操作系统的计算机平台用统一的监控和管理的界面环境，在同一监控室内进行监视、控制操作，减少管理人员的人数，提高管理效率，同时降低了对管理者素质的要求，降低了人员培训的费用，加强了事件综合控制能力，使物业管理现代化。据统计，集成管理系统应能达到以下效果：节约人员 20%～30%；节省维护费 10%～30%；提高工作效率 20%t～30%；节约培训费 20%～30%。

（2）集成系统在应急状态或其他涉及整体协调运作时，为管理者提供统一的指挥和协调能力，从而保证人身安全及设备安全。

通过软件编程和功能模块设计，智能建筑集成管理软件提供弱电系统整体的联动逻辑，从而提高了全局事件的控制能力，以保证人身及设备安全。

例如，发生火灾时的联动：假设消防系统没有联动设备，当火灾报警发生时，除了消防系统需要对发生地点进行自动灭火外，火灾探测器向主机发出报警信息并联动其他系统和设备，其联动过程如下：IBMS 主服务器→BAS 主机→送排风→电视监控主机→门禁主机→紧急广播主机→电梯群控主机→空调。

电视监控系统使火灾附近摄像机对火源进行实时监测；紧急广播系统通知人员疏散。门禁主机接到 BAS 主机控制信号后开启门禁系统管制通道。

BAS 系统将空调及送排风机关闭，开启正压及防排烟系统。

又例如，非工作时间有人持卡进入或非法侵入时，其联动过程如下：门禁主机发出报警信息以 IBMS 主服务器→BAS 主机→照明系统→电视监控主机→电梯群控系统→紧急广播。

电视监控系统将附近摄像机对准报警点；开启照明系统对准报警区域开启紧急广播系统向保安中心及 110 电话报警；关闭相应电梯。

（3）开放的数据结构有利于共享信息资源。集成管理系统的建立提供了一个开放的平台，采集、传输各子系统的数据，建立统一的开放的数据库，使信息系统根据功能的需要自由地选择所需要的数据，充分发挥其强大的功能，提高这些信息的利用率，发挥增值服务的功能。

（4）系统集成是智能建筑系统工程建设的需要。智能建筑不是各种产品和子系统的堆集，而是利用系统工程方法和系统工程技术使各厂家产品充分发挥它们的功能，集成一个具有高效服务，便于管理和使用的应用系统，充分发挥综合应用的优势。有利于工程建设和工程总承包，减少了工程的承包面，便于工程实施和施工管理，有利于提高工程质量，保证工程进度，降低工程管理费用。由于减少了工程承包面，可以有效解决各子系统之间的界面协调问题，有利于系统正常开通。

二、系统集成的内涵

系统集成其含义极为广泛，这里的"集成"是指"综合"、"组合"、"结合"。"系统"是指实现某种目标而形成的一组元素。"系统集成"是指为实现某种目标而将这组元素有机组合（或结合，综合）。如计算机应用系统的组建称为计算机系统集成。

目前系统集成尚无权威定义，一般理解为把涉及不同技术领域的综合性项目中的各个分系统、子系统有机的结合和组织起来，形成一个完整的系统或为整体工程提供一个一体化的解决方案。

在智能建筑中所谓的系统集成实际上是指"建筑智能化系统集成"。平时我们所涉及的"系统集成"均特指"建筑智能化系统集成"。

因此，智能大厦的系统集成是将智能大厦中从属于不同技术领域的电话通信、数据通信、综合布线、计算机网络、楼宇自控、消防保安、电视系统等所有分离的设备、功能、信息有机地结合成为实现通信自动化、办公自动化、楼宇控制自动化，并能实现信息综合管理的一个相互关联，统一协调的整体，并将所有的硬件平台、软件平台、网络平台、数据库平台组合成为一个满足用户功能需要的完整的系统，提供和完成各子系统之间的连接和集成。

如果给系统集成下一个简单的定义，即为将智能大厦中分离的设备、功能、信息借助于计算机网络和综合布线集成到一个相互关联的、统一的、协调的系统之中，实现信息、资源、任务共享。

三、系统集成的几种模式

(一) 子系统的互联方式

目前智能大厦中弱电系统包含的设备和子系统愈来愈多，愈来愈复杂。由于不同厂商提供的不同产品的系统，其通信协议不同，将造成通信速率、编码格式、同步方式、通信规程各不相同，因而目前使这些产品和系统互联很困难。工程承包商经常用的解决互联的方式有以下几种：

(1) 采用硬连接方式：对于功能简单或信息量很少的系统，系统 1 的输出接口可以提供硬触点的开关信号或 4~20mA，0~5V 的三型仪表信号直接接到系统 2 的输入接口，如图 10-32 所示。

(2) 采用串行通信方式：由于系统集成的需求，设备生产厂商不断改进自己的设备使之具有互联功能，将集散控制系统中自己的现场控制器加以改造，留有 RS485 或 RS232 串行接口，其通信协议针对某些产品约定后开发的。可以实现直接与少数产品或系统互联，如图 10-33 所示。

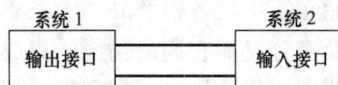

图 10-32 硬连接方式

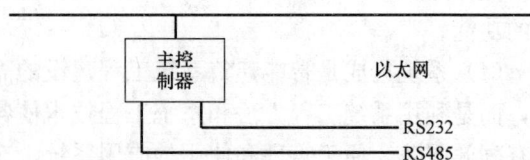

图 10-33 串行通信方式

(3) 开发网关 (Gateway)：这种方法是由系统集成商为完成两个不同系统互联，两个系统之间要进行协议转换，开发的硬件及软件，实现与第三方设备互联，如图 10-34 所示。

由于许多第三方设备供应商不公开自己的软件，有的供应商即使同意公开自己的软件还要有很多附加条件（如提供高额费用，签订保密协议），给使用者带来很大不便。

(4) 采用专用网关：由设备供应商（如楼宇自控设备供应商）提出，与第三方互联设备的供应商（如消防、保安、冷水机组）联合生产针对各种设备的专用网关。在与第三方

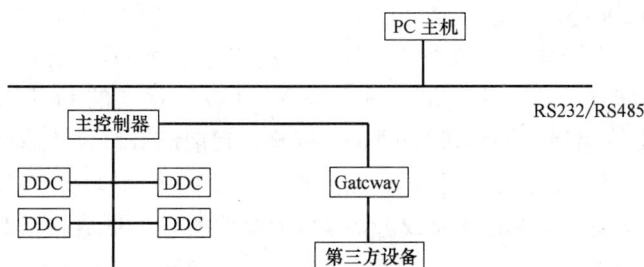

图 10-34 开发网关连接方式

设备互联时可直接采用,不必临时开发。由于已经是成熟产品,可靠性大大提高,价格可以降低,但仍然带来很大不便,使业主及集成商在选择第三方设备上仍受到很大限制。

(5) 以计算机网络为基础互联:系统中使用通信网关实现和各子系统的通信连接,采集各类机电设备的实时参数,然后通过实时对象服务程序把它们转变为一致的数据格式向网络上发布,通过网关可以适应不同类型的接口和数据格式,也不会发生数据传输瓶颈。如图 10-35 所示的方法,使得设备供应商可以不公开自己的软件,而自己独立开发网关产品。

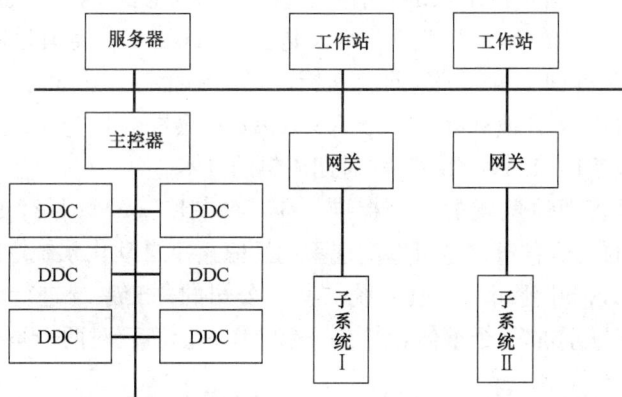

图 10-35 以计算机网络为基础互联

(6) 采用开放式标准实现互联:采用开放式标准生产的开放式系统是实现设备及子系统之间无缝连接的最好办法。

所谓开放式系统即系统所有部件均以公开的工业标准技术制造。系统符合公开的工业结构,因而不同厂商的产品可以组合,从而实现互操作,可以实现不同设备及系统无缝连接,它具有 3 个特点:

1) 系统的技术规范是所有厂商共同遵守的;

2) 同样功能的部件虽由不同厂家生产,但可以互相替换,可以互操作;

3) 符合标准的系统之间可以直接互联。

目前有两种开放式标准:

1) LonMark 标准:LonMark 标准是以 LonWorks 技术为基础的一套标准,LonWorks 技术实际上是一种测控网技术,可方便地实现现场传感器、执行器、仪表等联网。

其通信协议（LonTalk 协议）是遵照 ISO/OSI 的一个七层协议，目前约有 2500 家以上的 OEM 生产商。OEM 生产商虽然都按 LonWorks 技术制造产品，但由于一些技术上细节上不统一，因而不能互操作。为了解决这个问题，180 家重要的 OEM 厂商组成了 Lon-Mark 可互操作协会，编制了一系列 LonMark 标准，目前已有符合该标准的产品和系统可以互联和互相操作，大量产品进入我国。国内也有大量的 LonMark 产品和系统，这些产品和系统可方便地连到 LonWorks 总线上，系统互联简单，并形成真正的无缝连接，如图 10-36 所示。

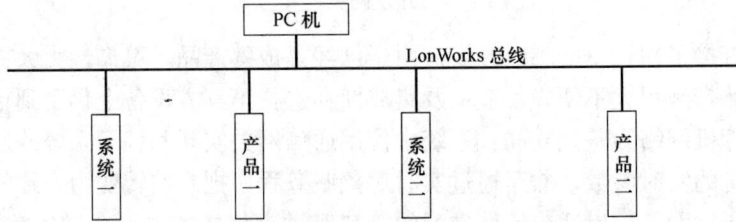

图 10-36　通过 LonWorks 总线的互联

LonMark 标准是在实时控制域中的一个开放式标准，适合智能型大楼及智能化小区中 HVAC、电力供应、给水排水系统、消防系统、保安系统之间进行通信、互联。

2）BACnet 标准：BACnet 网络通信协议是由 ASHRAE（美国暖通空调制冷工程师学会）发起制定，并得到 ANSI（美国国家标准局）的批准，由楼宇自动化系统的生产商、用户参与制定的一个开放式标准，由 ASHRAE 学会综合几个局域网（LAN）的协议而制定，并尽可能采用了 LAN 网络不同时期成熟的技术。

BACnet 标准是管理信息域的一个标准。BACnet 比 LonMark 有更大的数据通信能力，运作高级复杂的大信息量，是可以实现不同厂家楼宇自动化系统之间的互联的通信技术，例如要使 Honeywell 公司的一套系统与其他公司的一套系统进行通信交换信息，即可通过 BACnet 把它们连成一个整体，并在一个工作站上实现对两个系统的全面监控。

（二）系统集成的几种模式

（1）一体化集成（IBMS）：把各子系统（BAS、OAS、CNS 等）从各个分离的设备功能和信息等集成到一个相互关联的、统一的、协调的系统中，以便对各类信息进行综合管理。一体化集成使整个大厦内采用统一的计算机操作平台，运行和操作在同一界面环境下的软件以实现集中监视、控制、管理功能。一般采用的是 MAS 形式。

MAS（Management Automation System）称为综合管理自动化系统。MAS 运行中央管理计算机作为集成中心或总控中心以实现 CNS、OAS、BAS 各子系统的信息汇集，完成管理控制功能。MAS 是系统集成的高级阶段，但是一个真正完整的 MAS 实现较为复杂，系统造价很高。

（2）以 OA 和 BA 为主，面向物业管理的集成模式：这种模式受到人们重视，特别是出租的商业大楼物业管理占据极重要的地位，韩国三星 SDS 公司开发的 ATlS 系统用于韩国人参烟草专卖局大楼的整体解决方案，其中 BA 系统采用 LonWorks 技术，该系统集成了 BA（电力、照明、设备、防盗、停车场等）、OA（电子公告牌、电子邮件、会议室安排、多媒体信息查询等）以及一卡通，电话远程控制，利用 ATM 网络（155MPPs）进行集成。

其中，OA 的物业管理包括租赁管理系统、维护管理系统、收支管理系统、来访管理系统，BA 系统管理大厦自动控制，包括联动设备、电力、照明、联动 CCTV、联动 IC-CARD、联动火灾报警、联动防盗系统、通话明细信息联动、PBX 内费用计费器、联动自动呼叫服务，联动电子公告牌、联动停车管理等，该系统完成 OAS 及 BAS 紧密集成，但对 CNS 中除网络系统外只对 PBX 的计费功能进行了集成。我国也有商用智能大厦采用了这种模式。

（3）楼宇管理系统 BMS 集成：BAS 楼宇自控系统也叫建筑设备自动化系统，包括暖通空调系统、给水排水系统、供配电照明系统、汽车库综合管理系统、电梯系统、IC 卡等。

BMS 是实现 BAS 与火灾报警与消防联动系统、公共安全防范系统之间的集成。

这种集成一般均基于"BA 的管理自动化系统 BMS 模式"，即以 BA 为基础的平台，增加信息通信，协议转换，控制管理模块，各类子系统均以 BA 为核心，运行在 BA 的中央监控计算机上，满足基本功能，实现起来相对简单，造价较低，可以很好地实现联动功能，如图 10-37 及图 10-38 所示。

（4）子系统集成：所谓子系统集成是指对 OAS、CNS 及 BAS 三个子系统各自的集成，这也是实现更高层次集成的基础。

1）OAS 集成：办公自动化系统集成实质上是把不同技术的办公设备，用联网方式集成为一体，将语音、数据、音像、文字处理等功能组合一个系统，使办公室具有处理和利用这些信息的能力，使日常事务处理和行政管理科学化、高效率。

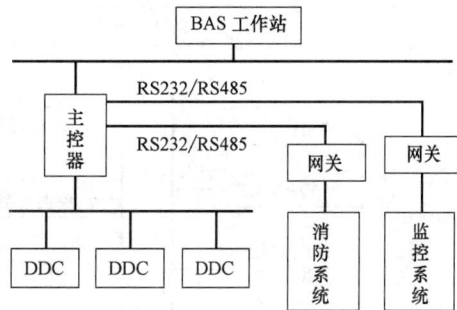

图 10-37　基于 BA 的 BMS 模式（一）

2）CNS 集成：电话系统、数据供给与计算机网络系统、音像信息系统、结构化综合布线、卫星通信系统，该系统集成的方案经常是建立在以 PABX 为核心的通信网络的基础上。

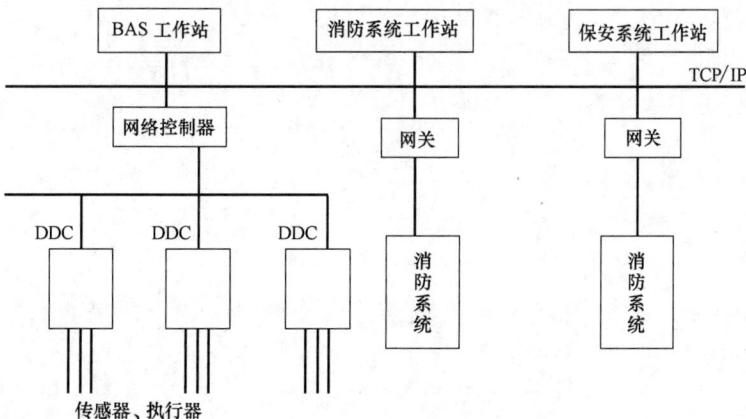

图 10-38　基于 BA 的 BMS 模式（二）

3）BAS集成：采用成套的集散系统，上层由中央监控计算机进行监视管理，下层由DDC进行现场控制，需要集成的供配电、照明、车库管理系统、暖通空调系统、给水排水系统、IC卡系统等，可通过DDC直接集成到系统内。例如美国Andover Controls最新推出的Continuum楼宇自控系统，第一级是高速局域网，它支持一级控制器、工作站和文件服务器，第二级是RS485总线，支持一系列专门的区域控制器。二级总线与高速局域网通过一级网络控制器实现双向通信，传递网络信息。其区域控制器DDC有各种专用功能，如照明控制器、停车场控制器、空调控制器、电梯控制器、通道控制器等可方便实现BAS集成，如图10-39所示。

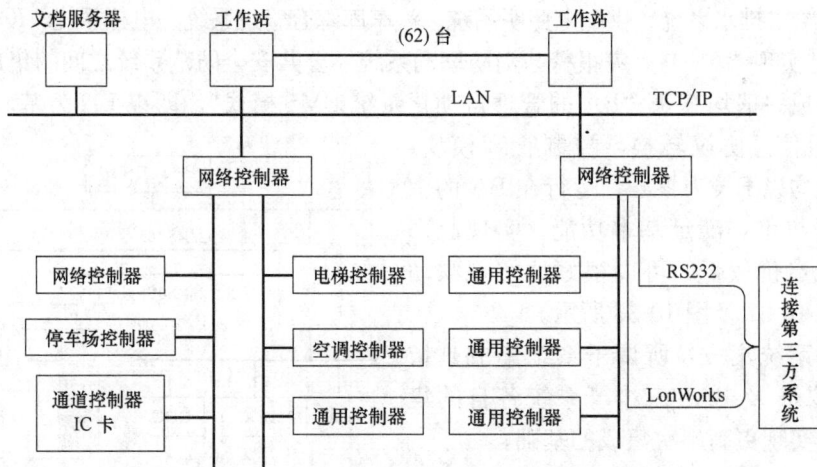

图 10-39　BAS集成

除此之外，由于一级网络为Ethernet，网上可接一台文档服务器和62个工作站，并设有一个中央SQL数据库，文档服务器和工作站组成了客户机/服务器模式，可方便地实现办公自动化及部分物业管理，有利于OAS和BAS的集成。

附录1-2 接口模块的电路原理图

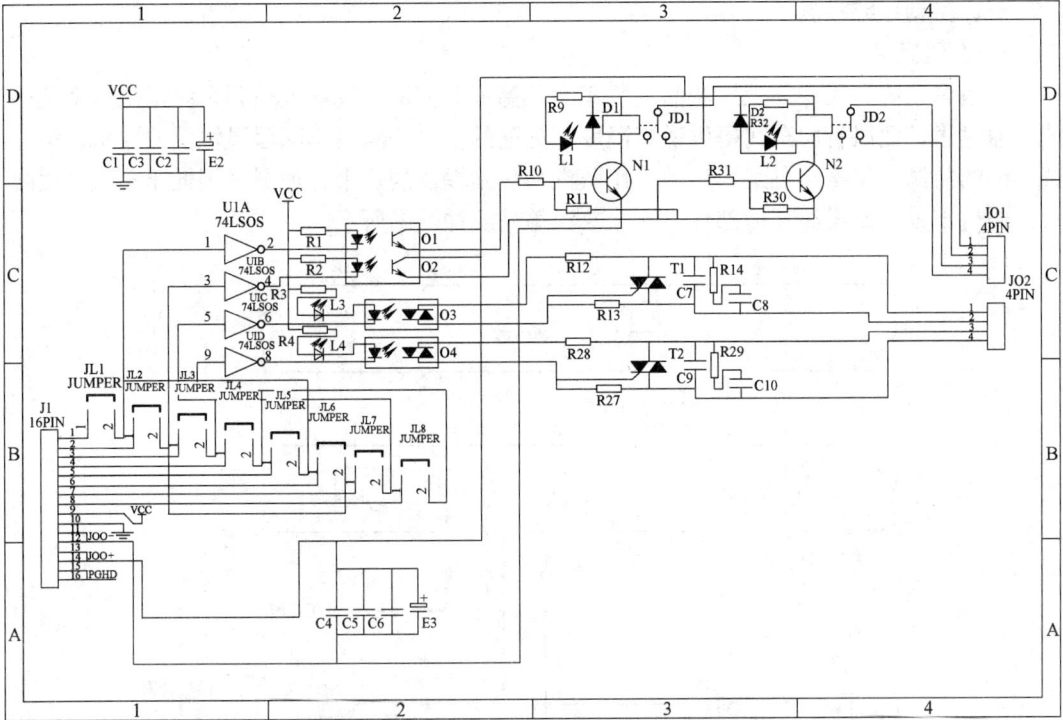

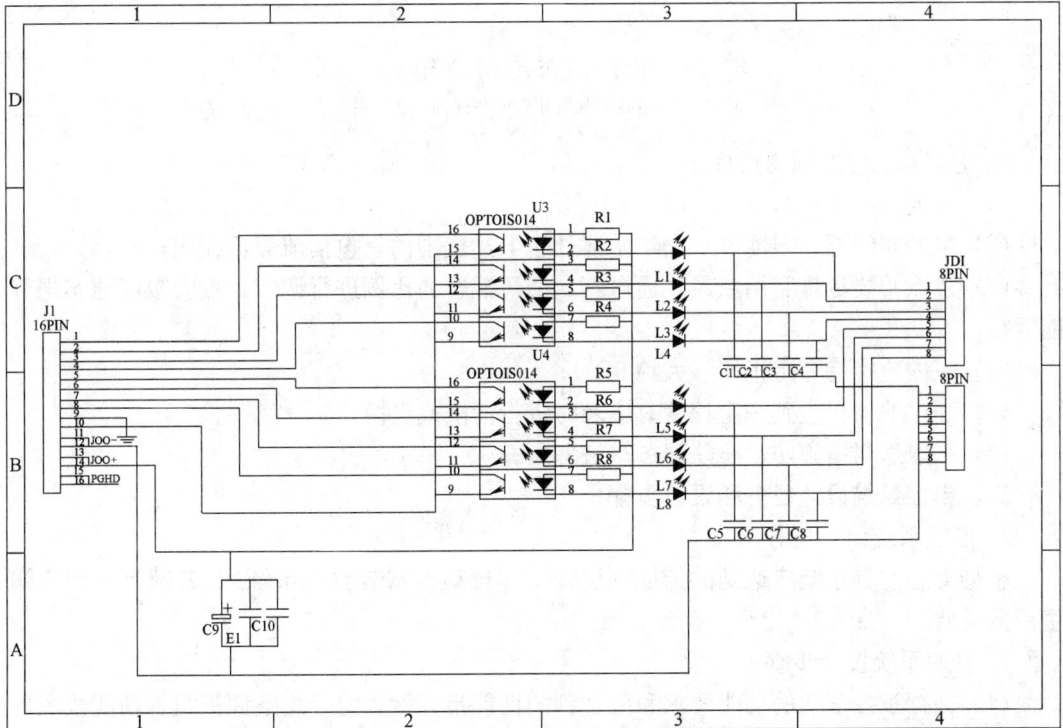

附录 2 "暖通空调系统自动化"课程设计任务书

一、空调系统概况

1. 工程概况

本空调系统为天津某工厂产品组装车间恒温恒湿空调系统,该空调系统采用全空气系统,通过送、回风管向车间提供适当温度、湿度的空气来满足车间恒温恒湿的要求。该空调系统的冷源采用冷水机组,热源采用蒸汽换热站提供的热水,加湿采用低压蒸汽。组合式空调机组及空调系统其他部件,冷、热源等情况如下图所示。

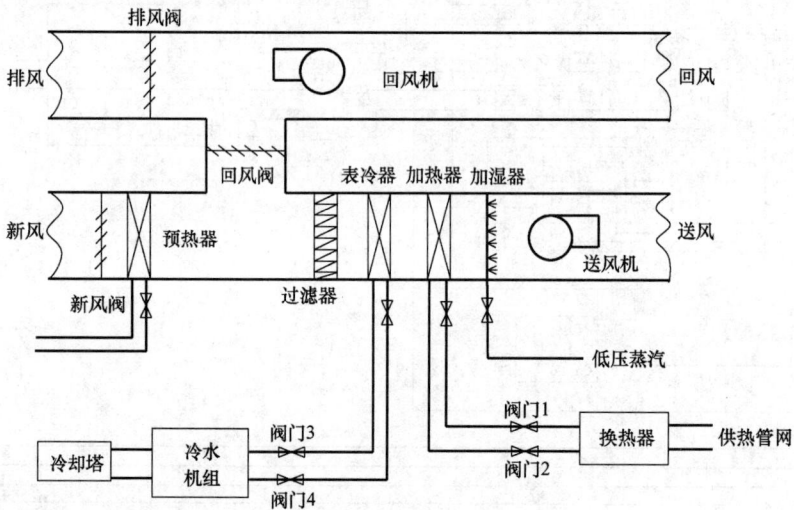

组合式空调机组示意图

说明:根据需要配置相应的传感器、执行器。

2. 空调系统应达到的指标

(1) 温度:$22\pm1℃$,湿度 $50\%\pm10\%$;

(2) 生产车间温、湿度要求全年始终处于上述范围内,包括节假日在内;

(3) 过渡季要尽量利用新风,通过新、回风混合的比例进行调节,最大限度地实现节能运行;

(4) 室内应维持一定正压(大约 5Pa);

(5) 当过滤器积尘到一定程度时应及时进行清洗或更换;

(6) 采取适当措施防治换热器冬季被冻裂。

二、自控系统设计任务和设计步骤

1. 自控系统设计任务

根据上述空调系统应达到的指标,设计一套自动控制装置(系统),来满足生产车间生产的需要。

2. 自控系统设计步骤

(1) 根据被控车间的功能要求和应达到的性能指标检查组合式空调机组各功能段及各部件设置是否合理,数量和容量是否满足控制要求。

（2）绘制系统全年运行的湿空气处理 h-d 图，确定全年空调运行方案（夏季工况、冬季工况，过渡季节工况，并应体现最大限度的节能）。

（3）制定自动控制方案，用框图和文字表示。

（4）确定传感器、执行器的类型，布置传感器、执行器的位置，统计传感器、执行器的数量。

（5）根据自控设备产品样本具体选择自动控制部件和设备，列表统计编号、名称、型号、规格、参数、生产厂家等信息。

1）温度传感器；

2）湿度传感器；

3）压力（压差）传感器；

4）水路调节阀及执行器；

5）风调节阀及执行器。

（6）统计模拟量、数字量的路数，选择控制器（包括现场控制器和中央控制器）。

（7）选择控制系统需要的网络及通信设备等。

（8）绘制空调自动控制系统图，标明数据采集点（AI，DI）、控制点（AO，DO）及其控制原理。

（9）编写设计说明书。

三、设计要求

1. 图纸要求

（1）要求采用计算机 CAD 制图，并达到制图标准；

（2）图纸数量为 2 号图纸 1 张或 3 号图纸 2 张。

2. 说明书要求

要求封面、目录、正文、附录等内容齐全，格式、字体、排版等按学校毕业设计的要求执行。

要求每个同学独立完成设计任务，不得拷贝或抄袭他人设计，如发现有抄袭他人设计者一律按不及格处理，并给以相应的行政处分。

四、参考书目

[1] 霍小平．中央空调自控系统设计．北京：中国电力出版社，2004

[2] 何耀东等．中央空调实用技术．北京：冶金出版社，2006

[3] 《索特自控产品系统手册》

[4] 《高标暖通自控产品应用手册》

[5] 《北京海林暖通自控产品》

[6] 《美国艾赛自控产品选型指南》

[7] 《霍尼韦尔自控产品选型指南》

[8] 互联网上有关自控厂家产品选型资料

参 考 文 献

[1] 施俊良. 室温自动调节原理和应用. 北京：中国建筑工业出版社，1983.
[2] 曹晴峰. 建筑设备控制工程. 北京：中国电力出版社，2007.
[3] 江亿等. 建筑设备自动化. 北京：中国建筑工业出版社，2007.
[4] 钱以明. 高层建筑空调与节能. 上海：同济大学出版社，1992.
[5] 付祥钊等. 流体输配管网. 北京：中国建筑工业出版社，2001.
[6] 陆耀庆. 实用供热空调设计手册. 北京：中国建筑工业出版社，2007.
[7] 陆耀庆. 供热通风设计手册. 北京：中国建筑工业出版社，1987.
[8] 潘云钢等. 高层民用建筑空调设计. 北京：中国建筑工业出版社，1999.
[9] 郑贤德等. 现代空调用制冷设备. 北京：中国电子工业出版社，1994.
[10] 赵义堂. 民用建筑电气设计规范详解 1—设备工程自动化与智能化. 北京：中国建筑工业出版社，1997.
[11] 张少军. 建筑智能化系统技术. 北京：中国电力出版社，2006.
[12] 袁任光. 交流变频调速器选用手册. 广州：广东科技出版社，2002.
[13] 石兆玉. 供热系统运行调节与控制. 北京：清华大学出版社，1998.
[14] 张本贤. 热工控制与运行. 北京：中国电力出版社，2006.
[15] 石家泰. 制冷空调的控制调节. 北京：国防工业出版社，1980.
[16] 潘新民. 微型计算机与传感器技术. 北京：人民邮电出版社，1988.
[17] 梁华等. 简明建筑智能化设计手册. 北京：机械工业出版社，2005.
[18] 方修睦. 建筑环境测试技术. 北京：中国建筑工业出版社，2002.
[19] 张瑞武. 智能建筑. 北京：清华大学出版社，1997.
[20] 廖常初. S7—200PLC 编程及应用. 北京：机械工业出版社，2007.
[21] 刘元扬. 自动检测与过程控制. 北京：冶金工业出版社，2006.
[22] 徐超汉等. 智能大厦楼宇自动化系统设计方法. 北京：科学技术文献出版社，1993.
[23] 刘国林等. 建筑物自动化系统. 北京：机械工业出版社，2002.
[24] 郭维钧等. 建筑智能化技术基础. 北京：中国计量出版社，2001.
[25] 李金川等. 空调制冷自控系统运行与管理. 北京：中国建材工业出版社，2002.
[26] 廖传善等. 空调设备与系统节能控制. 北京：中国建筑工业出版社，1984.
[27] 胡汉才. 单片机原理及其接口技术. 北京：清华大学出版社，1996.
[28] 建设部科学技术委员会智能建筑技术开发推广中心. 智能建筑技术与应用. 北京：中国建筑工业出版社，2001.
[29] R. W. 哈奈斯. 采暖通风和空气调节的控制系统. 北京：中国建筑工业出版社，1980.
[30] Ken-ichi Kimura. SCIENTIFIC BASIS OF AIR CONDITIONING, Applied Science Publishers Ltd, London, 1977.

高校建筑环境与能源应用工程学科专业指导委员会规划推荐教材

征订号	书 名	作者	定价(元)	备 注
23163	高等学校建筑环境与能源应用工程本科指导性专业规范(2013年版)	本专业指导委员会	10.00	2013年3月出版
25633	建筑环境与能源应用工程专业概论	本专业指导委员会	20.00	2014年7月出版
28100	工程热力学(第六版)	谭羽非 等	38.00	国家级"十二五"规划教材(可免费索取电子素材)
25400	传热学(第六版)	章熙民 等	42.00	国家级"十二五"规划教材(可免费索取电子素材)
22813	流体力学(第二版)	龙天渝 等	36.00	国家级"十二五"规划教材(附网络下载)
27987	建筑环境学(第四版)	朱颖心 等	43.00	国家级"十二五"规划教材(可免费索取电子素材)
18803	流体输配管网(第三版)(含光盘)	付祥钊 等	45.00	国家级"十二五"规划教材(可免费索取电子素材)
20625	热质交换原理与设备(第三版)	连之伟 等	35.00	国家级"十二五"规划教材(可免费索取电子素材)
16924	建筑环境测试技术(第二版)	方修睦 等	36.00	国家级"十二五"规划教材(可免费索取电子素材)
21927	自动控制原理	任庆昌 等	32.00	土建学科"十一五"规划教材(可免费索取电子素材)
15543	建筑设备自动化	江亿 等	26.00	国家级"十二五"规划教材(附网络下载)
18271	暖通空调系统自动化	安大伟 等	30.00	国家级"十二五"规划教材(可免费索取电子素材)
27729	暖通空调(第三版)	陆亚俊 等	49.00	国家级"十二五"规划教材(可免费索取电子素材)
27815	建筑冷热源(第二版)	陆亚俊 等	47.00	国家级"十二五"规划教材(可免费索取电子素材)
27640	燃气输配(第五版)	段常贵 等	38.00	国家级"十二五"规划教材(可免费索取电子素材)
28101	空气调节用制冷技术(第五版)	石文星 等	35.00	国家级"十二五"规划教材(可免费索取电子素材)
12168	供热工程	李德英 等	27.00	国家级"十二五"规划教材
14009	人工环境学	李先庭 等	25.00	国家级"十二五"规划教材
21022	暖通空调工程设计方法与系统分析	杨昌智 等	18.00	国家级"十二五"规划教材
21245	燃气供应(第二版)	詹淑慧 等	36.00	国家级"十二五"规划教材
20424	建筑设备安装工程经济与管理(第二版)	王智伟 等	35.00	国家级"十二五"规划教材
24287	建筑设备工程施工技术与管理(第二版)	丁云飞 等	48.00	国家级"十二五"规划教材(可免费索取电子素材)
20660	燃气燃烧与应用(第四版)	同济大学 等	49.00	土建学科"十一五"规划教材(可免费索取电子素材)
20678	锅炉与锅炉房工艺	同济大学 等	46.00	土建学科"十一五"规划教材

欲了解更多信息,请登录中国建筑工业出版社网站:www.cabp.com.cn查询。

在使用本套教材的过程中,若有何意见或建议以及免费索取备注中提到的电子素材,可发 Email 至:jiangongshe@163.com。